普通高等教育“十三五”规划教材

大学物理

上册

牛　犇　主编
高　辉　杨　爽　副主编
张春志　主　审

中国铁道出版社
CHINA RAILWAY PUBLISHING HOUSE

内 容 提 要

本书是大学工科物理教材.全书分为上下两册,本书为上册,内容包括质点运动学、质点运动的守恒定律、刚体的转动、狭义相对论基础、机械振动、机械波和电磁波、光的干涉、光的衍射、光的偏振、广义相对论简介等.

全书内容精炼,难易适中,力图在有限的课时内完成"大学物理课程"基本内容的传授,同时扩大知识面,培养学生的创新能力.为了能在传授知识的同时培养学生的科学素养,本书每章均附有阅读材料,还选编了部分科学家简介.

本书适合作为普通高等院校理工科"大学物理"课程的教材,也可作为高校人文类专业的物理课程教材或参考书,亦可作为高校自学考试、函授教材.

图书在版编目(CIP)数据

大学物理.上册/牛犇主编.—北京:中国铁道出版社,2017.2 (2018.12重印)
普通高等教育"十三五"规划教材
ISBN 978-7-113-22848-4

Ⅰ.①大… Ⅱ.①牛… Ⅲ.①物理学—高等学校—教材 Ⅳ.①O4

中国版本图书馆 CIP 数据核字(2017)第 029531 号

书　　名: 大学物理·上册
作　　者: 牛　犇　主编

策　　划: 王文欢　　　　**读者热线:** (010)63550836
责任编辑: 左婷婷
封面设计: 刘　颖
封面制作: 白　雪
责任校对: 张玉华
责任印制: 郭向伟

出版发行: 中国铁道出版社(100054,北京市西城区右安门西街 8 号)
网　　址: http://www.tdpress.com/51eds/
印　　刷: 三河市宏盛印务有限公司
版　　次: 2017 年 2 月第 1 版　　2018 年 12 月第 3 次印刷
开　　本: 720mm×960mm　1/16　**印张:** 16.75　**字数:** 403 千
书　　号: ISBN 978-7-113-22848-4
定　　价: 45.00 元

前　言

本书编者根据教育部关于“非物理类理工科大学物理课程教学基本要求”,总结编者多年的教学实践,专门为应用型本科院校各工科专业而编写.

本教材分为上、下两册. 其中《大学物理·上册》内容为力学、狭义相对论基础、振动与波动、波动光学、广义相对论简介.《大学物理·下册》内容为静电场、稳恒磁场、电磁感应、气体动理论、热力学基础、量子物理基础.

本书具有以下特点:

1. 对教学体系做了大胆的调整

根据多年教学经验,本书对教学内容做了适当调整:上册先主讲运动学和力学,然后讲授狭义相对论,之后是振动和波动,波动光学,使内容自然地从力学过度到波动光学,最后简要介绍了广义相对论基本理论;下册主要介绍电磁学基本知识,着重讲授电磁感应的基本知识,之后讲解热力学基础知识,最后介绍了量子物理基础知识,并简要地介绍了整个物理学体系.

2. 将大学物理知识与现代教学理念接轨

在确保经典物理学内容的同时,使教材更加贴近慕课、“互联网+教学”等全新教学模式下的教学内容革新,剔除了繁琐的数学推导,力求做到浅显易懂,面向应用型工科学生,使本科教学中学生更加容易掌握物理知识点,不断在思维创新中得到提高.

本书中标有*的部分为选学内容,各院校可根据实际情况进行取舍.

本书由牛犇任主编,高辉、杨爽任副主编,张春志任主审,具体分工如下:第1章、第2章、第3章、第10章由牛犇编写,第4章、第5章由杨爽编写,第6章、第7章、第8章、第9章由高辉编写.本书得到了哈尔滨石油学院和黑龙江省教育科学规划办公室青年专项课题的资助,赵学阳、鲁婷婷老师对本书的编写工作也提出了宝贵意见,在此谨表谢意.

在本书的编写过程中,参考和借鉴了一些国内外同类优秀教材,在此向其作者一并表示诚挚的谢意.

由于编者水平有限,书中难免有许多错误和疏漏,恳请读者批评指正.

编　者

2017.01

目　录

第1章　质点运动学

力学是学习物理学的起点,经典力学研究的是宏观物体的低速运动(相对于光速而言).以牛顿定律为基础的经典力学为整个物理学夯实了理论基础,也为人类对自然规律的认识开拓了道路. 随着经典力学的内容的不断深化,其在机械、土木、石油、交通、航空、航天等工程技术领域的应用更加广泛.广泛的基础性应用一直是物理学力学方向的发展方向.本章主要针对质点的运动状态、质点运动方程和质点运动描述的相对性三个主要方面,研究机械运动的物体在空间的位置随时间变化的关系.

1.1　质　　点

对于任何物体来说,运动都是永恒的,绝对静止的物体是不存在的. 运动是绝对的,但运动的描述却是相对的. 同一个物体相对于不同的参考标准可能具有不同的运动状态,因此,要描述物体的运动状态,需要先说明选取的参考标准才有意义. 例如,坐在行进中列车上的人相对于车厢来说是静止的,但相对于地面来说却是运动的. 为描述一个物体的位置及其运动而选择的参考标准叫做**参考系**.

对于不同的参考系,对同一物体运动的描述就会不同. 从地面上看来垂直下落的雨点,对行驶着的汽车里的旅客看来却是向后倾斜的. 因此,当我们研究某一物体的运动时,必须明确指出这种运动是相对于哪一个参考系来说的,否则就无法确定物体的运动情况.

参考系的选择主要取决于研究问题的性质和是否便捷,是由观察者自主选取的. 通常情况下,在研究地面上物体的运动时,若不作特别说明,均选地面或相对地面静止的物体作为参考系. 选定参考系后,为了描述物体的运动规律,就必须在参考系上建立适当的坐标系. 坐标系包括直角坐标系、极坐标系、自然坐标系、球坐标系等. 通常情况下,在研究力学问题时选取直角坐标系. 一般把坐标系的原点和轴固定在参考系上,运动物体的位置就由它在坐标系中的坐标值决定. 这样,物体相对于坐标系的运动也就是相对于参考系的运动. 当参考系选定后,物体运动的性质、轨道形状等也就确定了,且不会因为坐标系的选择不同而有所不同. 坐标系选择得当,可以使计算简化.

任何物体均有形状及大小,但在有些问题中,物体的形状及大小对问题的讨论影响不大,可以忽略. 这时便可将物体抽象成为一个只有质量而无形状大小的几何点,这样的点称为**质点**. 由两个或两个以上质点所组成的系统称为质点系.

一个物体能否被看做质点须视研究问题的性质而定. 一般而言,当物体的尺度远小于它运动的空间范围时,物体上的每一点的运动情况均可视为相同,就可以把这个物体看做一个质点. 如果所研究的问题不涉及物体的转动及形变,这时也可将物体视为一个质点. 什么样的物体可以视为质点,要由所研究问题的具体条件来定. 例如,当研究地球绕太阳公转规律时,由于地球直径(1.28×10^4 km)比地球到太阳的距离(1.50×10^8 km)小得多,因而可以忽略地球的线度和形状,这时可将地球视为质点;但若研究地球的自转时,显然就不能将地球视为质点了,必须把它视为球体.因此,如果物体的形状和大小对我们所研究的问题影响很小,我们就可把物体看做质点.

质点只是在几何上作为一个点来处理,但它并不是一个纯粹的点,它仍然是一个物体,具有质量、动量、能量等各种物理属性,只不过这些量不是分布在有限的体积范围内而是集中在一个几何点上.

如果物体在所研究的问题中不能被视为质点,则可设法将它分割成许多个线度极小的质量元,质量元中每一点的运动均可认为相同,这时质量元便可视为质点;而整个物体则可视为质点系.也就是说,质量连续分布的物体可以当做质点系来处理.

质点是一个理想化模型.在物理中常常用理想模型来代替实际研究的对象,以突出主要因素,这在一定条件下简化了问题的处理,突出了主要矛盾.这是物理学中常用的研究方法.

1.2 质点运动的描述

1.2.1 位置矢量

设一质点相对于选定的参考系运动,为了描述质点的位置随时间的变化,首先选取一个坐标系,最常见的是直角坐标系,参看图1.1.

设t时刻质点位于空间的P点,则P点的位置可由三个坐标x、y、z来确定,即$P(x,y,z)$;还可以采用矢量表示法,即用从坐标原点O到P点的有向线段$\overrightarrow{OP}=\boldsymbol{r}$来表示,矢量$\boldsymbol{r}$叫做**位置矢量**,简称**位矢**.位矢$\boldsymbol{r}$的大小等于原点$O$到$P$点之间的距离,方向由$O$点指向$P$点,相应地,坐标$x$、$y$、$z$也就是位矢$\boldsymbol{r}$在直角坐标轴上的三个分量.

在直角坐标系中,位矢$\boldsymbol{r}$可以表示成

$$\boldsymbol{r}=x\boldsymbol{i}+y\boldsymbol{j}+z\boldsymbol{k} \tag{1.1}$$

式中,$\boldsymbol{i}$、$\boldsymbol{j}$、$\boldsymbol{k}$分别表示沿x、y、z三个坐标轴的单位矢量.位矢的大小r由下式决定

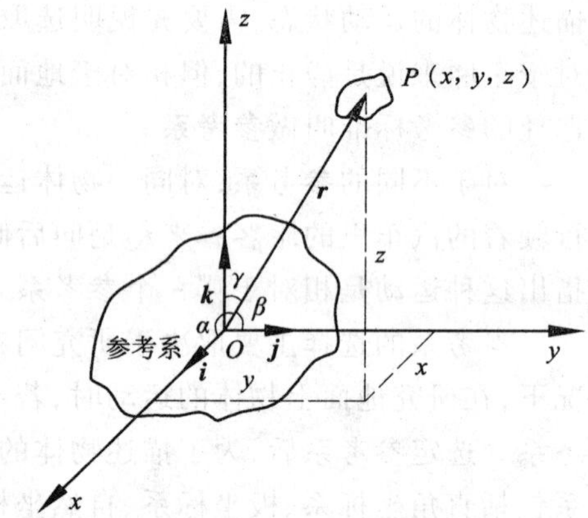

图1.1 直角坐标系中物体的位置

$$r=|\boldsymbol{r}|=\sqrt{x^2+y^2+z^2} \tag{1.2}$$

位矢$\boldsymbol{r}$的方向由下述方向余弦决定

$$\cos\alpha=\frac{x}{r},\quad \cos\beta=\frac{y}{r},\quad \cos\gamma=\frac{z}{r}$$

式中,α、β、γ分别表示位矢$\boldsymbol{r}$与x、y、z三个坐标轴的夹角.

1.2.2 质点运动方程

当质点运动时,质点的空间位置将随时间而变化,这时质点的位矢$\boldsymbol{r}$是时间t的函数.表示位矢随时间变化的函数式称为**运动方程**,可以写作

$$\boldsymbol{r}=\boldsymbol{r}(t) \tag{1.3a}$$

在直角坐标系中,运动方程表示为

$$x = x(t),\quad y = y(t),\quad z = z(t) \tag{1.3b}$$

质点的运动方程描述了质点的运动规律．已知质点的运动方程,就可以求出质点在任意时刻的位置,确定质点在任意时刻的速度和加速度,还可以由各时刻的坐标值描述出质点在空间的运动路线．我们把运动质点在空间所经过的路径称为**轨道**,它是位矢 $\boldsymbol{r}$ 的末端随时间变化而描绘出的一条连续曲线．从运动方程中消去 t 即可得到**轨道方程**．

由上可知,运动方程表明 $\boldsymbol{r}$ 与 t 的函数关系,而轨道方程则是位置坐标 x、y、z 之间的关系式,两者是不同的．

例如,已知某质点的运动方程为

$$x = A\cos \omega t,\quad y = A\sin \omega t,\quad z = 0$$

式中,A、ω 均为常量．从 x、y 两式中消去 t 后得轨道方程

$$x^2 + y^2 = A^2,\quad z = 0$$

以上两式表示质点在 $z=0$ 的平面内做以原点为中心、半径为 A 的圆周运动．

1.2.3　位移

要研究质点的运动,不仅要知道它的位置,更重要的是要知道它的位置变化．设质点沿图 1.2 所示的曲线 AB 运动,在时刻 t,质点位于 A 点,位置矢量为 $\boldsymbol{r}_A$,在时刻 $t+\Delta t$,质点运动到 B 点,位置矢量为 $\boldsymbol{r}_B$．我们定义:由始点 A 到终点 B 的有向线段 $\overrightarrow{AB}$ 为质点在时间 Δt 内的**位移矢量**,简称**位移**,即

$$\overrightarrow{AB} = \boldsymbol{r}_B - \boldsymbol{r}_A = \Delta \boldsymbol{r} \tag{1.4}$$

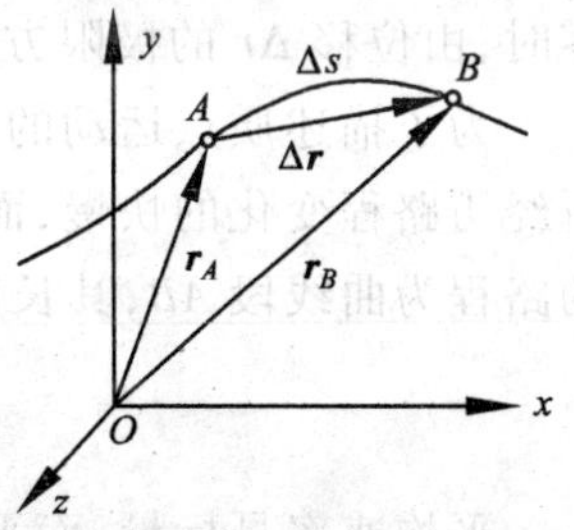

图 1.2　曲线运动中的位移

位移 $\Delta\boldsymbol{r}$ 反映了质点位置的变化,质点在某一时间内的位移等于同一时间内位置矢量的增量．位移是矢量,它的大小等于始点和终点之间的距离,其方向由始点指向终点．

必须注意,位移是描述质点位置变化的物理量,它仅仅表示质点在一段时间内位置变化的总效果,它并不代表质点实际所通过的路程．在图 1.2 中,A 到 B 的轨迹的长度是质点的路程 Δs,而位移 $\Delta\boldsymbol{r}$ 是有向线段 $\overrightarrow{AB}$,它的大小 $|\Delta\boldsymbol{r}|$ 为割线 AB 的长度．一般来说,$|\Delta\boldsymbol{r}| \neq \Delta s$,仅在 $\Delta t \to 0$ 时,才有 $|\mathrm{d}\boldsymbol{r}| = \mathrm{d}s$. 即使在直线运动中,位移和路程也是两个不同的概念．质点只有做单向直线运动时,才有 $\Delta s = |\Delta\boldsymbol{r}|$.

在直角坐标系中,位移的表达式为

$$\Delta\boldsymbol{r} = (x_2 - x_1)\boldsymbol{i} + (y_2 - y_1)\boldsymbol{j} + (z_2 - z_1)\boldsymbol{k} = (\Delta x)\boldsymbol{i} + (\Delta y)\boldsymbol{j} + (\Delta z)\boldsymbol{k} \tag{1.5}$$

位移的模为

$$|\Delta\boldsymbol{r}| = \sqrt{(x_2 - x_1)^2 + (y_2 - y_1)^2 + (z_2 - z_1)^2} \tag{1.6}$$

位置矢量和位移在量值上都表示长度,国际单位制(SI)中单位为米,符号为 m.

1.2.4　速度

研究质点的运动时,不仅要知道质点的位移,还需知道质点运动的快慢程度和方向,为此我们引入速度这一物理量．

如图 1.2 所示,在时刻 t 到 $t+\Delta t$ 的这段时间内,质点的位移为 $\Delta \boldsymbol{r}$. 定义 $\Delta \boldsymbol{r}$ 与 Δt 的比值为质点在 Δt 时间内的**平均速度**,即

$$\overline{\boldsymbol{v}}=\frac{\overrightarrow{AB}}{\Delta t}=\frac{\Delta \boldsymbol{r}}{\Delta t} \tag{1.7}$$

平均速度是矢量,其方向与位移 $\Delta \boldsymbol{r}$ 的方向相同,大小为$\frac{|\Delta \boldsymbol{r}|}{\Delta t}$.

平均速度仅反映了质点在某一段时间内位移的平均变化,而在 Δt 时间内,质点各个时刻的运动情况不一定相同,质点运动的快慢和方向也是可以不断变化的.

为了精确地描述质点在某一时刻或某一位置的运动情况,我们可将 Δt 无限地减小,当 $\Delta t\to 0$ 时,$\frac{\Delta \boldsymbol{r}}{\Delta t}$将趋近于一个确定的极限矢量,这个极限矢量确切地描述了质点在某时刻或某一位置时质点运动的快慢程度和方向. 我们定义质点在 t 时刻的**瞬时速度**(以下简称**速度**)为

$$\boldsymbol{v}=\lim_{\Delta t\to 0}\frac{\Delta \boldsymbol{r}}{\Delta t}=\frac{\mathrm{d}\boldsymbol{r}}{\mathrm{d}t} \tag{1.8}$$

瞬时速度等于当时间趋近于零时平均速度的极限值,即**速度等于位置矢量对时间的一阶导数**.

速度是矢量,具有大小和方向. 速度的方向就是在 t 时刻质点的运动方向,当 Δt 趋近于零时,由位移 $\Delta \boldsymbol{r}$ 的极限方向确定,即沿质点所在处轨道的切线方向,并指向质点前进的一方.

为了描述质点运动的快慢,我们引入了一个叫做**速率**的物理量. 速率是标量,它描述质点所经历路程变化的快慢,而不考虑质点运动的方向. 如图 1.2 所示,质点在 Δt 时间内所行经的路程为曲线段 AB,其长度为 Δs,Δs 与 Δt 的比值就称为在时间 Δt 内质点的**平均速率**,即

$$\overline{v}=\frac{\Delta s}{\Delta t} \tag{1.9}$$

平均速率是标量,而平均速度是矢量,这是两个不同的物理量,即使是平均速度的量值与平均速率也不一定相等. 例如,在某一段时间内质点环行了一个闭合路径,显然质点的位移等于零,平均速度为零,而质点的平均速率则不等于零. 但在 $\Delta t\to 0$ 的极限条件下,曲线 AB 的长度 Δs 与直线 AB 的长度 $|\Delta \boldsymbol{r}|$ 相等,即在 $\Delta t\to 0$ 时,$\mathrm{d}s=|\mathrm{d}\boldsymbol{r}|$,所以**瞬时速率**

$$v=\lim_{\Delta t\to 0}\frac{\Delta s}{\Delta t}=\frac{\mathrm{d}s}{\mathrm{d}t}=\lim_{\Delta t\to 0}\frac{|\Delta \boldsymbol{r}|}{\Delta t}=|\boldsymbol{v}| \tag{1.10}$$

即瞬时速度的大小即为瞬时速率.

在直角坐标系中,由于

$$\boldsymbol{r}=x\boldsymbol{i}+y\boldsymbol{j}+z\boldsymbol{k}$$

所以,速度 $\boldsymbol{v}$ 可表示为

$$\boldsymbol{v}=\frac{\mathrm{d}\boldsymbol{r}}{\mathrm{d}t}=\frac{\mathrm{d}x}{\mathrm{d}t}\boldsymbol{i}+\frac{\mathrm{d}y}{\mathrm{d}t}\boldsymbol{j}+\frac{\mathrm{d}z}{\mathrm{d}t}\boldsymbol{k}=v_x\boldsymbol{i}+v_y\boldsymbol{j}+v_z\boldsymbol{k} \tag{1.11}$$

式中

$$v_x=\frac{\mathrm{d}x}{\mathrm{d}t},\quad v_y=\frac{\mathrm{d}y}{\mathrm{d}t},\quad v_z=\frac{\mathrm{d}z}{\mathrm{d}t}$$

是速度在 x、y、z 轴的分量. 可见,速度 $\boldsymbol{v}$ 在三个坐标轴上的分量等于相应坐标对时间的一阶导数. 速度的大小也可以表示为

$$v = |\boldsymbol{v}| = \sqrt{v_x^2 + v_y^2 + v_z^2} \tag{1.12}$$

速度的方向由下述方向余弦确定

$$\cos\alpha = \frac{v_x}{|\boldsymbol{v}|}, \quad \cos\beta = \frac{v_y}{|\boldsymbol{v}|}, \quad \cos\gamma = \frac{v_z}{|\boldsymbol{v}|}$$

式中，α、β、γ 分别表示速度 $\boldsymbol{v}$ 与 x、y、z 三个坐标轴的夹角.

在国际单位制(SI)中速度的单位是米每秒，符号 $\mathrm{m \cdot s^{-1}}$.

1.2.5　加速度

在一般情况下，质点的运动速度是在改变的，不但速度的大小可以改变，方向也可以改变，为了描述质点速度的变化情况，我们引入加速度这个物理量.

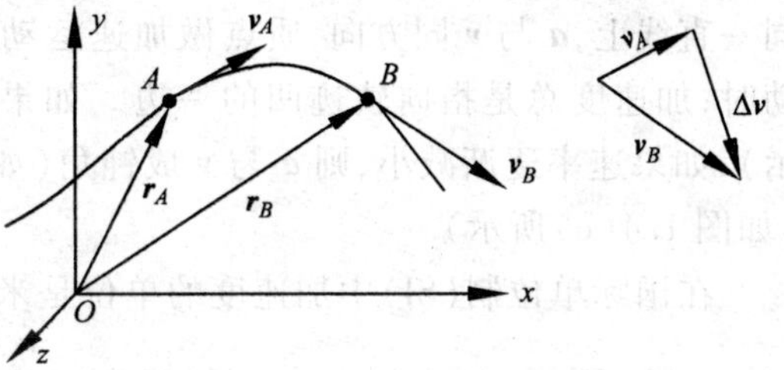

图 1.3　速度的增量

如图 1.3 所示，质点在 t 时刻位于 A 点，速度为 $\boldsymbol{v}_A$，在 $t+\Delta t$ 时刻，质点到达 B 点，速度为 $\boldsymbol{v}_B$，则在时间 Δt 内质点速度的增量为

$$\Delta\boldsymbol{v} = \boldsymbol{v}_B - \boldsymbol{v}_A$$

我们把速度的增量 $\Delta\boldsymbol{v}$ 与其所经历的时间 Δt 之比称为质点在时间 Δt 内的**平均加速度**，即

$$\bar{\boldsymbol{a}} = \frac{\Delta\boldsymbol{v}}{\Delta t} \tag{1.13}$$

平均加速度是矢量，其方向与速度增量 $\Delta\boldsymbol{v}$ 的方向相同，大小为$\frac{|\Delta\boldsymbol{v}|}{\Delta t}$，它表示时间 Δt 内速度 $\boldsymbol{v}$ 随时间的平均变化率. 平均加速度只能粗略地描述一段时间内速度变化的大致情况，而不能精确描述质点在某一时刻速度的变化情况. 为了精确地描述质点在任一时刻 t 或任一位置处的速度变化情况，我们引入瞬时加速度的概念.

我们把当时间 $\Delta t \to 0$ 时平均加速度的极限值，定义为质点在某时刻或某位置的**瞬时加速度**(简称**加速度**)，其数学表达式为

$$\boldsymbol{a} = \lim_{\Delta t \to 0}\frac{\Delta\boldsymbol{v}}{\Delta t} = \frac{\mathrm{d}\boldsymbol{v}}{\mathrm{d}t} = \frac{\mathrm{d}^2\boldsymbol{r}}{\mathrm{d}t^2} \tag{1.14}$$

即**加速度是速度随时间的变化率，加速度等于速度矢量对时间的一阶导数，或位置矢量对时间的二阶导数**.

在直角坐标系中，加速度可表示为

$$\boldsymbol{a} = a_x\boldsymbol{i} + a_y\boldsymbol{j} + a_z\boldsymbol{k} \tag{1.15}$$

其中，a_x、a_y、a_z 分别是加速度 $\boldsymbol{a}$ 的三个分量

$$a_x = \frac{\mathrm{d}v_x}{\mathrm{d}t} = \frac{\mathrm{d}^2x}{\mathrm{d}t^2}$$

$$a_y = \frac{\mathrm{d}v_y}{\mathrm{d}t} = \frac{\mathrm{d}^2y}{\mathrm{d}t^2} \tag{1.16}$$

$$a_z = \frac{\mathrm{d}v_z}{\mathrm{d}t} = \frac{\mathrm{d}^2z}{\mathrm{d}t^2}$$

加速度的大小是

$$a = |\boldsymbol{a}| = \sqrt{a_x^2 + a_y^2 + a_z^2} \tag{1.17}$$

加速度的方向由下述方向余弦确定

$$\cos\alpha = \frac{a_x}{|\boldsymbol{a}|}, \quad \cos\beta = \frac{a_y}{|\boldsymbol{a}|}, \quad \cos\gamma = \frac{a_z}{|\boldsymbol{a}|}$$

式中,α、β、γ 分别表示加速度 $\boldsymbol{a}$ 与 x、y、z 三个坐标轴的夹角.

加速度是矢量,加速度的方向就是当 $\Delta t \to 0$ 时速度增量 $\Delta\boldsymbol{v}$ 的极限方向. 加速度 $\boldsymbol{a}$ 的方向与该时刻速度 $\boldsymbol{v}$ 的方向一般是不相同的. 当质点做变速直线运动时,加速度与速度的方向在同一直线上,$\boldsymbol{a}$ 与 $\boldsymbol{v}$ 同方向,质点做加速运动;$\boldsymbol{a}$ 与 $\boldsymbol{v}$ 反方向,质点做减速运动. 质点做曲线运动时,加速度总是指向轨迹凹的一边. 如果速率逐渐增加,则 $\boldsymbol{a}$ 与 $\boldsymbol{v}$ 成锐角(如图 1.4(a)所示);如果速率逐渐减小,则 $\boldsymbol{a}$ 与 $\boldsymbol{v}$ 成钝角(如图1.4(b)所示);如果速率不变,则 $\boldsymbol{a}$ 与 $\boldsymbol{v}$ 成直角(如图 1.4(c)所示).

在国际单位制(SI)中加速度的单位是米每二次方秒,用符号 $\text{m}\cdot\text{s}^{-2}$ 表示.

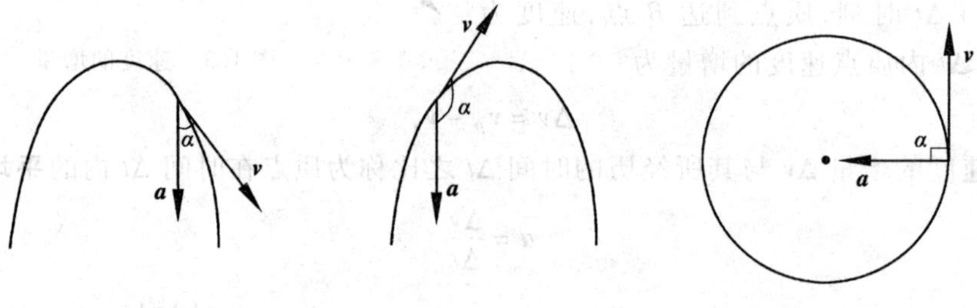

图 1.4 曲线运动中加速度的方向

1.2.6 运动学中的两类基本问题

1. 第一类问题

若已知质点的运动学方程,则可通过求导来计算质点的速度和加速度,这类问题称为第一类问题,它是计算速度与加速度的一种基本方法.

例 1.1 已知某质点的运动学方程为 $\boldsymbol{r} = 5t\boldsymbol{i} + 15t^2\boldsymbol{j} - 10\boldsymbol{k}$,求:(1)$t_1 = 1$ s 到 $t_2 = 2$ s 时间内质点的位移;(2)在 $t_1 = 1$ s 时的速度和加速度.

解 (1)根据定义得

$t_1 = 1$ s 时 $\qquad \boldsymbol{r}_1 = 5\boldsymbol{i} + 15\boldsymbol{j} - 10\boldsymbol{k}$

$t_2 = 2$ s 时 $\qquad \boldsymbol{r}_2 = 10\boldsymbol{i} + 60\boldsymbol{j} - 10\boldsymbol{k}$

位移

$$\begin{aligned}\Delta\boldsymbol{r} &= \boldsymbol{r}_2 - \boldsymbol{r}_1 = (10-5)\boldsymbol{i} + (60-15)\boldsymbol{j} + [(-10)-(-10)]\boldsymbol{k} \\ &= 5\boldsymbol{i} + 45\boldsymbol{j}\end{aligned}$$

(2)根据定义可以求出任意时刻 t 质点的速度矢量、加速度矢量

$$\boldsymbol{v} = \frac{\mathrm{d}\boldsymbol{r}}{\mathrm{d}t} = 5\boldsymbol{i} + 30t\boldsymbol{j}$$

$$\boldsymbol{a} = \frac{\mathrm{d}\boldsymbol{v}}{\mathrm{d}t} = 30\boldsymbol{j}$$

将 $t_1=1\text{s}$ 代入,即可求出该时刻质点的速度、加速度

$$\boldsymbol{v}=5\boldsymbol{i}+30\boldsymbol{j},\quad \boldsymbol{a}=30\boldsymbol{j}$$

它们的大小为

$$v=|\boldsymbol{v}|=\sqrt{5^2+30^2}\ \text{m}\cdot\text{s}^{-1}=30.41\ \text{m}\cdot\text{s}^{-1},\quad a=|\boldsymbol{a}|=30\ \text{m}\cdot\text{s}^{-2}$$

速度矢量的方向余弦为

$$\cos\alpha=\frac{5}{30.41}=0.164,\quad \cos\beta=\frac{30}{30.41}=0.987$$

质点运动的加速度与时间无关,等于常数,$a=30\ \text{m}\cdot\text{s}^{-2}$,方向为沿 y 轴正方向.

例 1.2　在离水面高 h 的岸上,有人用绳拉船靠岸,如例 1.2 图所示. 设人以匀速率 v_0 收绳,试求:当船距岸边 x_0 时,船的速度和加速度的大小各是多少?

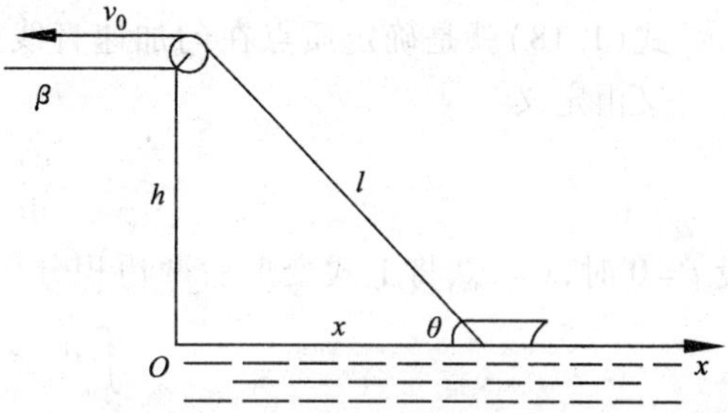

例 1.2 图

解　建立坐标系如例 1.2 图所示,设任意时刻绳长为 l,船处于 x 位置. 船在运动过程中,l 和 x 均是 t 的函数. 由题意可知,收绳过程中 l 随时间减小,故

$$v_0=-\frac{\mathrm{d}l}{\mathrm{d}t}$$

且满足关系

$$l^2=x^2+h^2$$

对上述关系两边求导得

$$2l\frac{\mathrm{d}l}{\mathrm{d}t}=2x\frac{\mathrm{d}x}{\mathrm{d}t}$$

则船运动的速度为

$$v=\frac{\mathrm{d}x}{\mathrm{d}t}=-\frac{l}{x}v_0=-\frac{\sqrt{x^2+h^2}}{x}v_0$$

对速度求导即可得到船运动的加速度

$$a=\frac{\mathrm{d}v}{\mathrm{d}t}=-\frac{v_0}{x^2}\left(x\frac{\mathrm{d}l}{\mathrm{d}t}-l\frac{\mathrm{d}x}{\mathrm{d}t}\right)=-\frac{h^2v_0^2}{x^3}$$

代入 x_0 即得船在该处的速度和加速度

$$v=-\frac{\sqrt{h^2+x_0^2}}{x_0}v_0$$

$$a=-\frac{h^2v_0^2}{x_0^3}$$

因为 $x>0$,所以 $v<0$,这表明船的速度方向与选定的 x 轴正方向相反. 同理,$a<0$,船的加速度方向也和选定的 x 轴正方向相反. v、a 同方向,表示船做变加速直线运动.

2. 第二类问题

若已知质点的加速度(或速度)及初始条件($t=0$ 时的速度和位矢),则可通过积分运算来计算质点的速度或位矢,这类问题称为第二类问题,它是计算速度或位矢的另一种基本方法.

例 1.3 已知质点做匀加速直线运动,加速度为 a,求这个质点的运动方程.

解 由定义 $a=\frac{\mathrm{d}v}{\mathrm{d}t}$得

$$\mathrm{d}v=a\mathrm{d}t$$

设 $t=0$ 时,$v=v_0$,将上式两边积分

$$\int_{v_0}^{v}\mathrm{d}v=\int_0^t a\mathrm{d}t=a\int_0^t\mathrm{d}t$$

由此可得

$$v=v_0+at \tag{1.18}$$

式(1.18)就是确定质点在匀加速直线运动中速度 v 的时间函数式.

又由定义

$$\frac{\mathrm{d}x}{\mathrm{d}t}=v=v_0+at$$

设 $t=0$ 时,$x=x_0$,将上式变形后两边积分

$$\int_{x_0}^{x}\mathrm{d}x=\int_0^t(v_0+at)\mathrm{d}t$$

可得

$$x=x_0+v_0t+\frac{1}{2}at^2 \tag{1.19}$$

式(1.19)就是在匀加速直线运动中确定质点位置的时间函数式,也就是质点的运动方程.

此外,若把加速度改写为

$$a=\frac{\mathrm{d}v}{\mathrm{d}t}=\frac{\mathrm{d}v\,\mathrm{d}x}{\mathrm{d}x\,\mathrm{d}t}=v\frac{\mathrm{d}v}{\mathrm{d}x}$$

移项并对两边积分

$$\int_{x_0}^{x}a\mathrm{d}x=\int_{v_0}^{v}v\mathrm{d}v$$

可得

$$v^2=v_0^2+2a(x-x_0) \tag{1.20}$$

式(1.20)就是做匀加速直线运动中质点坐标 x 和速度 v 之间的关系式.

例 1.4 一位跳伞运动员在跳伞过程中的加速度 $a=A-Bv$,式中 A、B 均为大于 0 的常量,v 为任意时刻的速度. 设初始时刻的速度为 0,求任意时刻的速度表达式.

解 本题已知加速度求速度,亦属第二类问题. 取运动员开始下落位置为坐标原点建立坐标轴,并取竖直向下为正向. 由题意知

$$\frac{\mathrm{d}v}{\mathrm{d}t}=a=A-Bv$$

分离变量求积分得

$$\int_0^v\frac{\mathrm{d}v}{A-Bv}=\int_0^t\mathrm{d}t$$

由积分公式 $\int\frac{\mathrm{d}x}{a+bx}=\frac{1}{b}\ln(a+bx)+c$,求解上式得

$$v=\frac{A}{B}(1-\mathrm{e}^{-Bt})$$

例 1.5　质点做直线运动，初速度为零，初始加速度为 a_0，质点出发后，每经过时间 τ，加速度均匀增加 b. 求经过 t 时间后，质点的速度和位移.

解　由题意知，加速度和时间的关系为

$$a = a_0 + \frac{b}{\tau}t = \frac{dv}{dt}$$

$$\int_0^v dv = \int_0^t \left(a_0 + \frac{b}{\tau}t\right)dt$$

解得速度为

$$v = a_0 t + \frac{b}{2\tau}t^2$$

由于 $v = \frac{dx}{dt}$，设 $t = 0$ 时，$x_0 = 0$，有

$$\int_0^x dx = \int_0^t v dt$$

$$x = \frac{1}{2}a_0 t^2 + \frac{b}{6\tau}t^3$$

1.3　曲线运动

1.3.1　质点运动的叠加原理

质点运动的叠加性也是运动的一个重要特征. 图 1.5 所示为用每 1/30 s 照明小球一次的频闪仪拍摄的两个小球运动路径的照片. 在同一时刻，同一高度，使一个球竖直下落，另一个球被水平抛射. 可以看出，尽管两个球在水平方向上的运动不同，但它们在竖直方向上，在相同的时间内，下落的高度总是相同的，即两球总是同时落地的. 这表明虽然两球的运动轨迹不同，但在竖直方向上的运动是相同的. 被水平抛射出去的球，水平方向的运动对其竖直方向的运动是没有影响的. 由此可见，抛体运动正是由水平方向和竖直方向两种运动（它们彼此独立）叠加而成.

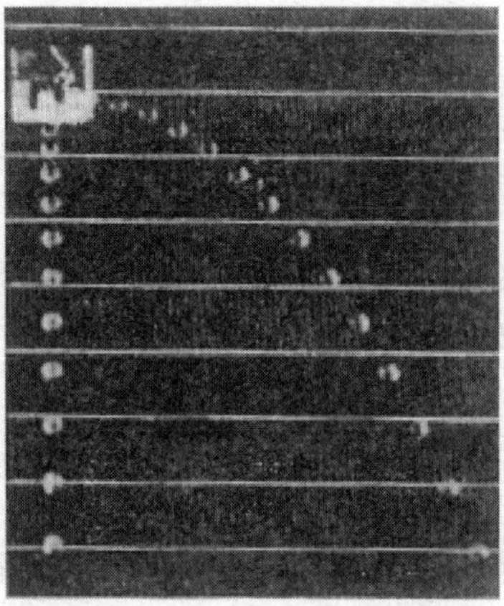

图 1.5　两个小球的频闪观测照片

大量实验事实证明，一个运动可以看成是几个同时进行的各自独立的简单运动的叠加. 这就是**运动叠加原理**. 或者说，任何一个方向的运动，都不会因为其他方向的运动是否存在而受到影响. 运动叠加原理也称为**运动的独立性原理**.

1.3.2　斜抛运动

一物体从地面上某点向空中抛出，它在空中的运动就称为**抛体运动**. 抛体运动是一种平面曲线运动.

当抛体以速度 $\boldsymbol{v}_0$ 沿仰角 θ 的方向斜抛出去后，若不计空气阻力，则物体在整个运动过程中，只有一个铅直向下的重力加速度 $\boldsymbol{g}$. 如图 1.6，若取抛射点为坐标原点，沿水平方向和竖直

方向分别为 x 轴和 y 轴，从抛出时刻开始计时，$t=0$ 时，物体位于原点. 则物体在整个运动过程中的加速度为

$$a_x=0,\quad a_y=-g \tag{1.21}$$

利用初始条件

$$x_0=0,\quad v_{0x}=v_0\cos\theta$$
$$y_0=0,\quad v_{0y}=v_0\sin\theta$$

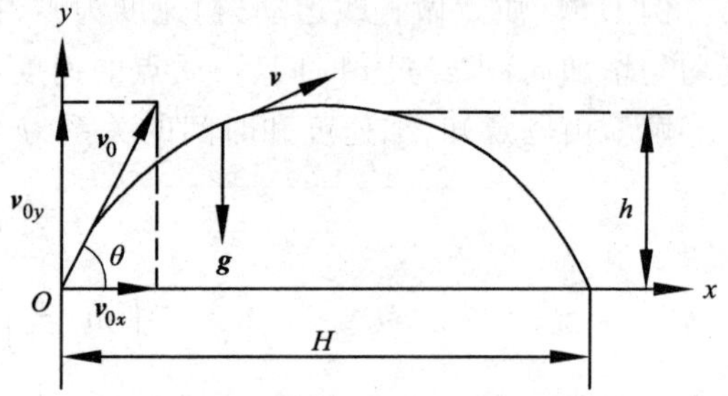

图 1.6　斜抛运动的轨迹

可求出物体在空中任意时刻的速度为

$$\begin{aligned} v_x &= v_{0x}=v_0\cos\theta \\ v_y &= v_0\sin\theta-gt \end{aligned} \tag{1.22}$$

由 $\boldsymbol{v}=\dfrac{\mathrm{d}\boldsymbol{r}}{\mathrm{d}t}$，可得物体的运动方程为

$$\begin{cases} x = \int_0^t v_x\mathrm{d}t = v_0t\cos\theta, \\ y = \int_0^t v_y\mathrm{d}t = v_0t\sin\theta-\dfrac{1}{2}gt^2 \end{cases} \tag{1.23}$$

运动方程的矢量形式为

$$\boldsymbol{r}=(v_0t\cos\theta)\boldsymbol{i}+\left(v_0t\sin\theta-\frac{1}{2}gt^2\right)\boldsymbol{j} \tag{1.24}$$

由上式可以看出，抛体运动是由沿 x 轴的匀速直线运动和沿 y 轴的匀变速直线运动叠加而成的.

消去式(1.23)中的 t，可得

$$y=x\tan\theta-\frac{g}{2v_0^2\cos^2\theta}x^2 \tag{1.25}$$

这就是斜抛物体的轨迹方程，它表明在略去空气阻力的情况下，抛体在空间所经历的路径为抛物线.

在式(1.25)中，令 $y=0$，可得抛物线与 x 轴的一个交点的坐标为

$$H=\frac{v_0^2\sin 2\theta}{g} \tag{1.26}$$

这就是抛体的射程. 从上式可看出，在给定初速度 v_0 的情况下，射程 H 是抛射角 θ 的函数. 要想射得最远，可令 $\sin 2\theta=1$，即在 $\theta=45°$ 时射程最大.

根据求函数极值的方法，将式(1.25)对 x 求导，并令 $\dfrac{\mathrm{d}y}{\mathrm{d}x}=0$，可得 $x=\dfrac{v_0^2\sin 2\theta}{2g}$，将它代入式(1.25)中，即得物体在飞行中所能达到的最大高度

$$h=\frac{v_0^2\sin^2\theta}{2g} \tag{1.27}$$

在上述讨论中忽略了空气阻力，但在实际中，空气阻力往往不能忽略，实际射程往往也要比真空中射程小很多. 所以在实际中，除了要以上述式子为基础外，还要考虑空气阻力、风向、风力等的影响，并加以修正，才能得到抛体运动的正确结果.

1.3.3　圆周运动

圆周运动是曲线运动一种常见的形式．**圆周运动**是指当质点沿固定的圆周轨迹运动．如机械上的轮子绕固定轴转动时，它上面（中心轴除外）的所有点都在做圆周运动．同时，圆周运动又是一种重要的曲线运动．当质点做一般的曲线运动时，虽然它的运动轨迹可以是各种形状，但是根据数学知识，过曲线上任意一点都能做一个曲率圆与曲线相切，相切点附近的一小段可以认为是曲率圆的一部分，因此一般的曲线运动可以看成是由一系列半径不同的圆周运动组合而成的．所以，圆周运动是讨论一切曲线运动的基础．

1. 切向加速度和法向加速度

设质点做圆周运动，时刻 t 在圆周上 A 点的速度为 $\boldsymbol{v}$，如图 1.7 所示．由于质点的运动速度总是沿轨迹的切线方向，如果用 $\boldsymbol{\tau}$ 表示沿切线方向的单位矢量，则速度 $\boldsymbol{v}$ 可表示为

$$\boldsymbol{v} = v\boldsymbol{\tau} \tag{1.28}$$

式中，$\boldsymbol{\tau}$ 是随时间变化的，因为圆周轨迹上各不同点的切线方向是不同的．

我们讨论一般的情况，质点做圆周运动时，速度的大小和方向均发生改变，由式（1.28），可得质点在 t 时刻的加速度 $\boldsymbol{a}$ 为

$$\boldsymbol{a} = \frac{\mathrm{d}\boldsymbol{v}}{\mathrm{d}t} = \frac{\mathrm{d}v}{\mathrm{d}t}\boldsymbol{\tau} + v\frac{\mathrm{d}\boldsymbol{\tau}}{\mathrm{d}t} \tag{1.29}$$

从上式可以看出，加速度 $\boldsymbol{a}$ 具有两个分矢量．其中第一项 $\frac{\mathrm{d}v}{\mathrm{d}t}\boldsymbol{\tau}$ 是一个与切向平行的矢量，是由于切向速度的大小变化而引起的沿切向方向的加速度，称为**切向加速度**，用 $\boldsymbol{a}_\tau$ 表示，有

$$\boldsymbol{a}_\tau = \frac{\mathrm{d}v}{\mathrm{d}t}\boldsymbol{\tau}, \quad a_\tau = |\boldsymbol{a}_\tau| = \frac{\mathrm{d}v}{\mathrm{d}t} \tag{1.30}$$

式（1.29）中的第二项 $v\frac{\mathrm{d}\boldsymbol{\tau}}{\mathrm{d}t}$ 是由于速度的方向随时间变化而引起的，可以证明 $v\frac{\mathrm{d}\boldsymbol{\tau}}{\mathrm{d}t}$ 是一个与切线方向相垂直的矢量，称作**法向加速度**，用 $\boldsymbol{a}_n$ 表示．

下面计算 $\boldsymbol{a}_n$ 的大小和方向．如图 1.8(a) 所示，时刻 t，质点位于圆周上点 A，其速度为 $\boldsymbol{v}_1$，速度方向的单位矢量为 $\boldsymbol{\tau}_1$，经过 Δt 时间后，质点运动到 B 点，其速度为 $\boldsymbol{v}_2$，速度方向的单位矢量为 $\boldsymbol{\tau}_2$．在 Δt 时间间隔内，位矢 $\overrightarrow{OA}$ 转过的角度为 $\Delta\theta$，速度增量为 $\Delta\boldsymbol{v} = \boldsymbol{v}_2 - \boldsymbol{v}_1$，速度方向单位矢量的增量为 $\Delta\boldsymbol{\tau} = \boldsymbol{\tau}_2 - \boldsymbol{\tau}_1$，如图 1.8(b) 所示．

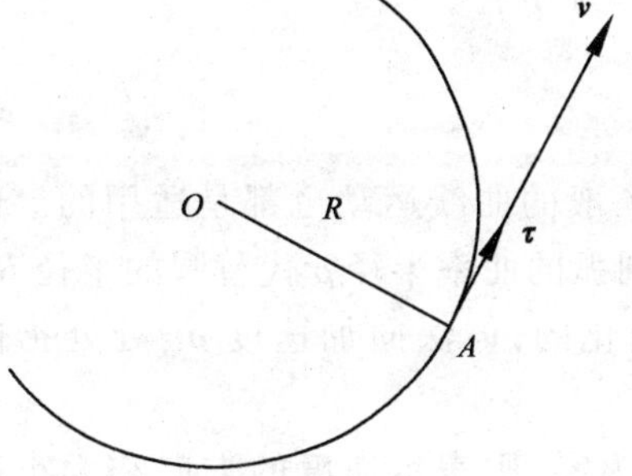

图 1.7　切向单位矢量 $\boldsymbol{\tau}$

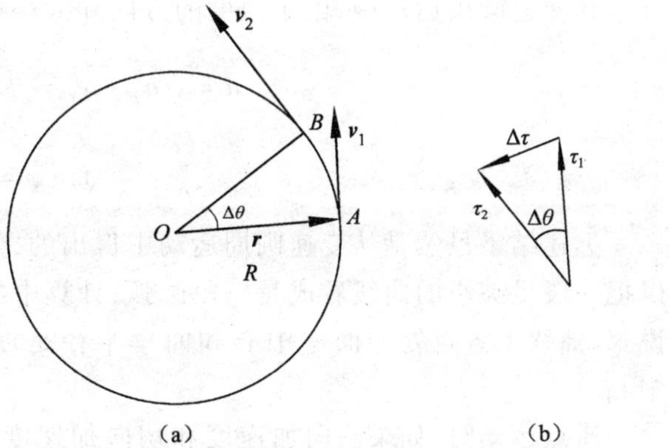

图 1.8　切向单位矢量随时间变化率 $\mathrm{d}\boldsymbol{\tau}/\mathrm{d}t$

根据几何关系有：

$$\frac{\overline{AB}}{R}=\frac{|\Delta\boldsymbol{\tau}|}{|\boldsymbol{\tau}_1|}$$

由于$|\boldsymbol{\tau}_2|=|\boldsymbol{\tau}_1|=1$，法向加速度的大小为：

$$|\boldsymbol{a}_n|=v\left|\frac{\mathrm{d}\boldsymbol{\tau}}{\mathrm{d}t}\right|=v\lim_{\Delta t\to0}\left|\frac{\Delta\boldsymbol{\tau}}{\Delta t}\right|=\lim_{\Delta t\to0}\frac{v}{R}\frac{\overline{AB}}{\Delta t}=\lim_{\Delta t\to0}\frac{v}{R}\frac{\Delta s}{\Delta t}=\frac{v^2}{R}$$

$\boldsymbol{a}_n$ 的方向是 $\Delta\boldsymbol{\tau}$ 的极限方向，因为当 $\Delta t\to0$ 时，$\Delta\theta\to0$，所以 $\Delta\boldsymbol{\tau}$ 的极限方向与 $\boldsymbol{\tau}$ 垂直，即趋于与 $\boldsymbol{v}$ 垂直，指向圆心．若我们把沿矢径而指向圆心的单位矢量称为法向单位矢量 $\boldsymbol{n}$（如图 1.9 所示），则**法向加速度 $\boldsymbol{a}_n$** 为：

$$\boldsymbol{a}_n=\frac{v^2}{R}\boldsymbol{n},\quad a_n=|\boldsymbol{a}_n|=\frac{v^2}{R}\tag{1.31}$$

于是加速度 $\boldsymbol{a}$ 为

$$\boldsymbol{a}=\frac{\mathrm{d}v}{\mathrm{d}t}\boldsymbol{\tau}+\frac{v^2}{R}\boldsymbol{n}\tag{1.32}$$

由此可见，圆周运动的加速度可分解成相互正交的切向分量 $\boldsymbol{a}_\tau$ 和法向分量 $\boldsymbol{a}_n$（如图 1.10 所示），其中切向加速度的大小$\frac{\mathrm{d}v}{\mathrm{d}t}$表示质点速率变化的快慢，法向加速度的大小$\frac{v^2}{R}$表示质点速度方向变化的快慢．

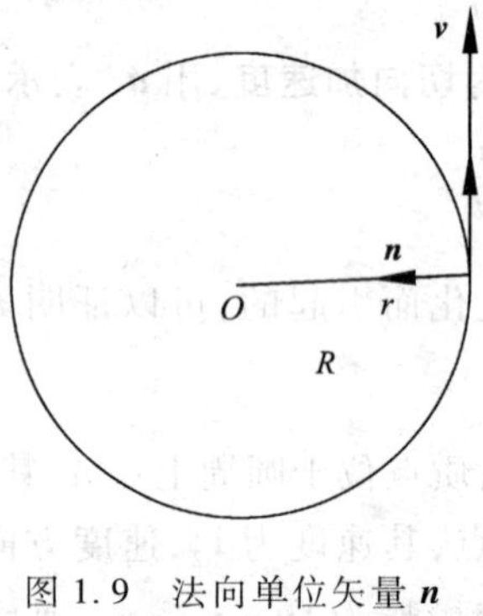

图 1.9 法向单位矢量 $\boldsymbol{n}$ 与切向单位矢量 $\boldsymbol{\tau}$ 相垂直

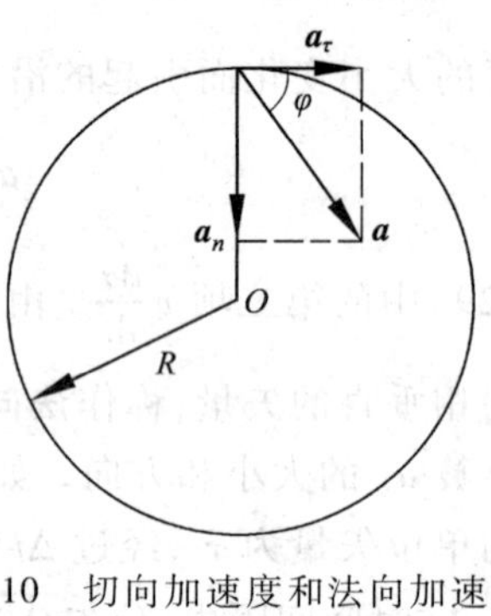

图 1.10 切向加速度和法向加速度

在变速圆周运动中，由于速度的方向和大小都在变化，加速度 $\boldsymbol{a}$ 的大小和方向为

$$a=\sqrt{a_\tau^2+a_n^2}=\sqrt{\left(\frac{\mathrm{d}v}{\mathrm{d}t}\right)^2+\left(\frac{v^2}{R}\right)^2}\tag{1.33}$$

$$\tan\varphi=\frac{a_n}{a_\tau}\tag{1.34}$$

上述结果虽然是从变速圆周运动中得出的，但对一般的曲线运动也都是适用的．此时可以把一段足够小的曲线看成是一段圆弧，计算中用该圆弧的曲率半径 ρ 代替圆的半径 R. 一般说来，曲线上各点处的曲率中心和曲率半径是逐点变化的，但法向加速度 $\boldsymbol{a}_n$ 处处指向曲率中心.

质点运动时，如果法向加速度和切向加速度都不为零，则表示速度的方向和大小都在变化，这是一般曲线运动的特征．质点运动时，如果只有法向加速度不为零而切向加速度为零，则速度只改变方向而不改变大小,这是匀速曲线运动;如果只有切向加速度不为零而法向加速度为零,则速度不改变方向只改变大小,这就是变速直线运动.

2. 角量描述圆周运动

质点做圆周运动时,也常用角位移、角速度和角加速度等角量来描述.

(1)角位置 θ 和角位移 $\Delta\theta$.

设一质点在 xOy 平面内绕原点 O 做半径为 R 的圆周运动,如图1.11所示.设 t 时刻质点位于 A 点,此时半径 OA 与 x 轴夹角为 θ,则 θ 称为 A 点的**角位置**.角位置是随时间变化的,即 $\theta=\theta(t)$,质点沿圆周运动时,它在任意时刻 t 的位置则可用角位置 θ 来确定.在 $t+\Delta t$ 时刻,质点到达 B 点,B 点的角位置为 $\theta+\Delta\theta$,则 $\Delta\theta$ 表示质点在 Δt 时间内角位置的变化,称为质点在 Δt 时间内的**角位移**.角位移不但有大小而且有转向,一般规定沿逆时针转向取正值,沿顺时针转向取负值.在国际单位制中,角位移的单位是弧度(rad).

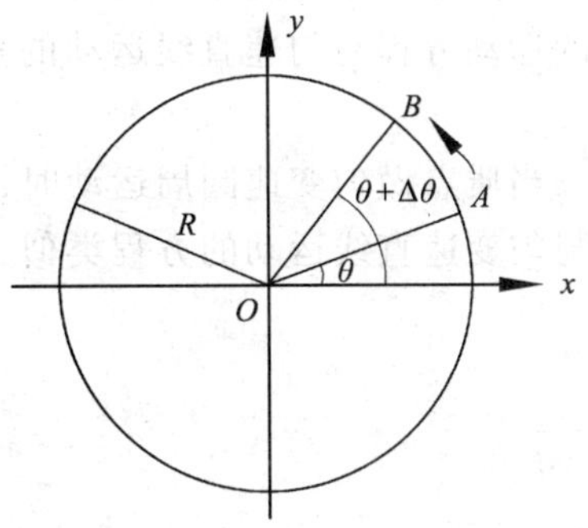

图1.11　质点在 xOy 平面内做圆周运动

(2)角速度 ω.

仿照直线运动的描述方法,把角位移 $\Delta\theta$ 与时间 Δt 之比称为在 Δt 时间内质点对 O 点的**平均角速度**,以 $\bar{\omega}$ 表示,即

$$\bar{\omega}=\frac{\Delta\theta}{\Delta t}$$

当 $\Delta t\to0$ 时,平均角速度 $\bar{\omega}$ 的极限值称为质点在 t 时刻的**瞬时角速度**,简称**角速度**,以 ω 表示,即

$$\omega=\lim_{\Delta t\to0}\frac{\Delta\theta}{\Delta t}=\frac{\mathrm{d}\theta}{\mathrm{d}t}\tag{1.35}$$

角速度等于做圆周运动质点的角位置对时间的一阶导数.角速度是描述质点做圆周运动时,在时刻 t 相对于圆心 O 转动快慢的物理量.在圆周运动中,质点的角速度也可以看成是标量,它的正负决定于质点的运动方向(一般规定沿逆时针转向取正值,沿顺时针转向取负值).在国际单位制中角速度的单位是弧度每秒($\mathrm{rad\cdot s^{-1}}$).

(3)角加速度 β.

设质点在 t 时刻的角速度为 ω,$t+\Delta t$ 时刻的角速度变为 $\omega+\Delta\omega$,则角速度的增量 $\Delta\omega$ 与时间 Δt 之比称为在 Δt 这段时间内质点对 O 点的**平均角加速度**,以 $\bar{\beta}$ 表示,即

$$\bar{\beta}=\frac{\Delta\omega}{\Delta t}$$

当 $\Delta t\to0$ 时,平均角加速度 $\bar{\beta}$ 的极限值称为质点在 t 时刻的**瞬时角加速度**,简称**角加速度**,以 β 表示,即

$$\beta=\lim_{\Delta t\to0}\frac{\Delta\omega}{\Delta t}=\frac{\mathrm{d}\omega}{\mathrm{d}t}=\frac{\mathrm{d}^2\theta}{\mathrm{d}t^2}\tag{1.36}$$

角加速度等于做圆周运动质点的角速度对时间的一阶导数,也等于质点的角位置对时间的二阶导数.角加速度是描述质点做圆周运动时,在时刻 t 相对于圆心 O 角速度变化快慢的物理量.在圆周运动中,质点的角加速度也可以看成标量,当质点沿圆周做加速运动时,β 与

ω 同号；做减速运动时，β 与 ω 异号；做匀速运动时，ω 为常量，β 等于零；当质点做匀变速圆周运动时，β 为常量．在一般情况下，β 不是常量．在国际单位制(SI)中角加速度的单位是弧度每二次方秒($rad \cdot s^{-2}$).

(4)用角量表示的运动方程．

质点做匀速圆周运动时，角速度 ω 为常量，角加速度 β 等于零，用角量表示的匀速圆周运动的运动方程与匀速直线运动的方程类似，为

$$\theta = \theta_0 + \omega t \tag{1.37}$$

当质点做匀变速圆周运动时，角加速度 β 为常量，用角量表示的匀变速圆周运动的运动方程与匀变速直线运动的方程类似，为

$$\theta = \theta_0 + \omega_0 t + \frac{1}{2}\beta t^2 \tag{1.38}$$

$$\omega = \omega_0 + \beta t \tag{1.39}$$

$$\omega^2 = \omega_0^2 + 2\beta(\theta - \theta_0) \tag{1.40}$$

其中式(1.38)称为**运动方程**，式(1.39)称为**角速度公式**，式(1.40)是**角速度与角位移的关系式**．式(1.38)、(1.39)、(1.40)中的 θ、θ_0、ω、ω_0、β 分别表示质点的角位置、初角位置、角速度、初角速度和角加速度．质点的圆周运动还可以是变加速的，这时角加速度就是变量了．

3. 线量与角量

位矢、位移、速度、加速度等称为**线量**，而角位置、角位移、角速度、角加速度等称为**角量**．质点做圆周运动时，既可以用线量来描述，也可以用角量来描述，显然角量与线量之间存在着某种对应关系．如图 1.11 所示，设圆的半径为 R，在时间 Δt 内质点的角位移为 $\Delta\theta$，则质点在时间 Δt 内的线位移就是有向线段 $\overrightarrow{AB}$，当 $\Delta t \to 0$ 时，A 与 B 的弧长 Δs 与 $\overrightarrow{AB}$ 的长度可视为相等，即

$$\Delta s = |\overrightarrow{AB}| = R\Delta\theta$$

所以质点的速度 v 可表示为

$$v = \lim_{\Delta t \to 0}\frac{\Delta s}{\Delta t} = \lim_{\Delta t \to 0} R\frac{\Delta\theta}{\Delta t} = R\omega \tag{1.41}$$

由上式，并按切向加速度和法向加速度的定义，可得

$$a_\tau = \frac{\mathrm{d}v}{\mathrm{d}t} = R\frac{\mathrm{d}\omega}{\mathrm{d}t} = R\beta \tag{1.42}$$

$$a_n = \frac{v^2}{R} = v\omega = R\omega^2 \tag{1.43}$$

式(1.41)、(1.42)、(1.43)就是描述圆周运动角量与线量之间的关系的表达式，在分析各种力学问题时经常用到．

例 1.6 一质点以角速度 $\omega = b - ct$ 沿逆时针方向做半径为 R 的圆周运动，式中 b 和 c 均为正常量．求：(1)任意时刻质点加速度的大小和方向；(2)角速度为零时质点沿圆周运动了多少圈．

解 (1)由已知 $\omega = b - ct$ 可得

$$a_n = R\omega^2 = R(b - ct)^2 \tag{1.44}$$

$$a_\tau = R\frac{\mathrm{d}\omega}{\mathrm{d}t} = -Rc \tag{1.45}$$

切向加速度 $a_\tau<0$，说明是减速圆周运动．由(1.44)和(1.45)式可得加速度的大小为

$$a=\sqrt{a_\tau^2+a_n^2}=R\sqrt{c^2+(b-ct)^2}$$

加速度与切向轴之间的夹角设为 θ，则

$$\tan\theta=\frac{a_n}{a_\tau}=-\frac{(b-ct)^2}{c}$$

即 θ 为钝角．

(2)由角速度定义 $\omega=\frac{\mathrm{d}\theta}{\mathrm{d}t}$ 得

$$\int_{\theta_0}^{\theta}\mathrm{d}\theta=\int_0^t\omega\mathrm{d}t=bt-\frac{1}{2}ct^2$$

即

$$\theta-\theta_0=bt-\frac{1}{2}ct^2 \tag{1.46}$$

由 $\omega=b-ct=0$ 可解出 $t=\frac{b}{c}$，代入式(1.46)得

$$\theta-\theta_0=\frac{b^2}{2c}$$

质点转动的圈数为

$$n=\frac{\theta-\theta_0}{2\pi}=\frac{b^2}{4\pi c}$$

例 1.7 一质点沿半径为0.1 m的圆周运动，其角位置 $\theta=2+4t^3$(SI)，见例1.7图．求：(1) $t=2$ s时，质点的法向加速度和切向加速度；(2)角位置 θ 为何值时，该质点的加速度与半径成45°角．

解 (1)由角速度定义，有 $\omega=\frac{\mathrm{d}\theta}{\mathrm{d}t}=\frac{\mathrm{d}}{\mathrm{d}t}(2+4t^3)=12t^2$，

所以法向加速度 $a_n=\omega^2R=(12t^2)^2\times0.1=14.4t^4$

切向加速度 $a_\tau=\frac{\mathrm{d}v}{\mathrm{d}t}=\frac{\mathrm{d}}{\mathrm{d}t}(R\omega)=2.4t$

将 $t=2$ s代入以上两式，分别得到

$$a_n=230.4\ \mathrm{m\cdot s^{-2}},\quad a_\tau=4.8\ \mathrm{m\cdot s^{-2}}$$

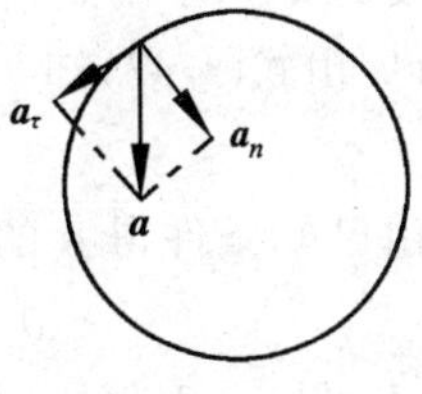

例1.7图

(2)当合加速度与半径成45°角时，应有 $a_n=a_\tau$，即 $14.4t^4=2.4t$，解得 $t^3=\frac{1}{6}$，代回运动方程，得

$$\theta=2+4t^3=2+4\times\frac{1}{6}\ \mathrm{rad}=2.67\ \mathrm{rad}$$

1.4 相对运动

质点的运动是相对的，在不同参考系中，同一个运动质点的位矢、位移和速度都是不同的，这种情况在日常生活中经常遇到．例如，一列行驶的列车，静止于地面的观察者看到列车是运动的，而坐在与列车运动方向相反的汽车里的观察者所看到的列车，则是沿相反方向进行的．

下面就来研究某一质点相对于两个不同参考系的运动情况.

现把两参考系抽象为两直角坐标系 $Oxyz$（S 系）和 $O'x'y'z'$（S'系）. 下面的讨论仅限于两坐标系的相应坐标轴在运动中总保持互相平行的情况，如图 1.12 所示.

设 S'系的坐标原点 O'相对于 S 系的坐标原点 O 的位矢为 $\boldsymbol{r}_{O'O}$，质点 A 在空间运动，某时刻相对 S 系的位矢为 $\boldsymbol{r}_{AO}$，相对于 S'系的位矢为 $\boldsymbol{r}_{AO'}$. 则根据空间几何关系，显然有

$$\boldsymbol{r}_{AO}=\boldsymbol{r}_{AO'}+\boldsymbol{r}_{O'O}$$

将上式两边对时间 t 求一阶导数得

$$\frac{\mathrm{d}\boldsymbol{r}_{AO}}{\mathrm{d}t}=\frac{\mathrm{d}\boldsymbol{r}_{AO'}}{\mathrm{d}t}+\frac{\mathrm{d}\boldsymbol{r}_{O'O}}{\mathrm{d}t}$$

根据速度定义，上式可写作

$$\boldsymbol{v}_{AO}=\boldsymbol{v}_{AO'}+\boldsymbol{v}_{O'O} \tag{1.47}$$

将式(1.47)两边分别对 t 求导，则可得

$$\boldsymbol{a}_{AO}=\boldsymbol{a}_{AO'}+\boldsymbol{a}_{O'O} \tag{1.48}$$

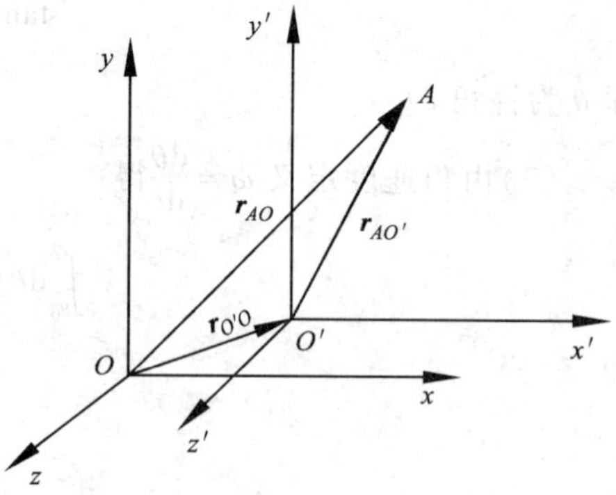

图 1.12 相对运动

式(1.47)、(1.48)中，$\boldsymbol{v}_{AO}$、$\boldsymbol{a}_{AO}$为质点 A 相对于 S 系的速度、加速度，$\boldsymbol{v}_{AO'}$、$\boldsymbol{a}_{AO'}$为质点 A 相对于 S'系的速度、加速度，$\boldsymbol{v}_{O'O}$、$\boldsymbol{a}_{O'O}$为 S'系相对于 S 系的速度、加速度. 在实际运算时，常可利用分量式.

例 1.8 一带篷的载货汽车，篷高 $h=2$ m，当它停在马路上时，雨点可落入车内，达到篷后沿前方 $d=1$ m 处，如例 1.8 图所示. 当车以 15 km · h^{-1} 的速度沿平直马路行驶时，雨点恰好不能落入车内. 求雨点相对地面的速度及雨点相对车的速度.

解 取地面为 S 系，车为 S'系，S'系相对 S 系的运动速度为 $\boldsymbol{u}$，所求雨点相对地面的速度为 $\boldsymbol{v}$，雨点相对车的速度为 $\boldsymbol{v}'$. 由式(1.47)知

$$\boldsymbol{v}=\boldsymbol{v}'+\boldsymbol{u}$$

由已知条件得 $\boldsymbol{u}$ 的大小 $u=15$ km · h^{-1}，$\boldsymbol{v}$ 与地面的夹角

$$\theta=\arctan(h/d)=63.4°$$

且 $\boldsymbol{v}'$与 $\boldsymbol{u}$ 垂直. 由图可得

$$v=\frac{u}{\cos\theta}=\frac{15}{\cos 63.4°}\ \mathrm{km\cdot h^{-1}}=33.5\ \mathrm{km\cdot h^{-1}}$$

$$v'=u\tan\theta=u\frac{h}{d}=\frac{15\times 2}{1}\ \mathrm{km\cdot h^{-1}}=30\ \mathrm{km\cdot h^{-1}}$$

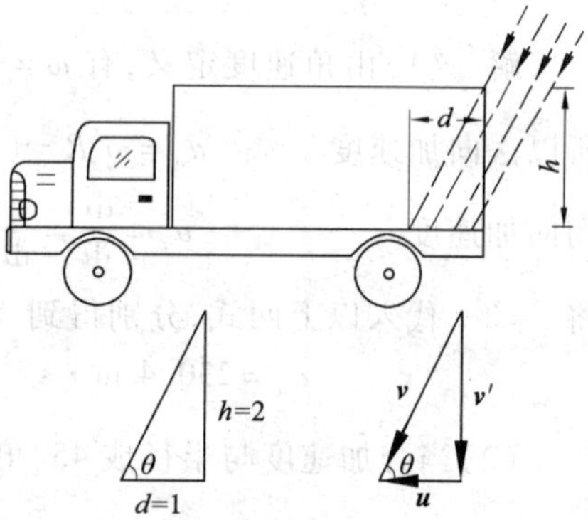

例 1.8 图

例 1.9 在河水流速 $v_0=2$ m · s^{-1} 的地方有小船渡河，如果希望小船以 $v=4$ m · s^{-1}的速率垂直于河岸横渡，问小船相对于河水的速度的大小和方向应如何?

解 例 1.9 图给出了水的流速、船相对水及船相对岸的速度三者间的关系. 设小船相对河岸的速度为 $\boldsymbol{v}$，小船相对河水的速度为 $\boldsymbol{v}'$，河水的流速为 $\boldsymbol{v}_0$，则有

$$\boldsymbol{v}=\boldsymbol{v}'+\boldsymbol{v}_0$$

取如图坐标系，船相对于水的速度为

$$\boldsymbol{v}' = \boldsymbol{v} - \boldsymbol{v}_0$$

$$\boldsymbol{v}' = -v_0\boldsymbol{i} + v\boldsymbol{j}$$

其大小为

$$v' = \sqrt{v_0^2 + v^2} = \sqrt{2^2 + 4^2}\ \mathrm{m \cdot s^{-1}} = 4.47\ \mathrm{m \cdot s^{-1}}$$

设 v' 与水流方向 v_0 间的夹角为 θ,则

$$\theta = 90° + \arctan\frac{v_0}{v} = 90° + 26.6° = 116.6°$$

即小船渡河时,必须使船身与河水流动方向间的夹角为 116.6°,逆流划行.

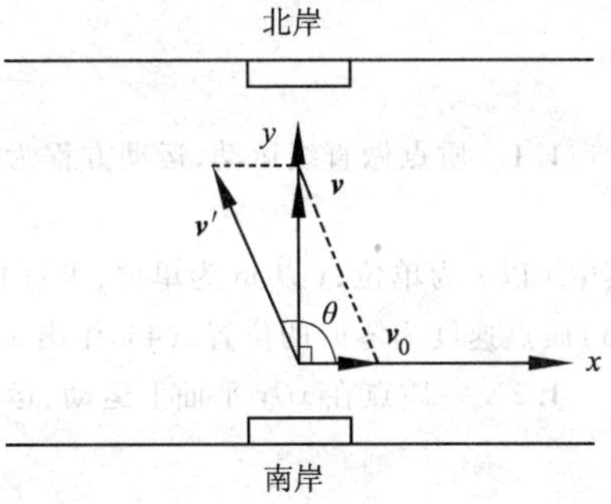

例1.9图

思考题

1.1 回答下列问题:

(1)一物体具有加速度而其速度为零,是否可能?

(2)一物体具有恒定的速率但仍有变化的速度,是否可能?

(3)一物体具有恒定的速度但仍有变化的速率,是否可能?

(4)一物体的加速度大小恒定而其速度的方向改变,是否可能?

1.2 路程和位移有何区别?速度和速率有何区别?

1.3 $|\Delta \boldsymbol{r}|$ 和 Δr 有何区别?$\left|\frac{\mathrm{d}\boldsymbol{v}}{\mathrm{d}t}\right|$ 和 $\frac{\mathrm{d}v}{\mathrm{d}t}$ 有何区别?

1.4 设质点的运动方程 $x = x(t)$,$y = y(t)$,在计算质点的速度和加速度时,有人先求出 $r = \sqrt{x^2 + y^2}$,然后根据 $v = \frac{\mathrm{d}r}{\mathrm{d}t}$ 及 $a = \frac{\mathrm{d}^2 r}{\mathrm{d}t^2}$ 求得结果;又有人先计算速度和加速度的分量,再合成求得结果,即

$$v = \sqrt{\left(\frac{\mathrm{d}x}{\mathrm{d}t}\right)^2 + \left(\frac{\mathrm{d}y}{\mathrm{d}t}\right)^2} \text{ 及 } a = \sqrt{\left(\frac{\mathrm{d}^2 x}{\mathrm{d}t^2}\right)^2 + \left(\frac{\mathrm{d}^2 y}{\mathrm{d}t^2}\right)^2}$$

你认为哪一种正确?两者差别何在?

1.5 回答下列问题:

(1)匀加速运动是否一定是直线运动?

(2)在圆周运动中,加速度的方向是否一定指向圆心?为什么?

1.6 对于物体的曲线运动有两种说法,是否正确?

(1)物体做曲线运动时,必有加速度,加速度的法向分量一定不等于零;

(2)物体做曲线运动时,速度方向一定在运动轨道的切线方向,法向分速度恒等于零,因此其法向加速度也一定等于零.

1.7 圆周运动中,质点的加速度是否一定和速度方向垂直?任意曲线运动的加速度是否一定与速度方向不垂直?

1.8 一个做平面运动的质点,它的运动方程是 $\boldsymbol{r} = \boldsymbol{r}(t)$,$\boldsymbol{v} = \boldsymbol{v}(t)$,如果(1)$\frac{\mathrm{d}r}{\mathrm{d}t} = 0$,$\frac{\mathrm{d}\boldsymbol{r}}{\mathrm{d}t} \neq 0$,质点做什么运动?(2)$\frac{\mathrm{d}v}{\mathrm{d}t} = 0$,$\frac{\mathrm{d}\boldsymbol{v}}{\mathrm{d}t} \neq 0$,质点做什么运动?

1.9 一人在以恒定速度运动的火车上竖直向上抛出一石子,此石子能否落入此人的手中?如果石子抛出后,火车以恒定的加速度前进,结果又将如何?

习　题

1.1　质点做直线运动,运动方程为

$$x=12t-6t^2$$

其中 t 以 s 为单位,x 以 m 为单位,求:(1) $t=4$ s 时,质点的位置、速度和加速度;(2)质点通过原点时的速度;(3)质点速度为零时的位置;(4) 作出 x-t 图、v-t 图、a-t 图.

1.2　一质点在 xOy 平面上运动,运动方程为

$$x=3t+5,\quad y=\frac{1}{2}t^2+3t-4$$

其中 t 以 s 为单位,x 以 m 为单位. 求:

(1)以时间 t 为变量,写出质点位置矢量的表示式;

(2)求出 $t=1$ s 时刻和 $t=2$ s 时刻的位置矢量,计算这 1 s 内质点的位移;

(3)计算 $t=0$ s 时刻和 $t=4$ s 时刻内的平均速度;

(4)求出质点速度矢量表示式,计算 $t=4$ s 时质点的速度;

(5)计算 $t=0$ s 时刻和 $t=4$ s 时刻内的平均加速度;

(6)求出质点加速度的矢量表示式,计算 $t=4$ s 时质点的加速度.

1.3　一长为 5 m 的梯子,顶端斜靠在竖直的墙上,设 $t=0$ 时,顶端离地面 4 m,当顶端以 $2\ \mathrm{m\cdot s^{-1}}$ 的速度沿墙面匀速下滑时,求:

(1)梯子下端的运动方程和速度. 设梯子下端与上端离墙角的距离分别为 x 和 y,并画出 x-t 图和 v-t 图;

(2) $t=3$ s 时,梯子下端的速度.

1.4　一质点沿一直线运动,其加速度为 $a=-2x$,式中 x 的单位为 m,a 的单位为 $\mathrm{m\cdot s^{-2}}$,试求该质点的速度 v 与位置坐标 x 之间的关系.(设 $x=0$ 时,$v_0=4\ \mathrm{m\cdot s^{-1}}$)

1.5　质点沿直线运动,加速度 $a=4-t^2$,如果当 $t=3$ 时,$x=9$,$v=2$,求质点的运动方程.(其中 a 以 $\mathrm{m\cdot s^{-2}}$ 为单位,t 以 s 为单位,x 以 m 为单位,v 以 $\mathrm{m\cdot s^{-1}}$ 为单位)

1.6　当物体高速穿过空气时,由空气阻力产生的反向加速度大小与物体速度的平方成反比,即 $a=-kv^2$,其中 k 为常量. 若物体不受其他力的作用,沿 x 方向运动,通过原点时的速度为 v_0,试证明在此后的任意位置 x 处其速度为 $v=v_0\mathrm{e}^{-kx}$.

1.7　试写出以矢量形式表示的质点做匀速圆周运动的运动学方程,并证明做匀速圆周运动质点的速度矢量 $\boldsymbol{v}$ 和加速度矢量 $\boldsymbol{a}$ 的标积等于零,即 $\boldsymbol{v}\cdot\boldsymbol{a}=0$.

1.8　一质点在 xOy 平面内运动,其运动方程为 $\boldsymbol{r}=a\cos\omega t\boldsymbol{i}+b\sin\omega t\boldsymbol{j}$,其中 a、b、ω 均为大于零的常量.

(1)试求质点在任意时刻的速度;

(2)证明质点运动的轨道为椭圆;

(3)证明质点的加速度恒指向椭圆的中心.

1.9　路灯离地面高度为 H,一个身高为 h 的人,在灯下水平路面上以匀速 v_0 步行. 如题1.9图所示,求当人与灯的水平距离为 x 时,他的头顶在地面上的影子移动的速度的大小.

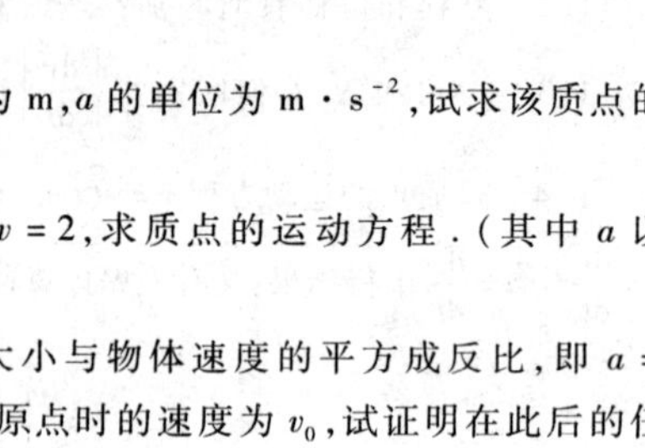

题 1.9 图

1.10　质点沿半径为 R 的圆周按 $s=v_0t-\frac{1}{2}bt^2$ 的规律运动,式中 s 为质点离圆周上某点的弧长,v_0、b 都是常量,求:(1) t 时刻质点的加速度;(2) t 为何值时,加速度在数值上等于 b.

1.11　质点做半径为 20 cm 的圆周运动,其切向加速度恒为 $5\ \mathrm{cm\cdot s^{-2}}$,若该质点由静止开始运动,需要多少时间:(1)它的法向加速度等于切向加速度;(2)法向加速度等于切向加速度的 2 倍.

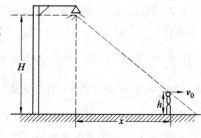

1.12　(1)地球的半径为 6.37×10^{6} m,求地球赤道表面上一点相对于地球中心的向心加速度;

(2)地球绕太阳运行的轨道半径为 1.5×10^{11} m,求地球相对于太阳的向心加速度;

(3)天文测量表明,太阳系以近似圆形的轨道绕银河系中心运动,半径为 2.8×10^{20} m,速率为 $2.5\times10^{5}\ \mathrm{m\cdot s^{-1}}$,求太阳系相对于银河系的向心加速度.

1.13　以初速度 $v_0=20\ \mathrm{m\cdot s^{-1}}$ 抛出一小球,抛出方向与水平面成 60°的夹角,求:(1)球轨道最高点的曲率半径 R_1;(2)落地处的曲率半径 R_2.

1.14　一架飞机在水平地面的上方,以 $174\ \mathrm{m\cdot s^{-1}}$ 的速率垂直俯冲,假定飞机以圆形路径脱离俯冲,而飞机可以承受的最大加速度为 $78.4\ \mathrm{m\cdot s^{-2}}$. 为了避免飞机撞到地面,求飞机开始脱离俯冲的最低高度. 假定整个运动中速率恒定.

1.15　一飞轮以速度 $n=1\,500\ \mathrm{r\cdot min^{-1}}$ 转动,受制动而均匀减速,经 $t=50$ s 静止,求:

(1)角加速度 β 和从制动开始到静止飞轮转过的转数 N;

(2)制动开始后,$t=25$ s 时飞轮的角速度 ω;

(3)设飞轮半径 $R=1$ m,$t=25$ s 时,飞轮边缘上一点的速度和加速度.

1.16　一质点沿半径为 1 m 的圆周运动,运动方程为 $\theta=2+3t^2$,式中 θ 以 rad 计,t 以 s 计,求:(1)$t=2$ s 时,质点的切向和法向加速度;(2)当加速度的方向和半径成 45°角时,其角位移是多少?

1.17　一圆盘半径为 3 m,它的角速度在 $t=0$ 时为 $3.33\pi\ \mathrm{rad\cdot s^{-1}}$,以后均匀地减小,到 $t=4$ s 时角速度变为零. 试计算圆盘边缘上一点在 $t=2$ s 时的切向加速度和法向加速度的大小.

1.18　某雷达站对一个飞行中的炮弹进行观测,发现炮弹达最高点时正好位于雷达站的上方,且速率为 v,高度为 h. 求在炮弹此后的飞行过程中,在 t(以 s 为单位)时刻雷达的观测方向与铅垂直方向之间的夹角 θ 及其变化率 $\omega=\dfrac{d\theta}{dt}$(雷达的转动角速度).

1.19　汽车在大雨中行驶,车速为 $80\ \mathrm{km\cdot h^{-1}}$,车中乘客看见侧面的玻璃上雨滴和铅垂线成 60°角,当车停下来时,他发现雨滴是竖直下落的,求雨滴下落的速度.

1.20　一升降机以加速度 $1.22\ \mathrm{m\cdot s^{-2}}$ 上升,当上升速度为 $2.44\ \mathrm{m\cdot s^{-1}}$ 时,有一螺帽自升降机的天花板松落,天花板与升降机底面相距 2.74 m,计算:(1)螺帽从天花板落到底面所需的时间;(2)螺帽相对于升降机外固定柱子的下降距离.

1.21　某人骑自行车以速率 v 向西行驶,北风以速率 v 吹来(以地面为参考系),问骑车者感觉到风速及风向如何?

1.22　当一轮船在雨中航行时,它的雨篷遮着篷的垂直投影后 2 m 的甲板上,篷高为 4 m,但当轮船停航时,甲板上干湿两部分的分界线却在篷前 3 m,若雨滴的速度大小为 $8\ \mathrm{m\cdot s^{-1}}$,求轮船的速率.

1.23　飞机自 A 城向北飞到 B 城,然后又向南飞回到 A 城,飞机相对于空气的速度为 v,而空气相对于地面的速度为 u,A、B 之间的距离为 L,如果飞机相对于空气的速率保持不变,试证:

(1)当空气静止($u=0$)时,飞行一个来回的时间为 $t_0=2L/v$;

(2)当空气的速度由南向北时,飞行一个来回的时间为 $t_1=t_0\Big/\left(1-\dfrac{u^2}{v^2}\right)$;

(3)当空气的速度由东向西时,飞行一个来回的时间为 $t_2=t_0\Big/\sqrt{1-\dfrac{u^2}{v^2}}$.

科学家简介

伽　利　略

伽利略(Galileo,1564—1642)是意大利著名数学家、天文学家、物理学家、哲学家,是首先在科学实验

的基础上将数学、天文学、物理学三门学科融会贯通的科学巨人.

一、生平简介

伽利略,1564 年出生于意大利比萨城的一个没落贵族大家庭.他从小聪颖过人,17 岁时被父亲送入比萨大学学习医学,但他对医学不感兴趣.由于受到一次数学演讲的启发,他开始热衷于数学和物理学的研究.伽利略于 1585 年辍学回家,此后曾在比萨大学和帕多瓦大学任教,在此期间他在科学研究上取得了不少成绩.由于他反对当时统治知识界的亚里士多德的世界观和物理学,同时又由于他积极宣扬违背天主教教义的哥白尼太阳中心说,所以不断受到教授们的排挤以及教士们和罗马教皇的激烈反对,终于在 1633 年被罗马宗教裁判所判刑入狱(后不久改为在家监禁),并强迫他在写有"我悔恨我的过失,宣传了地球运动的邪说"的"悔罪书""上签字.这使他的身体和精神都受到很大的摧残.但他仍然致力于力学的研究工作.1637 年伽利略双目失明,1642 年由于寒热病在孤寂中离开了人世,时年 78 岁.时隔 348 年,罗马教皇于 1980 年宣布承认对伽利略的压制是错误的,并为他"恢复名誉".

二、主要科学贡献

(1)论证和宣扬了哥白尼学说,令人信服地说明了地球的公转、自转以及行星的绕日运动,他还用自制的望远镜仔细地观测了木星的 4 个卫星的运动,在人们面前展示了一个太阳系的模型,有力地支持了哥白尼学说.

(2)论证了惯性运动,指出维持运动并不需要外力.这就否定了亚里士多德"运动必须推动"的教条.不过伽利略对惯性运动的理解还没有完全摆脱亚里士多德的影响,他也认为"维护宇宙完善秩序"的惯性运动"不可能是直线运动,而只能是圆周运动".这个错误理解被他的同代人笛卡儿和后人牛顿纠正了.

(3)论证了所有物体都以同一加速度下落.这个结论直接否定了亚里士多德的重物比轻物下落快的说法.200 多年后,从这个结论萌发了爱因斯坦的广义相对论.

(4)用实验研究了匀速运动.他通过使小球沿斜面滚下的实验测量验证了他推出的公式:从静止开始的匀加速运动的路程和时间的平方成正比.他还把这一结果推广到自由落体运动,即倾角为 90° 的斜面上的运动.

伽利略自制的望远镜

伽利略做自由落体实验的比萨斜塔

(5)提出运动合成的概念,明确指出平抛运动是相互独立的水平方向的匀速运动和竖直方向的匀加速运动的合成,并用数学证明合成运动的轨迹是抛物线.他还根据这个概念计算出了斜抛运动在仰角

45°时射程最大，比45°大或小同样角度的斜抛运动射程相等．

(6)提出了相对性原理的思想．他生动地叙述了大船内的一些力学现象，并且指出船以任何速度匀速前进时这些现象都一样地进行，从而无法根据它们来判断船是否在动．这个思想后来被爱因斯坦发展为相对性原理而成了狭义相对论的基本假设之一．

(7)发现了单摆的等时性，并证明了单摆振动的周期和摆长的平方根成正比．他还解释了共振和共鸣现象．

此外，伽利略还研究过固体材料的强度、空气的重量、潮汐现象、太阳黑子、月亮表面的隆起与凹陷等问题．伽利略的主要传世之作是两本书，一本是1632年出版的《关于两个世界体系的对话》，简称《对话》，主要内容是宣扬哥白尼的太阳中心说；另一本是1638年出版的《关于力学和局部运动两门新科学的谈话和数学证明》，简称《两门新科学》，书中主要陈述了他在力学方面研究的成果．

除了具体的研究成果外，伽利略还在研究方法上为近代物理学的发展开辟了道路，是他首先把实验引进物理学并赋予重要的地位，革除了以往只靠思辨下结论的恶习．他同时也很注意严格的推理和数学的运用，例如他用消除摩擦的极限情况来说明惯性运动，推论大石头和小石块绑在一起下落应具有的速度来使亚里士多德陷于自相矛盾的困境，从而否定重物比轻物下落快的结论．这样的推理能消除直觉的错误，从而能更深入地理解现象的本质．爱因斯坦和英费尔德在《物理学的进化》一书中曾评论说："伽利略的发现以及他所应用的科学的推理方法，是人类思想史上最伟大的成就之一，而且标志着物理学的真正开端．"

伽利略一生和传统的错误观念进行了不屈不挠的斗争，他对待权威的态度也很值得我们学习．他说过："老实说，我赞成亚里士多德的著作，并精心地加以研究．我只是责备那些使自己完全沦为他的奴隶的人，这种人不管权威讲什么都盲目地赞成，并把权威的话一律当做不能违抗的圣旨，从来不去做任何深入的研究．"

阅读材料 A

全球定位系统和质点运动学

一、全球定位系统简介

1973年12月，美国国防部制定了"导弹星"全球定位系统(GPS)的国防导弹卫星计划，并建立了一个供各军种使用的统一的全球军用卫星系统．该系统能够向全球用户提供连续、实时、高精度的三维位置、三维速度和时间信息．整个系统由地面监控网、多个卫星和大量用户接收机组成，是一种高精度卫星定位导航系统．

全球定位系统由空间的24颗卫星组成导航卫星星座，其中21颗卫星为工作卫星，3颗卫星为备份卫星，卫星在6条轨道上运转；轨道面倾角为55°，每条轨道上布设3颗卫星，彼此相距120°，各轨道的升交点沿赤道等间隔配置，且相邻升交点之间的角距离为60°．从一个轨道面的卫星到下一个轨道面的卫星之间错开40°，另外，每隔一个轨道平面的轨道上布置有1颗预热备份卫星．卫星在距地面2.02×10^7 m高度的轨道上运转，或者说轨道半径2.65×10^7 m，运转一周为12 h．每颗卫星都装有非常精确的原子钟，这样的卫星系统基本上保证了地球任何位置的用户接收机能同时接收到4~8颗卫星发来的信号，如图A.1所示．

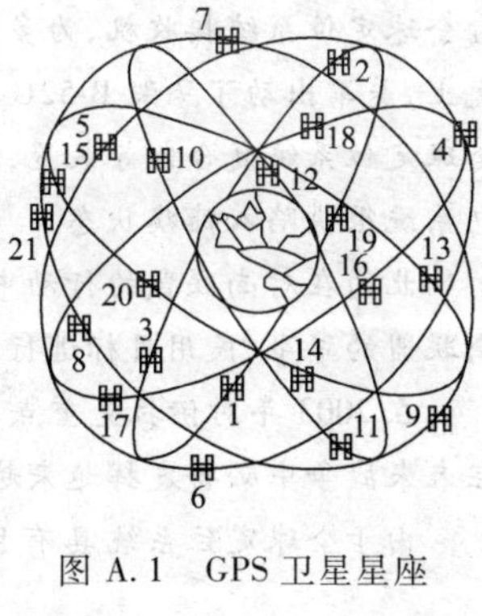

图A.1　GPS卫星星座

现代战争具有大规模、大纵深、非线性的作战特点，这就要求分布在广大地域的地面部队、坦克、火炮、飞机、水面和水下的舰艇具有协同一致的作战行动，同时也要求其具有高度精确且一致的时间基准，并且在任何时候都能确定自身的位置和速度．全球定位系统是卫星无线电导航、定位和授时系统，其主要任务就是为分布在各地的三军部队及武器装备提供全天候的精确导航、定位和授时服务，并为低轨道军用卫星提供必要的信息．

二、全球定位系统的物理基础

全球定位系统能保证全球上任何地点至少同时看到4颗卫星，如图A.2所示．每颗卫星能连续不断地向用户接收机发射导航信号，所以系统能对地面目标进行精确定位．下面具体分析．

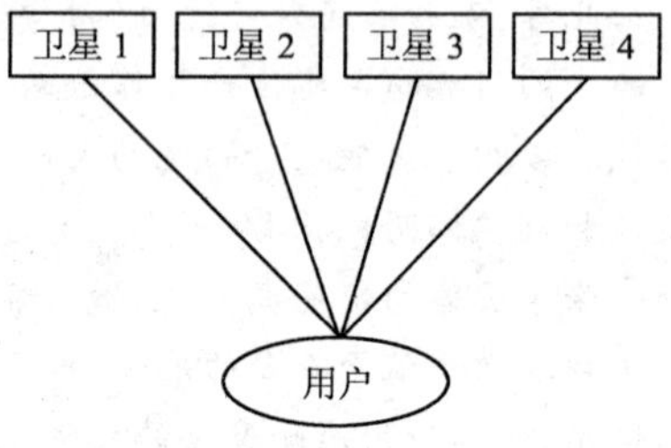

图 A.2　GPS的定位原理

用户到卫星的距离等于电磁波的传播速度乘以电磁波传播所用的时间．假设用户同时接收到4颗卫星信号，且4颗卫星发射信号时的精确位置和时间分别为：(x_1, y_1, z_1, t_1)，(x_2, y_2, z_2, t_2)，(x_3, y_3, z_3, t_3)，(x_4, y_4, z_4, t_4)，电磁波的传播速度为u，用户此时所在的位置为(x, y, z, t)，则有

$$\sqrt{(x-x_1)^2+(y-y_1)^2+(z-z_1)^2}=u(t-t_1)$$
$$\sqrt{(x-x_2)^2+(y-y_2)^2+(z-z_2)^2}=u(t-t_2)$$
$$\sqrt{(x-x_3)^2+(y-y_3)^2+(z-z_3)^2}=u(t-t_3)$$
$$\sqrt{(x-x_4)^2+(y-y_4)^2+(z-z_4)^2}=u(t-t_4)$$

解此方程组可求得(x, y, z, t)，即用户此时所在位置．

如果连续不断地定位，则可求出三维速度(v_x, v_y, v_z)．设t时刻用户的位置为(x, y, z, t)，t'时刻用户的位置为(x', y', z', t')，则用户的速度为

$$v_x=\frac{x-x'}{t-t'},\qquad v_y=\frac{y-y'}{t-t'},\qquad v_z=\frac{z-z'}{t-t'}$$

全球定位系统测量精度高．国内外10多年的众多实验和研究表明：若方法合适，软件精良，则短距离(15 km)的定位精度可达到厘米数量级或更好；中长距离(几十千米到几千千米)的相对精度为$10^{-8}\sim10^{-7}$，其定位精度是相当惊人的．

三、全球定位系统的军事应用

全球定位系统可为地面车辆、人员以及航空、航海、航天等领域的飞机、舰艇、潜艇、卫星、航天飞机等进行导航和定位；可用于洲际导弹的中段制导，作为惯性制导系统的补充，提高导弹的精度；还可用于照相制图和大地测量、空中交会和加油、空投和空运、航空交通控制和指挥、火炮的定位和发射、靶场测试、反潜战、布雷、扫雷、船只的保持和营救工作等．

全球定位系统的大规模军事应用始于海湾战争，以美国为首的多国部队给海陆空三军装备了1.7万台全球定位系统接收机，为多国部队创造了难以估计的效益和利益．例如，在实施“沙漠风暴”的第一天晚上，美军出动了7架B-52G战略轰炸机，向伊拉克发射了35枚AGM-80C巡航导弹，这些导弹上都装有全球定位系统复合制导装置，能从区域目标转为定点目标，准确击中预定战略目标，使伊军通信防空和供电系统很快陷入瘫痪状态．

北约在对南联盟的行动中广泛使用了远程巡航导弹，并借助全球定位系统，结合直接攻击性武器，对南联盟的军事、民用目标进行了精确打击．

在2003年对伊拉克重点目标的打击中，全球定位系统又起到了巨大作用．可以肯定，全球定位系统在未来战争中必将发挥越来越大的作用．

由于全球定位系统具有巨大的实用价值，俄罗斯也在发展与全球定位系统相似的导航系统——

Gionass工作星座，星座由21颗工作卫星和3颗在轨备用卫星组成，均匀分布在3个轨道平面上．

目前世界各地的许多重要导航定位用户都具有GPS/Gionass组合导航定位能力．

欧洲空间局筹建的导航卫星系统，系统包括赤道面上的6颗同步卫星和12颗高椭圆轨道卫星，是一个混合卫星系统．

我国筹建的双星定位系统，它是由2颗同步卫星确定平面的导航系统．“北斗一号”是我国的导航定位系统卫星，它在2003年6月3日凌晨5时成功定点并顺利进入地球同步轨道．

第2章 质点运动的守恒定律

本章将研究质点运动状态变化的原因及其基本自然规律. 主要包括牛顿运动定律,动量守恒定律,动能守恒定律及能量守恒定律等.

2.1 牛顿运动定律

2.1.1 牛顿运动定律

牛顿运动定律是在大量实验的基础上总结出来的. 三个定律是一个整体,它们之间有密切的联系,现分别讨论如下:

1. 牛顿第一定律

任何物体都将保持静止或匀速直线运动状态,直到作用在它上面的力迫使它改变这种状态为止.

第一定律包含了两个重要概念:

(1)**惯性** 任何物体都具有保持其原有运动状态不变的特性,这种特性称为**惯性**. 因此牛顿第一定律又称为惯性定律. 物体的惯性不仅表现在不受外力时保持原有运动状态不变,还表现在物体受到外力作用时,它们的运动状态改变的难易程度不同. 在一定的外力作用下,惯性小的物体的运动状态容易改变,而惯性大的物体则难以改变.

(2)**力** 物体之间的相互作用称为**力**. 力是改变物体运动状态的原因. 也就是说,力的起源是物体之间的相互作用,力的效果是改变物体的运动状态. 而维持物体的运动状态要靠惯性.

事实上,任何物体都不可能完全不受其他物体的作用力,但是,如果这些作用力恰好相互抵消,则物体的速度保持不变,力处于平衡之中. 从这个角度可以说:第一定律描述的是力处于平衡时物体的运动规律.

此外,由于运动只有相对于一定的参考系才有意义,所以牛顿第一定律还定义了一种参考系. 在这种参考系中观察,一个不受力或处于受力平衡状态下的物体将保持其静止或匀速直线运动的状态不变. 这样的参考系叫**惯性参考系**,简称**惯性系**. 并非任何参考系都是惯性系. 一个参考系是不是惯性系,要靠实验来判定. 例如,实验指出,对一般力学现象来说,地面参考系是一个足够精确的惯性系. (有关惯性参考系的详细讨论参见2.2)

2. 牛顿第二定律

物体(质点)所获得的加速度 $\boldsymbol{a}$ 的大小和所受合外力 $\boldsymbol{F}$ 的大小成正比,与物体的质量 m 成反比,加速度的方向与合外力的方向相同. 其数学表达式为

$$\boldsymbol{F}=m\boldsymbol{a} \tag{2.1}$$

在国际单位制中,力 $\boldsymbol{F}$ 的单位是牛顿,符号是 N,质量 m 的单位是千克,符号是 kg.

牛顿第二定律包含两个要点:

(1)**定量地研究了力的效果**．当一物体受不同的外力作用时，物体所获得的加速度和外力成正比，即 $a \propto F$，也就是说，对同一物体施加的外力大，则获得的加速度也大；施加的外力小，获得的加速度也小．当同一外力作用在不同物体上时，加速度与质量成反比，即 $a \propto 1/m$，也就是说，在相同的外力作用下，质量小的物体可以得到大的加速度；而质量大的物体只能得到小的加速度．

(2)**定量地量度了惯性**．牛顿第二定律给出，质量不同的物体受到相同的外力作用时，物体加速度与物体质量之间成反比关系．这说明质量越大的物体其原有的运动状态越不容易改变，即它的惯性越大．所以说质量是物体惯性大小的量度．

质量与重量是有区别的，重量是物体所受到的重力．物体在不同的地点所受到的重力可以不同，但质量却不会因此而不同．

应用第二定律要注意以下三点：

(1)式(2.1)中的 $\boldsymbol{F}$ 应是物体所受外力的矢量和，而不是其中的某一个分力．

(2)式(2.1)表达的是 $\boldsymbol{F}$ 与 $\boldsymbol{a}$ 的瞬时关系．当质点所受的力 $\boldsymbol{F}$ 随时间而变化时，加速度 $\boldsymbol{a}$ 也将随时间而变化，同一瞬时的 $\boldsymbol{F}$ 和 $\boldsymbol{a}$ 满足式(2.1)．如果某时刻力为零，则该时刻加速度也必然为零．当某时刻力沿某一方向，则该时刻的加速度也必然沿同一方向．它们是同时存在、同时消失、同时改变的．

(3)$\boldsymbol{F} = m\boldsymbol{a}$ 是一个矢量式，在直角坐标系中，它有三个分量式：

$$F_x = ma_x,\quad F_y = ma_y,\quad F_z = ma_z \tag{2.2}$$

在解决实际问题时，分量式更便于计算．应用时，当 $F_x = 0$ 时，只能说明 $a_x = 0$，而不能说明 a 也一定是零．当 $F_x \neq 0$ 时，则 a_x 也一定不为零．

3. 牛顿第三定律

当物体 A 以力 $\boldsymbol{F}_{BA}$ 作用于物体 B 时，物体 B 也以力 $\boldsymbol{F}_{AB}$ 作用于物体 A. 如果这两个力中的一个叫做作用力，则另一个就叫做反作用力．它们沿同一直线，大小相等，方向相反．如图 2.1 所示．用数学式表达就是

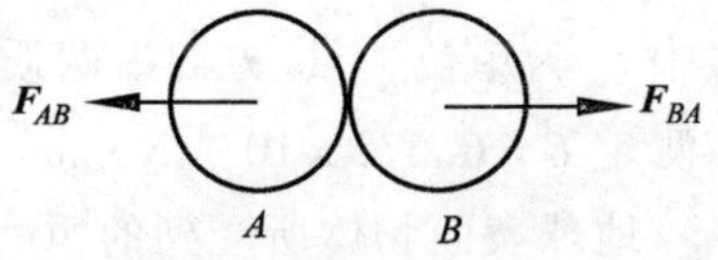

图 2.1　作用力和反作用力

$$\boldsymbol{F}_{BA} = -\boldsymbol{F}_{AB} \tag{2.3}$$

该定律表明：任何两个物体之间的作用力和反作用力都是大小相等、方向相反、成对出现的，而且作用于不同物体上，不能彼此抵消．

运用牛顿第三定律要明确：

(1)作用力和反作用力同时产生，同时消失，没有先后、主从之分．

(2)作用力和反作用力分别作用在两个物体上，其效果不能相互抵消．

(3)作用力和反作用力属于同一性质的力，如一物体受到地球对它的重力，同时地球也受到该物体的反作用力．这一对力都属于万有引力．

综上所述，牛顿第一定律定性地说明了物体的惯性和引起物体运动状态变化的原因．牛顿第二定律定量地说明了物体运动状态变化与所受作用力之间的关系．牛顿第三定律指出了力是物体间的一种相互作用．

上述牛顿的三条定律在解决实际问题时，经常是结合在一起应用的．

2.1.2 几种常见力

经典物理学按物体之间相互作用性质将力分为四类：引力、电磁力、强相互作用力和弱相互作用力．引力是存在于一切物体之间、由物体质量决定的一种相互吸引力．电磁力是带电物体或载流导体之间的相互作用力．力学中常见的弹力和摩擦力都起源于构成物体的微观粒子之间的电磁力．在牛顿力学中，当研究宏观物体的相互作用时，不必仔细考察它们的粒子之间的复杂的电磁力，只用到它们之间宏观的相互作用效果．强相互作用力和弱相互作用力都是短程力，只存在于某些基本粒子之间，牛顿力学规律在这里已不适用．所以在经典力学中，我们只介绍万有引力、弹力、摩擦力和黏力这几种常见力．

1. 万有引力

在开普勒(Kepler,1571—1630,德国)提出行星运动三条定律之后，牛顿在前人研究行星运动规律的基础上发现，星体之间的引力和地球上各物体间的引力性质是相同的，遵从相同的规律，并于1686年提出万有引力定律．

万有引力定律指出：任何两个质点之间都存在着相互吸引力，其大小与两质点质量的乘积成正比，与两质点之间的距离的平方成反比，力的方向沿着两质点的连线．如果 m_1、m_2 分别为两质点的质量，r 为两质点之间的距离，则引力的大小为

$$F = G\frac{m_1 m_2}{r^2} \tag{2.4a}$$

若写成矢量形式，则为

$$\boldsymbol{F} = -G\frac{m_1 m_2}{r^2}\boldsymbol{r}_0 \tag{2.4b}$$

式中 $\boldsymbol{r}_0$ 为单位矢量，方向沿两质点的连线由施力物体指向受力物体．G 称为引力常量，近代实验测定 $G = 6.672\times10^{-11}\ \mathrm{N\cdot m^2\cdot kg^{-2}}$．万有引力定律是自然界最普遍的定律之一．

地球表面物体所受到的重力是它所受到地球引力的一个特例．如果将地球看成匀质圆球，且不考虑地球自转，则可把地球质量 M 集中在地心一点来处理．根据式(2.4)，地球对质量为 m 物体的引力为

$$F = m\frac{GM}{R^2} = mg \tag{2.5}$$

式中的 R 为地球半径，$g=\dfrac{GM}{R^2}\approx 9.8\ \mathrm{m\cdot s^{-2}}$，称为**重力加速度**．

如果考虑地球的非匀质、非球形及自转的存在，则不同纬度的 g 与上述量值常有些微小差别，物体所受的重力略小于地球对物体的引力．

2. 弹性力

一物体与另一物体相接触时，物体受力会产生弹性形变，而发生形变的物体，总是企图恢复原状，则形变的物体将对使其产生形变的其他物体产生作用力，这种力叫**弹力**．如弹簧被拉伸或压缩时，便会对与其接触物体产生弹力．柔软的绳子在受到外力拉伸而发生形变时，在绳的两端和内部产生阻止形变的力，这种弹力又称为**张力**．下面我们简单地分析绳子的张力．如图2.2(a)所示，在绳上取两点 A 和 B，分别过 A、B 的两个截面将绳子分成三段，AB 段的质量设为 Δm. 在 A 处，左边部分对 AB 段施以张力 T_A，方向向左；在 B 处，右边部分对 AB 段施以

张力 T_B,方向向右,如图 2.2(b). 以向右为正方向,则 AB 段受到的合外力为 $T_B - T_A$. 由牛顿第二定律有

$$T_B - T_A = \Delta m \cdot a$$

可见,绳中各点张力的大小一般是不相等的,只有当绳做匀速直线运动或绳的质量可以忽略不计时,张力才处处相等,且等于绳子两端所受的力 F.

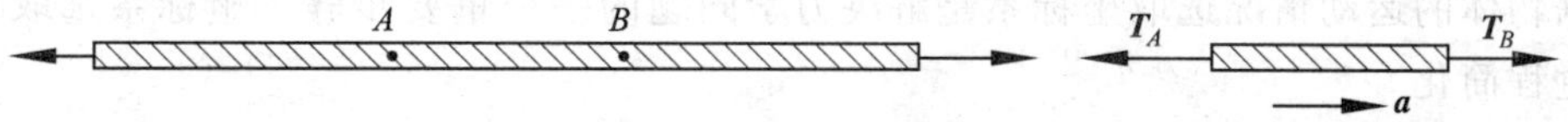

图 2.2　绳中的张力

除形变的弹簧和被拉紧的绳索具有弹力外,两物体接触面的压力也是常见的弹力,它们的方向垂直于接触面.

3. 摩擦力

当两个相互接触的物体沿接触面做相对运动或有相对运动的趋势时,在这两个物体的接触面上所产生的阻碍它们之间做相对运动的力,这种力叫**摩擦力**. 摩擦力的方向总是与接触面平行、并与物体间相对运动方向或运动趋势方向相反.

当相互接触的物体有相对运动的趋势,但尚未做相对运动时,所出现的摩擦力叫**静摩擦力**. 物体所受静摩擦力的大小与外力的大小相等,但方向相反. 当外力增大时,静摩擦力也随着增大. 当外力增大到某一值时,物体间开始有相对运动,这时的静摩擦力叫**最大静摩擦力**. 实验证明,最大静摩擦力 $f_{\max}$ 的大小与压力 N 成正比,即

$$f_{\max} = \mu_0 N \tag{2.6}$$

式中,μ_0 为**最大静摩擦系数**. 其值由两个物体接触面的粗糙程度和材料性质决定,可通过实验测得.

两个接触物体之间有相对滑动时,所产生的摩擦力叫**滑动摩擦力**. 实验表明,滑动摩擦力的大小也与压力成正比,即

$$f = \mu N \tag{2.7}$$

式中,μ 为**滑动摩擦系数**,对于给定的两个物体,它们之间的滑动摩擦系数 μ 比静摩擦系数 μ_0 略小.

4. 黏滞力

除固体之间的摩擦力外,当固体在流体(液体或气体)中运动时,或流体内部各部分之间存在相对运动时,流体与固体或流体内部各部分之间也存在着另一种摩擦力,即**黏滞力**. 一般固体与流体之间的黏滞力与它们之间的相对运动速率 v 的大小有关. 在速率不太大时,黏滞力与 v 的一次方成正比,在速率大时与 v 的平方或更高次方成正比. 其比例系数与固体的形状、大小和流体性质有关,其值可由实验测定.

2.1.3　牛顿运动定律的应用

应用牛顿运动定律大致可解决两类动力学问题. 一类是已知物体的受力情况求解物体的运动;另一类是已知物体的运动求物体的受力情况,其解题方法大体可采取以下步骤:

1. 选取研究对象

在求解质点动力学问题时,首先要选取研究对象,若在所研究的问题中涉及多个物体时,

可根据需要,选一个或几个物体分别作为研究对象.

2. 分析受力情况,画出受力图

将所选取的研究对象从其他物体中隔离出来,被隔离的物体称为隔离体. 然后分析隔离体所受的外力,画出隔离体的受力图.

3. 选取坐标系

根据物体的运动情况选取坐标系是解决力学问题的一个重要步骤. 坐标系选取得当,可使运算过程简化.

4. 根据牛顿运动定律列方程、求解

按照选定的坐标系,对每个研究对象列出牛顿第二定律的分量式,如果所列方程数目不足以解出全部未知量,还要根据题中的其他条件,如运动关系、摩擦力或其他约束条件,列出适当的补充方程,以联合求解出结果. 列方程时,若力和加速度的方向事先不能判定,则可先假定一个方向,然后按假定方向列出方程并进行运算,用计算结果与假定方向相比较来确定其实际方向.

解方程组时,一般先进行文字运算,然后将已知量统一单位制后代入数值求出未知量. 对于待求量是矢量的还要指明方向.

5. 分析讨论

对所求得的解进行分析、讨论,说明解的物理意义、解的适用范围等.

例 2.1 如例 2.1 图(a),设电梯中有一质量可以忽略的滑轮,在滑轮两侧用轻绳悬挂着质量分别为 m_1 和 m_2 的重物 A 和 B. 已知 $m_1 > m_2$,当电梯(1)匀速上升、(2)匀加速上升(加速度为 $\boldsymbol{a}$)时,分别求绳中的张力和物体 A 相对于电梯的加速度 a_A.

解 取地面为参考系,如例 2.1 图(a)所示. 把 A 与 B 隔离开来,分别画出它们的受力图,如例 2.1 图(b). 可以看出,每个质点都受两个力的作用:绳子的向上拉力和质点的重力.

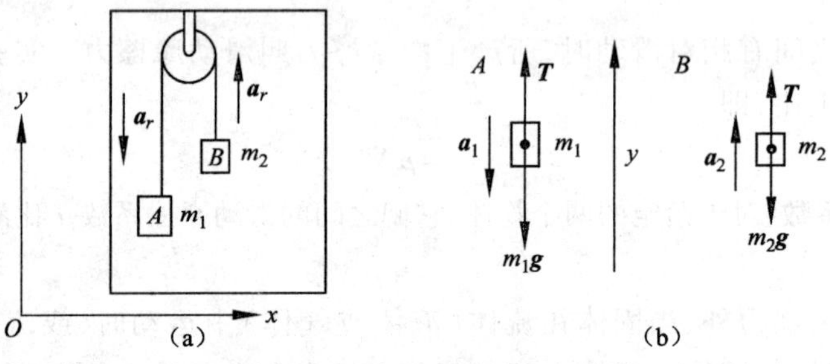

例 2.1 图

(1)当电梯匀速上升时,物体对电梯的加速度等于它们对地面的加速度. 选取 y 轴的正方向向上,则 B 以 a_r 向上运动,而 A 以 a_r 向下运动. 因绳子的质量可忽略,所以轮子两侧绳的向上拉力相等. 由牛顿第二定律得

$$T - m_1 g = -m_1 a_r \tag{1}$$

$$T - m_2 g = m_2 a_r \tag{2}$$

由上列两式消去 T,解得

$$a_r = \frac{m_1 - m_2}{m_1 + m_2} g \tag{3}$$

把 a_r 代入式(1),得

$$T=\frac{2m_1m_2}{m_1+m_2}g \tag{4}$$

(2)当电梯以加速度 a 上升时,A 相对于地面的加速度为 $a_1=a-a_r$,B 相对于地面的加速度为 $a_2=a+a_r$,因此

$$T-m_1g=m_1(a-a_r) \tag{5}$$

$$T-m_2g=m_2(a+a_r) \tag{6}$$

可解得

$$a_r=\frac{m_1-m_2}{m_1+m_2}(a+g) \tag{7}$$

$$T=\frac{2m_1m_2}{m_1+m_2}(a+g) \tag{8}$$

显然,如果 $a=0$,上两式就归结为式(3)与式(4).

如在式(7)与式(8)中用 $-a$ 代替 a,可得电梯以加速度 a 下降时的结果(设 $a\leqslant g$):

$$a_r=\frac{m_1-m_2}{m_1+m_2}(g-a) \tag{9}$$

$$T=\frac{2m_1m_2}{m_1+m_2}(g-a) \tag{10}$$

由此可以看出,当 $a=g$ 时,a_r 与 T 都等于 0,亦即滑轮、质点都成为自由落体,两个物体之间没有相对加速度.

例 2.2　如例 2.2 图所示,轻绳一端固定于 O 点,另一端系一质量为 m 的小球. 小球在竖直平面内绕 O 点做半径为 R 的圆周运动. 设小球运动到水平位置时开始计时,其初速度为 v_0. 求小球下落到任意角度 θ 时的速率和绳中张力的大小(用牛顿运动定律求解).

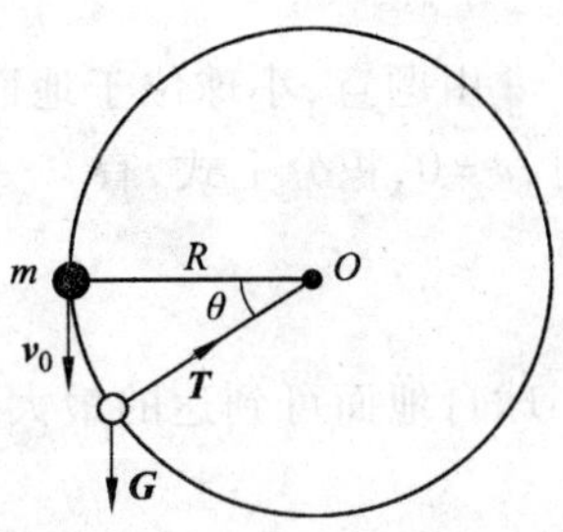

例 2.2 图

解　以小球为研究对象,用隔离体法画出小球所受重力 $\boldsymbol{G}$ 及绳的拉力 $\boldsymbol{T}$,如例 2.2 图所示. 小球在重力 G 和绳的拉力 T 的作用下,做变速率圆周运动. 当小球下落到绳与水平线成 θ 角位置时,可把力和加速度分解成切向分量和法向分量. 根据牛顿第二定律,有

$$mg\cos\theta=m\frac{\mathrm{d}v}{\mathrm{d}t} \tag{1}$$

$$T-mg\sin\theta=m\frac{v^2}{R} \tag{2}$$

因为$\frac{\mathrm{d}v}{\mathrm{d}t}=\frac{\mathrm{d}v\mathrm{d}\theta}{\mathrm{d}\theta\mathrm{d}t}$,而$\frac{\mathrm{d}\theta}{\mathrm{d}t}=\omega=\frac{v}{R}$,所以$\frac{\mathrm{d}v}{\mathrm{d}t}=\frac{v}{R}\frac{\mathrm{d}v}{\mathrm{d}\theta}$. 将此结果代入式(1),则有

$$g\cos\theta=\frac{v}{R}\frac{\mathrm{d}v}{\mathrm{d}\theta} \tag{3}$$

对式(3)分离变量后再积分,有

$$\int_0^\theta g\cos\theta\mathrm{d}\theta=\frac{1}{R}\int_{v_0}^{v}v\mathrm{d}v$$

由此式可解出拉绳处于 θ 角时小球速率为

$$v=\sqrt{v_0^2+2Rg\sin\theta}$$

将 v^2 值代入式(2)可得绳中张力为

$$T=mg\sin\theta+(v_0^2+2gR\sin\theta)\frac{m}{R}$$

$$=3mg\sin\theta+m\frac{v_0^2}{R}$$

例 2.3 以初速度 v_0 从地面竖直向上抛出一质量为 m 的小球，小球除受重力外，还受一个大小为 amv^2 的黏滞阻力（a 为常数，v 为小球运动的速度大小），当小球回到地面时，它的速度大小为多少？

解 小球竖直向上抛出后、将受到向下的重力 mg 和向下的阻力 amv^2 作用．取地面为坐标原点，竖直向上为 y 轴正方向，由牛顿第二定律有

$$-mg-amv^2=m\frac{\mathrm{d}v}{\mathrm{d}t}$$

变量替换$\frac{\mathrm{d}v}{\mathrm{d}t}=\frac{\mathrm{d}v}{\mathrm{d}y}\cdot\frac{\mathrm{d}y}{\mathrm{d}t}=v\frac{\mathrm{d}v}{\mathrm{d}y}$，有

$$-mg-amv^2=mv\frac{\mathrm{d}v}{\mathrm{d}y}$$

即

$$-\frac{mv\mathrm{d}v}{mg+amv^2}=\mathrm{d}y$$

由题意，小球位于地面 $y=0$ 时，速度大小为 $v=v_0$，设小球向上的最大高度为 h，即当 $y=h$ 时，$v=0$，积分上式，有

$$\int_{v_0}^{0}\left(-\frac{mv\mathrm{d}v}{mg+amv^2}\right)=\int_0^h\mathrm{d}y$$

小球自地面可到达的最大高度为

$$h=\frac{1}{2a}\ln\frac{mg+amv_0^2}{mg} \tag{1}$$

小球下落时，将受到向下的重力 mg 和向上的阻力 amv^2，根据牛顿第二定律，有

$$-mg+amv^2=m\frac{\mathrm{d}v}{\mathrm{d}t}$$

作变量替换后有

$$-mg+amv^2=mv\frac{\mathrm{d}v}{\mathrm{d}y}$$

即

$$\frac{mv\mathrm{d}v}{-mg+amv^2}=\mathrm{d}y$$

由题意，当 $y=h$ 时，$v=0$；设小球回到地面时，它的速度大小为 v_1，即 $y=0$，$v=-v_1$. 积分上式

$$\int_0^{-v_1}\left(-\frac{mv\mathrm{d}v}{mg-amv^2}\right)=\int_h^0\mathrm{d}y$$

得

$$h=\frac{1}{2a}\ln\frac{mg}{mg-amv_1^2} \tag{2}$$

将(1)式代入(2)式,有

$$\frac{1}{2a}\ln\frac{mg+amv_0^2}{mg}=\frac{1}{2a}\ln\frac{mg}{mg-amv_1^2}$$

解此式可得小球回到地面时的速度大小为

$$v_1=\frac{v_0\sqrt{g}}{\sqrt{av_0^2+g}}$$

说明:这是一个变力问题. 应用牛顿定律求解本题时,积分变量替换,即 $\frac{\mathrm{d}v}{\mathrm{d}t}=\frac{\mathrm{d}v}{\mathrm{d}y}\frac{\mathrm{d}y}{\mathrm{d}t}=v\frac{\mathrm{d}v}{\mathrm{d}y}$ 非常重要. 积分变量替换后,分离变量,然后通过积分就可求解此题,这种方法在许多问题中都有应用. 黏滞阻力的方向始终与物体的运动方向相反,解此题时应将小球的上抛运动和下落运动分开考虑.

例 2.4　升降机内有一光滑斜面,固定在底板上,斜面倾角为 θ. 当升降机以匀加速度 a_1 竖直上升时,质量为 m 的物体从斜面顶端沿斜面开始下滑,如例2.4图所示. 已知斜面长为 l,求物体对斜面的压力,以及物体从斜面顶点滑到底部所需的时间.

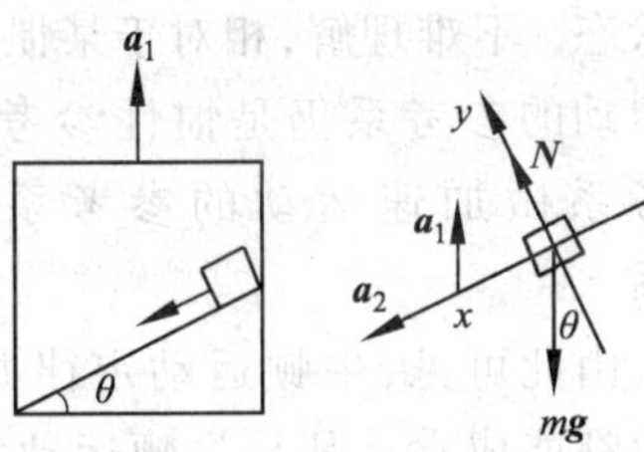

例 2.4 图

解　以物体 m 为研究对象. 其受到斜面的正压力 N 和重力 mg. 以地面为参考系,设物体 m 相对于斜面的加速度为 a_2,方向沿斜面向下,则物体相对于地面的加速度为

$$a=a_1+a_2$$

设 x 轴正向沿斜面向下,y 轴正向垂直斜面向上,则对 m 应用牛顿定律列方程如下:

x 方向:　$$mg\sin\theta=m(a_2-a_1\sin\theta)$$

y 方向:　$$N-mg\cos\theta=ma_1\cos\theta$$

解方程,得

$$a_2=(g+a_1)\sin\theta$$
$$N=m(g+a_1)\cos\theta$$

由牛顿第三定律可知,物体对斜面的压力 N' 与斜面对物体的压力 N 大小相等,方向相反,即物体对斜面的压力为 $m(g+a_1)\cos\theta$,垂直指向斜面.

因为 m 相对于斜面以加速度 $a_2=(g+a_1)\sin\theta$ 沿斜面向下做匀变速直线运动,所以

$$l=\frac{1}{2}a_2t^2=\frac{1}{2}(g+a_1)\sin\theta\cdot t^2$$

得

$$t=\sqrt{\frac{2l}{(g+a_1)\sin\theta}}$$

2.2 惯性系 非惯性系

在应用牛顿定律时,参考系是不能任意选取的,因为牛顿运动定律不是对任何参考系都能适用的.例如,在一列相对于地面以加速度 $\boldsymbol{a}_1$ 做直线运动的车厢内,有一个质量为 m 的小球放在光滑的桌面上,如图 2.3 所示.这时,如果选地面为参考系,小球所受的合外力为零,小球保持静止状态,符合牛顿运动定律.但是如果选车厢为参考系,那么此小球在水平方向不受任何外力的作用,却以加速度 $-\boldsymbol{a}_1$ 相对于车厢运动.所以,对于车厢这个参考系来说,牛顿运动定律并不成立.

由此可见,对于有些参考系,牛顿定律成立;对另一些参考系,牛顿定律不成立.实际上,牛顿定律只有在惯性参考系中才成立.惯性参考系就是由牛顿第一定律引进的参考系,在此参考系中,一个不受力作用的物体将保持静止或匀速直线运动状态.不难理解,相对于某惯性参考系做匀速直线运动的参考系仍是惯性参考系;而相对于惯性参考系做加速运动的参考系将不再是惯性参考系.

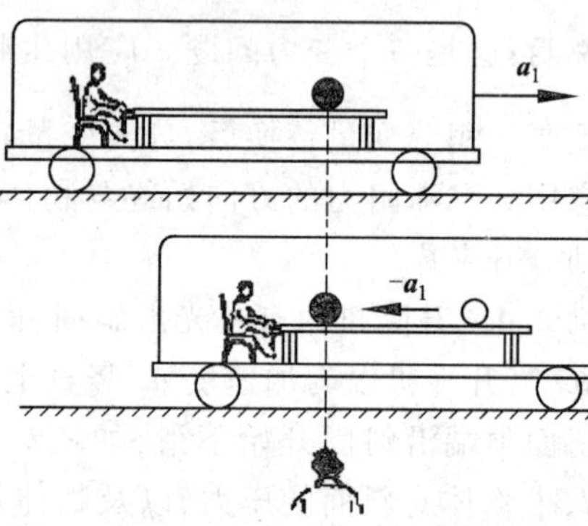

图 2.3 加速运动车厢中牛顿定律不成立

由此可见,牛顿运动定律并不是在任何参考系中都能成立.凡是牛顿运动定律在其中能够成立的参考系称为**惯性参考系**,简称**惯性系**,而牛顿运动定律在其中不成立的参考系称为**非惯性系**.一个参考系是不是惯性系,只能根据实验和观察结果来判定.太阳参考系是个很好的惯性系,实验证明,在以太阳中心为坐标原点,以指向任一恒星的直线为坐标轴建立起来的坐标系中,牛顿运动定律是精确成立的.实验表明:任何相对于某惯性参考系做匀速直线运动的参考系仍是惯性参考系;而相对于某惯性参考系做加速运动的参考系将不再是惯性参考系.

由于地球绕太阳公转,也就是说地球相对于太阳有加速度,所以地球参考系不是惯性系.但由于地球相对于太阳的加速度很小,所以地球参考系可以近似地看成惯性系.这样,地球或静止在地面上的任一物体都可以近似地看做是惯性系.同样,在地面上做匀速直线运动的物体也可以近似地看做是惯性系.

在许多实际问题中,我们经常需要在非惯性系中来讨论力学问题,但是在非惯性系中牛顿运动定律不成立,那么我们如何在非惯性系中处理物体的动力学问题呢?

如图 2.4 所示,设有一质量为 m 的质点,相对于惯性系 $Oxyz$ 的加速度为 $\boldsymbol{a}$,所受合外力为 $\boldsymbol{F}$,根据牛顿第二定律有

$$\boldsymbol{F}=m\boldsymbol{a} \tag{2.8}$$

设想有另一参考系 $O'x'y'z'$ 相对于惯性系 $Oxyz$ 以加速度 $\boldsymbol{a}_0$ 运动,在 $O'x'y'z'$ 中,设质点相对于非惯性系 $O'x'y'z'$ 的加速度为 $\boldsymbol{a}'$,则

$$\boldsymbol{a}=\boldsymbol{a}_0+\boldsymbol{a}' \tag{2.9}$$

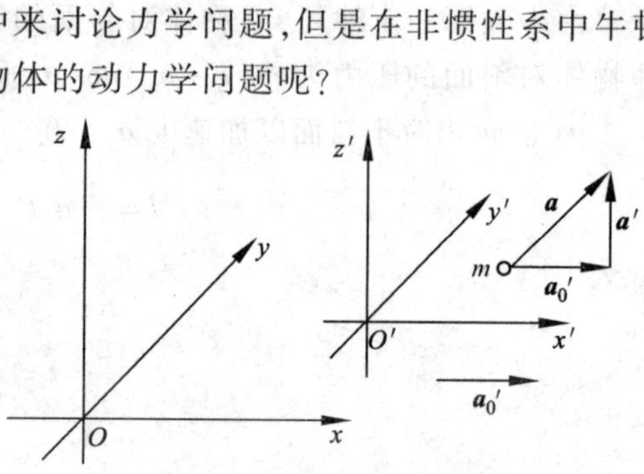

图 2.4 惯性系与非惯性系

将上式代入式(2.8)得

$$\boldsymbol{F} + (-m\boldsymbol{a}_0) = m\boldsymbol{a}' \tag{2.10}$$

由于物体间的相互作用力与参考系的选取无关，在非惯性系 $O'x'y'z$ 中，质点所受实际合外力仍为 $\boldsymbol{F}$，但 $\boldsymbol{F} \neq m\boldsymbol{a}'$，这说明在非惯性系中牛顿第二定律不成立．为了在非惯性系中仍可在形式上运用牛顿第二定律处理动力学问题，定义一个虚拟的力 $\boldsymbol{F}^*$ 作用在质点上，使质点获得相对非惯性系的加速度 $-\boldsymbol{a}_0$．这个假想的虚拟的力称为惯性力，它可以表示为

$$\boldsymbol{F}^* = -m\boldsymbol{a}_0 \tag{2.11}$$

式中 $\boldsymbol{F}^*$ 即**惯性力**，其大小等于质点的质量与非惯性系相对于惯性系的加速度大小的乘积，方向与非惯性系相对于惯性系的加速度的方向相反．引入惯性力的概念后，在非惯性系中的动力学方程为

$$\boldsymbol{F} + \boldsymbol{F}^* = m\boldsymbol{a}' \tag{2.12}$$

其中 $\boldsymbol{a}'$ 是物体 m 相对于非惯性系的加速度．上式表明，若要在非惯性系中仍用牛顿第二定律来解决力学问题，则在分析受力时，除了应考虑物体间的相互作用力外，还必须加上惯性力的作用．

要注意的是，惯性力是一种假想的力，它不是由于物体间的相互作用而产生的真实力．惯性力既没有施力者，也没有反作用力，惯性力的实质是物体的惯性在非惯性系中的反映．

例 2.5　如例 2.5 图所示，质量为 M 的楔块放在光滑水平地面上，楔块的光滑斜面上有一质量为 m 的物体自由滑下．求楔块相对于地面的加速度和物体相对于斜面下滑的加速度．

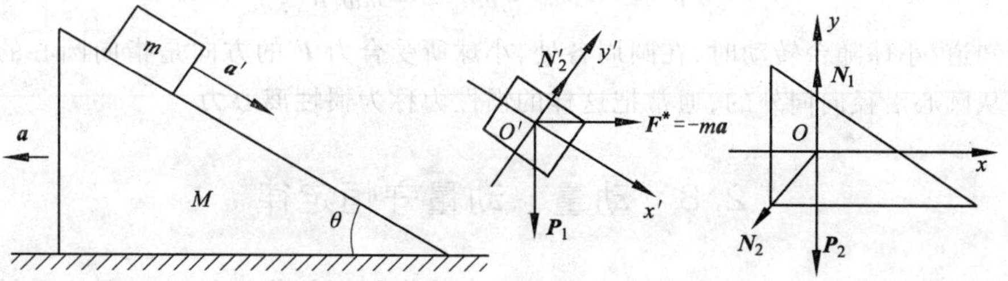

例 2.5 图

解　将楔块和物体隔离开来分别进行受力分析．物体 m 受重力 $\boldsymbol{P}_1$、楔块对它的弹力 $\boldsymbol{N}'_2$ 两个力的作用．楔块受重力 $\boldsymbol{P}_2$、地面支持力 $\boldsymbol{N}_1$ 和物体 m 对它的正压力 $\boldsymbol{N}_2$ 三个力的作用．$\boldsymbol{N}'_2$、$\boldsymbol{N}_2$ 是一对作用力与反作用力．

设楔块相对于地面的加速度为 $\boldsymbol{a}$，方向向左，m 相对 M 的下滑的加速度为 $\boldsymbol{a}'$，方向沿斜面向下．

建立坐标系：以地面为参考系建立 xOy 坐标系，x 轴沿水平方向，方向向右为正，y 轴垂直于水平方向，向上为正．此坐标系是惯性坐标系，固定于地面上．以斜面为参考系建立 $x'O'y'$ 坐标系，x' 轴沿斜面向下为正，y' 轴垂直于斜面，此坐标系固定于斜面上，是非惯性系．

以 M 为研究对象，地面为参考系，根据牛顿第二定律列方程

x 方向　　$N_2 \sin\theta = Ma$　　(1)

y 方向　　$N_1 = N_2 \cos\theta + Mg$　　(2)

以 m 为研究对象，斜面为参考系，根据式(2.12)列方程，注意，斜面为非惯性系，要考虑惯性力

x' 方向　　$ma\cos\theta + mg\sin\theta = ma'$　　(3)

y'方向 $$N_2' + ma\sin\theta = mg\cos\theta \quad (4)$$

联立(1)、(3)、(4),注意到 $N_2 = N_2'$,解得

$$a = \frac{m\sin\theta\cos\theta}{M + m\sin^2\theta}g, \quad a' = \frac{(M+m)\sin\theta}{M + m\sin^2\theta}g$$

例 2.6 例 2.6 图所示是一个水平转台,以恒定的角速度 ω 相对于地面惯性参考系转动. 假想转台上坐有一人,他手中捧着一个小球,球的质量为 m,与转轴的距离为 R,他随转台一起转动,他和球相对于转台都是静止的,问:对于转台这一做匀角速度转动的参考系来说,小球受到怎样的惯性力?

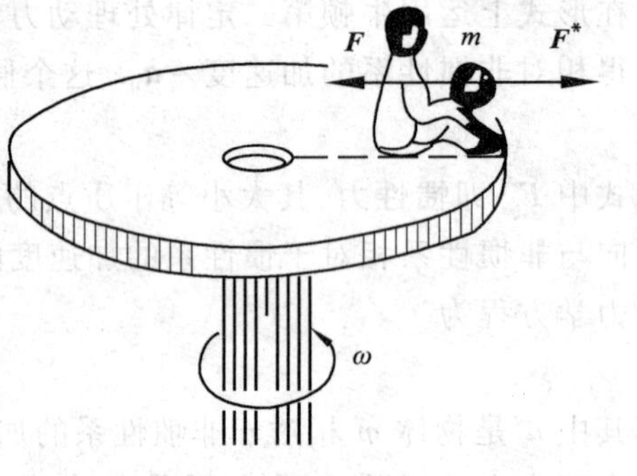

例 2.6 图

解 对于惯性参考系地面而言,小球受到重力 $\boldsymbol{P}$ 的作用,还受到人手对它的作用力 $\boldsymbol{f}$,这两个力的合力 $\boldsymbol{F}$ 就是使小球做匀速圆周运动的向心力,所以

$$F_n = F = ma_n = m\frac{v^2}{R} = m\omega^2 R \quad (1)$$

对于匀速转动的转台这一非惯性系而言,小球除受到 $\boldsymbol{F}$ 的作用外,还受到惯性力 $\boldsymbol{F}^*$ 的作用,由于小球与转台是相对静止的,所以 $\boldsymbol{F}^*$ 和 $\boldsymbol{F}$ 互相平衡,于是

$$\boldsymbol{F}^* + \boldsymbol{F} = 0 \quad (2)$$

$$F^* = -F = -ma_n = -m\omega^2 R \quad (3)$$

我们知道,小球随台转动时,在圆周各处,小球所受合力 $\boldsymbol{F}$ 的方向是指向圆心的,所以 $\boldsymbol{F}^*$ 的方向是从圆心沿径向向外的,通常把这样的惯性力称为**惯性离心力**.

2.3 动量 动量守恒定律

由于牛顿第二定律给出了作用于质点上的合外力与它的作用效果之间的瞬时关系. 因此,牛顿第二定律也可以称为力的瞬时作用定律. 但是,质点的运动状态变化必须经过一个运动过程才能体现出来,这就意味着,质点的运动状态变化是力持续作用的累积效应. 这种力的累积效应反映在两个方面:一方面是力的时间累积效应,即在力的作用下经过一段时间的累积,物体的运动状态会发生怎样的变化;另一方面是力的空间累积,即在力的作用下物体经历一段位移后,物体的运动状态发生怎样的变化. 下面先讨论力的时间累积效应.

2.3.1 质点的动量定理

力的时间累积效应可由牛顿第二定律直接导出. 由公式 $\boldsymbol{F} = m\boldsymbol{a}$ 可得

$$\boldsymbol{F} = m\frac{d\boldsymbol{v}}{dt} = \frac{d(m\boldsymbol{v})}{dt}$$

式中,$m\boldsymbol{v}$ 称为质点的**动量**,常用 $\boldsymbol{p}$ 表示,即

$$\boldsymbol{p} = m\boldsymbol{v}$$

动量 $\boldsymbol{p}$ 是矢量,它的方向与速度 $\boldsymbol{v}$ 的方向相同. 质点的动量是描述质点运动状态的物理量. 引入动量概念后,牛顿第二定律又可表示为

$$F = \frac{\mathrm{d}\boldsymbol{p}}{\mathrm{d}t} \tag{2.13}$$

即作用在质点上的合力等于质点动量对时间的变化率．该式给出了质点的动量变化与外力的关系．这一关系式称为**质点动量定理的微分形式**，也是牛顿第二定律的基本形式．牛顿最初提出第二定律的形式正是这样．在经典力学的范围内，质点的质量是一个与其运动速度无关的常量，可由式(2.13)得出式(2.1)$\boldsymbol{F} = m\boldsymbol{a}$. 但当物体运动速率接近光速时，物体的质量不再是常量，因而式(2.1)不再适用，但式(2.13)被实验证明仍然是成立的．

式(2.13)描述的是一个瞬时关系，当外力作用持续一段时间间隔 $t_2 - t_1$ 后，质点的动量将会产生一个增量，力对时间的累积效应可以从式(2.13)分离变量并积分得到

$$\int_{t_1}^{t_2} \boldsymbol{F}\mathrm{d}t = \int_{v_1}^{v_2} \mathrm{d}(m\boldsymbol{v}) = m\boldsymbol{v}_2 - m\boldsymbol{v}_1 \tag{2.14}$$

上式左端是力对时间的积分，它表示作用于质点上的合力在 t_1 到 t_2 时间间隔的累积效应，称为**力的冲量**，简称**冲量**，用 $\boldsymbol{I}$ 表示，即

$$\boldsymbol{I} = \int_{t_1}^{t_2} \boldsymbol{F}\mathrm{d}t \tag{2.15}$$

则式(2.14)又可写成

$$\boldsymbol{I} = \boldsymbol{p}_2 - \boldsymbol{p}_1 \tag{2.16}$$

上式表明作用于物体上的合外力的冲量等于物体动量的增量．这就是**质点的动量定理**．因为冲量和动量都是矢量，所以质点的动量定理不仅反映了冲量和动量之间的数值关系，还反映了它们之间的方向关系，即动量增量的方向与外力冲量的方向相同．质点的动量定理说明了力对质点持续作用一段时间的累积效应，表现为这段时间内质点运动状态的变化．

在直角坐标系中动量定理的分量式为

$$\begin{aligned} I_x &= \int_{t_1}^{t_2} F_x \mathrm{d}t = mv_{2x} - mv_{1x} \\ I_y &= \int_{t_1}^{t_2} F_y \mathrm{d}t = mv_{2y} - mv_{1y} \\ I_z &= \int_{t_1}^{t_2} F_z \mathrm{d}t = mv_{2z} - mv_{1z} \end{aligned} \tag{2.17}$$

上式表明，在一段时间内，作用于物体上的合外力沿某一坐标轴投影的冲量等于同一时间内质点动量沿该坐标轴投影的增量．

由式(2.14)知，要使物体动量发生变化，作用于物体上的力和力持续的时间是两个同样重要的因素．因此，人们在实践中，在物体的动量变化给定时，常常用增加作用时间(或减少作用时间)来减缓(或增大)冲力．

动量定理常用于研究反冲、打击和碰撞等问题中．由于在这一类问题中，作用于物体的力时间极短，数值很大，且变化很快，我们把这种力称为**冲力**．

在实际问题中，很难确定冲力随时间的变化关系，(图 2.5 曲线所表示的就是冲力迅速变化的示意图)．因此不能用牛顿第二定律求解此类问题．但是两物体在碰撞前后的动量和作用持续的时间都较容易测定．这样我们就可根据动量定理求出冲力的平均值，根据实际情况来估算冲力．

通常我们可用平均冲力来粗略地描述随时间变化的力，平均冲力是力对时间的平均值，即

$$\overline{F} = \frac{\int_{t_1}^{t_2} \boldsymbol{F} \mathrm{d}t}{t_2 - t_1} \tag{2.18}$$

由动量定理

$$\int_{t_1}^{t_2} \boldsymbol{F} \mathrm{d}t = m\boldsymbol{v}_2 - m\boldsymbol{v}_1$$

联立上式和式(2.18),平均冲力 $\overline{\boldsymbol{F}}$ 可表示为

$$\overline{\boldsymbol{F}} = \frac{m\boldsymbol{v}_2 - m\boldsymbol{v}_1}{t_2 - t_1} \tag{2.19}$$

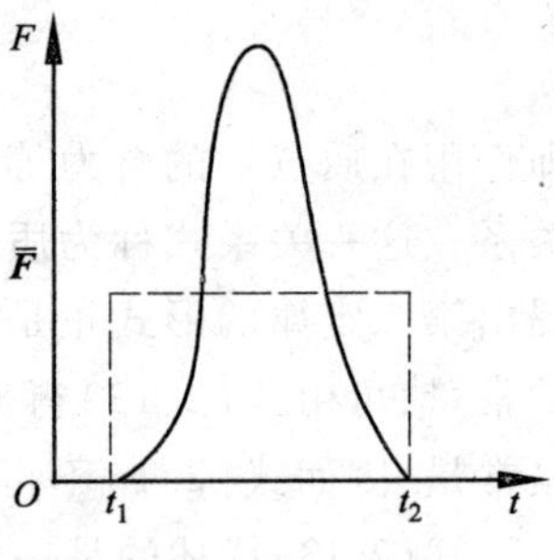

图 2.5　冲力示意图

应该指出的是:动量定理是由牛顿第二定律导出的,故动量定理只适用于惯性系．对于不同的惯性系,同一质点的动量不同,但动量的增量总是相同的,因为力 $\boldsymbol{F}$ 和时间 t 都与参考系无关,同一力在不同的惯性系中冲量是相同的．

在国际单位制中,冲量的单位是牛顿秒(N·s),动量的单位是千克米每秒($\mathrm{kg \cdot m \cdot s^{-1}}$).

例 2.7　小球质量 $m = 200$ g,以 $v_0 = 8\ \mathrm{m \cdot s^{-1}}$ 的速度沿与地面法线成 $\alpha = 30°$ 角的方向射向光滑地面,然后沿与法线成 $\beta = 60°$ 角的方向弹起．设碰撞时间 $\Delta t = 0.01$ s,地面水平,求小球给地面的平均冲力．

解法一　选小球为研究对象,受力分析如例 2.7 图(a)所示．

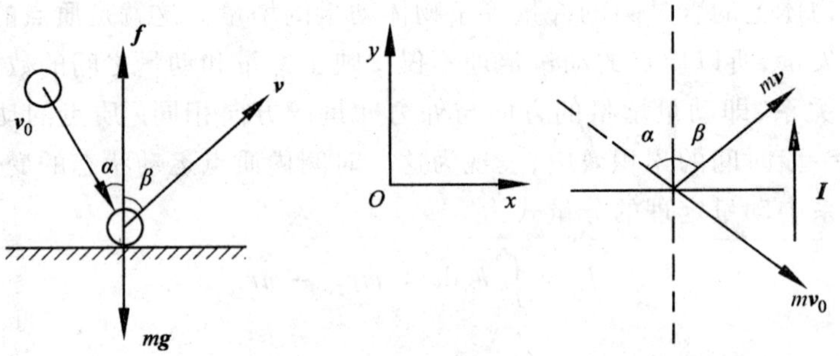

(a) 小球受力　　(b) 冲量、动量表示

例 2.7 图

因地面光滑,地面对小球的作用沿地面法线,以平均冲力 $\boldsymbol{f}$ 表示,如例 2.7 图(a)所示.

对小球应用动量定理得

$$\boldsymbol{I} = (\boldsymbol{f} + m\,\boldsymbol{g})\Delta t = m\boldsymbol{v} - m\boldsymbol{v}_0$$

作矢量三角形,如例 2.7 图(b)所示,构成直角三角形．

$$\cos\alpha = \frac{mv_0}{(f - mg)\Delta t}$$

即

$$(f - mg)\Delta t = \frac{mv_0}{\cos\alpha}, \quad f = mg + \frac{mv_0}{\Delta t \cos\alpha}$$

代入数据得

$$f = \left(0.2 \times 9.8 + \frac{0.2 \times 8}{0.01 \times \sqrt{3}/2}\right)\ \mathrm{N} = 187\ \mathrm{N}$$

而 $mg=1.96$ N 与 f 相比可以忽略．应注意：在实际问题中如果有限大小的力（如重力）与冲力同时作用，因冲力很大，作用时间又很短，有限大小的力的冲量就可忽略不计．

解法二　建立坐标系如例 2.7 图(b)所示．

将 $(\boldsymbol{f}+m\boldsymbol{g})\Delta t=m\boldsymbol{v}-m\boldsymbol{v}_0$ 投影得

x 方向：　$0=mv\sin\beta-mv_0\sin\alpha$　(1)

y 方向：　$(f-mg)\Delta t=mv\cos\beta-(-mv_0\cos\alpha)$　(2)

由式(1)、(2)联立消去 v 得

$$(f-mg)\Delta t=\frac{mv_0}{\cos\alpha}\sin(\alpha+\beta)=\frac{mv_0}{\cos\alpha}$$

$$f=mg+\frac{mv_0}{\Delta t\cos\alpha}$$

注意：动量定理适用于外力作用的全部过程，而不只是 Δt 的碰撞时间内．

例 2.8　质量为 m 的抛体，由水平面上点 O 抛出，其初速度为 v_0，与水平面成仰角 α. 不计空气阻力．求：(1)抛体从发射点 O 到最高点的过程中，重力的冲量；(2)抛体从发射点 O 到降回水平面的过程中，重力的冲量．

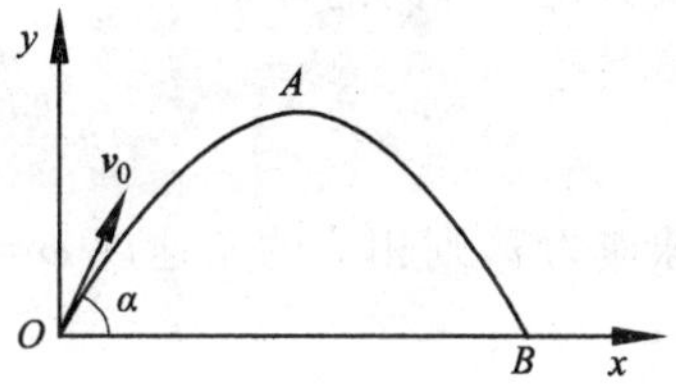

例 2.8 图

解　本题可从动量定理和冲量的定义两条不同的思路去求重力的冲量．取如例 2.8 图所示的坐标系．

解法一　从动量定理求重力的冲量．

(1)在物体从发射点 O 运动到最高点 A 的过程中，重力的冲量为

$$\boldsymbol{I}_1=mv_{Ay}\boldsymbol{j}-mv_{0y}\boldsymbol{j}=-mv_0\sin\alpha\boldsymbol{j}$$

(2)在物体从发射点 O 运动到点 B 的过程中，重力的冲量为

$$\boldsymbol{I}_2=mv_{By}\boldsymbol{j}-mv_{0y}\boldsymbol{j}=-2mv_0\sin\alpha\boldsymbol{j}$$

解法二　从冲量的定义求重力的冲量．

(1)物体从发射点 O 运动到最高点 A 所需时间为

$$\Delta t_1=\frac{v_0\sin\alpha}{g}$$

重力为恒力，其大小为 mg，方向竖直向下，故在此过程中重力冲量为

$$\boldsymbol{I}_1=\int_0^{t_1}\boldsymbol{F}\mathrm{d}t=-mg\Delta t_1\boldsymbol{j}=-mv_0\sin\alpha\boldsymbol{j}$$

(2)物体从发射点 O 运动到点 B 所需的时间为

$$\Delta t_2=2\Delta t_1=\frac{2v_0\sin\alpha}{g}$$

于是，在此过程中重力的冲量为

$$\boldsymbol{I}_2=\int_0^{t_2}\boldsymbol{F}\mathrm{d}t=-mg\Delta t_2\boldsymbol{j}=-2mv_0\sin\alpha\boldsymbol{j}$$

例 2.9　如例 2.9 图(a)所示的圆锥摆中，质点 m 的速率为 v，圆轨道半径为 R，摆线与竖直方向的夹角为 θ，求质点 m 经过半圆周从 A 运动到 B 时，绳中张力的冲量．

解　质点 m 从 A 运动到 B 时，张力大小不变，但方向变化，因此本题是计算变力的冲量．

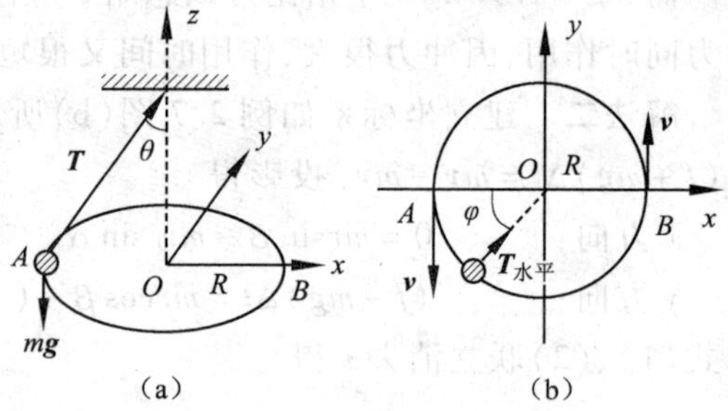

例 2.9 图

解法一 根据定义,利用积分求冲量. 设球受的张力为 $\boldsymbol{T}$,其冲量为 $\boldsymbol{I}$,张力在 z 方向分量 $T_z = T\cos\theta = mg$. 由于小球做匀速圆周运动,周期为

$$T = \frac{2\pi R}{v}$$

张力在 z 方向的冲量

$$I_z = \int_0^{\frac{T}{2}} T_z \mathrm{d}t = \int_0^{\frac{\pi R}{v}} mg\mathrm{d}t = mg\frac{\pi R}{v}$$

张力在水平面 xOy 上的分量

$$T_{\text{水平}} = T\sin\theta = mg\tan\theta$$

将 $T_{\text{水平}}$ 分解(如例 2.9 图(b))

$$T_x = T_{\text{水平}}\cos\varphi = mg\tan\theta\cos\varphi, T_y = T_{\text{水平}}\sin\varphi = mg\tan\theta\sin\varphi$$

张力在 x 方向的冲量

$$I_x = \int_A^B T_x \mathrm{d}t = mg\tan\theta\int_A^B \cos\varphi\mathrm{d}t$$

球速为 v,则相应的角速度 $\omega = \frac{v}{R}$,设 $t = 0$ 时,$\varphi = 0$,则在任意时刻 t,$\varphi = \omega t$,因而

$$I_x = mg\tan\theta\int_0^{\frac{T}{2}} \cos\omega t\mathrm{d}t = \frac{mg\tan\theta}{\omega}\sin\omega t\Big|_0^{\frac{T}{2}} = 0$$

张力在 y 方向的冲量

$$I_y = mg\tan\theta\int_0^{\frac{T}{2}} \sin\omega t\mathrm{d}t = \frac{2mg\tan\theta}{\omega} = \frac{2mg\tan\theta R}{v}$$

由于

$$mg\tan\theta = m\frac{v^2}{R}$$

所以

$$I_y = 2mv$$

$$\boldsymbol{I} = I_y\boldsymbol{j} + I_z\boldsymbol{k} = 2mv\boldsymbol{j} + \frac{mg\pi R}{v}\boldsymbol{k}$$

解法二 利用质点动量定理

$$\boldsymbol{I}_{\text{合力}} = \boldsymbol{I}_T + \boldsymbol{I}_{mg} = m\boldsymbol{v}_B - m\boldsymbol{v}_A$$

$$\boldsymbol{I}_T = m\boldsymbol{v}_B - m\boldsymbol{v}_A - \boldsymbol{I}_{mg} = 2mv\boldsymbol{j} + \frac{mg\pi R}{v}\boldsymbol{k}$$

2.3.2 质点系的动量定理

如果研究的对象是多个质点,则称为质点系. 一个不能抽象为质点的物体也可认为由多个(直至无限个)质点所组成.

设质点系由 n 个质点组成,在 t 时刻,各质点的动量分别用 $\boldsymbol{p}_1$、$\boldsymbol{p}_2$、…、$\boldsymbol{p}_i$、…、$\boldsymbol{p}_n$ 表示,则质点系在 t 时刻的动量,就是质点系内所有质点的动量的矢量和. 即

$$\boldsymbol{p} = \sum_{i=1}^{n} \boldsymbol{p}_i = \sum_{i=1}^{n} m_i \boldsymbol{v}_i \tag{2.20}$$

式中，m_i 为第 i 个质点的质量，$\boldsymbol{v}_i$ 为第 i 个质点在 t 时刻的速度．

当研究对象是质点系时，其受力就可分为内力和外力．凡质点系内各质点之间的作用力称为内力（如图 2.6 所示），质点系以外物体对质点系的作用力称为外力．由牛顿第三定律可知，质点系内质点间相互作用的内力必定是成对出现的，且每对作用内力都必沿两质点连线的方向．

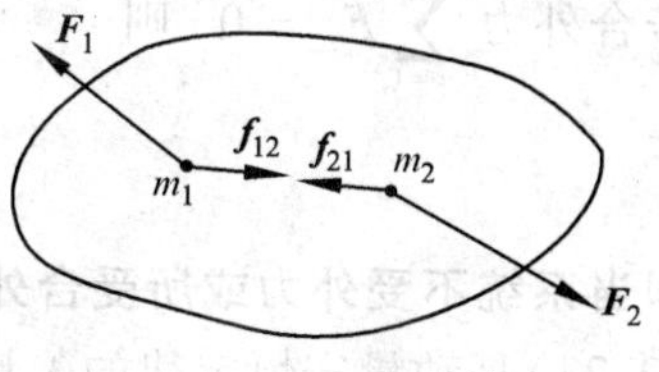

图 2.6　质点系的内力和外力

我们首先来讨论由两个质点组成的质点系．如图 2.6 所示，设质点的质量分别为 m_1 和 m_2，每个质点受到的外力合力分别为 $\boldsymbol{F}_1$ 和 $\boldsymbol{F}_2$，两质点间相互作用的内力分别为 $\boldsymbol{f}_{12}$ 和 $\boldsymbol{f}_{21}$．

对质点 m_1 应用动量定理，有

$$\int_{t_0}^{t} (\boldsymbol{F}_1 + \boldsymbol{f}_{12})\,\mathrm{d}t = m_1\boldsymbol{v}_1 - m_1\boldsymbol{v}_{10}$$

对质点 m_2 应用动量定理，有

$$\int_{t_0}^{t} (\boldsymbol{F}_2 + \boldsymbol{f}_{21})\,\mathrm{d}t = m_2\boldsymbol{v}_2 - m_2\boldsymbol{v}_{20}$$

将以上两式相加，考虑到 $\boldsymbol{f}_{12} = -\boldsymbol{f}_{21}$，有

$$\int_{t_0}^{t} (\boldsymbol{F}_1 + \boldsymbol{F}_2)\,\mathrm{d}t = (m_1\boldsymbol{v}_1 + m_2\boldsymbol{v}_2) - (m_1\boldsymbol{v}_{10} + m_2\boldsymbol{v}_{20})$$

结果表明，对于两个质点组成的系统，合外力的冲量等于系统总动量的增量．

推广到多个质点组成的系统，由于内力总是成对出现的，根据牛顿第三定律，内力冲量的总和恒为零，不会改变系统的总动量，所以以上结论仍然成立．这样，对于任意系统有

$$\int_{t_0}^{t} \sum_{i=1}^{n} \boldsymbol{F}_i \mathrm{d}t = \sum_{i=1}^{n} m_i\boldsymbol{v}_i - \sum_{i=1}^{n} m_i\boldsymbol{v}_{i0} \tag{2.21}$$

或

$$\boldsymbol{I} = \boldsymbol{p} - \boldsymbol{p}_0$$

上式即为**质点系的动量定理**，可表述为：**系统所受的合外力的冲量等于系统总动量的增量**．

在直角坐标系中动量定理的分量式为

$$\begin{aligned}
\int_{t_0}^{t} \sum_{i=1}^{n} F_{ix} \mathrm{d}t &= \sum_{i=1}^{n} m_i v_{ix} - \sum_{i=1}^{n} m_i v_{i0x} \\
\int_{t_0}^{t} \sum_{i=1}^{n} F_{iy} \mathrm{d}t &= \sum_{i=1}^{n} m_i v_{iy} - \sum_{i=1}^{n} m_i v_{i0y} \\
\int_{t_0}^{t} \sum_{i=1}^{n} F_{iz} \mathrm{d}t &= \sum_{i=1}^{n} m_i v_{iz} - \sum_{i=1}^{n} m_i v_{i0z}
\end{aligned} \tag{2.22}$$

即一个力学系统所受的合外力在某方向分量的冲量等于此系统总动量在此方向的分量的增量．

由上可知：作用于系统的合外力是作用于系统内每一个质点的外力的矢量和．只有外力才会改变系统的动量，而质点系的内力可以改变系统内每一个质点的动量，但不能改变整个系统的动量．动量定理指出，力的时间累积效应是使物体或物体系的动量发生改变．动量是状态量，合外力的冲量是过程量，其动量状态量的改变是经由冲量过程实现的．

2.3.3 动量守恒定律

将牛顿第二定律应用到质点系中,可以写为

$$\sum_{i=1}^{n} \boldsymbol{F}_i = \frac{\mathrm{d}}{\mathrm{d}t}\sum_{i=1}^{n} m_i \boldsymbol{v}_i$$

若合外力 $\sum_{i=1}^{n} \boldsymbol{F}_i = 0$,则

$$\boldsymbol{P} = \sum_{i=1}^{n} m_i \boldsymbol{v}_i = \text{常量} \tag{2.23}$$

即当系统不受外力或所受合外力为零时,系统的总动量保持不变. 这就是**动量守恒定律**. 式(2.23)是动量守恒定律的矢量式. 在直角坐标系中,其分量式为

$$\begin{aligned} &\sum_{i=1}^{n} F_{ix} = 0 \text{ 时} \quad P_x = \sum_{i=1}^{n} m_i v_{ix} = \text{常量} \\ &\sum_{i=1}^{n} F_{iy} = 0 \text{ 时} \quad P_y = \sum_{i=1}^{n} m_i v_{iy} = \text{常量} \\ &\sum_{i=1}^{n} F_{iz} = 0 \text{ 时} \quad P_z = \sum_{i=1}^{n} m_i v_{iz} = \text{常量} \end{aligned} \tag{2.24}$$

上式表明,当系统的合外力在某方向的分量等于零时,此系统的总动量在此方向上的分量守恒.

在应用动量守恒定律时应注意以下几点:

(1)在动量守恒定律中,系统的动量是守恒量. 由于动量是矢量,故系统的总动量不变是指系统内所有质点的动量的矢量和不变,但每个质点的动量可能变化.

(2)系统动量守恒的条件就是系统所受合外力为零. 但是,有时系统所受的合外力虽不为零,但与系统的内力相比较,外力远小于内力,这时可以略去外力对系统的作用,认为系统的动量是守恒的. 像碰撞、打击、爆炸等问题一般都可以这样处理,这是因为参与碰撞的物体的相互作用时间很短,相互作用内力很大,而一般的外力(如空气阻力、重力)与内力比较可忽略不计,所以在碰撞过程的前后可认为参与碰撞的物体系统的总动量保持不变.

(3)如果系统所受的合外力的矢量和并不为零,但合外力在某个坐标轴方向上的分矢量为零,这时,虽然系统的总动量不守恒,但在该坐标轴方向上的分动量却是守恒的.

(4)动量定理和动量守恒定律只在惯性系中才成立,因此运用它们来求解问题时,一定要选取一惯性系作为参考系. 此外,各物体的动量必须相对于同一惯性系.

动量守恒定律是物理学最普遍、最基本的定律之一. 动量守恒定律虽然是由牛顿运动定律推演的结果,但近代的科学实验和理论分析都表明:无论是宏观物体还是微观粒子,无论是物体的运动速度远远小于光速,还是接近于光速,动量守恒定律都是成立的;而在原子、原子核等微观领域中,牛顿运动定律却是不适用的. 因此,动量守恒定律比牛顿运动定律更加基本,它是自然界中最普遍、最基本的定律之一.

例 2.10 如例 2.10 图所示,设水平地面上一辆静止的炮车以仰角 α 发射炮弹,炮弹的出腔速度相对于炮车为 $\boldsymbol{u}$,炮车和炮弹的质量分别为 M 和 m,不计地面摩擦,试求:(1)炮弹刚出口时,炮车的反冲速度;(2)若炮管长为 L,则发炮过程中炮车移动的距离.

解 (1)选炮车与炮弹组成的系统为研究对象,由题设知,系统水平方向不受外力,因而

系统水平方向动量守恒，设炮车速度为 $\boldsymbol{v}$，向右为正方向，则

$$0=-Mv+m(-v+u\cos\alpha)$$

解得

$$v=\frac{mu\cos\alpha}{M+m}$$

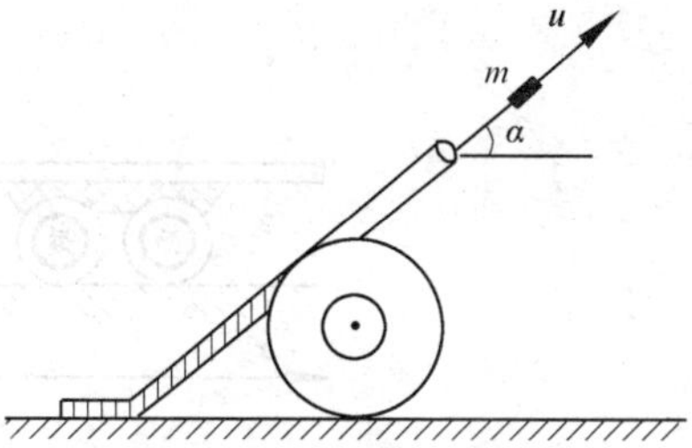

例 2.10 图

（2）设 $u(t)$ 表示在发射过程中某一时刻炮弹相对于炮身的速度，由上式可知，该时刻炮车的速度应为

$$v(t)=\frac{mu(t)\cos\alpha}{M+m}$$

设发射过程中炮弹在炮筒中经过的时间为 t，则炮车沿地面移动的距离为

$$S=\int_0^t v(t)\mathrm{d}t=\int_0^t\frac{mu(t)\cos\alpha}{m+M}\mathrm{d}t=\frac{m\cos\alpha}{m+M}L$$

式中，$\int_0^t u(t)\mathrm{d}t=L$ 为炮筒的长度．

例 2.11　如例 2.11 图所示，一质量为 m 的球在质量为 M 的 1/4 圆弧形滑槽中从静止滑下．设圆弧形槽的半径为 R，如所有摩擦都可忽略，求当小球 m 滑到槽底时，M 滑槽在水平方向上移动的距离．

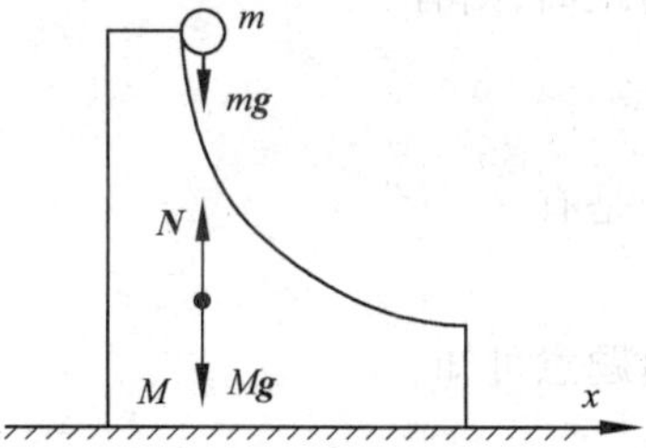

例 2.11 图

解　以 m 和 M 为研究系统，其在水平方向不受外力（图中所示是 m 和 M 所受的竖直方向的外力），故水平方向动量守恒．

设在下滑过程中，m 相对于 M 的滑动速度为 u，M 对地的速度为 v，并以水平向右为 x 轴正向，则在水平方向上有

$$m(u_x-v)-Mv=0$$

解得

$$u_x=\frac{m+M}{m}v$$

设 m 在弧形槽上运动的时间为 t，而 m 相对于 M 在水平方向移动的距离为 R，则有

$$R=\int_0^t u_x\mathrm{d}t=\frac{M+m}{m}\int_0^t v\mathrm{d}t$$

于是滑槽在水平面上移动的距离

$$S=\int_0^t v\mathrm{d}t=\frac{m}{m+M}R$$

例 2.12　如例 2.12 图，水平光滑轨道上有一车，长度为 l，质量为 m_2，车的一端有人（包括所骑自行车），质量为 m_1，开始时，人和车均静止．当人从车的一端骑到另一端时，人、车各移动了多少距离？

解　如例 2.12 图所示，选人、车为系统，取 Ox 轴如图．设人、车对地速度大小分别为 v_1、v_2，系统水平方向上动量守恒，则有

$$0=m_1v_1-m_2v_2$$

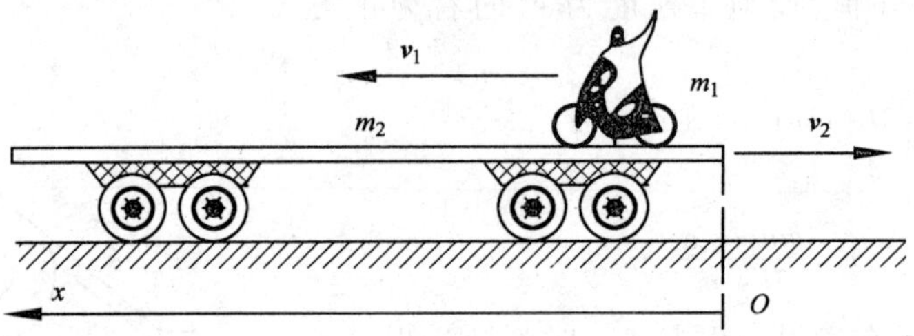

例 2.12 图

即
$$m_1v_1 = m_2v_2 \tag{1}$$
此式在任何时刻都成立．设 $t=0$ 时人在车右端，t 时刻到达左端，对上式两边同时乘以 $\mathrm{d}t$ 后积分，有
$$m_1\int_0^t v_1\,\mathrm{d}t = m_2\int_0^t v_2\,\mathrm{d}t$$
设人在时间 t 内从车的一端到另一端，用 x_1 和 x_2 分别表示人和车在这段时间内相对于地移动的距离，则有
$$x_1 = \int_0^t v_1\,\mathrm{d}t,\quad x_2 = \int_0^t v_2\,\mathrm{d}t$$
于是有
$$m_1x_1 = m_2x_2 \tag{2}$$
由题意可知
$$x_1 = l - x_2 \tag{3}$$
解(2)、(3)两式可得
$$x_1 = \frac{m_2}{m_1+m_2}l,\ x_2 = \frac{m_1}{m_1+m_2}l$$

例 2.13 一质量为 M 的人，手里拿着一个质量为 m 的物体，此人以与地面成 θ 角的速度 $\boldsymbol{v}_0$ 向前跳出，当他到达最高点时，将物体以相对于人的速度 $\boldsymbol{u}$ 水平向后扔出，求由于物体的抛出，人跳的距离增加了多少？

解 选人与物体组成的系统为研究对象，抛物前，人到达最高点时，有
$$v_{水平} = v_0\cos\theta$$
系统总动量 $(M+m)v_0\cos\theta$，抛物后，设人的速度为 $\boldsymbol{v}$，则系统水平方向动量 $Mv+m(v-u)$．由于系统水平方向不受外力，所以水平方向系统动量守恒，即
$$(M+m)v_0\cos\theta = Mv + m(v-u)$$
抛物后，人的速度为
$$v = \frac{(M+m)v_0\cos\theta + mu}{M+m}$$
由自由落体公式知，人从最高点下落时间为
$$t = \frac{v_0\sin\theta}{g}$$
人跳的距离增加为

$$\Delta s = vt - v_0\cos\theta t = \frac{mu}{M+m}\cdot\frac{v_0\sin\theta}{g}$$

2.4　功　动能定理

2.4.1　功　功率

1. 功

在中学物理中已建立了功的定义．恒力的功是：力与受力物体在力的方向上的位移的乘积，称为力对物体做的功．如图 2.7 所示，物体在恒力 $\boldsymbol{f}$ 作用下位移 $\Delta\boldsymbol{r}$，则力 f 对物体所做的功 A 为

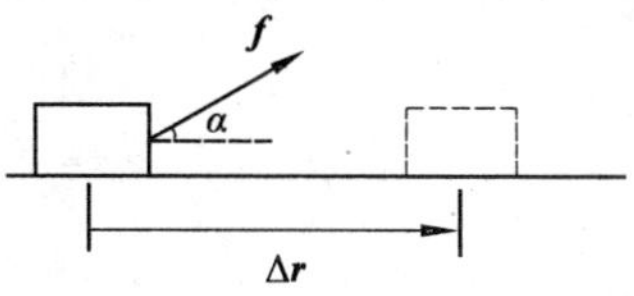

图 2.7　恒力的功

$$A = f|\Delta\boldsymbol{r}|\cos\alpha$$

α 为力 $\boldsymbol{f}$ 和位移 $\Delta\boldsymbol{r}$ 的夹角．功也可以用力 $\boldsymbol{f}$ 和位移 $\Delta\boldsymbol{r}$ 的标积来表示，即

$$A = \boldsymbol{f}\cdot\Delta\boldsymbol{r} \tag{2.25}$$

计算功应注意表示力的作用点的位移 $\Delta\boldsymbol{r}$.

从式(2.25)可知，功 A 为标量，可正、可负也可以为零．当 $\alpha < \frac{\pi}{2}$时，$A > 0$，即力对物体作正功；当 $\alpha > \frac{\pi}{2}$时，$A < 0$，即力对物体作负功，或者说物体反抗外力而作功；当$\alpha = \frac{\pi}{2}$时，力和位移相互垂直，力不作功．

在国际单位制中功的单位为焦耳，符号 J. 在电工学中常用 kW · h 作为功的单位. 1 kW · h $= 3.6\times10^6$ J.

大小或方向变化的力称为**变力**．如图 2.8 所示，一物体在变力 $\boldsymbol{F}$ 作用下作曲线运动．我们可将力的作用点所经历的一段有限路程分成许多极小的段，每一小段的路程与相应的位移大小 $|\Delta\boldsymbol{r}_i|$ 近似相等，物体在第 i 段位移 $\Delta\boldsymbol{r}_i$ 中受力 $\boldsymbol{F}_i$，与位移夹角为 α_i，则力在 $\Delta\boldsymbol{r}_i$ 中所作的元功$\Delta A = \boldsymbol{F}_i\cdot\Delta\boldsymbol{r}_i = F_i|\Delta\boldsymbol{r}_i|\cos\alpha_i$，而力 $\boldsymbol{F}$ 在 ab 上做的总功 A 为所有位移元上所作元功的代数和，即

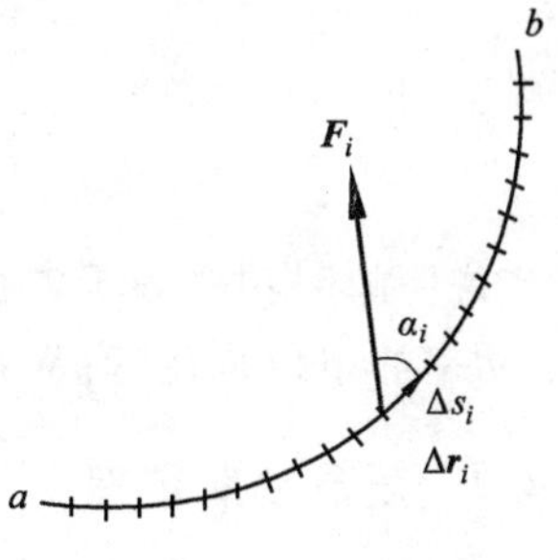

图 2.8　变力的功

$$A = \sum_i \Delta A_i = \sum_i F_i|\Delta\boldsymbol{r}_i|\cos\alpha_i$$

当 $\Delta\boldsymbol{r}$ 为无限小，即 $\Delta\boldsymbol{r}\to\mathrm{d}\boldsymbol{r}$ 时，上式用积分表示为

$$A = \int_a^b \boldsymbol{F}\cdot\mathrm{d}\boldsymbol{r} = \int_a^b F\cos\alpha\,|\mathrm{d}\boldsymbol{r}| = \int_a^b F\cos\alpha\,\mathrm{d}s \tag{2.26}$$

在直角坐标系中有

$$\boldsymbol{F} = F_x\boldsymbol{i} + F_y\boldsymbol{j} + F_z\boldsymbol{k} \qquad \mathrm{d}\boldsymbol{r} = \mathrm{d}x\boldsymbol{i} + \mathrm{d}y\boldsymbol{j} + \mathrm{d}z\boldsymbol{k}$$

则由(2.26)式可得

$$A = \int_a^b (F_x\boldsymbol{i} + F_y\boldsymbol{j} + F_z\boldsymbol{k})\cdot(\mathrm{d}x\boldsymbol{i} + \mathrm{d}y\boldsymbol{j} + \mathrm{d}z\boldsymbol{k})$$

$$= \int_{x_a}^{x_b} F_x \mathrm{d}x + \int_{y_a}^{y_b} F_y \mathrm{d}y + \int_{z_a}^{z_b} F_z \mathrm{d}z \tag{2.27}$$

注意:由于位移与参考系选择有关,所以功也是一个与参考系有关的物理量. 如在加速运动的车厢内,有一物体静止在水平桌面上,在车厢内的观察者认为作用于物体上的摩擦力不作功,但地面上的观察者则认为摩擦力对物体作了功,因为物体与车厢一起相对地面产生了位移.

2. 合力的功

设有 n 个力 $\boldsymbol{F}_1$、$\boldsymbol{F}_2$、…、$\boldsymbol{F}_n$ 同时作用于一物体上,则物体由位置 a 运动到位置 b 时,合力 $\boldsymbol{F}=\boldsymbol{F}_1+\boldsymbol{F}_2+\cdots+\boldsymbol{F}_n$ 对物体所做的功为

$$\begin{aligned} A &= \int \boldsymbol{F}\cdot \mathrm{d}\boldsymbol{r} = \int (\boldsymbol{F}_1+\boldsymbol{F}_2+\cdots+\boldsymbol{F}_n)\cdot \mathrm{d}\boldsymbol{r} \\ &= \int \boldsymbol{F}_1\cdot \mathrm{d}\boldsymbol{r} + \int \boldsymbol{F}_2\cdot \mathrm{d}\boldsymbol{r} + \cdots + \int \boldsymbol{F}_n\cdot \mathrm{d}\boldsymbol{r} \\ &= A_1 + A_2 + \cdots + A_n = \sum_{i=1}^{n} A_i \end{aligned}$$

即合力在任一段位移上所作的功等于各分力在这一段位移上所作功的代数和. 式中,$A_1=\int \boldsymbol{F}_1\cdot \mathrm{d}\boldsymbol{r}$、$A_2=\int \boldsymbol{F}_2\cdot \mathrm{d}\boldsymbol{r}$、…、$A_n=\int \boldsymbol{F}_n\cdot \mathrm{d}\boldsymbol{r}$ 分别表示 $\boldsymbol{F}_1$、$\boldsymbol{F}_2$、…、$\boldsymbol{F}_n$ 在同一段位移上所做的功.

3. 功率

功率是表征作功快慢的物理量,功率定义为单位时间内所做的功. 设在 Δt 时间内完成 ΔA 的功,则在这段时间内的平均功率为

$$\bar{P} = \frac{\Delta A}{\Delta t}$$

若 $\Delta t \to 0$,则得某时刻的瞬时功率为

$$P = \lim_{\Delta t\to 0}\frac{\Delta A}{\Delta t} = \frac{\mathrm{d}A}{\mathrm{d}t} \tag{2.28}$$

或

$$P = \frac{\boldsymbol{f}\cdot \mathrm{d}\boldsymbol{r}}{\mathrm{d}t} = \boldsymbol{f}\cdot \boldsymbol{v} \tag{2.29}$$

上式说明瞬时功率等于力在速度方向的分量和速度大小的乘积. 功率是标量,在国际单位制中,功率的单位是瓦特(W),$1\ \mathrm{W}=1\ \mathrm{J}\cdot\mathrm{s}^{-1}$.

2.4.2 质点动能定理

前面讨论了力的空间累积作用,引出了功的概念,下面讨论质点受力的空间累积作用与由此引起的状态变化之间的定量关系.

设质点在合外力作用下沿一曲线由 a 点运动到 b 点,在曲线上 a、b 两点的速度分别为 $\boldsymbol{v}_1$ 与 $\boldsymbol{v}_2$. 根据牛顿第二定律可得任意时刻沿切向的运动方程为

$$F_\tau = ma_\tau = m\frac{\mathrm{d}v}{\mathrm{d}t}$$

F_τ 为合外力 $\boldsymbol{F}$ 在切线方向的投影,如图 2.9 所示,$F_\tau = F\cos\alpha$. 又由 $v=\dfrac{\mathrm{d}s}{\mathrm{d}t}$,得 $\mathrm{d}s = v\mathrm{d}t$. 所以元功为

$$dA = F\cos\alpha ds = m\frac{dv}{dt}ds = m\frac{dv}{ds}\frac{ds}{dt}ds = mvdv$$

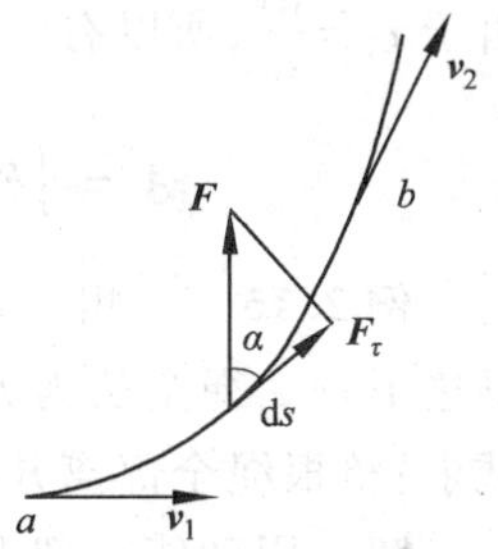

图 2.9　合外力在切线方向的投影

质点从 a 沿曲线运动到 b,合外力所做的功为

$$A = \int_a^b F\cos\alpha ds = \int_{v_1}^{v_2} mvdv = \frac{1}{2}mv_2^2 - \frac{1}{2}mv_1^2 \qquad (2.30)$$

式中$\frac{1}{2}mv^2$ 称为质点的动能,用 E_k 表示

$$E_k = \frac{1}{2}mv^2$$

式(2.30)中$\frac{1}{2}mv_1^2$ 表示质点的初动能,$\frac{1}{2}mv_2^2$ 表示质点的末动能. 式(2.30)表示合外力对质点所做的功等于质点的动能的增量. 这一结论称为**质点动能定理**.

从动能定理可以看出,当合外力 $\boldsymbol{F}$ 对质点作正功($A>0$)时,质点的动能增加,这表明质点所增加的动能,是由于合外力对质点作正功所获得的. 而当合外力对质点作负功($A<0$)时,质点动能减少,此时质点克服外力做功是以减少自己的动能为代价的. 当合外力对质点做功为零($A=0$)时,质点的动能不变.

动能的单位与能量相同,在国际单位制中动能(能量)的单位为焦耳(J).

关于动能、动量还应说明以下几点:

(1)质点动能定理说明了作功与质点动能变化的关系,在某一过程中,合力对质点所作的功在量值上等于质点动能的增量. 也就是说,功是动能改变的量度. 功与状态的变化过程相联系,反映力的空间累积,是过程量. 动能是描述物体运动状态的物理量,是状态的单值函数,运动状态一旦确定,物体就有确定的动能与之对应,所以动能是状态量.

(2)质点动能定理还说明,合力在某一过程中对质点所做的功,只与质点的始、末状态的动能有关,只要知道质点在始、末两状态的动能,就知道了合力在该过程中对质点所做的功.

(3)质点动能定理由牛顿第二定律导出,故它只适用于惯性系. 由于位移和速度都与所选取的参考系有关,所以,在应用动能定理时,功和动能必须是相对于同一惯性系的.

(4)动能、动量都是表征物体运动状态的重要物理量. 但动量和动能分别联系于不同的物理量——冲量和功. 动量是表示物体机械运动的一种量度,在几个物体之间,如果通过力的相互作用而有机械运动的转移时,一定伴有等量的动量转移. 即一个物体得到一定动量的同时,一定有其他物体失去等量的动量. 但如果考察这一系统的动能方面问题时,并没有"必有等量动能转移"的问题,而是一种能量可以等量转化为其他形式的能量. 可以说,动能是表示物体机械运动转化为一定量的其他运动形式的能量的一种量度.

例 2.14　质量为 $m=0.5$ kg 的质点,在 xOy 坐标平面内运动,其运动方程为 $x=5t$,$y=0.5t^2$(SI),求从 $t=2$ s 到 $t=4$ s 这段时间内外力对质点做的功.

解　由运动方程 $x=5t$,$y=0.5t^2$ 可求得

$$v_x = 5\ \mathrm{m\cdot s^{-1}},\quad v_y = t\ \mathrm{m\cdot s^{-1}}\quad 及\ a_x = 0\ \mathrm{m\cdot s^{-1}},\quad a_y = 1\ \mathrm{m\cdot s^{-1}}$$

由牛顿第二定律 $\boldsymbol{F}=m\boldsymbol{a}$,可得

$$F_x = ma_x = 0,\quad F_y = ma_y = 0.5\ \mathrm{N}$$

而外力对质点做的功为

$$A = \int \boldsymbol{F}\cdot d\boldsymbol{r} = \int (F_x dx + F_y dy) = \int F_y dy$$

由于 $v_y=\frac{dy}{dt}$，所以有

$$A=\int F_y v_y dt=\int_2^4 0.5t dt=\frac{1}{2}\times 0.5t^2\Big|_2^4=\frac{1}{4}(4^2-2^2)\ \text{J}=3\ \text{J}$$

例 2.15 一粗细均匀的不可伸长的柔软绳子，一部分置于光滑水平桌面上，另一部分自桌边下垂．绳全长为 L，开始时下垂部分长为 b，绳初速度为零．试求：整根绳全部离开桌面时瞬间的速率(例 2.15 图)．

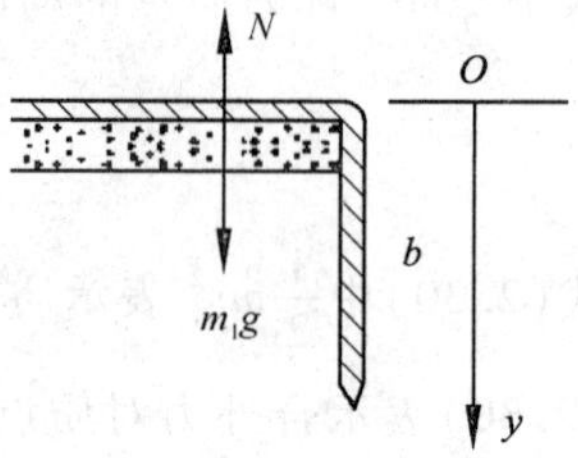

例 2.15 图

解 用动能定理求解．

建立坐标系如例 2.15 图，设绳总质量为 m，桌面上部分质量为 m_1，由于绳粗细均匀，所以质量密度 $\lambda=\frac{m}{L}$，当绳子下垂部分长度为 y 时，绳受垂直方向的力分别为

桌面上绳受力

$$m_1 g-N=0$$

下垂部分绳受力

$$F=\frac{m}{L}yg=\lambda yg$$

当绳下落 dy 时，力 F 作元功

$$dA=Fdy=\lambda yg dy$$

整个绳全部离开桌面时，力 F 作功

$$A=\int dA=\int_b^L \lambda yg dy=\frac{m}{2L}g(L^2-b^2)$$

由动能定理知

$$A=\Delta E_k=\frac{1}{2}mv^2-0,$$

即

$$\frac{m}{2L}g(L^2-b^2)=\frac{1}{2}mv^2$$

$$v=\sqrt{\frac{g}{L}(L^2-b^2)}$$

2.5 势 能

上一节我们介绍了作为机械运动能量之一的动能，动能是由于物体运动而具有的能量．本节将介绍另一种机械能——势能．由相互作用着的物体之间的相对位置决定的能量叫做**势能**．我们将从几种常见的力做功特点出发，引出势能的概念．

2.5.1 几种常见的力作功特点

1. 万有引力的功

如图 2.10 所示，设有一质量为 m 的物体，受到另一质量为 M 的静止物体的万有引力作用，m 经历任一路径由点 a 运动到点 b. 以 M 的中心位置为原点，a、b 两点距原点的距离分别

为 r_a 和 r_b. 在某一时刻位矢为 $\boldsymbol{r}$,此时 m 受到的万有引力为

$$\boldsymbol{F} = -G\frac{Mm}{r^3}\boldsymbol{r}$$

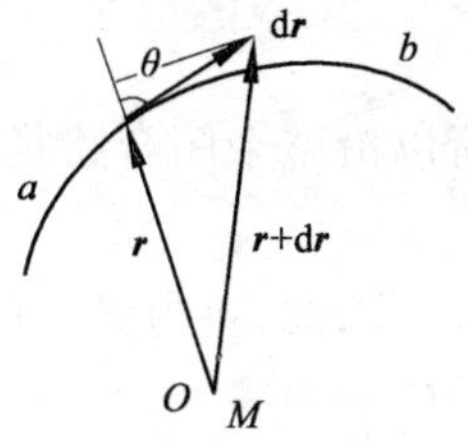

图 2.10　万有引力的功

将物体的运动过程分成许多小的位移元,在任意元位移 $\mathrm{d}\boldsymbol{r}$ 时,万有引力做的元功为

$$\mathrm{d}A = \boldsymbol{F}\cdot\mathrm{d}\boldsymbol{r} = -G\frac{Mm}{r^3}\boldsymbol{r}\cdot\mathrm{d}\boldsymbol{r}$$

显然
$$\boldsymbol{r}\cdot\mathrm{d}\boldsymbol{r} = r|\mathrm{d}\boldsymbol{r}|\cos\theta = r\mathrm{d}r$$

这样,上式可写成

$$\mathrm{d}A = -G\frac{Mm}{r^2}\mathrm{d}r$$

物体由点 a 运动到点 b 的过程中,万有引力所做的功为

$$A = \int_a^b \mathrm{d}A = \int_{r_a}^{r_b}\left(-G\frac{Mm}{r^2}\right)\mathrm{d}r$$

即

$$A = GMm\left(\frac{1}{r_b} - \frac{1}{r_a}\right) \tag{2.31}$$

上式表明,万有引力的功只与质点 m 的始末位置有关,而与经过的路径无关. 这是万有引力作功的一个重要特点.

2. 重力的功

如图 2.11 所示,设质量为 m 的物体在重力作用下,由 a 点沿任一曲线路径 acb 运动到 b 点,点 a 和点 b 距离参考平面的高度分别为 y_a 和 y_b. 我们来计算重力在这段曲线上所做的功.

我们将路径 acb 分成许多元位移. 在元位移 $\mathrm{d}\boldsymbol{r}$ 中重力 $\boldsymbol{G}$ 做的元功为

$$\mathrm{d}A = \boldsymbol{G}\cdot\mathrm{d}\boldsymbol{r}$$

在如图 2.11 的坐标系下

$$\boldsymbol{G} = -mg\boldsymbol{j}$$
$$\mathrm{d}\boldsymbol{r} = \mathrm{d}x\boldsymbol{i} + \mathrm{d}y\boldsymbol{j}$$

于是

$$\mathrm{d}A = -mg\boldsymbol{j}\cdot(\mathrm{d}x\boldsymbol{i} + \mathrm{d}y\boldsymbol{j}) = -mg\mathrm{d}y$$

物体在由点 a 移动至点 b 的过程中,重力 G 作的总功

$$A = \int_a^b \mathrm{d}A = \int_{y_a}^{y_b}(-mg)\mathrm{d}y = mgy_a - mgy_b \tag{2.32}$$

通过上面计算看出,如果物体从点 a 沿任何其他曲线 adb 运动到点 b 所作的功仍然是(2.32)式. 由此可得:重力所作的功只与运动物体的始末位置有关,而与物体的运动路径无关.

我们再来计算一下,物体沿任一闭合路径 $adbca$ 运动一周时重力所做的功. 如图 2.11 所示,将整个闭合路径 $adbca$ 分成两段,即 adb 和 bca,在 adb 段上,重力做功

$$A_{adb} = mgy_a - mgy_b$$

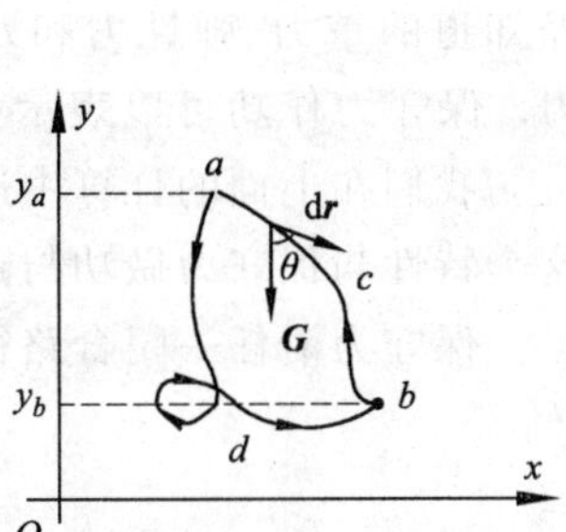

图 2.11　重力的功

在 bca 段上,重力做功就是从点 a 到点 b 做功的负值

$$A_{bca} = -(mgy_a - mgy_b)$$

所以沿整个闭合路径一周,重力做的总功为

$$A = A_{adb} + A_{bca} = (mgy_a - mgy_b) - (mgy_a - mgy_b) = 0$$

因此,重力做功的特点又可以表达为:在重力作用下,物体沿任一闭合路径运动一周,重力做的功为零.

3. 弹性力的功

如图 2.12 所示,设有一倔强系数为 k 的弹簧,质量可以忽略不计,放在一水平光滑桌面上,弹簧一端固定,另一端与一质量为 m 的物体相连. 当弹簧未伸长时,物体不受外力作用,物体位于坐标原点 O(即 $x=0$ 处),此位置叫做平衡位置. 如图 2.12 所示,以平衡位置 O 为坐标原点,向右为 x 轴正向,建立坐标系. 若物体受到沿 Ox 轴正向的外力作用,弹簧将被拉长,当物体处于坐标 x 位置时,弹簧的伸长为 x,受到的弹性力为

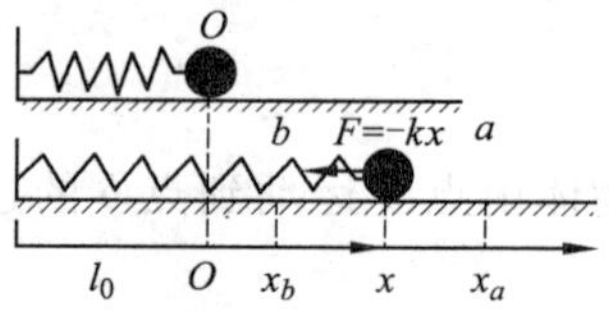

图 2.12 弹性力的功

$$\boldsymbol{F} = -kx\boldsymbol{i}$$

弹性力为一变力,在物体由 a 点移动到 b 点的过程中,我们将运动过程细分成许多小的过程,设物体在坐标 x 处附近运动了一个元位移 $\mathrm{d}\boldsymbol{r} = \mathrm{d}x\boldsymbol{i}$,弹性力可近似看成是不变的,弹性力在该微小过程中作的元功为

$$\mathrm{d}A = \boldsymbol{F} \cdot \mathrm{d}\boldsymbol{r} = -kx\boldsymbol{i} \cdot \mathrm{d}x\boldsymbol{i} = -kx\mathrm{d}x$$

弹簧的伸长量由 x_a 处变到 x_b 处时,弹性力的功就等于各个元功之和

$$A = \int \mathrm{d}A = \int_{x_a}^{x_b} (-kx)\mathrm{d}x = \frac{1}{2}kx_a^2 - \frac{1}{2}kx_b^2 \tag{2.33}$$

由此可见,在弹性限度内,弹性力所作的功只与弹簧起始点和终点的位置有关,而与物体的运动路径无关. 这个特点与重力作功和引力作功完全一样.

同样,我们很容易计算物体从 a 点出发运动到 b 点,再回到 a 点,即沿闭合路径运动一圈,弹力做功为零,即

$$A = \int_{x_a}^{x_b} (-kx)\mathrm{d}x + \int_{x_b}^{x_a} (-kx)\mathrm{d}x = \int_{x_a}^{x_b} (-kx)\mathrm{d}x - \int_{x_a}^{x_b} (-kx)\mathrm{d}x = 0$$

2.5.2 保守力与非保守力

通过上面对重力、弹性力和万有引力作功的具体计算,我们看到了它们的共同特点:作功只与物体的初、末位置有关,而与路径无关. 具有这一特性的力叫作**保守力**. 除了我们已经知道的重力、弹性力和万有引力是保守力之外,电荷间相互作用的库仑力也是一种保守力. 保守力作功可以表示为运动过程中某一位置函数的减少量.

我们在上面的计算中还得到了保守力的另一个特性——沿任一闭合路径一周做功为零. 这个特性与保守力做功与路径无关的特性是一致的.

保守力沿任一闭合路径做功为零可表示为

$$A = \oint_l \boldsymbol{F} \cdot \mathrm{d}\boldsymbol{r} = 0 \tag{2.34}$$

物理中一些常见的力,如摩擦力,它所作的功与路径有关,沿不同的路径,摩擦力做功的数

值不同．我们把这类作功与路径有关的力叫做**非保守力**．对非保守力，物体沿任意闭合路径运动一周，作做不为零．即

$$\oint_l \boldsymbol{F}_{\text{非保守力}} \cdot \mathrm{d}\boldsymbol{r} \neq 0 \tag{2.35}$$

2.5.3　势能

当系统内两物体之间的作用力为保守力时，作功只与物体间的相对始、末位置有关．保守力作功等于一个位置坐标的函数在始点和末点的差值，我们将这个函数值定义为物体在相应位置的势能，分别记为 E_{p1} 和 E_{p2}，则与一保守力相对应的势能的减少量等于保守力所做的功，即

$$A = E_{\mathrm{p1}} - E_{\mathrm{p2}} = -\Delta E_{\mathrm{p}} \tag{2.36}$$

上式定义的是势能的变化量，而不是势能的量值．

对于一个微元过程来说，有

$$\mathrm{d}A = -\mathrm{d}E_{\mathrm{p}}$$

上式表明，保守力在某一过程中对物体作的功，等于该过程中物体势能增量的负值．也可以表达为保守力作的功等于势能的减小量．由此结论我们可以给出势能的一般定义式．我们可任意选定一个参考点 M_0，并令该点处势能为零，则该点称为零势能点．我们定义：物体在保守力场中某点 M 的势能，在量值上等于物体从该点 M 移动到零势能点 M_0 的过程中，保守力 $\boldsymbol{F}$ 所作的功．如用 E_{p} 表示物体在 M 点的势能，则有

$$E_{\mathrm{p}} = \int_M^{M_0} \boldsymbol{F} \cdot \mathrm{d}\boldsymbol{r} \tag{2.37}$$

由于势能值与势能零点选取有关，因此在涉及某点的势能时，应首先指明势能零点．根据势能的概念我们可分别给出引力势能、重力势能和弹性势能的函数形式．

1. 引力势能

两物体的质量分别为 M 和 m，它们之间相互作用力为万有引力，当它们的相对位置由 r_1 变化至 r_2 时，由式(2.31)和(2.36)得万有引力做的功为

$$A = GMm\left(\frac{1}{r_2} - \frac{1}{r_1}\right) = E_{\mathrm{p1}} - E_{\mathrm{p2}}$$

其中，E_{p1} 和 E_{p2} 分别为物体在始末位置的引力势能，

$$E_{\mathrm{p1}} = -G\frac{mM}{r_1},\quad E_{\mathrm{p2}} = -G\frac{mM}{r_2}$$

一般情况下选择 M 和 m 相距无限远时为引力势能零点．这时 M 和 m 相距 r 时的引力势能为

$$E_{\mathrm{p}} = -G\frac{mM}{r} \tag{2.38}$$

2. 重力势能

地球表面附近的物体受重力作用．设物体的质量为 m，当相对地面的高度由 y_1 变化至 y_2 时，由式(2.32)和(2.36)得重力做的功为

$$A = mgy_1 - mgy_2 = E_{\mathrm{p1}} - E_{\mathrm{p2}}$$

其中，E_{p1} 和 E_{p2} 分别为物体在始末位置的重力势能，

$$E_{p1}=mgy_1,\quad E_{p2}=mgy_2$$

若我们选择 y_2 平面为重力势能零点，则 y_1 平面的重力势能为

$$E_p=mgh \tag{2.39}$$

其中，h 为 y_1 与 y_2 两平面的高度差.

3. 弹性势能

弹簧自由端从位置坐标 x_1 变化至坐标 x_2 时，由式(2.33)和(2.36)得弹性力做功为

$$A=\frac{1}{2}kx_1^2-\frac{1}{2}kx_2^2=E_{p1}-E_{p2}$$

其中，E_{p1} 和 E_{p2} 分别为物体在始末位置的弹性势能，

$$E_{p1}=\frac{1}{2}kx_1^2,\quad E_{p2}=\frac{1}{2}kx_2^2$$

由于弹性势能是由于弹簧的形变产生的，一般情况下，我们选弹簧原长处作为弹性势能的零点，所以当伸长量为 x 时，系统弹性势能为

$$E_p=\frac{1}{2}kx^2 \tag{2.40}$$

有关势能的几点讨论：

(1)**势能是相对量**. 其值与零势能参考点的选择有关. 势能零点可以任意选取，零势能位置选的不同，物体的势能具有不同的值. 所以，势能具有相对意义. 但是任意两点间的势能之差是绝对的，与势能的零点选取无关.

(2)**势能是状态的函数**. 在保守力的作用下，只要物体的起始点和终止点位置确定了，保守力所作的功也就确定了，而与所经过的路径是无关的. 所以说，势能是坐标的函数，也是状态的函数，即 $E_p=E_p(x,y,z)$. 前面还说过，动能亦是状态的函数，$E_k=E_k(x,y,z)$.

(3)**势能是属于系统的**. 势能是由于系统内各物体间具有保守力作用而产生的，因而它是系统的，单独谈单个物体的势能是没有意义的. 例如重力势能就是属于地球和物体所组成的系统的. 同样，弹性势能和引力势能也是属于弹性力和引力作用的系统的.

(4)**势能大小既与物体之间的相互作用力有关，又与物体之间的相对位置有关**. 由于非保守力的功与路径有关，不能用某种位置函数之差来表示. 因此，对于非保守力不存在势能的概念.

2.5.4 势能曲线

由势能和物体间的相对位置的关系描绘出的曲线称为势能曲线. 用势能曲线来讨论物体在保守力作用下的运动将带来很多方便. 前面提到的三种势能的曲线分别如图 2.13～图 2.15 所示.

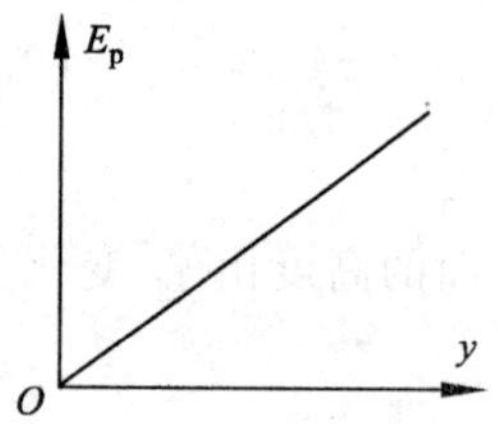

图 2.13 重力势能曲线

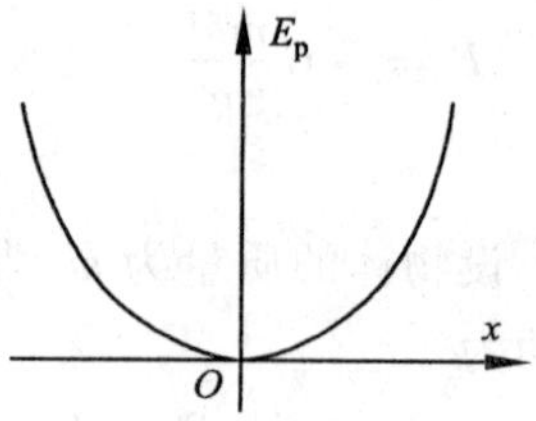

图 2.14 弹性势能曲线

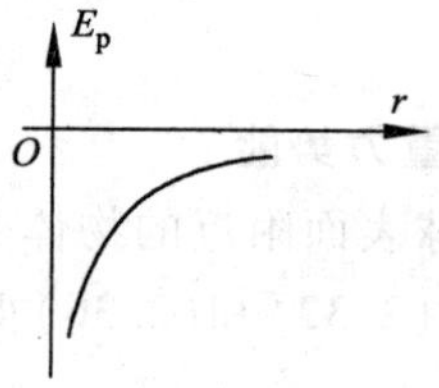

图 2.15 引力势能曲线

由图可见,重力势能曲线是一条直线;弹性势能曲线是一条通过原点的抛物线,在原点弹性势能最小,为零,是它的平衡位置;万有引力势能曲线是一条双曲线,当 $r\to\infty$ 时,引力势能趋于零,与我们选定无限远处万有引力势能为零一致.

下面我们讨论势能曲线的斜率与保守力的关系.

我们知道,保守力的功等于势能增量的负值,即

$$A = -\Delta E_p$$

改写成微分形式

$$dA = -dE_p$$

当系统内的物体在保守力 $\boldsymbol{F}$ 作用下,沿 x 轴的位移为 dx 时,保守力的功为

$$dA = \boldsymbol{F}\cdot d\boldsymbol{r} = \boldsymbol{F}\cdot dx\boldsymbol{i}$$

式中 $\boldsymbol{F}\cdot\boldsymbol{i} = F_x$,即 $\boldsymbol{F}$ 在 x 轴上的分量. 因此上式写成

$$dA = F_x dx = -dE_p$$

由此可得

$$F_x = -\frac{dE_p}{dx}$$

因此,保守力沿某坐标轴的分量等于势能对此坐标的导数的负值. 导数 $\frac{dE_p}{dx}$ 是势能曲线在该点的斜率. 故由上式可知,从势能曲线的斜率可得保守力的大小和方向.

例 2.16　已知地球的半径为 R,质量为 M,现有一质量为 m 的物体,在离地面高度为 $2R$ 处. 以地球和物体为系统,求:

(1)若取无穷远处为引力势能零点时,系统的引力势能为多少?

(2)若取地面为引力势能零点时,则系统的引力势能又为多少?

(G 为万有引力常数)

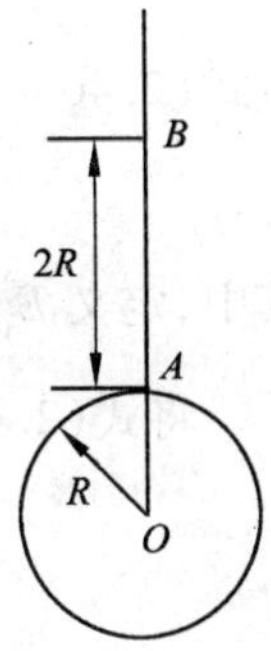

例 2.16 图

解　(1)如例 2.16 图所示,设物体在 B 点,取无穷远处为引力势能零点. 物体在离地面 $2R$ 高处时,系统的势能为物体从该处移动到无穷远时引力所作的功

$$E_p = \int_{3R}^{\infty}\left(-\frac{GMm}{r^2}\right)dr = GMm\frac{1}{r}\bigg|_{3R}^{\infty} = -\frac{GMm}{3R}$$

(2)取地球表面处为势能零点,物体在离地面 $2R$ 高处的势能为

$$E_p = \int_{3R}^{R}\left(-\frac{GMm}{r^2}\right)dr = GMm\frac{1}{r}\bigg|_{3R}^{R} = GMm\left(\frac{1}{R}-\frac{1}{3R}\right) = \frac{2GMm}{3R}$$

可见,取不同的势能零点,势能的数值不同,甚至有正有负,因此势能是相对的.

2.6　功能原理　机械能守恒定律

2.6.1　质点系的动能定理

在实际问题中,往往涉及多个质点组成的质点系,下面把质点动能定量推广到质点系的情况中去. 设在质点系中,考虑第 i 个质点,外力对其做功为 $A_{i外}$,内力对其做功为 $A_{i内}$,其初动能为 $\frac{1}{2}m_i v_{i0}^2$,末动能为 $\frac{1}{2}m_i v_i^2$. 由质点动能定理可得

$$A_{i外}+A_{i内}=\frac{1}{2}m_iv_i^2-\frac{1}{2}m_iv_{i0}^2$$

对质点系中所有质点求和，则有

$$\sum_i A_{i外}+\sum_i A_{i内}=\sum_i \frac{1}{2}m_iv_i^2-\sum_i \frac{1}{2}m_iv_{i0}^2$$

记 $A_{外}=\sum_i A_{i外}$ 为外力对质点系做的总功；$A_{内}=\sum_i A_{i内}$ 为内力对各质点做的总功；$E_{k0}=\sum_i \frac{1}{2}m_iv_{i0}^2$、$E_k=\sum_i \frac{1}{2}m_iv_i^2$ 为质点系初、末总动能，则有

$$A_{外}+A_{内}=E_k-E_{k0} \tag{2.41}$$

上式表明，质点系总动能的增量等于外力对质点系做的总功与内力对各质点做的总功之和，这一关系称为**质点系的动能定理**.

质点系的动能定理指出，系统动能既可以由外力对系统做功来改变，也可以由内力做功而改变，系统内一对内力做功之和不一定为零. 因此，内力做的功是可能改变系统的总动能的. 在实际中，有许多由于内力做功使质点系总动能发生变化的例子，例如炮弹的爆炸、人体的运动等.

2.6.2 质点系的功能原理

将质点系内力做功分成保守内力做功和非保守内力做功两部分

$$A_{内}=A_{内保}+A_{内非}$$

由式(2.40)，系统内保守内力做的功等于势能增量的负值，即

$$A_{内保}=-\Delta E_p=-(E_{p2}-E_{p1})$$

其中，定义 $E_p=\sum_{i=1}^{n}E_{pi}$ 为系统的势能.

将式(2.41)结合以上二式，得

$$A_{外}+A_{内非}=(E_{k2}+E_{p2})-(E_{k1}+E_{p1})$$

即

$$A_{外}+A_{内非}=E_2-E_1 \tag{2.42}$$

上式中 $E_2=E_{k2}+E_{p2}$，$E_1=E_{k1}+E_{p1}$ 分别称为系统的末态机械能和初态机械能. 机械能等于动能与势能之和.

式(2.42)的物理意义是：系统(质点系)机械能的增量，等于外力与非保守内力对系统(质点系)做功之和，这个原理叫做**质点系的功能原理**.

2.6.3 机械能守恒定律

从系统的功能原理式(2.42)可以看出，当 $A_{外}+A_{内非}=0$ 时

$$E_1=E_2 \tag{2.43a}$$

即

$$E_{k2}+E_{p2}=E_{k1}+E_{p1} \tag{2.43b}$$

式(2.43a)和式(2.43b)称为**机械能守恒定律**. 它的物理意义是：**如果作用在系统上的外力和非保守内力不作功，或者它们的总功为零，则系统总机械能守恒**.

对式(2.43b)做一变形得

$$E_{k2}-E_{k1}=-(E_{p2}-E_{p1})$$

上式的物理意义是,外力和非保守内力的功都为零时,系统动能的增加等于势能的减小,动能和势能互相转换,且量值相等.由于势能的减小是保守内力作功的结果,因此,动能和势能之间的转换是保守内力作功产生的.

2.6.4　能量守恒定律

在以上的讨论中,我们知道如果外力和非保守内力都不做功,系统内的动能和势能之间是可以相互转换的,其和是守恒的.但是,如果系统内部除重力和弹性力等保守内力做功外,还有摩擦力等非保守内力做功,那么系统的机械能就要与其他形式的能量发生转换.

大量实验证明:对于一个与外界无任何联系的孤立系统来说,系统内各种形式的能量是可以相互转换的.在转换过程中一种形式的能量减少多少,其他形式的能量就增加多少,而能量的总和保持不变,这一结论叫做**能量守恒定律**,它是自然界的基本定律之一.能量是这一守恒定律的不变量或守恒量,在能量守恒定律中,系统的能量是不变的,但能量的各种形式之间却可以相互转化.例如机械能、电能、热能、光能以及分子、原子、核能等能量之间都可以相互转换.应当指出,在能量转换的过程中,能量的变化常用功来量度.在机械运动范围内,功是机械能变化的唯一量度.但是,不能把功与能量等同起来,功是和能量变换过程联系在一起的,而能量则只和系统的状态有关,是系统状态的函数.

例 2.17　墙壁上固定一弹簧,弹簧另一端连接一个物体(例 2.17 图(a)),弹簧的倔强系数为 k,物体 m 与桌面间的摩擦系数为 μ,若以恒力 F 将物体自平衡点向右拉动,试求物体到达最远时系统的势能.

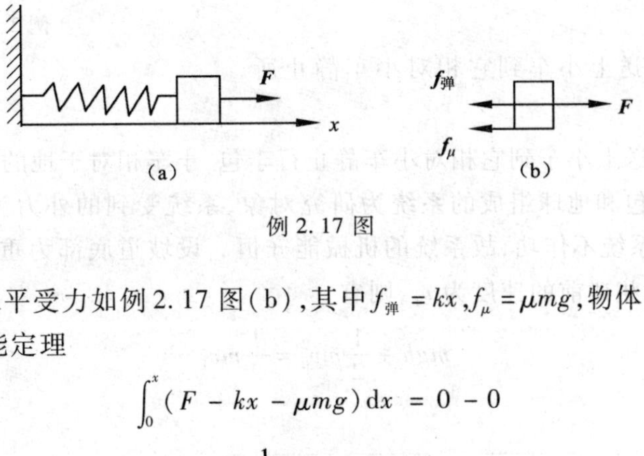

例 2.17 图

解　分析物体水平受力如例 2.17 图(b),其中 $f_{弹}=kx$,$f_\mu=\mu mg$,物体到达最远时,$v=0$,设此时位移为 x,由动能定理

$$\int_0^x (F-kx-\mu mg)\,\mathrm{d}x = 0-0$$

$$Fx-\frac{1}{2}kx^2-\mu mgx=0$$

解出

$$x=\frac{2(F-\mu mg)}{k}$$

系统的势能为

$$E_p=\frac{1}{2}kx^2=\frac{2(F-\mu mg)^2}{k}$$

例 2.18 如例 2.18 图所示，一质量为 M 的车静止在光滑水平面上，车上悬挂摆长为 l、质量为 m 的单摆．开始时，摆线水平、摆球静止，突然放手，当摆球运动到摆线呈铅直的瞬间，摆球相对地面的速度为多少．

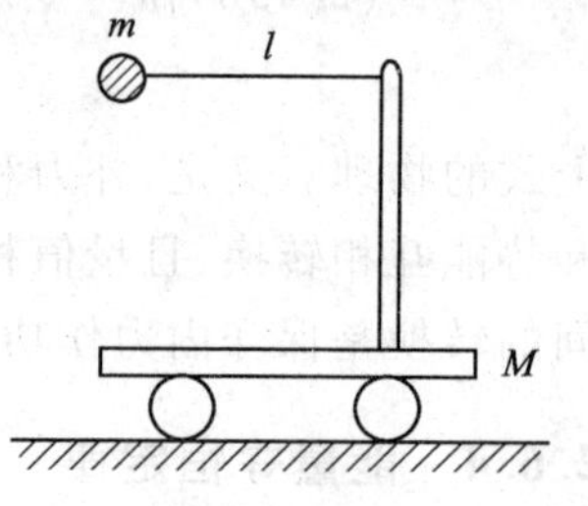

例 2.18 图

解 选摆球与小车及地球组成的物体系为研究对象．设车 M 及摆球 m 相对于地面速度分别为 v_1 与 v_2，设向右为正向，由于系统水平方向不受外力，则系统水平方向动量守恒．

$$0 = mv_2 - Mv_1 \tag{1}$$

又由于在摆球下摆过程中，只有保守内力重力做功，故系统机械能守恒．设摆球摆到最低处时重力势能为零．则有

$$mgl = \frac{1}{2}mv_2^2 + \frac{1}{2}Mv_1^2 \tag{2}$$

联立(1)、(2)两式得

$$v_2 = \sqrt{\frac{2Mgl}{M+m}}$$

例 2.19 传送带以 $v_0 = 2\ \mathrm{m \cdot s^{-1}}$ 的速度把 $m = 20\ \mathrm{kg}$ 的行李包送到坡道的上端，行李包沿光滑的坡道下滑后装到 $M = 40\ \mathrm{kg}$ 的小车上，如例 2.19 图所示．已知小车与传送带之间的高度差 $h = 0.6\ \mathrm{m}$，行李包与车板间摩擦系数 $\mu = 0.4$，小车与地面间的摩擦忽略不计，取 $g = 10\ \mathrm{m \cdot s^{-2}}$，试求：

(1) 当行李包相对于小车保持静止时小车的速度；

(2) 从行李包被送上小车到它相对小车静止所需的时间；

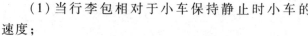

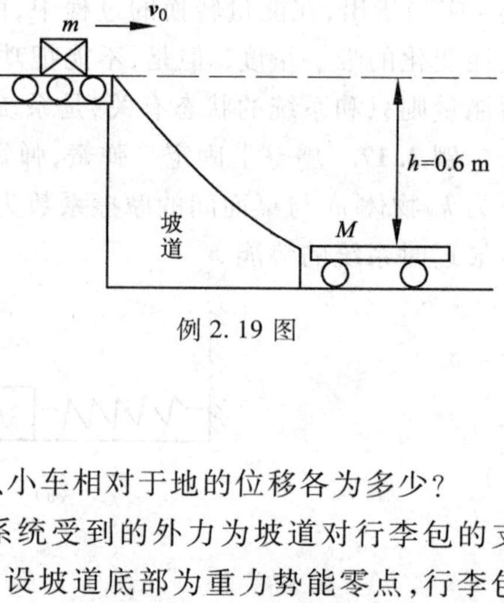

例 2.19 图

(3) 从行李包被送上小车到它相对小车静止行李包、小车相对于地的位移各为多少？

解 (1) 选行李包和地球组成的系统为研究对象，系统受到的外力为坡道对行李包的支持力，但该支持力对系统不作功，故系统的机械能守恒．设坡道底部为重力势能零点，行李包到达坡道底部与小车相碰前的速度为 v_1，则有

$$mgh + \frac{1}{2}mv_0^2 = \frac{1}{2}mv_1^2$$

解得

$$v_1 = \sqrt{2gh + v_0^2} = \sqrt{2 \times 10 \times 0.6 + 2^2}\ \mathrm{m \cdot s^{-1}} = 4\ \mathrm{m \cdot s^{-1}}$$

行李包与小车相碰时，由行李包和小车组成的系统在水平方向不受外力，故系统在水平方向动量守恒．设行李包与小车相碰后共同速度为 v，则有

$$mv_1 = (m+M)v$$

$$v = \frac{mv_1}{m+M} = \frac{20 \times 4}{20+40}\ \mathrm{m \cdot s^{-1}} = \frac{4}{3}\ \mathrm{m \cdot s^{-1}} = 1.33\ \mathrm{m \cdot s^{-1}}$$

(2) 选行李包为研究对象，行李包在小车上滑动时，水平方向只受车板的摩擦阻力作用，

摩擦力为 $f=-\mu mg$，根据质点动量定理，有

$$f\Delta t = mv - mv_1$$

即

$$-\mu mg\Delta t = mv - mv_1$$

$$\Delta t = \frac{mv - mv_1}{-\mu mg} = \frac{\frac{4}{3}-4}{-0.4\times 10}\ \text{s} = 0.67\ \text{s}$$

（3）选小车为研究对象，水平方向，小车受到摩擦阻力作用，但此力对小车做正功. 设小车由静止到具有速度 v 时，相对地位移为 s_1. 则根据动能定理有

$$\mu mgs_1 = \frac{1}{2}Mv^2 - 0$$

$$s_1 = \frac{\frac{1}{2}Mv^2}{\mu mg} = \frac{\frac{1}{2}\times 40\times\left(\frac{4}{3}\right)^2}{0.4\times 20\times 10}\ \text{m} = \frac{4}{9}\ \text{m}$$

同理，选行李包为研究对象，设其以 v_1 冲上小车到相对小车静止时，相对于地的位移为 s_2，则根据动能定理

$$-\mu mgs_2 = \frac{1}{2}mv^2 - \frac{1}{2}mv_1^2$$

$$s_2 = \frac{\frac{1}{2}v^2 - \frac{1}{2}v_1^2}{-\mu g} = \frac{\frac{1}{2}\times\left[\left(\frac{4}{3}\right)^2 - 4^2\right]}{-0.4\times 10}\ \text{m} = \frac{16}{9}\ \text{m}$$

2.7　弹性碰撞与非弹性碰撞

如果两个或多个物体相遇时，物体间的作用力很大，而且相互间的作用仅持续一个极为短暂的时间，则这种相遇称为**碰撞**. 碰撞广泛地存在于生产实践和日常生活中，如冲击、打桩、锻打及分子、原子、原子核等微观粒子之间的相互作用，再如人从车上跳下、子弹击中目标等. 在物体碰撞时，在极短的作用时间内，相互作用的冲力很大，其他的作用力与之相比可以忽略不计，因此，可把相互碰撞的物体当做一个系统，可认为，该系统内只有碰撞物体间的内力作用，因此系统满足动量守恒定律.

根据系统内物体在碰撞前后的能量变化情况，碰撞又可分为弹性碰撞和非弹性碰撞. 如果碰撞前后系统的机械能守恒，则这种碰撞称为**弹性碰撞**. 严格地说，只有原子、原子核和基本粒子等微观粒子之间的碰撞可看作真正的弹性碰撞. 宏观物体间的有些碰撞也可以近似看作弹性碰撞，如玻璃弹子之间的碰撞等. 而机械能不守恒的碰撞称为**非弹性碰撞**，宏观物体之间的碰撞总是在一定程度上是非弹性的. 还有一种非弹性碰撞，当两物体发生碰撞时，它们相互压缩以后完全不能恢复原状，两物体碰后结合在一起，以相同的速度运动，这种碰撞称为**完全非弹性碰撞**，如子弹射入木块后停留在木块内. 完全非弹性碰撞不是指系统初始动能完全损失掉，只是说通过碰撞系统的动能损失很大.

碰撞可以分为正碰和斜碰. 两个物体相互碰撞时，如果碰前和碰后的相对运动是沿同一条直线的，这种碰撞就叫**正碰**或**对心碰撞**. 我们仅讨论这种情况.

2.7.1 弹性碰撞

设两个弹性小球之间发生碰撞，碰撞时小球间相互作用内力为弹性力，碰撞结束后，由于碰撞产生的形变完全恢复，两个小球构成的系统动量守恒、机械能守恒．设两小球质量分别为 m_1、m_2，碰前两球速度分别为 $\boldsymbol{v}_{10}$、$\boldsymbol{v}_{20}$，碰后的速度分别为 $\boldsymbol{v}_1$、$\boldsymbol{v}_2$，如图 2.16所示．

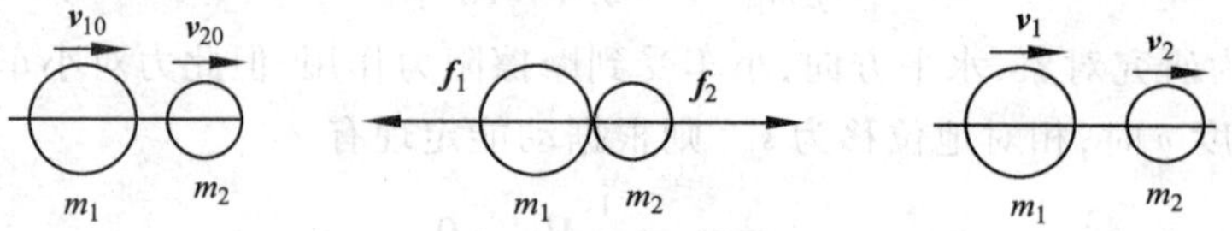

图 2.16 两个小球的碰撞

由动量守恒定律得

$$m_1\boldsymbol{v}_{10}+m_2\boldsymbol{v}_{20}=m_1\boldsymbol{v}_1+m_2\boldsymbol{v}_2$$

由机械能守恒定律得

$$\frac{1}{2}m_1v_{10}^2+\frac{1}{2}m_2v_{20}^2=\frac{1}{2}m_1v_1^2+\frac{1}{2}m_2v_2^2$$

由上两式联立求解得

$$v_1=\frac{(m_1-m_2)v_{10}+2m_2v_{20}}{m_1+m_2},v_2=\frac{(m_2-m_1)v_{20}+2m_1v_{10}}{m_1+m_2}$$

(1)若两小球质量相等，即 $m_1=m_2$，则

$$v_1=v_{20},\quad v_2=v_{10}$$

表示在对心碰撞中，质量相等的两小球在碰撞中彼此交换速度．

(2)若小球 m_2 最初静止，即 $v_{20}=0$，则

$$v_1=\left(\frac{m_1-m_2}{m_1+m_2}\right)v_{10},\quad v_2=\left(\frac{2m_1}{m_1+m_2}\right)v_{10}$$

若 $m_1=m_2$，则

$$v_1=0,\quad v_2=v_{10}$$

碰后第一个小球停下来，第二个小球取代第一个小球原来具有的速度．

(3)若 $m_2\gg m_1$，且 $v_{20}=0$，则

$$v_1=-v_{10},\quad v_2\approx 0$$

一个质量很小的物体与一个质量很大且静止的物体相碰，质量很小的物体仅改变其运动方向，而质量很大且静止的物体几乎仍保持静止．如乒乓球撞击墙壁的情况.

反之，若 $m_2\ll m_1$，且 $v_{20}=0$，则

$$v_1=v_{10},\quad v_2=2v_{10}$$

结果表明，质量很大的物体与质量很小的静止物体碰撞后其速度不变．

2.7.2 非弹性碰撞

对一般的非弹性碰撞，碰撞过程中物体产生的形变不能完全恢复，内力做功改变了系统的总机械能，导致了一部分动能转变为热能和其他形式的能量，因此，机械能不再守恒．牛顿总结实

验结果,提出了碰撞定律:碰撞后两球的分离速度(v_2-v_1)与碰撞前两球的接近速度($v_{10}-v_{20}$)成正比

$$e=\frac{v_2-v_1}{v_{10}-v_{20}} \tag{2.44}$$

式中 e 称为**恢复系数**,由相互碰撞的两球质料决定:

(1)若 $e=1$,则 $v_2-v_1=v_{10}-v_{20}$,为弹性碰撞.

(2)若 $e=0$,则 $v_2-v_1=0$,即 $v_2=v_1$,为完全非弹性碰撞.

(3)若 $0<e<1$,则为一般非弹性碰撞.

对非弹性碰撞,系统动量守恒,于是对两个质量分别为 m_1、m_2 的小球,如前面讨论

$$m_1v_{10}+m_2v_{20}=m_1v_1+m_2v_2$$

与碰撞定律 $e=\dfrac{v_2-v_1}{v_{10}-v_{20}}$ 联立,可得

$$\begin{aligned} v_1&=v_{10}-\frac{(1+e)(v_{10}-v_{20})}{m_1+m_2}m_2 \\ v_2&=v_{20}+\frac{(1+e)(v_{10}-v_{20})}{m_1+m_2}m_1 \end{aligned} \tag{2.45}$$

特殊情况下,$m_1\ll m_2$,且碰前第二个小球(m_2)静止,即 $v_{20}=0$. 对于这种以小质量的球碰撞极大质量的静止球的情形可得

$$v_1=-ev_{10},\quad v_2\approx 0$$

碰后第一个小球反弹回去,但速率变小了,而第二个小球几乎不动. 这个结果与弹性碰撞中以一个质量很小的物体与一个质量很大且静止的物体相碰撞相似.

2.7.3　完全非弹性碰撞

系统相互碰撞后具有共同运动速度的情况. 如子弹打入运动的木块中,人跳上运动着的车辆,正离子、负离子相碰撞后组成分子等都是完全非弹性碰撞. 这种情况下系统动量守恒,但机械能不守恒,于是有

$$m_1v_{10}+m_2v_{20}=(m_1+m_2)v$$

即

$$v_1=v_2=v=\frac{m_1v_{10}+m_2v_{20}}{m_1+m_2} \tag{2.46}$$

此结果也可由式(2.45)令 $e=0$ 得到.

2.7.4　碰撞过程中动能的损失

一般情况下,系统中相互碰撞的物体因碰撞而产生的形变不能完全恢复,所以系统的一部分动能将转换为对应于永久形变的能量和热运动能量等. 由于碰撞而引起的动能的减少(损失)可由非弹性碰撞得出的结果求得

碰前两小球的总动能为　$E_{k0}=\dfrac{1}{2}m_1v_{10}^2+\dfrac{1}{2}m_2v_{20}^2$

碰后两小球的总动能为　$E_k=\dfrac{1}{2}m_1v_1^2+\dfrac{1}{2}m_2v_2^2$

所以碰撞前后动能的损失为 $|\Delta E_k| = E_{k0} - E_k$

把式(2.45)中 v_1、v_2 代入上式化简得

$$|\Delta E_k| = \frac{1}{2}(1-e^2)\frac{m_1 m_2}{m_1+m_2}(v_{10}-v_{20})^2 \tag{2.47}$$

上式为正碰过程中动能损失的一般结果．对于弹性正碰，$e=1$，$|\Delta E_k|=0$，动能不损失，即动能守恒．对完全非弹性正碰撞，$e=0$，$|\Delta E_k|$最大为

$$|\Delta E_k| = \frac{1}{2}\frac{m_1 m_2}{m_1+m_2}(v_{10}-v_{20})^2$$

在生产实践中有时要利用这种动能损失，因此，希望在完全非弹性碰撞中动能损失越大越好．如打铁是利用锤的打击使工件产生永久形变，因此，应尽可能多地利用锤的动能以转换成工件形变对应的能量．同样是完全非弹性碰撞，在另外一些情况下则希望碰后保留尽可能大的动能，如建筑工人打桩和木匠用锤子钉钉子，都希望打击以后以较大的速度保证锤和桩或锤与钉子一起运动才能达到目的．

例 2.20 如例 2.20 图(a)所示，两个小球的质量相等 $m_1=m_2=m$，开始时，外力使倔强系数为 k 的弹簧压缩某一距离 x，然后释放，将小球 m_1 弹射出去，并与静止的小球 m_2 发生弹性碰撞，碰后 m_2 沿半径为 R 的圆轨道上升．若使 m_2 到达 A 点恰与圆环脱离，则弹簧被压缩的距离 x 应为多少？已知 AO 与竖直方向的夹角 $\theta=60°$，忽略一切摩擦．

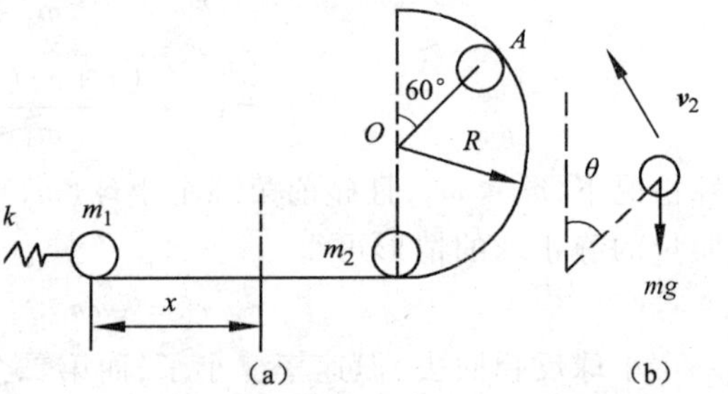

例 2.20 图

解 先选弹簧与 m_1 为研究对象，由机械能守恒

$$\frac{1}{2}kx^2 = \frac{1}{2}m_1 v_1^2, \quad v_1 = \sqrt{\frac{k}{m_1}}x \tag{1}$$

再选 m_1 与 m_2 组成的物体系为研究对象，由题设，它们之间为弹性碰撞，系统水平方向动量守恒且机械能守恒，有

$$m_1 v_1 = m_2 u_2 - m_1 u_1$$

$$\frac{1}{2}m_1 v_1^2 = \frac{1}{2}m_2 u_2^2 + \frac{1}{2}m_1 u_1^2$$

由 $m_1 = m_2$ 知

$$u_1 = 0, \qquad u_2 = v_1 \tag{2}$$

最后选 m_2 与地球组成的物体系为研究对象，由于只有保守内力重力作功，所以系统机械能守恒，选圆轨道底部为重力势能零点，有

$$\frac{1}{2}m_2 u_2^2 = m_2 Rg(1+\cos\theta) + \frac{1}{2}m_2 v_2^2 \tag{3}$$

由于到达 A 点物体 m_2 恰与圆环脱离，$N=0$，只有重力分力提供 m_2 做圆周运动向心力，即

$$m_2 g\cos\theta = m_2\frac{v_2^2}{R} \tag{4}$$

式(1)、(2)、(3)、(4)联立，可解得

$$x = \sqrt{\frac{7}{2k} mgR}$$

思　考　题

2.1　思考下列问题：

(1)物体的运动方向和合外力方向是否一定相同？

(2)物体受到几个力的作用时，是否一定产生加速度？

(3)物体运动的速率不变时，所受的合外力是否为零？

(4)物体的运动速度很大时，所受的合外力是否也很大？

2.2　有人说："马拉车，车前进了，是因为马拉车的力大于车拉马的力．"这种说法对吗？为什么？

2.3　物体所受摩擦力的方向是否一定和它的运动方向相反？试举例说明．

2.4　用绳子系一物体，在竖直平面内做圆周运动，当物体达到最高点时，

(1)有人说："这时物体受三个力：重力、绳子的拉力以及向心力"；(2)又有人说："因为这三个力的方向都是向下的，但物体不下落，可见物体还受一个方向向上的离心力和这些力平衡着"．这两种说法对吗？

2.5　一个人躺在地上，身上压一块重石板，另一人用重锤猛击石板，但见石板碎裂，而下面的人毫无损伤．何故？

2.6　一物体可否只具有机械能而无动量？一物体可否只有动量而无机械能？试举例说明．

2.7　两质量不等的物体具有相等的动能，哪个物体的动量较大？两质量不等的物体具有相等的动量，哪个物体的动能较大？

2.8　一物体沿粗糙斜面下滑．试问在运动过程中哪些力做正功？那些力做负功？哪些力不做功？

2.9　非保守力做功一定是负的，对吗？举例说明．

2.10　能否利用装在小船上的风扇扇动空气使小船前进？

习　题

2.1　一个质量为 m 的质点，在光滑的固定斜面（倾角为 α）上以初速度 v_0 运动，v_0 的方向与斜面底边的水平线 AB 平行，如题 2.1 图所示，求这个质点的运动轨道．

2.2　质量为 m 的物体被竖直上抛，初速度为 v_0，物体受到的空气阻力数值为 $f = kv$，k 为常数．求物体升高到最高点所用的时间及上升的最大高度．

2.3　一条质量为 m、长为 l 的匀质链条，放在一光滑的水平桌面上，链条的一端有极小的一段长度被推出桌子边缘，在重力作用下开始下落，试求链条刚刚离开桌面时的速度．

2.4　长度为 l 的绳，一端系一质量为 m 的小球，另一端挂于光滑水平面上的 $h(h < l)$ 高度处，使该小球在水平面上以 $n\ \mathrm{r \cdot s^{-1}}$ 做匀速圆周运动时，水平面上受多少正压力？为了使小球不离开水平面，求 n 的最大值．

2.5　如题 2.5 图所示，升降机内有两物体，质量分别为 m_1 和 m_2，且 $m_2 = 2m_1$，用细绳连接，跨过滑轮，绳子不可伸长，滑轮质量及一切摩擦都忽略不计．当升降机以匀加速 $a = \frac{1}{2}g$ 上升时，求：(1) m_1 和 m_2 相对升降机的加速度；(2)在地面上观察 m_1 和 m_2 的加速度各为多少？

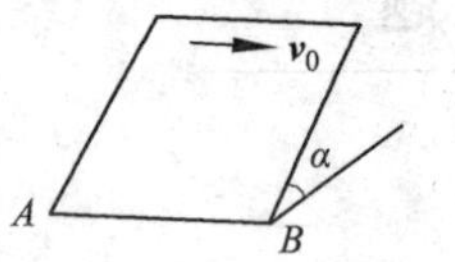

题 2.1 图

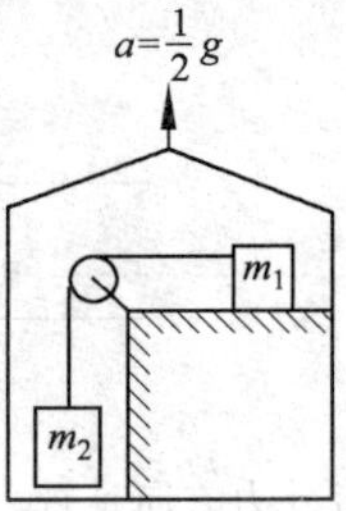

题 2.5 图

2.6 一做直线运动的物体受到的合外力为 $F=2t$(SI),试问在第二个 5 s 内和第一个 5 s 内物体所受冲量之比及动量增量之比各为多少?

2.7 一弹性球,质量为 $m=0.020$ kg,速率 $v=5$ m·s^{-1},与墙壁碰撞后跳回.设跳回时速率不变,碰撞前后的速度方向和墙的法线夹角都为 $\alpha=60°$,(1)求碰撞过程中小球受到的冲量;(2)设碰撞时间为 $\Delta t=0.05$ s,求碰撞过程中小球受到的平均冲力大小.

2.8 煤粉以稳定的流量落在水平运行的传送带上,设 t 时刻传送带上煤粉质量为 $m(t)=kt$,其中 k 为常量,求欲保持传送带运行速度恒为 v 所需施加的作用力.

2.9 一颗子弹由枪口射出时速率为 v_0,当子弹在枪筒内被加速时,它所受的合力为 $F=a-bt$(a,b 为常数),其中 t 以 s 为单位:(1)假设子弹运行到枪口处合力刚好为零,试计算子弹走完枪筒全长所需的时间;(2)求子弹所受的冲量;(3)求子弹的质量.

2.10 木板 B 静止置于水平台面上,小木块 A 放在 B 板的一端上,如题 2.10 图所示.已知 $m_A=0.25$ kg,$m_B=0.75$ kg,小木块 A 与木板 B 之间的摩擦系数 $\mu_1=0.5$,木板 B 与台面间的摩擦系数 $\mu_2=0.1$.现在给小木块 A 一向右的水平初速度 $v_0=40$ m·s^{-1},问经过多长时间 A、B 恰好具有相同的速度?(设 B 板足够长)

2.11 一粒子弹水平地穿过并排静止放置在光滑水平面上的木块,如题 2.11 图所示.已知两木块的质量分别为 m_1、m_2,子弹穿过两木块的时间各为 Δt_1、Δt_2,设子弹在木块中所受的阻力为恒力 F,求子弹穿过后,两木块各以多大速度运动.

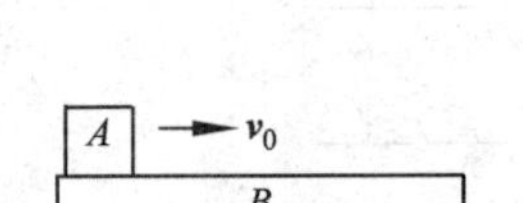

题 2.10 图

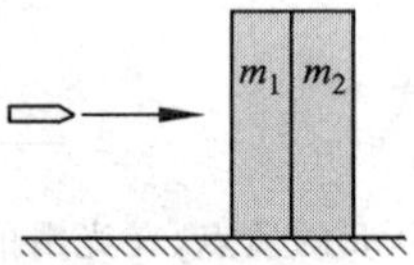

题 2.11 图

2.12 一段均匀的软链铅直地挂着,链的下端刚好触到桌面.如果把链的上端放开,证明:在链下落的任一时刻,作用于桌面上的压力三倍于已落到桌面上那部分链条的重量.

2.13 一质量为 50 kg 的人站在质量为 100 kg 的停在静水中的小船上,船长为 5 m,求当人从船头走到船尾时,小船移动的距离.

2.14 质量为 M 的木块静止在光滑的水平桌面上,质量为 m、速度为 v_0 的子弹水平地射入木块,并嵌在木块内与木块一起运动.求:

(1)子弹相对木块静止后,木块的速度和动量;

(2)子弹相对木块静止后,子弹的动量;

(3)在这个过程中,子弹施于木块的冲量.

2.15 质量均为 M 的两辆小车沿一直线静止在光滑的地面上,质量为 m 的人自一辆车跳入另一辆车,接着又以相同的速率跳回来.试求两辆车的速率之比.

2.16　搬运工人以 $2\ \mathrm{m\cdot s^{-1}}$ 的速度沿水平方向将一包 50 kg 的水泥扔上平板车．平板车自身质量为 200 kg,问在下列条件下车得到的速度(不计车与地面的摩擦).(1)车原来静止;(2)车正沿水泥袋的运动方向以 $1\ \mathrm{m\cdot s^{-1}}$ 的速率运动;(3)车正以 $1\ \mathrm{m\cdot s^{-1}}$ 的速率沿水泥袋运动的反方向运动．

2.17　铁路上有一平板车,其质量为 M,设平板车可无摩擦地在水平轨道上运动．现有 N 个人从平板车的后端跳下,每个人的质量均为 m,相对平板车的速度均为 u. 问在下述两种情况下,平板车的末速度是多少?(1)N 个人同时跳离;(2)一个人一个人地跳离;所得结果是否相同?

2.18　质量为 10 kg 的物体作直线运动,受力与坐标关系如题 2.18 图所示．若 $x=0$ 时,$v=1\ \mathrm{m\cdot s^{-1}}$,试求 $x=16$ m 时,$v=$?

2.19　在光滑的水平桌面上,水平放置一固定的半圆形屏障．有一质量为 m 的滑块以初速度 v_0 沿切线方向进入屏障一端,如题 2.19 图所示,设滑块与屏障间的摩擦系数为 μ,试证明:当滑块从屏障另一端滑出时,摩擦力作功为 $W_f=\frac{1}{2}mv_0^2(\mathrm{e}^{-2\mu\pi}-1)$.

2.20　质量为 M 的木块静止于光滑水平面上,一质量为 m、速率为 v 的子弹水平射入木块后嵌在木块内,并与木块一起运动,求:(1)木块施于子弹的力所作的功;(2)子弹施于木块的力所作的功;(3)木块和子弹系统耗散的机械能．

2.21　一质量 $M=10$ kg 的物体放在光滑的水平桌面上,并与一水平轻弹簧相连,弹簧的倔强系数 $k=1\ 000\ \mathrm{N\cdot m^{-1}}$. 今有一质量 $m=1$ kg 的小球以水平速度 $v_0=4\ \mathrm{m\cdot s^{-1}}$ 飞来,与物体 M 相撞后以 $v_1=2\ \mathrm{m\cdot s^{-1}}$ 的速度弹回,试问:

(1) 弹簧被压缩的长度为多少?

(2)小球 m 和物体 M 的碰撞是完全弹性碰撞吗?

(3)如果小球上涂有黏性物质,相撞后可与 M 粘在一起,则(1)、(2)结果又如何?

2.22　一根倔强系数为 k_1 的轻弹簧 A 的下端,挂一根倔强系数为 k_2 的轻弹簧 B,B 的下端挂一重物 C,C 的质量为 M,如题 2.22 图所示．求这一系统静止时两弹簧的伸长量之比和弹性势能之比．

2.23　如题 2.23 图所示,一物体质量为 2 kg,以初速度 $v_0=3\ \mathrm{m\cdot s^{-1}}$ 从斜面 A 点处下滑,它与斜面的摩擦力为 8 N,到达 B 点后压缩弹簧 20 cm 后停止,然后又被弹回,求弹簧的倔强系数和物体最后能回到的高度.

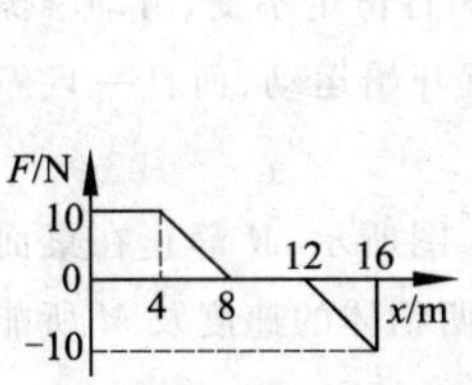

题 2.18 图

题 2.19 图

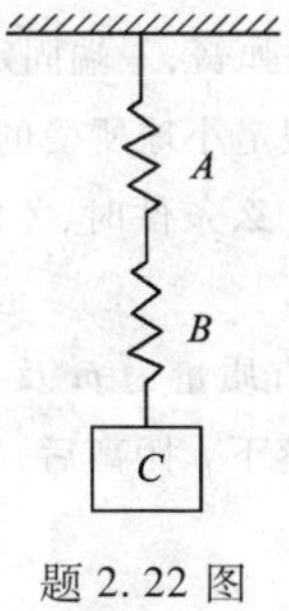

题 2.22 图

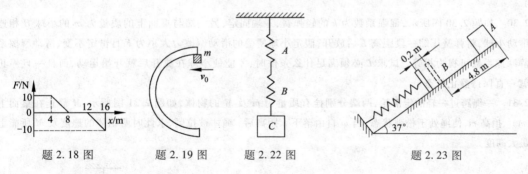

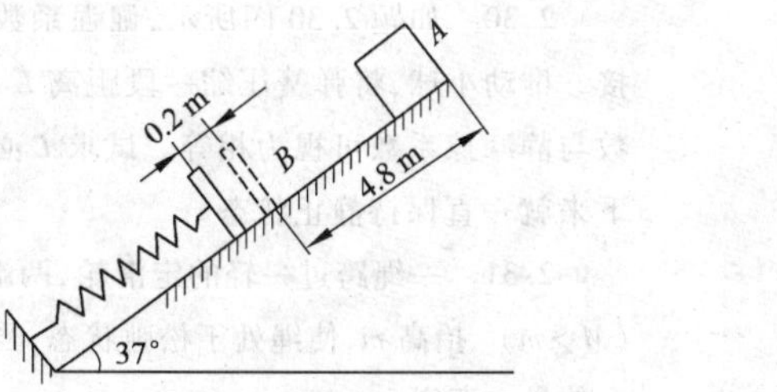

题 2.23 图

2.24　如题 2.24 图所示,铅直平面内有一光滑的轨道,轨道的 $BCDE$ 部分是半径为 R 的圆．若物体从 A 处由静止下滑,求 h 应为多大才恰好能使物体沿圆周 $BCDE$ 运动?

2.25　两个质量分别为 m_1 和 m_2 的木块 A 和 B,用一个质量忽略不计、倔强系数为 k 的弹簧连接起来,放置在光滑水平面上,木块 A 紧靠墙壁,如题 2.25 图所示．用力推木块 B 使弹簧压缩 x_0,然后释放．已知 $m_1=m$,$m_2=3m$,求:

(1)释放后,A、B 两木块速度相等时的瞬时速度的大小;

(2)释放后,弹簧的最大伸长量．

2.26　两块质量各为 m_1 和 m_2 的木块,用倔强系数为 k 的轻弹簧连在一起,放置在地面上,如题 2.26 图所示．问至少要用多大的力 F 压缩上面的木块，才能在该力撤去后因上面的木板升高而将下面的木板提起？

2.27　一质量为 m' 的三角形木块放在光滑的水平面上，另一质量为 m 的立方木块由斜面最低处沿斜面向上运动，相对于斜面的初速度为 v_0，如题 2.27 图所示．如果不考虑木块接触面上的摩擦，问立方木块能沿斜面上滑多高？

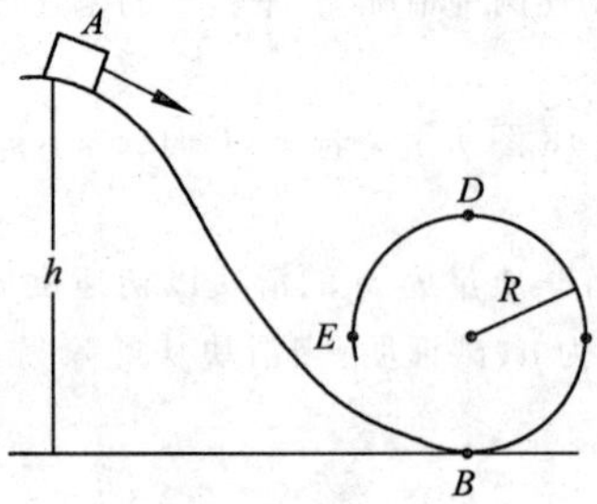

题 2.24 图

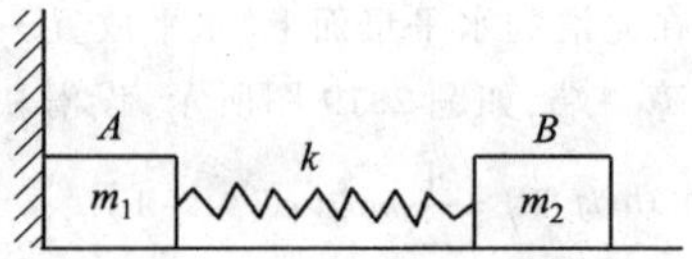

题 2.25 图

2.28　如题 2.28 图所示，两个形状完全相同、质量都为 M 的弧形导轨 A 和 B 放在地板上，今有一质量为 m 的小物体，从静止状态由 A 的顶端下滑，A 顶端的高度为 h_0，所有接触面均光滑．试求小物体在 B 轨上上升的最大高度（设 A、B 导轨与地面相切）．

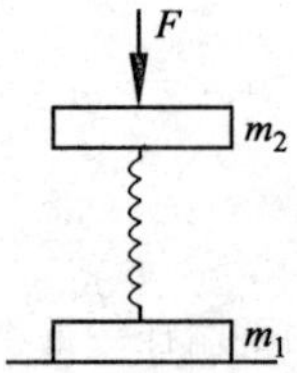

题 2.26 图

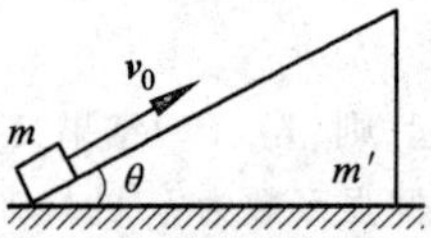

题 2.27 图

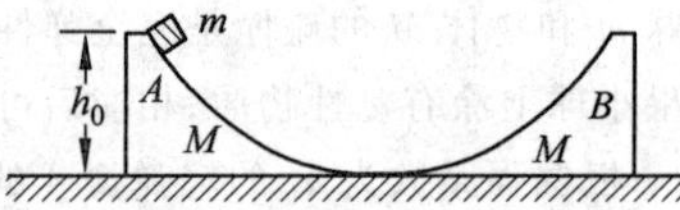

题 2.28 图

2.29　如题 2.29 图所示，一质量 $m_2=200$ g 的砝码盘悬挂在倔强系数 $k=196\ \mathrm{N\cdot m^{-1}}$ 的弹簧下，现有质量为 $m_1=100$ g 的砝码自 $h=30$ cm 高处落入盘中，求盘向下移动的距离（假设砝码与盘的碰撞是完全非弹性碰撞）．

2.30　如题 2.30 图所示，倔强系数为 k 的轻弹簧，一端固定，另一端与桌面上的质量为 m 的小球 B 相连接．推动小球，将弹簧压缩一段距离 L 后放开，假定小球所受的滑动摩擦力大小为 F 且恒定不变，滑动摩擦系数与静摩擦系数可视为相等．试求 L 必须满足什么条件时，才能使小球在放开后就开始运动，而且一旦停止下来就一直保持静止状态．

2.31　一绳跨过一轻的定滑轮，两端分别拴有质量为 m 及 M 的物体，如题 2.31 图所示，M 静止在桌面上（$M>m$）．抬高 m，使绳处于松弛状态，当 m 自由落下 h 距离后，绳才被拉紧，求此时两物体的速度及 M 所能上升的最大高度．

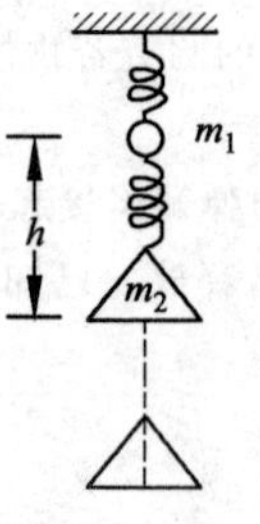

题 2.29 图

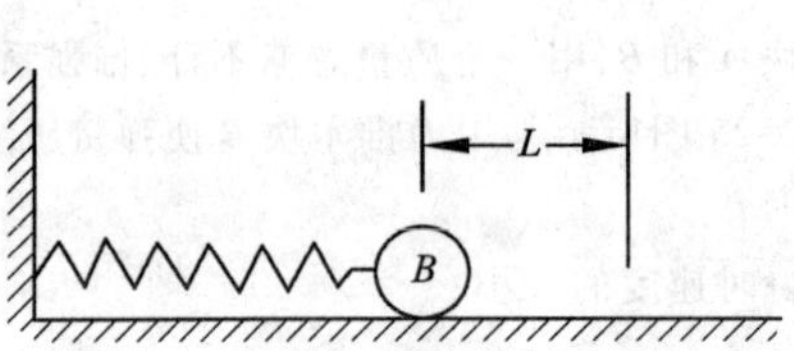

题 2.30 图

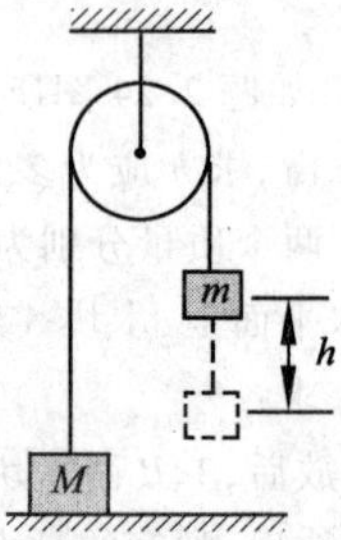

题 2.31 图

科学家简介

牛 顿

我不知道在别人看来,我是什么样的人;但在我自己看来,我不过就像是一个在海滨玩耍的小孩,为不时发现比寻常更为光滑的一块卵石或比寻常更为美丽的一片贝壳而沾沾自喜,对于展现在我面前浩瀚的真理的海洋,却全然没有发现.

——牛顿

(Isaac Newton,1642—1727)是伟大的英国物理学家和数学家,剑桥大学教授.1687年出版了他的划时代著作《自然哲学的数学原理》,在前人成就的基础上,将力学确立为严密统一的科学体系,奠定了经典力学的基础;他还是微积分学的创始人之一;此外,在天文学、光学和数学等方面也作出了卓越的贡献.由于他的辉煌成就,他获得了终身英国皇家学会会长的最高荣誉.对于自己的成就他曾说:"如果说我比笛卡儿看得远些,那是因为我站在巨人的肩膀上."

一、生平简介

1642年,牛顿出生于林肯郡伍尔索普的一个农村家庭,恰与伽利略的去世同年.牛顿是遗腹子,又是早产儿,先天不足,出生时体重只有3磅,差点夭折.他2岁时母亲改嫁,靠外祖母抚养.牛顿小学时期体弱多病,性格腼腆,有些迟钝,学习成绩不佳.但他意志坚强,有不服输的劲头.据说,一次班上功课第一的"小霸王"欺侮他,踢了他的肚子一脚.牛顿被迫鼓起勇气与他较量,同时暗下决心在功课上一定要超过小霸王.他告诫自己说:"无论做什么事情,只要肯努力,是没有不成功的."经过刻苦努力,牛顿超过了小霸王,一跃成为全班第一.

牛顿12岁进金格斯中学上学.那时他喜欢自己设计风筝、风车、日晷等玩意.他制作了一架精巧的风车,别出心裁,把一只老鼠放在里面,名曰"老鼠开磨坊",连大人看了都赞不绝口.

1656年牛顿的继父去世,母亲让牛顿停学务农,但他学习入迷,经常因看书思考而误活.在舅舅的关怀下,1661年,他进入剑桥大学三一学院学习,得到著名数学家巴罗的赏识和指导.他先后钻研了开普勒的《光学》、欧几里得的《几何学原本》等名著.1665年大学毕业,成绩平平.这年夏天,伦敦发生鼠疫,牛顿暂时离开剑桥,回到伍尔索普乡下待了18个月.这18个月竟为牛顿一生科学的重大发现奠定了坚实的基础.1667年牛顿返回剑桥大学,进三一学院攻读研究生,1668年获得硕士学位.次年巴罗教授主动让贤,并推荐牛顿继任"卢卡斯自然科学讲座"的数学教授,时年牛顿27岁,从此在剑桥一待30年.1672年牛顿入选英国皇家学会会员;1689年当选为英国国会议员;1696年出任皇家造币厂厂长;1703年当选为皇家学会会长;1705年英国女王加封牛顿为艾萨克爵士.

1727年3月31日,牛顿因肾结石症,医治无效,在伦敦去世,终年85岁.他死后被安葬在威斯敏斯特大教堂之内,与英国的先贤们安葬在一起.后人为纪念他,将力的单位定名为牛顿.英国著名诗人A·波普为他写了一个碑铭,镶嵌在牛顿出生的房屋的墙壁上:"道法自然,久藏玄冥;天降牛顿,万物生明."

二、主要科学贡献

牛顿是17世纪最伟大的科学巨匠.他的成就遍及物理学、数学、天体力学的各个领域.牛顿在物理学上最主要的成就是发现了万有引力定律,综合并表述了经典力学的3个基本定律——惯性定律、力与加速度成正比的定律、作用力和反作用力定律;引入了质量、动量、力、加速度、向心力等基本概念,从而建立了经典力学的公理体系,完成了物理发展史上的第一次大综合,建立了自然科学发展史上的里程碑.其重要标志是他于1687

年所发表的《自然哲学的数学原理》这一巨著．在光学上，他做了用棱镜把白光分解为七色光（色散）的实验研究；发现了色差；研究了光的干涉和衍射现象，发现了牛顿环；制造了以凹面反射镜替代透镜的“牛顿望远镜”．1704年出版了他的《光学》专著，阐述了自己的光学研究的成果．在数学上，牛顿与德国莱布尼兹各自独立创建了“微积分学”；他还建立了牛顿二项式定理．牛顿在声学、热学、流体力学等方面也有不少研究成果和贡献．

牛顿的一生遇到不少争论和麻烦．例如，关于万有引力发现权等问题，胡克与他争辩不休，差点影响了《原理》的出版；关于微积分发明权的问题，与莱布尼兹以及德英两国科学家争吵不止，给内向的牛顿带来极大的痛苦．40岁以后，他把兴趣转向政治、化学（碱金属变成黄金）、神学问题，写了近200万言的著作，毫无价值．常言道“人无完人，金无足赤”，牛顿也是如此．但是牛顿终归是伟大的牛顿，他的科学贡献将永载史册．

阅读材料 B

行星与人造地球卫星

一、行星

德国天文学家开普勒在前人观测与实验数据的基础上，总结出了行星运动的三条规律，后人称之为开普勒定律．内容如下：

（1）**开普勒第一定律** 每一行星绕太阳做椭圆轨道运动，太阳是椭圆轨道的一个焦点．

这一定律实际上是哥白尼日心说的高度概括，如图B.1给出示意．这一定律也可以由万有引力定律、机械能守恒定律和角动量守恒定律从理论上得以证明．该定律也称为轨道定律．

（2）**开普勒第二定律** 行星运动过程中，行星相对于太阳的位矢在相等的时间内扫过的面积相等．

这一定律说明了行星在太阳系中运动时遵守角动量守恒定律，也就是说由角动量守恒定律出发，从理论上可推出开普勒第二定律．本定律也称为面积定律，如图B.2所示．

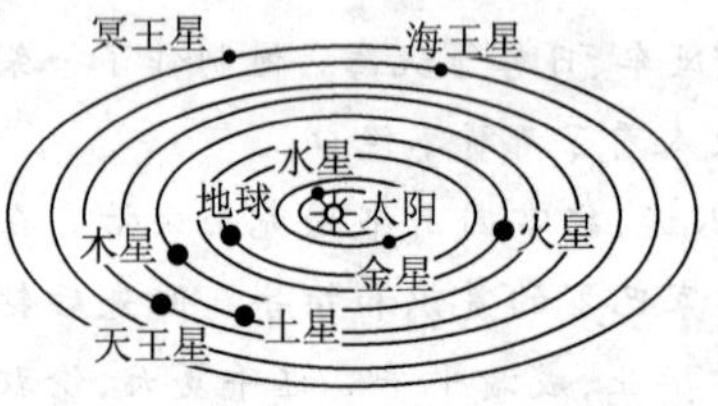

图B.1 开普勒第一定律

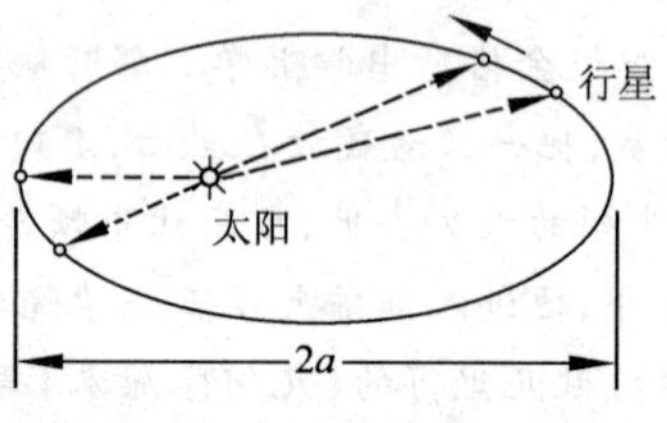

图B.2 开普勒第二定律

（3）**开普勒第三定律** 行星绕太阳公转时，椭圆轨道半长轴的立方与公转周期的平方成正比，即$\frac{a^3}{T^2}=K$，其中$K=G\frac{M_s}{4\pi^2}$称为开普勒常数．

这一定律实际上是对第一和第二两条定律的补充，它给出了行星绕太阳运动的周期与行星和太阳之间距离的关系．这一定律也称为周期定律．

二、人造地球卫星

如果某物体绕地球做椭圆运动，且地球为椭圆轨道的焦点，则此物体就称为地球的卫星．若此物是原来就有的，则称为地球的卫星，月亮就是地球的卫星；若此物是人为制造的，则称为人造地球卫星．1957年10月4日，前苏联成功地发射了世界上第一颗人造地球卫星（人造卫星1号）；1958年1月31日，美国成功地发射了自己的第一颗人造地球卫星（探险者1号）；1962年4月26日，英国成功地发射了自己的第一颗人造地球卫星；1962年9月29日，加拿大成功地发射了自己的第一颗人造地球卫星；1964年12

月15日，意大利成功地发射了自己的第一颗人造地球卫星；1965年11月26日，法国成功地发射了自己的第一颗人造地球卫星；1967年11月29日，澳大利亚成功地发射了自己的第一颗人造地球卫星；1970年4月24日，我国成功地发射了我们自己的第一颗人造地球卫星（东方红一号），成为继前苏联、美国、英国、加拿大、意大利、法国、澳大利亚之后第8个独立发射卫星的国家．目前我国在卫星的发射、遥测和返回等技术上已经处于世界领先水平．迄今全球已发射了4 000多颗各类卫星、转发器和航天器，它们分别在通信、气象、导航、勘察和科研等领域发挥着巨大作用．我国于2003年10月15日成功发射了“神舟五号”载人航天器，并于2003年10月16日执行完任务顺利返回，这标志着我国的航天事业已达到了世界领先水平．

1. 人造地球卫星的发射与返回

卫星是由运载火箭发射后送入其预定轨道的，人造地球卫星的发射过程就是三级运载火箭的飞行过程，其发射后的大致飞行过程如图B.3所示，飞行过程可以分为三个阶段．

第一阶段（即垂直起飞阶段）：由于在地球表面附近，有稠密的大气层，火箭在其中飞行时将受到极大的阻力，为使火箭尽快离开这稠密的大气层，通常采用垂直地面向上发射．发射后在极短的时间内火箭就被加速到极大的速度，到第一级火箭脱离箭体时，火箭已基本处于稠密大气层之外了，接着第二级火箭点火使箭体继续加速，直到脱离箭体为止．

第二阶段（即转弯飞行阶段）：在第二级火箭脱离箭体时，火箭已具有了足够大的速度．此时第三级火箭并没有及时点火，而是靠已经获得的巨大速度作惯性飞行；飞行过程中，在地面遥控站的操纵下火箭逐渐转弯，偏离原来的竖直方向，直到与地面平行的水平方向飞行为止．

第三阶段（即进入轨道阶段）：在火箭到达与卫星预定轨道相切的这一特殊位置时，第三子级火箭点火开始加速，使卫星达到在轨道上飞行所需的速度而进入预定轨道，此后火箭完成了运载任务，将与卫星脱离，在稀薄空气阻力作用下与卫星拉开距离；而卫星由于特殊的形状将在预定轨道上单独飞行．

可以看出卫星的发射过程是一个加速上升、使卫星不断获得能量的过程；那么卫星的返回过程无疑将是一个与之相反的逆过程，即一个减速下降、使卫星不断减少其能量的过程，此过程可以依靠卫星上的变轨发动机及大气层的阻力，经过离轨、过渡、再入和着陆四个阶段来完成．如图B.4所示．

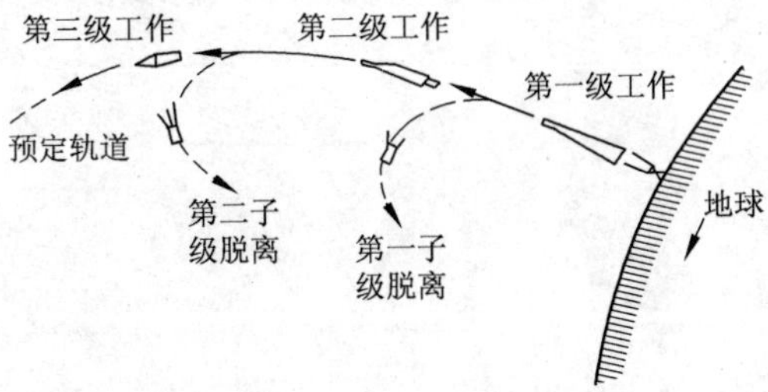

图B.3　三级运载火箭的飞行过程

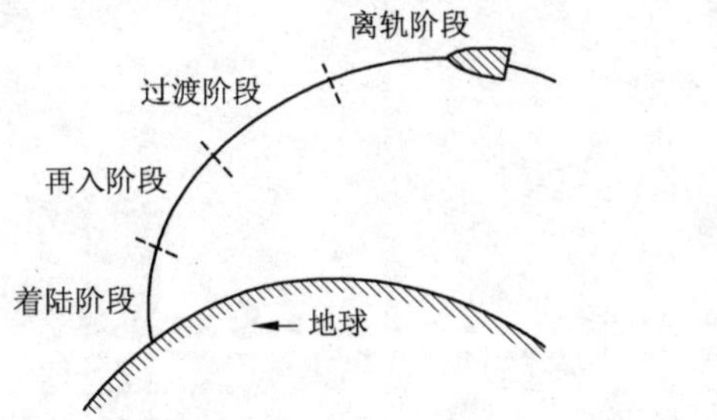

图B.4　卫星的返回过程

2. 地球同步卫星

地球同步卫星这一概念，最早出自于1945年英国科学家克拉克的一篇科学幻想小说．他曾设想把卫星发射到36 000 km的高空中，使它相对于地面静止．如果在赤道上空每隔120°放置一个这样的卫星，有三个这样的卫星就可实现全球24小时通信，如图B.5所示，这种卫星就是现在我们所说的地球同步卫星．事隔19年，这一设想终于实现了．1964年8月19日美国成功地发射了一颗定点在赤道上空的同步卫星．我国的同步通讯卫星在1984年4月8日19时20分发射，在4月16日18时27分57秒成功地定点于东经125°的赤道上空．到目前为止，赤道上空已有很多这样的同步卫星在运行着，全球的电视转播、无线通讯和气象观测全是依靠这些同步卫星来实现的．

同步卫星的发射成功是近代尖端科学技术的伟大成就之一．同步卫星是利用运载火箭发射的．为了节省发射能量，在卫星进入同步轨道前总是使它先经过若干个中间轨道，最后进入同步轨道，其发射过程如图 B.6 所示．

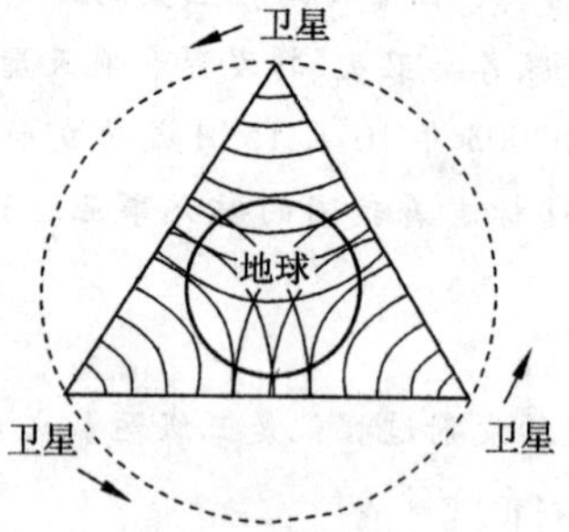

图 B.5　同步卫星

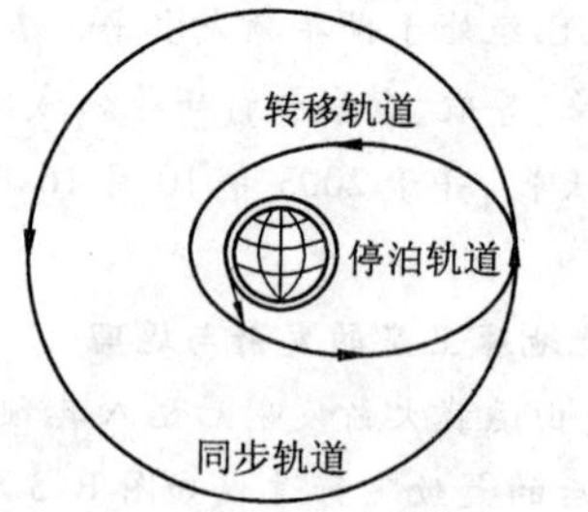

图 B.6　同步卫星发射轨道

首先依次启动运载火箭的第一级和第二级，使火箭加速飞行，到第二级火箭脱落后，第三级火箭带着卫星按惯性转弯，进入一个低高度称为停泊轨道的圆形轨道．在停泊轨道上运行一些时间后，第三级火箭点火，使装有远地点发动机的卫星从停泊轨道转移到椭圆形的转移轨道上运行(转移轨道的远地点和近地点均在赤道平面上，并在远地点与同步轨道相切)．在转移轨道上卫星与第三级火箭脱离，卫星靠惯性运行数周后，在经过远地点时，卫星上的远地点发动机点火，改变卫星的航向，同时增大速度，使之达到同步运行速度 $3.07\times10^{3}\ \mathrm{m\cdot s^{-1}}$．但是由于远地点发动机的各种工程参数的偏差，卫星不能一下子就进入相对于地球静止的同步轨道，而是在同步轨道附近漂移．此后通过遥控装置进一步对其姿态进行调整，使之进入位于赤道平面内的同步轨道，并定点于赤道上空．

以上主要从物理角度对行星和人造地球卫星进行了介绍，技术上的问题请参阅其他相关资料．

第3章 刚体的转动

质点是一种理想物理模型,忽略物体的形状和大小. 但当物体的形状和大小不能忽略时,质点就不再适用了. 此时,可以把物体看为是由许多质点组成的质点系. 通常在外力作用下质点系的形状和大小会发生变化,但如果在外力的作用下,物体的形状和大小都不发生变化,这样的物体则称作**刚体**. 刚体是特殊的质点系,质点系中各质点间的相对距离都保持恒定不变,也是一种理想的物理模型.

3.1 刚体运动

3.1.1 刚体运动的形式

平动和绕固定轴的转动是刚体运动中最简单而又最基本的两种运动. 刚体的任何运动都可看成是这两种基本运动的合成.

1. 平动

在刚体运动中,如果刚体上任意一条直线在各个时刻的位置都相互平行,则刚体的这种运动称为**平动**,如图3.1(a)所示. 电梯的升降,气缸中活塞的运动等都是平动. 显然,刚体做平动时,在任何时刻,刚体上各个质点的速度、加速度都是相同的. 因此,刚体内任何一点的运动都可代表整个刚体的运动,刚体平动时可看成质点.

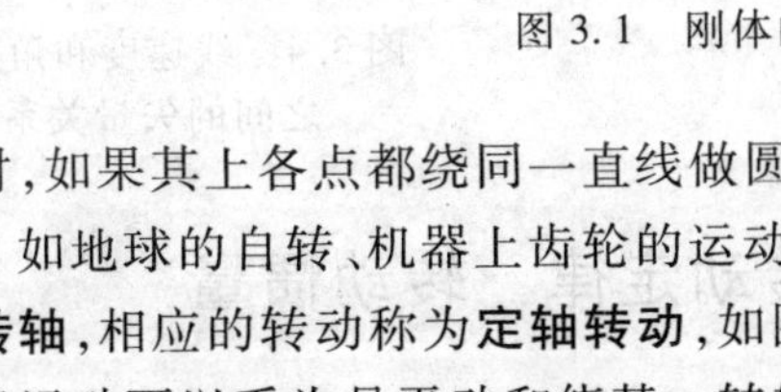

(a) 刚体的平动

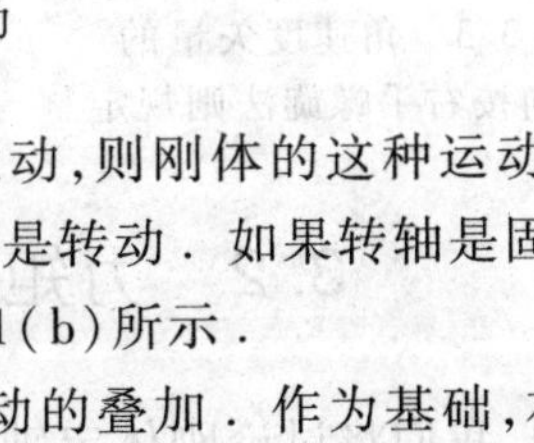

(b) 刚体的转动

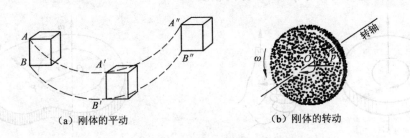

图3.1 刚体的运动

2. 转动

刚体运动时,如果其上各点都绕同一直线做圆周运动,则刚体的这种运动称为**转动**,这条直线称为**转轴**. 如地球的自转、机器上齿轮的运动等都是转动. 如果转轴是固定不动的,这种转轴称为**固定转轴**,相应的转动称为**定轴转动**,如图3.1(b)所示.

刚体的一般运动可以看为是平动和绕某一转轴转动的叠加. 作为基础,本章只讨论刚体的定轴转动.

3.1.2 定轴转动

刚体做定轴转动时,刚体内各质点都绕轴做圆周运动,任一垂直于定轴的平面称为**转动平面**,转动平面与定轴的交点称为**转动中心**.

如图 3.2 所示,O 为转轴与某一转动平面的交点,P 为刚体上的一个质点,P 在这一转动平面内绕 O 点做圆周运动,具有一定的角位移、角速度和角加速度.刚体定轴转动的特点是:刚体中每个质点都在各自的转动平面内绕轴做半径不同的圆周运动,各质点的位移、运动速度和加速度是不尽相等的,但各质点的角位移、角速度和角加速度是相等的.因此,我们可以借鉴描述圆周运动的方法,用角量来描述刚体的运动.

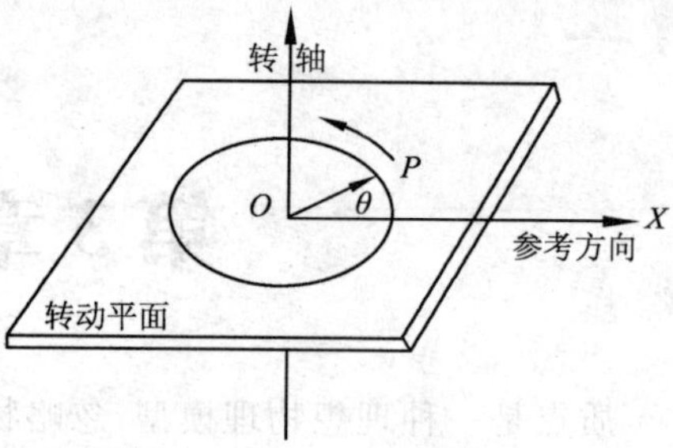

图 3.2 转动平面

3.1.3 角速度矢量

为了充分反映刚体的转动情况,既要描述转动的快慢,又要说明转轴的方位,常用角速度矢量 $\boldsymbol{\omega}$ 来描述.角速度具有大小和方向,我们规定角速度矢量的方向是沿转轴的,且和刚体转动方向成右手螺旋,即使右手四指的绕向与刚体转动的方向一致,则大拇指的方向便是角速度矢量的正方向,如图 3.3 所示.而角速度矢量的大小是 $\left|\frac{\mathrm{d}\theta}{\mathrm{d}t}\right|$.

利用角速度矢量,可以用矢量的矢积来表示刚体上任一质点 P 的线速度 $\boldsymbol{v}$ 和角速度 $\boldsymbol{\omega}$ 之间的关系:

$$\boldsymbol{v}=\boldsymbol{\omega}\times\boldsymbol{r} \tag{3.1}$$

式中 $\boldsymbol{r}$ 表示质点对转轴的矢径,与转轴垂直.角速度 $\boldsymbol{\omega}$、矢径 $\boldsymbol{r}$ 和线速度 $\boldsymbol{v}$ 组成右手螺旋系,如图 3.4 所示.

作为角速度对时间的变化率,角加速度 $\boldsymbol{\beta}$ 也是矢量,$\boldsymbol{\beta}=\frac{\mathrm{d}\boldsymbol{\omega}}{\mathrm{d}t}$.当刚体转动加快时,$\boldsymbol{\beta}$ 和 $\boldsymbol{\omega}$ 方向相同;当刚体转动减慢时,$\boldsymbol{\beta}$ 和 $\boldsymbol{\omega}$ 方向相反.

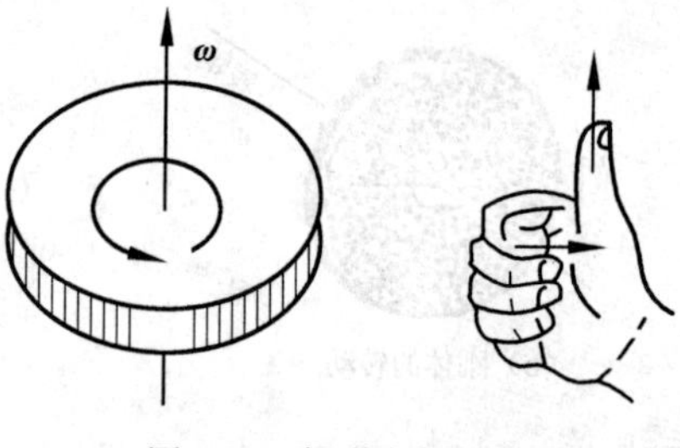

图 3.3 角速度矢量的方向按右手螺旋法则规定

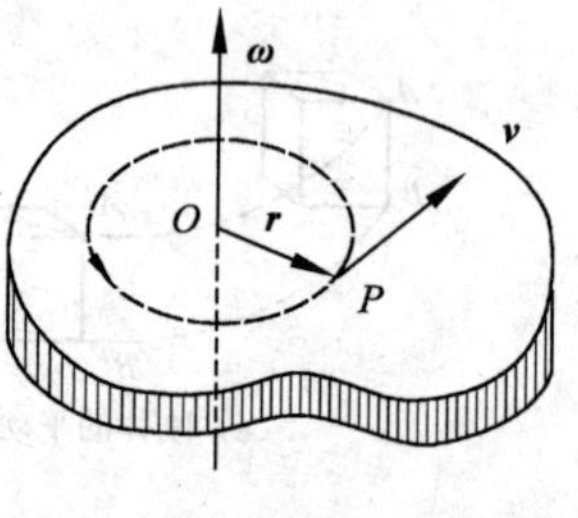

图 3.4 线速度和角速度之间的矢量关系

3.2 力矩 转动定律 转动惯量

在这一节中,我们将讨论刚体定轴转动的动力学问题,即研究刚体获得角加速度的原因以及刚体绕定轴转动时所遵守的规律.为此,我们先引进力矩这个物理量.

3.2.1 力矩

1. 力矩

一个具有固定轴的静止刚体,在外力的作用下,有时发生转动,有时不发生转动.研究结果表明,外力对刚体转动的影响不仅与力的大小、方向有关,还决定于力相对于转轴的位置方向. 例如,用同样大小的力推门,当做用点靠近门轴时,不容易把门推开;当做用点远离门轴时,就容易把门推开;当力的作用线通过门轴时,就不能把门推开. 力矩是全面考虑力的三要素的一个重要的物理量.

图 3.5 是一个圆盘,它可绕通过点 O 且垂直于该平面的转轴旋转. 假设作用在刚体上 P 点的力 $\boldsymbol{f}$ 在此平面内. 力 $\boldsymbol{f}$ 的作用线到转轴 O 的垂直距离 d 叫做力对转轴的**力臂**,力的大小 f 和力臂 d 的乘积叫做力 $\boldsymbol{f}$ 对转轴的**力矩**,用 M 表示,即

$$M = fd$$

由图 3.5 可知,$\boldsymbol{r}$ 为由点 O 到力 $\boldsymbol{f}$ 的作用点 P 的位矢,φ 为位矢 $\boldsymbol{r}$ 与力 $\boldsymbol{f}$ 之间的夹角. 由于 $d = r\sin\varphi$,故上式为

$$M = fr\sin\varphi$$

力矩是矢量,不仅有大小,而且有方向. 力矩矢量 $\boldsymbol{M}$ 为位矢 $\boldsymbol{r}$ 和力 $\boldsymbol{f}$ 的矢积,即

$$\boldsymbol{M} = \boldsymbol{r} \times \boldsymbol{f} \tag{3.2}$$

$\boldsymbol{M}$ 的大小为

$$M = fr\sin\varphi$$

$\boldsymbol{M}$ 的方向垂直于 $\boldsymbol{r}$ 与 $\boldsymbol{f}$ 所构成的平面,由图 3.6 所示的右手法则确定:把右手拇指伸直,其余四指弯曲,弯曲的方向是由位矢 $\boldsymbol{r}$ 通过小于 180°的角 α 转向力 $\boldsymbol{f}$ 的方向,这时拇指所指的方向就是力矩的方向.

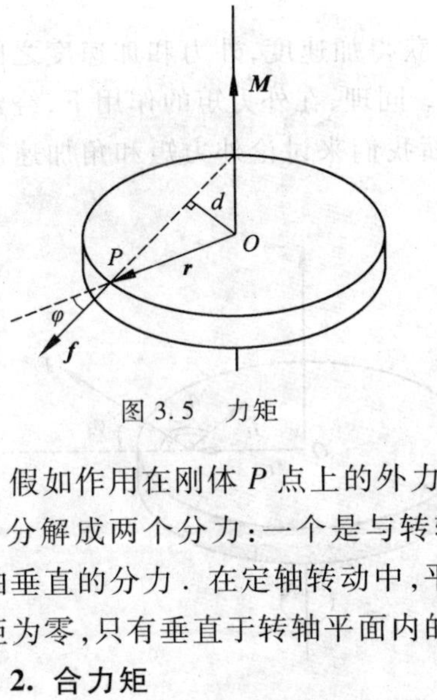

图 3.5　力矩

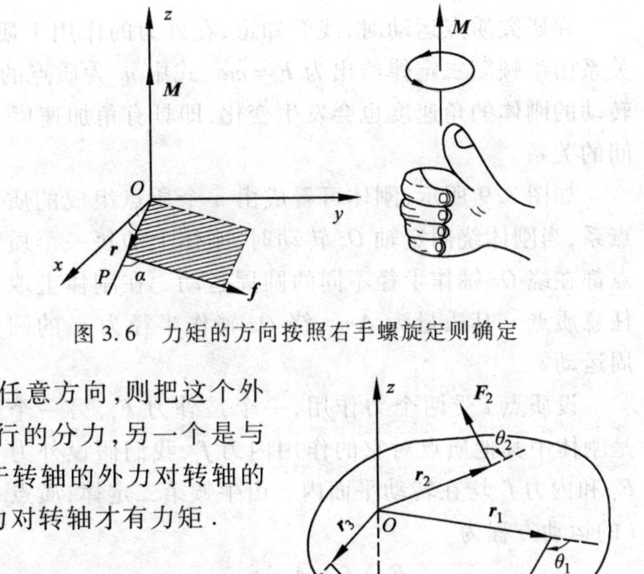

图 3.6　力矩的方向按照右手螺旋定则确定

假如作用在刚体 P 点上的外力 $\boldsymbol{f}$ 沿任意方向,则把这个外力 $\boldsymbol{f}$ 分解成两个分力:一个是与转轴平行的分力,另一个是与转轴垂直的分力. 在定轴转动中,平行于转轴的外力对转轴的力矩为零,只有垂直于转轴平面内的分力对转轴才有力矩.

2. 合力矩

如图 3.7 所示,如果有几个外力同时作用在一个绕定轴转动的刚体上,则各力对转轴的力矩的矢量和称为合力对该轴的**合力矩**. 对刚体的定轴转动,因为各力矩对定轴来说都位于同一直线上,所以矢量和可简化为代数和,即

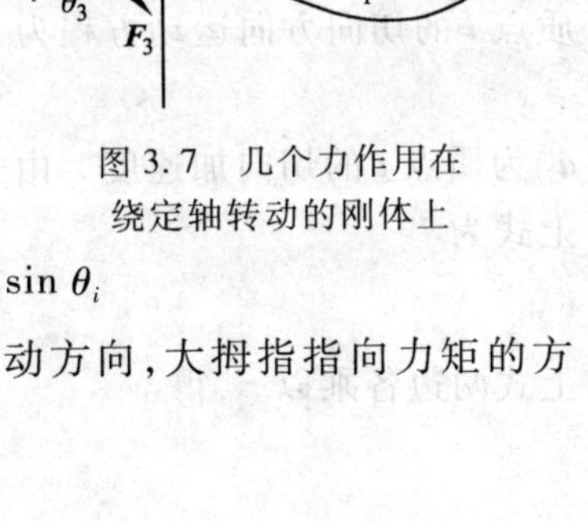

图 3.7　几个力作用在绕定轴转动的刚体上

$$M = M_1 + M_2 + \cdots = \sum M_i = \sum F_i r_i \sin\theta_i$$

力矩的正负由右手螺旋法则确定,右手四指握向刚体的转动方向,大拇指指向力矩的方

向.若刚体逆时针转动,$M>0$,则合力矩的方向沿 Oz 轴正向;若刚体顺时针转动,$M<0$,则合力矩方向与 Oz 轴正向相反.

在国际单位制中,力矩的单位为牛顿米,符号为 N · m.

3. 内力的力矩

设刚体由 n 个质点组成,其中第 1 个质点和第 2 个质点间相互作用力在与转轴 Oz 垂直的平面内的分力各为 $\boldsymbol{F}'_{12}$ 和 $\boldsymbol{F}'_{21}$,它们大小相等、方向相反,且在同一直线上,即 $\boldsymbol{F}'_{12}=-\boldsymbol{F}'_{21}$,如图 3.8 所示.如取刚体为一系统,那么这两个力属于系统内力.从图 3.8 中可以看出

$$r_1\sin\theta_1=r_2\sin\theta_2=d$$

这两个力对转轴的合内力矩为

$$M=M_{21}-M_{12}=F'_{21}r_2\sin\theta_2-F'_{12}r_1\sin\theta_1=0$$

上述结果表明,沿同一作用线的大小相等、方向相反的两个作用力对转轴 Oz 的合力矩为零.

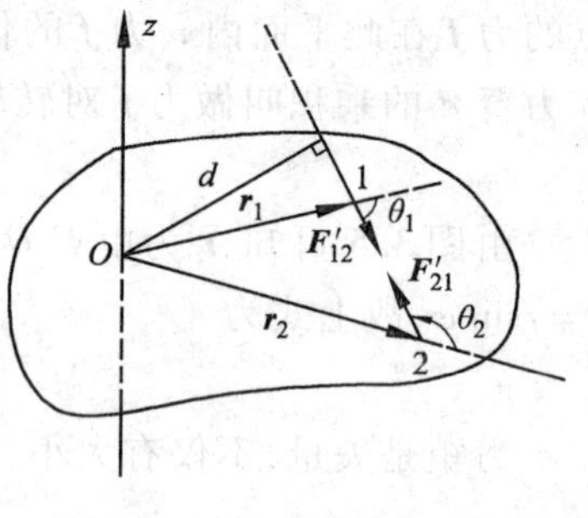

图 3.8 内力对转轴的力矩

由于刚体内质点间的作用力总是成对出现的,并遵守牛顿第三定律,故刚体内各质点间的作用力对转轴的合内力矩亦应为零,即

$$M=\sum M_i=0$$

3.2.2 转动定律

在研究质点运动时,我们知道,在外力的作用下质点会获得加速度,外力和加速度之间的关系由牛顿第二定律给出为 $\boldsymbol{F}=m\boldsymbol{a}$,式中 m 为质点的质量.同理,在外力矩的作用下,绕定轴转动的刚体的角速度也会发生变化,即具有角加速度.下面我们来讨论外力矩和角加速度之间的关系.

如图 3.9 所示,刚体可看成由 n 个质点组成的质点系,当刚体绕固定轴 Oz 转动时,刚体上的每一个质点都在绕 Oz 轴作半径不同的圆周运动.在刚体上取任意质点 i,其质量为 Δm_i,绕 Oz 轴作半径为 r_i 的圆周运动.

设质点 i 受两个力作用,一个是外力 $\boldsymbol{F}_i$,另一个是刚体中其他质点对它的作用内力 $\boldsymbol{f}_i$,我们假设外力 $\boldsymbol{F}_i$ 和内力 $\boldsymbol{f}_i$ 均在转动平面内.由牛顿第二定律,质点 i 的运动方程为

$$\boldsymbol{F}_i+\boldsymbol{f}_i=\Delta m_i\boldsymbol{a}_i$$

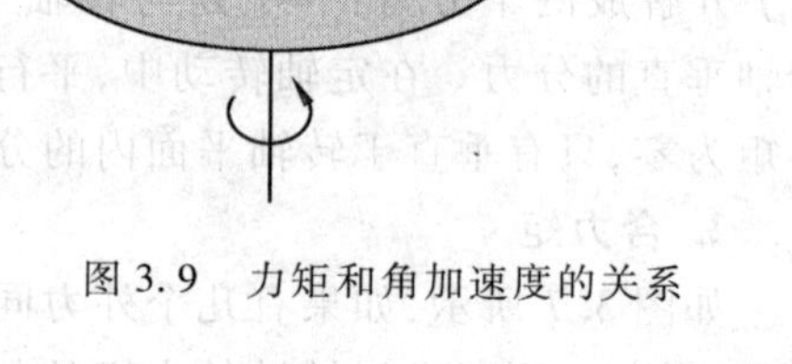

图 3.9 力矩和角加速度的关系

质点 i 的切向方向运动方程为

$$F_i\sin\varphi_i+f_i\sin\theta_i=\Delta m_i a_{i\tau}$$

$a_{i\tau}$ 为质点 i 的切向加速度.由式(1.39)知切向加速度与角加速度 β 之间的关系 $a_\tau=r\beta$,所以上式为

$$F_i\sin\varphi_i+f_i\sin\theta_i=\Delta m_i r_i\beta$$

上式两边各乘以 r_i,得

$$F_i r_i \sin\varphi_i + f_i r_i \sin\theta_i = \Delta m_i r_i^2 \beta \tag{3.3}$$

式中 $F_i r_i \sin\varphi_i$ 是质点 i 所受外力 $\boldsymbol{F}_i$ 对转轴的力矩, $f_i r_i \sin\theta_i$ 是质点 i 所受内力 $\boldsymbol{f}_i$ 对转轴的力矩.

对所有质点求和,可得

$$\sum F_i r_i \sin\varphi_i + \sum f_i r_i \sin\theta_i = \sum(\Delta m_i r_i^2)\beta$$

式中左侧第一项 $\sum F_i r_i \sin\varphi_i$ 为刚体内所有质点所受的外力对转轴的力矩的代数和,即合外力矩,用 M 表示,有 $M = \sum F_i r_i \sin\varphi_i$. 第二项 $\sum f_i r_i \sin\theta_i$ 是刚体内各质点间的内力对转轴的力矩的代数和,其结果为零, 即

$$\sum f_i r_i \sin\theta_i = 0$$

故上式为

$$\sum F_i r_i \sin\varphi_i = \sum(\Delta m_i r_i^2)\beta$$

而式中的 $\sum(\Delta m_i r_i^2)$ 只与刚体的形状、质量分布以及转轴的位置有关,也就是说,它只与绕定轴转动的刚体本身的性质和转轴的位置有关,我们把它称为**转动惯量**. 对于绕定轴转动的刚体,转动惯量为一恒量,以 I 表示,即

$$I = \sum(\Delta m_i r_i^2) \tag{3.4}$$

这样,我们得到

$$M = I\beta \tag{3.5}$$

上式表明,刚体绕定轴转动时,刚体的角加速度与它所受的合外力矩成正比,与刚体的转动惯量成反比,这一关系式称为**刚体的转动定律**,简称**转动定律**. 如同牛顿第二定律是解决质点运动问题的基本定律一样,转动定律是解决刚体定轴转动问题的基本方程.

3.2.3 转动惯量

1. 转动惯量的物理意义

把转动定律与描述质点运动的牛顿第二定律的数学表达式相比较可以看出,它们的形式很相似:外力矩 $\boldsymbol{M}$ 和外力 $\boldsymbol{F}$ 相对应,角加速度 $\boldsymbol{\beta}$ 与加速度 $\boldsymbol{a}$ 相对应,转动惯量 I 与质量 m 相对应. 我们知道质量 m 是物体做平动时物体惯性的量度,则转动惯量的物理意义可以理解为:转动惯量是刚体在转动中的惯性大小的量度. 当以相同的力矩分别作用于两个绕定轴转动的不同刚体时,转动惯量大的刚体所获得的角加速度小,即角速度改变得慢,也就是保持原有转动状态的惯性大;反之,转动惯量小的刚体所获得的角加速度大,即角速度改变得快,也就是保持原有转动状态的惯性小.

2. 转动惯量的计算

由 $I = \sum(\Delta m_i r_i^2)$ 可以看出,转动惯量 I 等于刚体上各质点的质量与各质点到转轴的距离平方的乘积之和. 如果刚体上的质点是连续分布的,则其转动惯量可以用积分进行计算,即

$$I = \int r^2 \mathrm{d}m \tag{3.6}$$

在国际单位制中，转动惯量的单位名称是千克二次方米，符号是 $kg \cdot m^2$.

表 3.1 中给出了几种几何形状简单、密度均匀的刚体对不同轴的转动惯量.

表 3.1 几种刚体的转动惯量

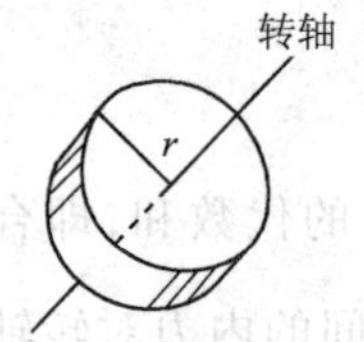	圆环 转轴通过中心与环面垂直 $I=mr^2$	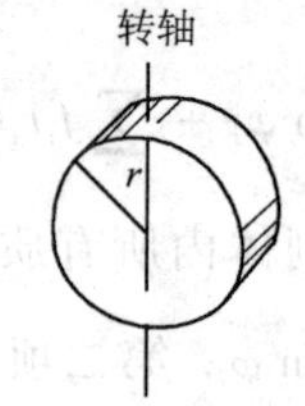	圆环 转轴沿直径 $I=\frac{mr^2}{2}$
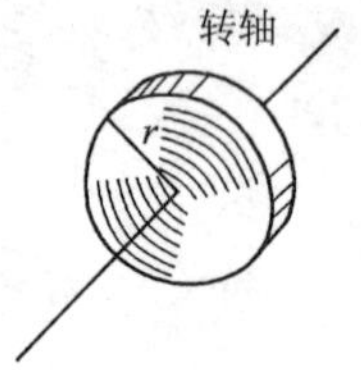	薄圆盘 转轴通过中心与盘面垂直 $I=\frac{mr^2}{2}$	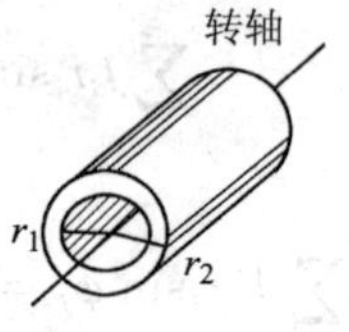	圆筒 转轴沿几何轴 $I=\frac{m}{2}(r_1^2+r_2^2)$
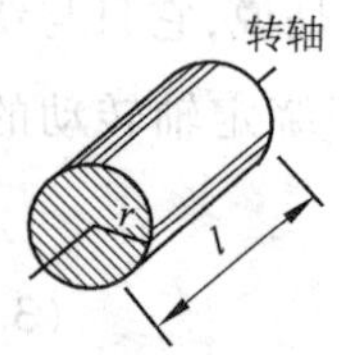	圆柱体 转轴沿几何轴 $I=\frac{mr^2}{2}$	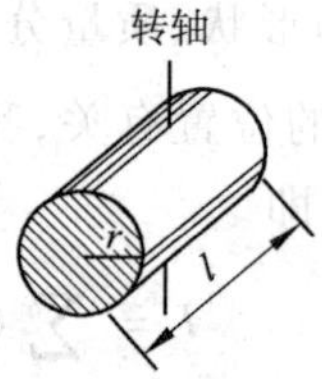	圆柱体 转轴通过中心与几何轴垂直 $I=\frac{mr^2}{4}+\frac{ml^2}{12}$
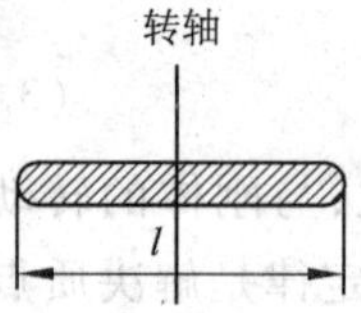	细棒 转轴通过中心与棒垂直 $I=\frac{ml^2}{12}$	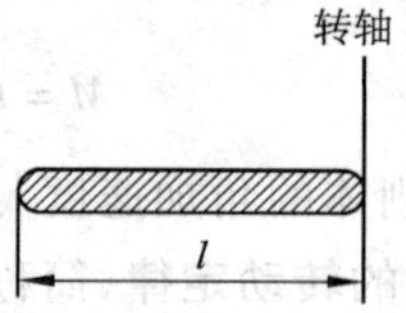	细棒 转轴通过端点与棒垂直 $I=\frac{ml^2}{3}$
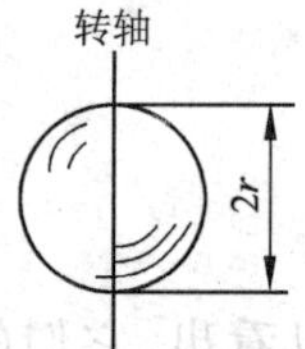	球体 转轴沿直径 $I=\frac{2mr^2}{5}$	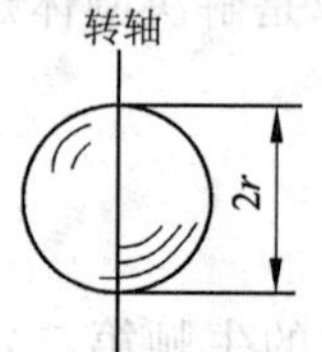	球壳 转轴沿直径 $I=\frac{2mr^2}{3}$

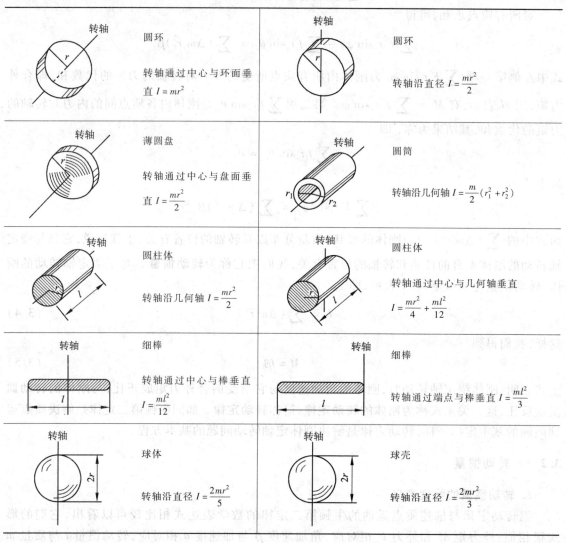

一般地说，刚体的转动惯量与三个因素有关：(1) 刚体的质量；(2) 在质量一定的情况下，质量的分布、刚体的大小、形状及各个部分的体密度；(3) 转轴的位置. 除了几何形状简单、质量连续而均匀分布的刚体外，上述积分式是不容易计算的. 转动惯量具有可加性，任何一个几何形状复杂的刚体，可以分割成若干个简单部分，则整个刚体对某一轴的转动惯量等于各个组成部分对同一轴的转动惯量之和. 即

$$I=I_1+I_2+\cdots$$

这一结论在转动惯量的计算中经常用到. 对复杂几何形状刚体的转动惯量通常是用实验方法求得.

例 3.1 求质量为 m、长度为 l 的均匀细长棒的转动惯量：(1) 对通过棒的中心并与棒垂直的轴的转动惯量；(2) 对通过其一端并与棒垂直的轴的转动惯量.

解　设细棒的线质量密度为 λ，则 dx 长度内的质量 $dm=\lambda dx$，如例 3.1 图所示．该小段对轴的转动惯量为

$$dI=x^2\lambda dx$$

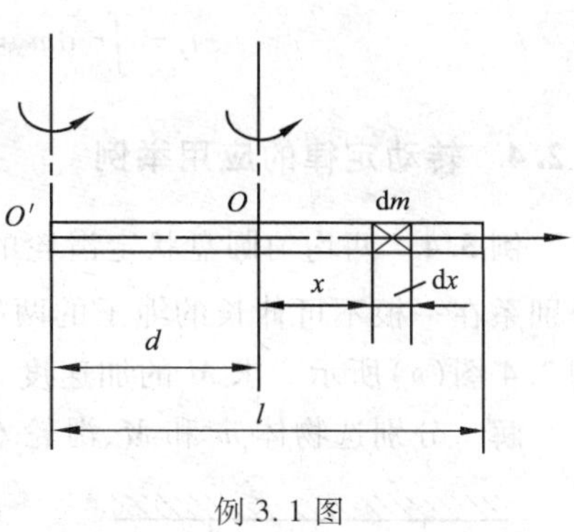

例 3.1 图

（1）当 O 轴通过中心（即质心）并与棒垂直时

$$I=\int_{-\frac{l}{2}}^{\frac{l}{2}}x^2\lambda dx=\frac{1}{12}\lambda l^3$$

整个细棒的质量 $m=\lambda l$，所以

$$I_0=\frac{1}{12}ml^2$$

（2）当 O' 轴通过棒的一端并与棒垂直时

$$I_0'=\int_0^l x^2\lambda dx=\frac{1}{3}\lambda l^3=\frac{1}{3}ml^2$$

由上述两种情况可以看出，同一刚体的转轴的位置不同时，刚体转动惯量的值是不同的．

以上两种情况的转轴是互相平行的，两轴之间的距离设为 d，可知 I_0 与 I_0' 的关系为

$$I_0'-I_0=\frac{1}{3}ml^2-\frac{1}{12}ml^2=\frac{1}{4}ml^2=m\left(\frac{l}{2}\right)^2=md^2$$

即

$$I_0'=I_0+md^2$$

这一关系称为**转动惯量的平行轴定理**．

其中，I_0 为绕通过质心的转轴的转动惯量，I_0' 为绕与通过质心的转轴平行的转轴的转动惯量，d 为两平行转轴之间的距离．

例 3.2　如例 3.2 图所示，试求质量为 m、半径为 R 的均匀薄圆环对通过其中心且垂直于环面的转轴的转动惯量．

解　将薄圆环分成许多小片 dm，每一小片与轴的距离都等于 R，所以

$$I=\int R^2 dm=R^2\int dm=mR^2$$

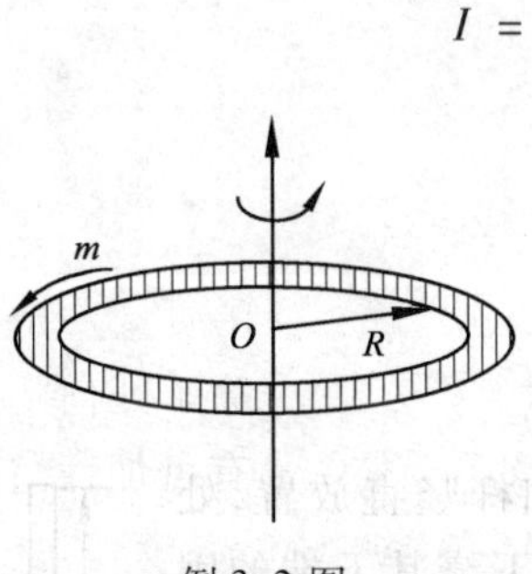

例 3.2 图

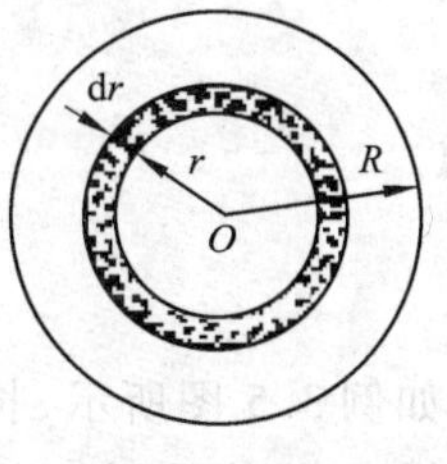

例 3.3 图

例 3.3　如例 3.3 图所示，试求质量为 m、半径为 R 的均匀薄圆盘对于通过中心且与盘面垂直的轴的转动惯量．

解　设圆盘的质量面密度为 σ．圆盘的总质量 $m=\pi R^2\sigma$．计算时可将圆盘分成一系列半径为 r、宽度为 dr 的同心细圆环，细圆环的质量为 $dm=\sigma ds=2\pi r dr\sigma$，整个圆盘的转动惯量为

$$I = \int r^2 \mathrm{d}m = \int_0^R 2\pi\sigma r^3 \mathrm{d}r = \frac{1}{2}\pi R^4 \sigma = \frac{1}{2}mR^2$$

3.2.4 转动定律的应用举例

例 3.4 两均匀圆盘状定滑轮的质量分别为 m_1 和 m_2，半径分别为 R_1 和 R_2，物体 m 和 M 分别系在一根不可伸长的绳子的两端，绳子跨过两滑轮且与滑轮无相对滑动，设轴处光滑，如例 3.4 图(a)所示．求 M 的加速度．

解 分别选物体 m 和 M、滑轮 O 及滑轮 O' 为研究对象，受力分析如例 3.4 图(b)所示．

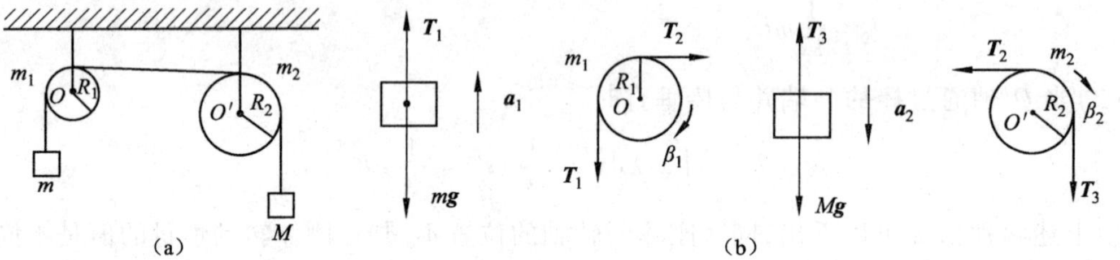

例 3.4 图

应用牛顿第二定律及转动定律，可列如下方程：

$$T_1 - mg = ma_1 \tag{1}$$

$$(T_2 - T_1)R_1 = I_1\beta_1 \tag{2}$$

$$Mg - T_3 = Ma_2 \tag{3}$$

$$(T_3 - T_2)R_2 = I_2\beta_2 \tag{4}$$

$$I_1 = \frac{1}{2}m_1R_1^2 \tag{5}$$

$$I_2 = \frac{1}{2}m_2R_2^2 \tag{6}$$

由于绳与滑轮无相对滑动，且绳是不可伸长的，故有

$$a_1 = R_1\beta_1 \tag{7}$$

$$a_2 = R_2\beta_2 \tag{8}$$

$$a_1 = a_2 = a \tag{9}$$

联立求解可得

$$a = \frac{2(M-m)g}{m_1 + m_2 + 2(M+m)}$$

例 3.5 如例 3.5 图所示，长为 l、质量为 m 的匀质细杆竖直放置，处于非稳定平衡态．若其受到一微小扰动，它将在重力作用下绕其下端的固定铰链 O 转动．若铰链处的摩擦可以忽略不计，试计算细杆转到与竖直方向成 θ 角时的角速度．

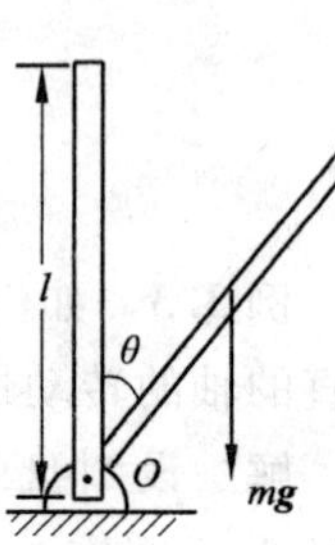

例 3.5 图

解 取杆为研究对象．杆受铰链支持力及重力的作用．重力 mg 作用于杆的中心，方向竖直向下．因为支持力通过固定轴 O，所以对杆的力矩为零．故只有重力对杆产生力矩．当杆与竖直方向成 θ 角时，其力矩大

小为

$$M=\frac{1}{2}mgl\sin\theta$$

由转动定律 $M=I\beta$，有

$$\frac{1}{2}mgl\sin\theta=\left(\frac{1}{3}ml^2\right)\beta$$

求得

$$\beta=\frac{3g}{2l}\sin\theta$$

将

$$\beta=\frac{\mathrm{d}\omega}{\mathrm{d}t}=\frac{\mathrm{d}\omega}{\mathrm{d}\theta}\cdot\frac{\mathrm{d}\theta}{\mathrm{d}t}=\omega\frac{\mathrm{d}\omega}{\mathrm{d}\theta}$$

代入上式可得

$$\omega\mathrm{d}\omega=\frac{3g}{2l}\sin\theta\mathrm{d}\theta$$

对上式两端求积分，有

$$\int_0^{\omega}\omega\mathrm{d}\omega=\int_0^{\theta}\frac{3g}{2l}\sin\theta\mathrm{d}\theta$$

结果是

$$\omega=\sqrt{\frac{3g(1-\cos\theta)}{l}}$$

3.3　角动量　角动量定理　角动量守恒定律

上一节我们讨论了在外力矩作用下刚体绕定轴转动的转动定律，转动定律反映的是某一瞬时刚体所受到的合外力矩与所产生的角加速度之间的关系．刚体在力矩的持续作用下，力矩对刚体也要产生累积效应．这一节将讨论力矩对时间的累积作用，下一节将讨论力矩对空间的累积作用．

我们先讨论质点对给定点的角动量定理．

3.3.1　质点的角动量定理

1. 质点的角动量

角动量是描述物体转动状态的物理量．如图 3.10 所示，设有一个质量为 m 的质点，该点相对原点 O 的位矢为 $\boldsymbol{r}$，如果质点的速度为 $\boldsymbol{v}$（即动量为 $\boldsymbol{p}=m\boldsymbol{v}$）．则质点 m 对原点 O 的**角动量**定义为

$$\boldsymbol{L}=\boldsymbol{r}\times\boldsymbol{p}=\boldsymbol{r}\times m\boldsymbol{v} \tag{3.7}$$

即质点对 O 点的角动量为位置矢量与动量的矢量积．

根据矢量积的定义，如果 $\boldsymbol{r}$ 和 $\boldsymbol{p}$ 两矢量之间夹角为 θ，则角动量的数值为

$$L=rp\sin\theta=mvr\sin\theta \tag{3.8}$$

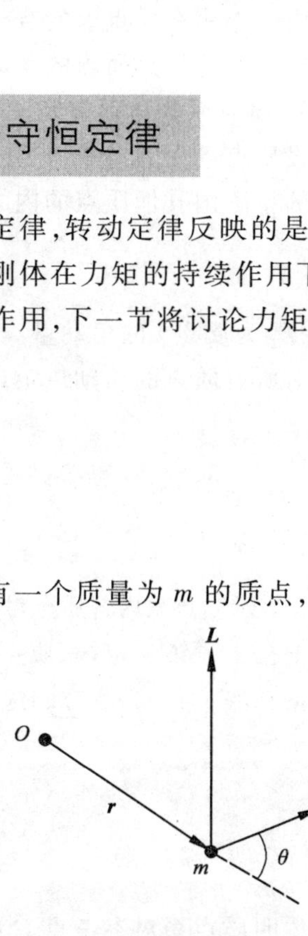

图 3.10　质点的角动量

$\boldsymbol{L}$ 的方向垂直于 $\boldsymbol{r}$ 和 $\boldsymbol{p}$ 所构成的平面．其指向可由右手螺旋法则确定，即将右手四指由 $\boldsymbol{r}$ 的正向经小于 180°的角度转向 $\boldsymbol{p}$ 的正向，则大拇指所指就是 $\boldsymbol{L}$ 的方

向(见图 3.10).

在国际单位制中,角动量的单位是 $\mathrm{kg \cdot m^2 \cdot s^{-1}}$.

由以上的定义可看出,质点的角动量不仅取决于它的动量,还取决于它相对于固定点的位矢 $\boldsymbol{r}$,故质点相对于不同的点,它的角动量是不相同的. 因此,在讲质点的角动量时,必须指明是对哪一点的角动量.

2. 质点的角动量定理

现在我们来讨论力矩对质点转动的作用,并导出质点的角动量定理.

将角动量 $\boldsymbol{L}=\boldsymbol{r}\times\boldsymbol{p}$ 两端对时间 t 求导,可得

$$\frac{\mathrm{d}\boldsymbol{L}}{\mathrm{d}t}=\frac{\mathrm{d}}{\mathrm{d}t}(\boldsymbol{r}\times\boldsymbol{p})=\frac{\mathrm{d}\boldsymbol{r}}{\mathrm{d}t}\times\boldsymbol{p}+\boldsymbol{r}\times\frac{\mathrm{d}\boldsymbol{p}}{\mathrm{d}t}$$

因为$\frac{\mathrm{d}\boldsymbol{r}}{\mathrm{d}t}=\boldsymbol{v}$,$\boldsymbol{v}$ 与 $\boldsymbol{p}$ 同方向,于是$\frac{\mathrm{d}\boldsymbol{r}}{\mathrm{d}t}\times\boldsymbol{p}=0$,因而上式变为

$$\frac{\mathrm{d}\boldsymbol{L}}{\mathrm{d}t}=\boldsymbol{r}\times\frac{\mathrm{d}\boldsymbol{p}}{\mathrm{d}t}=\boldsymbol{r}\times\boldsymbol{F}$$

上式右方即为合外力 $\boldsymbol{F}$ 的力矩 $\boldsymbol{M}$,于是有

$$\boldsymbol{M}=\frac{\mathrm{d}\boldsymbol{L}}{\mathrm{d}t} \tag{3.9}$$

上式说明作用在质点上的合外力矩等于质点角动量对时间的变化率,即力矩是改变质点角动量的原因. 这就是**质点的角动量定理**.

3. 质点系的角动量定理

设质点系由 N 个质点组成,对选定的某确定参考点 O,第 i 个质点所受的外力矩为 $\boldsymbol{M}_{i外}$,受到的系统内其他质点的内力矩为 $\boldsymbol{M}_{i内}$. 则质点 i 的角动量定理表达式为

$$\boldsymbol{M}_{i内}+\boldsymbol{M}_{i外}=\frac{\mathrm{d}\boldsymbol{L}_i}{\mathrm{d}t}$$

其中,$\boldsymbol{L}_i$ 为质点 i 的角动量.

对所有质点的角动量定理表达式相加可得

$$\sum\boldsymbol{M}_{i内}+\sum\boldsymbol{M}_{i外}=\sum\frac{\mathrm{d}\boldsymbol{L}_i}{\mathrm{d}t}$$

令

$$\boldsymbol{L}=\sum\boldsymbol{L}_i$$

$\boldsymbol{L}$ 表示质点系内各质点对于参考点 O 的角动量矢量和,称为**质点系对 O 点的角动量**.

根据牛顿第三定律,质点系的内力总是成对出现,每对内力的大小相等、方向相反,作用在同一条直线上,于是有 $\sum\boldsymbol{M}_{i内}=0$,令

$$\boldsymbol{M}=\sum\boldsymbol{M}_{i外}$$

可得

$$\boldsymbol{M}=\frac{\mathrm{d}\boldsymbol{L}}{\mathrm{d}t} \tag{3.10}$$

上式说明质点系对参考点 O 的角动量对时间的变化率等于各质点所受外力对该点力矩的矢量和,这就是**质点系对参考点 O 的角动量定理**. 可见,它和质点角动量定理有相同形式的表达式.

3.3.2 刚体定轴转动的角动量定理和角动量守恒定律

1. 刚体定轴转动的角动量

由转动定律可知

$$M = I\beta = I\frac{\mathrm{d}\omega}{\mathrm{d}t} = \frac{\mathrm{d}(I\omega)}{\mathrm{d}t}$$

令

$$L = I\omega \tag{3.11}$$

则 L 称为**刚体对转轴的角动量**(又称作**动量矩**),即刚体对转轴的角动量等于转动惯量与角速度的乘积. 它是描述刚体转动状态的物理量.

由于 $I = \sum m_i r_i^2$,所以角动量

$$L = I\omega = (\sum m_i r_i^2)\omega = \sum m_i r_i^2 \omega$$

因为 $v_i = r_i\omega$,代入上式得

$$L = \sum m_i v_i r_i$$

上式表明,刚体的角动量又可以表示为组成刚体的各质点的动量与由转轴到动量方向的垂直距离之乘积的总和.

2. 刚体定轴转动的角动量定理

由以上的讨论可知,转动定律若由角动量表示,则为

$$M = \frac{\mathrm{d}L}{\mathrm{d}t} \tag{3.12}$$

上式表示:刚体所受的合外力矩等于刚体的角动量对时间的变化率. 这是刚体转动定律的另一种表示形式. 与 $M = I\beta$ 比较,式(3.12)适用范围更广泛,如同牛顿第二定律形式 $\boldsymbol{F} = \frac{\mathrm{d}\boldsymbol{p}}{\mathrm{d}t}$ 比 $\boldsymbol{F} = m\boldsymbol{a}$ 更为普遍一样.

在转动定律 $M = \frac{\mathrm{d}L}{\mathrm{d}t}$ 的等式两边乘以 $\mathrm{d}t$,得到

$$M\mathrm{d}t = \mathrm{d}L$$

对上式积分可得

$$\int_{t_0}^{t} M\mathrm{d}t = \int_{L_0}^{L}\mathrm{d}L = L - L_0 = I\omega - I\omega_0 \tag{3.13}$$

其中 $\int_{t_0}^{t} M\mathrm{d}t$ 称为合外力矩对刚体的**冲量矩**.

式(3.13)表明:作用于刚体的冲量矩等于在作用时间里刚体角动量的增量. 这一关系称作**刚体定轴转动的角动量定理**. 式(3.13)为刚体定轴转动的角动量定理的数学表达式. 显然,式(3.13)是合外力矩对时间的累积效果.

3. 刚体定轴转动的角动量守恒定律

由式(3.12),当 $M = 0$ 时,刚体的角动量

$$L = I\omega = 恒量 \tag{3.14}$$

上式说明:当刚体所受合外力矩为零时,其角动量保持不变. 这个结论称作**角动量守恒定律**.

同样,角动量守恒定律也适用于不止一个刚体在转动的情况,同时对非刚性的物体也是成

立的，即当物体所受合外力矩为零时，其角动量保持不变．在式(3.13)中，当 $M=0$ 时，则

$$I_0\omega_0 = I\omega = \text{恒量} \tag{3.15}$$

式中，I_0、ω_0 分别为该物体起始时刻的转动惯量和角速度；I、ω 分别为该物体末了时刻的转动惯量和角速度．

当物体绕定轴转动时，如果物体的转动惯量是可变的，那么在没有外力矩作用的条件下，虽然总角动量的大小和方向不变化，但转动角速度是随着转动惯量的改变而改变的．例如在图3.11中，人手持轮子站在可以自由转动的凳子上，原来静止，当人拨动手中轮子时，人和转凳同时产生与轮子转动方向相反的转动，以使系统总的角动量保持不变．又如图3.12中，开始时人张开双臂并与转凳一起以一定角速度转动，然后把双臂突然收回胸前，由于转动惯量变小，可以看到角速度立即变大，以使角动量保持不变．

图3.11　角动量守恒一

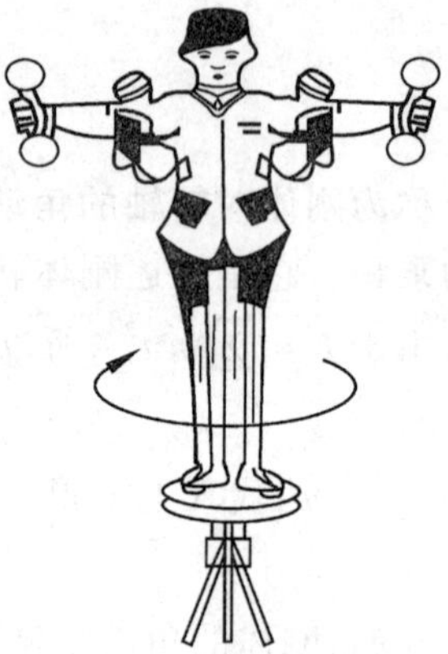

图3.12　角动量守恒二

用减少转动惯量的手段来增加转动的角速度，在体育技巧表演中常有应用．例如，花样滑冰的表演者，将转动惯量较大的姿势迅速改变为转动惯量较小的姿势，转动的角速度就会显著地增大．

角动量守恒定律是比牛顿运动定律更为普遍的运动定律，既适用于宏观领域，也适用于微观领域．对于微观粒子，牛顿运动定律已不适用，但角动量守恒定律仍然成立．角动量守恒定律与动量守恒定律和能量守恒定律一样，是自然界中物质运动最普遍遵循的基本定律．在工程技术上角动量守恒定律有着广泛的应用．

例3.6　如例3.6图所示，一轻绳绕过一轻滑轮，质量为 M 的人抓住子绳子的一端，而在绳的另一端 B 系了一个与人等重的重物，设人从静止开始上爬，如不计轮轴的摩擦，求：(1)当人相对于绳以匀速 u 上爬时，B 端重物上升的速度等于多少？(2)人与重物哪一个先到达顶端(设开始时二者处于同一高度)．

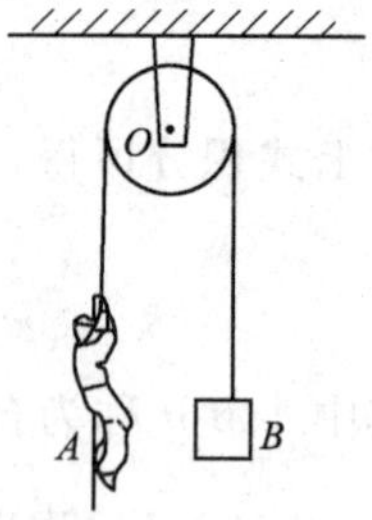

例3.6图

解　取重物、人、轻滑轮与轻绳为一系统．重物受到重力对滑轮中心 O 的外力矩作用，其大小为 MgR，人受到重力对 O 点的外力矩大小也为 MgR，显然这两个力矩方向相反，故合外力矩为零，即 $\boldsymbol{M}_{外}=0$，所以系统对 O 点的角动量守恒．

(1)设重物上升的速度为 v，又因开始时系统静止，故系统角动量在任何时刻均为零，则

$$MvR - M(u-v)R = 0$$

其中 $(u-v)$ 是人相对于地的速度，由上式解出

$$v = \frac{u}{2}$$

(2) 人对地的速度 $v' = u - v = \frac{u}{2}$，即人与物对地的速度均是$\frac{u}{2}$. 又因开始时人与物处于同一高度，所以人与重物应同时到达顶点.

例 3.7　一根细棒，长为 l，总质量为 m，其质量分布与离点 O 的距离成正比. 现将细棒放在粗糙的水平桌面上，棒可绕轴 O 转动，如例 3.7 图所示. 棒的初角速度为 ω_0，棒与桌面间的摩擦系数为 μ，求：

(1) 细棒对轴 O 的转动惯量；

(2) 细棒绕轴 O 转动时受到的摩擦力矩；

(3) 细棒从角速度 ω_0 到停止转动所经历的时间.

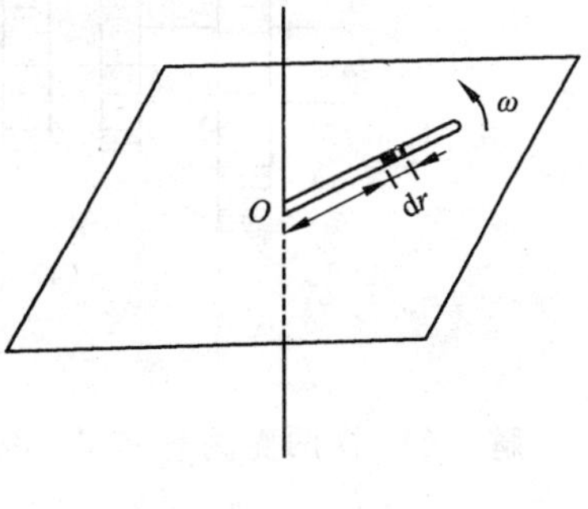

例 3.7 图

解　(1) 根据题意，细棒的质量线密度可设为 $\lambda = kr$（k 为比例系数），则总质量 m 为

$$m = \int_0^l \lambda \, dr = \int_0^l kr dr = \frac{1}{2}kl^2$$

由此可得 $k = \frac{2m}{l^2}$，所以

$$\lambda = kr = \frac{2m}{l^2}r$$

细棒对轴 O 的转动惯量为

$$I = \int_0^l r^2 dm = \int_0^l r^2 \lambda \, dr = \int_0^l \frac{2m}{l^2} r^3 dr = \frac{1}{2}ml^2$$

(2) 细棒上距 O 为 r 处，长为 dr 的线元所受摩擦力和摩擦力矩分别为

$$df = \mu g dm = \mu g \lambda \, dr = \frac{2m\mu g}{l^2} r dr$$

$$dM = -r df = -\frac{2m\mu g}{l^2} r^2 dr$$

整个细棒转动时所受的摩擦力矩为

$$M = \int_0^l dM = -\int_0^l \frac{2m\mu g}{l^2} r^2 dr = -\frac{2}{3}m\mu g l$$

(3) 设细棒转动所经历的时间为 t，根据角动量定理，有

$$\int_0^t M dt = 0 - I\omega_0$$

得棒从角速度 ω_0 到停止转动所经历的时间为

$$t = -\frac{I\omega_0}{M} = \frac{3\omega_0 l}{4\mu g}$$

例 3.8　如例 3.8 图所示，A、B 两个飞轮的轴线在同一直线上，两飞轮可通过离合器互相带动. 设 A、B 两轮的转动惯量分别为 $I_A = 10\ \text{kg} \cdot \text{m}^2$ 和 $I_B = 20\ \text{kg} \cdot \text{m}^2$，开始时，$A$ 轮的转速为 $600\ \text{r} \cdot \text{min}^{-1}$，$B$ 轮静止，求：

(1) 两轮啮合后的共同转速是多少？

(2) 两轮各自所受的冲量矩是多少？

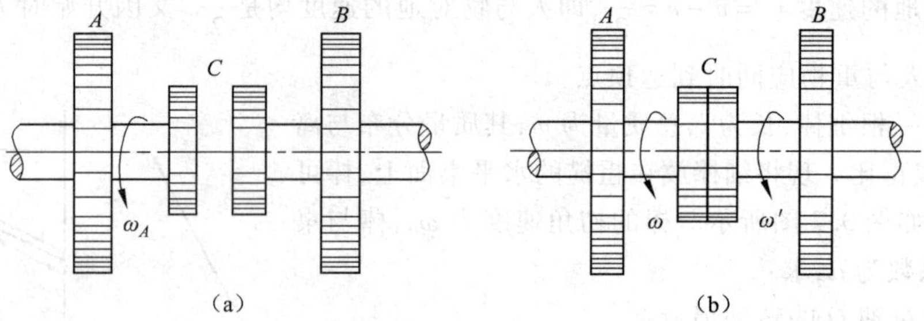

例 3.8 图

解 (1)视两轮为一系统,该系统所受外力对转轴的力矩为零,则系统的角动量守恒,有

$$I_A\omega_A + I_B\omega_B = (I_A + I_B)\omega$$

ω 为两轮啮合后共同转动的角速度,于是

$$\omega = \frac{I_A\omega_A + I_B\omega_B}{I_A + I_B} = \frac{10\times 600 + 0}{10+20}\ \mathrm{r\cdot min^{-1}} = 200\ \mathrm{r\cdot min^{-1}} = 20.9\ \mathrm{rad\cdot s^{-1}}$$

(2)A、B 受的冲量矩分别为

$$\int M_A \mathrm{d}t = I_A(\omega - \omega_A) = 10\times(200-600)\times\frac{2\pi}{60}\ \mathrm{N\cdot m\cdot s} = -418.6\ \mathrm{N\cdot m\cdot s}$$

$$\int M_B \mathrm{d}t = I_B(\omega - 0) = I_B\omega = 418.6\ \mathrm{N\cdot m\cdot s}$$

两轮各自受的冲量矩使 A 减速,使 B 加速.

例 3.9 如例3.9图所示,一木杆可绕杆端 O 处水平轴转动,开始时木杆竖直下垂.质量 $m_1=50$ g 的小球以 $v_{10}=30\ \mathrm{m\cdot s^{-1}}$ 的水平速度与木杆的另一端相碰,碰后小球速度反向,大小为 $v_1=10\ \mathrm{m\cdot s^{-1}}$.杆长 $L=40$ cm,质量 $m_2=600$ g.设碰撞时间极短,求碰撞后木杆获得的角速度.

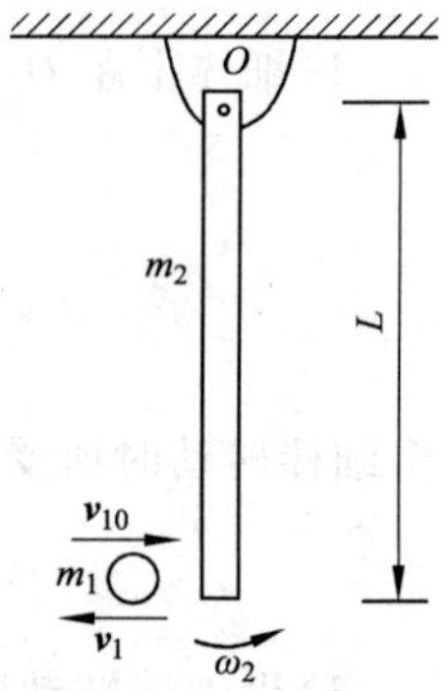

例 3.9 图

解 考虑碰撞过程,因为这一过程时间极短,可以认为过程中杆的位移为零,一直处在竖直位置.对杆及小球组成的系统,外力是两者的重力及轴 O 处轴对杆的支持力,碰撞时这些外力对 O 轴的力矩为零,因此系统对 O 轴的角动量守恒.(但系统的动量不守恒)

把小球的运动看作绕 O 轴的转动,则在碰撞前、后小球相对于 O 轴的角速度的大小分别为 $\omega_{10}=\frac{v_{10}}{L}$,$\omega_1=\frac{v_1}{L}$;小球在碰撞时对 O 轴的转动惯量为 m_1L^2.设碰后瞬间,木杆获得的角速度为 ω_2.选逆时针转动的角速度为正,则由系统对 O 轴的角动量守恒,有

$$m_1L^2\frac{v_{10}}{L} = -m_1L^2\frac{v_1}{L} + \frac{1}{3}m_2L^2\omega_2$$

所以

$$m_1v_{10} = -m_1v_1 + \frac{1}{3}m_2L\omega_2$$

$$\omega_2=\frac{3m_1(v_{10}+v_1)}{m_2L}=\frac{3\times50(30+10)}{600\times0.40}\ \mathrm{rad\cdot s^{-1}}=25\ \mathrm{rad\cdot s^{-1}}$$

结果为正值，即木杆逆时针转动．

3.4　刚体定轴转动的动能定理

质点力学中反映力的空间累积作用的是质点的动能定理．刚体力学中反映力矩的空间累积作用的是刚体转动的动能定理．下面首先说明转动动能和力矩的功的概念，然后进一步导出刚体定轴转动的动能定理．

3.4.1　转动动能

刚体定轴转动时，组成刚体的各质元都在运动，各具有一定的动能．设刚体内距转轴半径为 r_i 的第 i 个质元的质量为 Δm_i，在某时刻，当刚体以角速度 ω 绕轴转动时，质元 i 的速率 $v_i=r_i\omega$，则质元 i 的动能为

$$\frac{1}{2}m_iv_i^2=\frac{1}{2}m_ir_i^2\omega^2$$

在任一时刻，刚体的转动动能等于组成刚体的各质元的动能的总和，若用 E_k 表示整个刚体的转动动能，则有

$$E_\mathrm{k}=\sum_i\frac{1}{2}m_iv_i^2=\sum_i\frac{1}{2}m_ir_i^2\omega^2=\frac{1}{2}\left(\sum_i m_ir_i^2\right)\omega^2$$

即

$$E_\mathrm{k}=\frac{1}{2}I\omega^2 \tag{3.16}$$

把刚体转动动能公式 $E_\mathrm{k}=\frac{1}{2}I\omega^2$ 和质点动能公式 $E_\mathrm{k}=\frac{1}{2}mv^2$ 相比较，可以看出二者形式上是类似的：角速度 ω 与线速度 v 相对应，转动惯量 I 与质量 m 相对应．

3.4.2　力矩的功

当刚体在外力矩的作用下绕定轴转动时，我们就说力矩对刚体作了功．由于刚体中各质点之间的距离不变，彼此间不发生相对位移，所以内力不作功，仅需考虑外力的功．当刚体受到外力的作用时，对于刚体绕定轴转动的情形，只有在垂直于转轴的平面内的分力才能使刚体转动，平行转轴的分力是不作功的．

如图 3.13 所示，设刚体在转动平面内的切向分力 $\boldsymbol{F}_\tau$ 的作用下，力 $\boldsymbol{F}_\tau$ 的作用点移动了微小的圆弧 $\mathrm{d}s$，相应地绕转轴 OO' 的角位移为 $\mathrm{d}\theta$，即 $\mathrm{d}s=r\mathrm{d}\theta$，根据功的定义，力 $\boldsymbol{F}_\tau$ 在这段位移内所作的功为

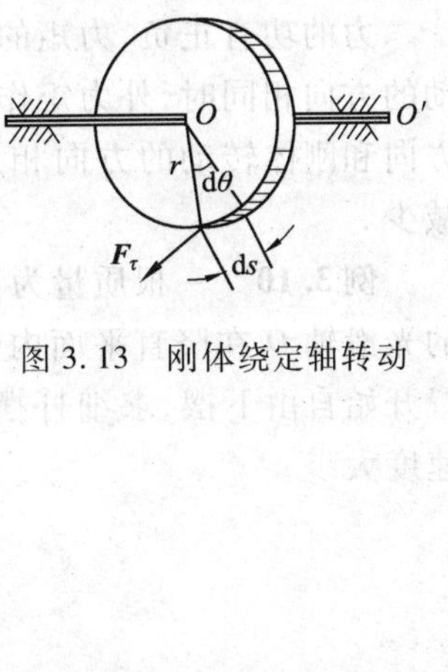

图 3.13　刚体绕定轴转动

$$\mathrm{d}A=F_\tau\mathrm{d}s=F_\tau r\mathrm{d}\theta$$

由于力 $\boldsymbol{F}_\tau$ 对转轴的力矩为 $M=F_\tau r$，所以

$$\mathrm{d}A=M\mathrm{d}\theta$$

上式表明,力矩所作的功 dA 等于力矩 M 与角位移 $d\theta$ 的乘积.

当刚体在外力矩的作用下,从角位置 θ_1 转到 θ_2 时,力矩对绕定轴转动的刚体所作的总功为

$$A = \int_{\theta_1}^{\theta_2} dA = \int_{\theta_1}^{\theta_2} M d\theta \tag{3.17}$$

当力矩的大小和方向都不变时,力矩所作的功为

$$A = \int_{\theta_1}^{\theta_2} dA = M\int_{\theta_1}^{\theta_2} d\theta = M(\theta_2 - \theta_1) \tag{3.18}$$

即恒力矩对绕定轴转动的刚体所作的功,等于力矩的大小与转过的角度的乘积.

应当指出,力矩的功实质上就是力所作的功. 由于在转动的研究中,使用角量描述比使用线量方便,所以在刚体的转动中,力所作的功可用力对转轴的力矩和刚体转动的角位移的乘积来表示.

我们知道,力对质点作功的快慢是用功率来表示的. 同理,我们定义单位时间内力矩对刚体所作的功称为力矩的(瞬时)功率,可用 P 表示为

$$P = \frac{dA}{dt} = \frac{Md\theta}{dt} = M\omega \tag{3.19}$$

即力矩的功率等于力矩和角速度的乘积.

由上可见,刚体转动时力矩的功和功率的表达式与质点运动时力的功和功率的表达式在形式上是类似的,力矩和力相对应,角位移和位移相对应,角速度和速度相对应.

3.4.3 刚体定轴转动的动能定理

由力矩的元功 $dA = Md\theta$ 和刚体的转动定律 $M = I\beta = I\frac{d\omega}{dt}$,可得

$$dA = I\frac{d\omega}{dt}d\theta = I\omega d\omega$$

设在外力矩的作用下,刚体的角速度由 ω_1 变化到 ω_2,则在这个过程中合外力矩所作的功为

$$A = \int dA = \int_{\omega_1}^{\omega_2} I\omega d\omega = \frac{1}{2}I\omega_2^2 - \frac{1}{2}I\omega_1^2 \tag{3.20}$$

即合外力矩对刚体所作的功等于刚体转动动能的增量. 这就是**刚体定轴转动的动能定理**. 式(3.20)是它的数学表达式. 它的表达式和质点的动能定理的表达式 $A = \frac{1}{2}mv_2^2 - \frac{1}{2}mv_1^2$ 类似.

力的功有正负,力矩的功也有正负. 当外力矩方向和刚体转动的方向相同时,外力矩作正功,刚体的转动动能增加;当外力矩方向和刚体转动的方向相反时,外力矩作负功,刚体的转动动能减少.

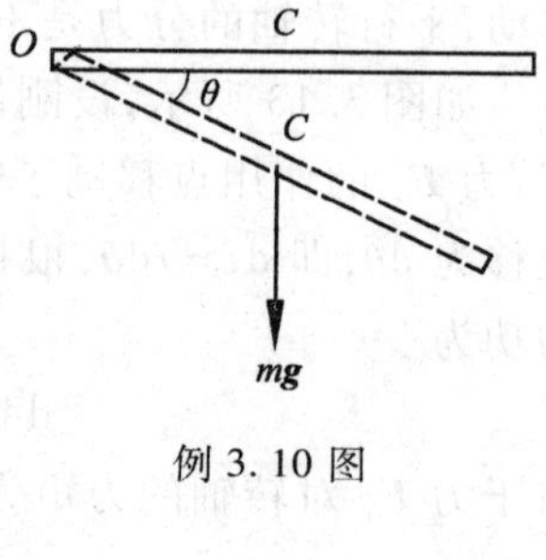

例 3.10 图

例 3.10 一根质量为 m、长为 l 的均匀细杆,可绕通过其一端的光滑轴 O 在竖直平面内转动(见例 3.10 图),今使杆从水平位置开始自由下摆,求细杆摆到与水平位置成 θ 角时,杆的中点的速度大小.

解法一 应用刚体定轴转动的动能定理

以杆为研究对象，它受到两个力作用：重力 mg，作用于杆的中心点 C，方向竖直向下；轴对杆的支承力 N，它垂直于杆和轴的接触面且通过 O 点，在杆的下摆过程中，其方向、大小是随时变化的．

在杆的下摆过程中，对转轴 O 而言，只有重力矩作功，当其下摆至与水平位置成 θ 角的过程中，重力矩所作的总功为

$$A = \int_0^\theta mg\frac{l}{2}\cos\theta \mathrm{d}\theta = mg\frac{l}{2}\sin\theta$$

在此过程，杆的动能增量为

$$E_{k2} - E_{k1} = \frac{1}{2}I\omega^2 - 0$$

由刚体定轴转动的动能定理有

$$\frac{1}{2}I\omega^2 = mg\frac{l}{2}\sin\theta$$

将 $I=\frac{1}{3}ml^2$ 代入上式，得

$$\omega = \sqrt{\frac{3g}{l}\sin\theta}$$

杆中点的速度为

$$v = \frac{l}{2}\omega = \frac{1}{2}\sqrt{3gl\sin\theta}$$

解法二 应用机械能守恒定律

取杆和地球为一系统．由于转轴光滑，所以作用于杆的支承力 N 不作功，而重力为保守内力，因此系统的机械能守恒．选择水平位置为杆的势能零点．

在水平位置时，系统的机械能为

$$E_1 = 0$$

在与水平位置成 θ 角时，系统的机械能为

$$E_2 = \frac{1}{2}\left(\frac{1}{3}ml^2\right)\omega^2 - mg\frac{l}{2}\sin\theta$$

由机械能守恒定律得

$$E_1 = E_2$$

即

$$\frac{1}{2}\left(\frac{1}{3}ml^2\right)\omega^2 - mg\frac{l}{2}\sin\theta = 0$$

解得

$$\omega = \sqrt{\frac{3g}{l}\sin\theta},\ v = \frac{1}{2}\sqrt{3gl\sin\theta}$$

例 3.11 长为 $l=0.4$ m、质量为 $m_1=1.0$ kg 的棒，如例 3.11 图所示，可以绕通过其上端的固定轴 O 转动．在水平方向上以速度 $v=200\ \mathrm{m\cdot s^{-1}}$ 飞行的质量为 $m_2=10$ g 的子弹射入棒中，射入处离 O 点距离 $r=0.30$ m．求：(1)子弹击中后，棒与子弹一起开始转动时的角速度．(2)转过的角度 θ 是多少？

解 (1)子弹与棒发生碰撞时，以子弹与棒为系统，所受的合外力为重力、轴的支持力，碰

撞瞬间这两个外力都通过转轴，力矩为零，角动量守恒．

角动量守恒定律的表达式为

$$I_1\omega_{10} + I_2\omega_{20} = I_1\omega_1 + I_2\omega_2$$

按题意

$$I_1 = \frac{1}{3}m_1 l^2, \omega_{10} = 0;$$

$$I_2 = m_2 r^2, \omega_{10} = \frac{v}{r}$$

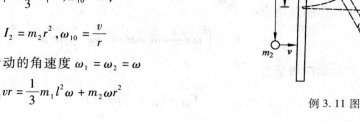

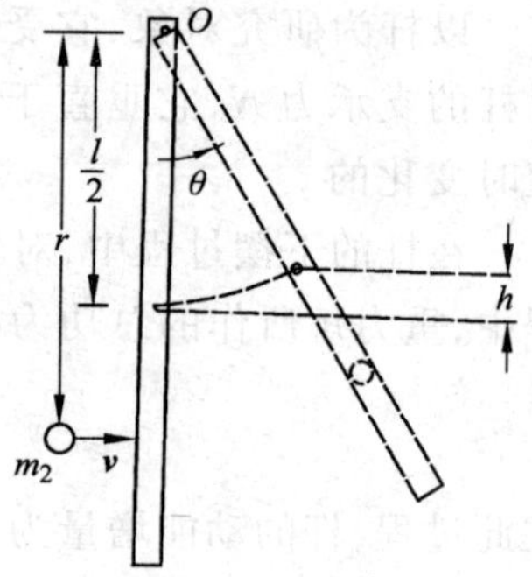

例 3.11 图

设子弹与棒一起开始转动的角速度 $\omega_1 = \omega_2 = \omega$

$$m_2 vr = \frac{1}{3}m_1 l^2\omega + m_2\omega r^2$$

整理可得

$$\omega = \frac{m_2 vr}{\frac{1}{3}m_1 l^2 + m_2 r^2} = 11.1 \text{ rad}\cdot\text{s}^{-1}$$

(2)碰撞后，设带有子弹的棒转过的角度为 θ. 在此过程中，因只受重力作用，棒、子弹与地球所组成的系统机械能守恒．即碰后瞬间的转动动能全部转化为重力势能增量．由图可知，棒的质心升高

$$h = \frac{l}{2}(1-\cos\theta)$$

子弹的质心升高

$$h' = r(1-\cos\theta)$$

所以

$$\frac{1}{2}(I_1 + m_2 r^2)\omega^2 = m_1 g\frac{l}{2}(1-\cos\theta) + m_2 gr(1-\cos\theta)$$

整理后，得

$$\cos\theta = 1 - \frac{\frac{1}{2}\left(\frac{1}{3}m_1 l^2 + m_2 r^2\right)\omega^2}{m_1 g\frac{l}{2} + m_2 gr}$$

代入已知数值，可得

$$\cos\theta = -0.68$$

故

$$\theta = 132.8°$$

例 3.12 质量 $m=5$ kg，长度 $l=1$ m 的细金属棒，可绕垂直于棒的端点的水平轴 O 无摩擦的转动．在细金属棒的另一端固定一个质量为 $m/5$ 的半径可以忽略不计的小铅球．先把此刚体拉到水平位置，然后由静止状态开始释放，到达最低点时与一个质量 $M=1$ kg 的钢块发生对心撞击，钢块与一倔强系数 $k=2\times10^3$ N·m^{-1} 的弹簧相连．碰后棒的角速度 $\omega'=3$ rad·s^{-1}(沿原运动方向)，而钢块沿水平光滑地面滑行，致使弹簧压缩(见例 3.12 图)，求弹簧的最大压缩量．

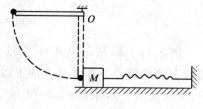

例 3.12 图

解　可分成三个物理过程求解．

(1)棒由水平位置摆至竖直位置过程中，机械能守恒，设水平位置时重力势能为零，摆至竖直位置时棒的角速度为 ω，则

$$0=-\frac{1}{2}mgl-\frac{1}{5}mgl+\frac{1}{2}I\omega^2$$

其中

$$I=\frac{1}{3}ml^2+\frac{1}{5}ml^2=\frac{8}{15}ml^2$$

解得

$$\omega=\sqrt{\frac{21g}{8l}}=\sqrt{\frac{21\times 9.8}{8\times 1}}\ \text{rad}\cdot\text{s}^{-1}=5.07\ \text{rad}\cdot\text{s}^{-1}$$

(2)棒与钢块碰撞过程中，棒与钢块组成的系统对 O 轴角动量守恒

$$I\omega=I\omega'+Mvl$$

求得钢块的速度

$$v=\frac{I(\omega-\omega')}{Ml}=\frac{\frac{8}{15}ml^2(\omega-\omega')}{Ml}$$

$$=\frac{\frac{8}{15}\times 5\times 1^2\times(5.07-3)}{1\times 1}\ \text{m}\cdot\text{s}^{-1}=5.53\ \text{m}\cdot\text{s}^{-1}$$

(3)钢块压缩弹簧过程，机械能守恒

$$\frac{1}{2}Mv^2=\frac{1}{2}kx^2$$

弹簧压缩量

$$x=\sqrt{\frac{M}{k}}v=\sqrt{\frac{1}{2\times 10^3}}\times 5.53\ \text{m}=0.124\ \text{m}$$

思　考　题

3.1　平行于 z 轴的力对 z 轴的力矩一定是零，垂直于 z 轴的力对 z 轴的力矩一定不是零．这种说法对吗？

3.2　一个有固定轴的刚体，受到两个力的作用．当这两个力的合力为零时，它们对轴的合力矩也一定为零吗？当这两个力对轴的合力矩为零时，它们的合力也一定为零吗？

3.3　在求刚体所受的合外力矩时，能否先求出刚体所受合外力，再求合外力对转轴的力矩？

3.4　将一个生鸡蛋和一个熟鸡蛋放在桌上分别使其旋转，如何判定哪个是生的，哪个是熟的？为什么？

3.5　刚体定轴转动时，它的动能的增量只决定于外力对它作的功而与内力的作用无关．对于非刚体也是这样吗？为什么？

3.6　一个系统的动量守恒和角动量守恒的条件有何不同？

3.7　两个半径相同的轮子，质量相同，但一个轮子的质量聚集在边缘附近，另一个轮子的质量分布比较均匀，试问：

(1)如果它们的角动量相同，哪个轮子转得快？

(2)如果它们的角速度相同，哪个轮子的角动量大？

3.8 花样滑冰运动员想高速旋转时，她先把一条腿和两臂伸开，并用脚蹬冰使自己转动起来，然后再收拢腿和臂，这时她的转速就明显地加快了．这是利用了什么原理？

3.9 两个质量相同的小孩，分别抓住跨过定滑轮绳子的两端，一个用力往上爬，另一个不动，问哪一个先到达滑轮处？如果小孩质量不相等，情况又将如何？

习 题

3.1 如题 3.1 图所示，一轻杆长度为 $2l$，两端各固定一小球，A 球质量为 $2m$，B 球质量为 m，杆可绕过中心的水平轴 O 在铅垂面内自由转动．求杆与竖直方向成 θ 角时的角加速度．

3.2 求题 3.2 图所示系统中物体的加速度．设滑轮为质量均匀分布的圆盘，其质量为 M，半径为 r，在绳与轮边缘的摩擦力作用下旋转，忽略桌面与物体间的摩擦，设 $m_1=50\ \text{kg}$，$m_2=200\ \text{kg}$，$M=15\ \text{kg}$，$r=0.1\ \text{m}$.

3.3 飞轮质量为 60 kg，半径为 0.25 m，当转速为 $1\,000\ \text{r}\cdot\text{min}^{-1}$ 时，要在 5 s 内令其制动，求制动力 F. 设闸瓦与飞轮间摩擦系数 $\mu=0.4$，飞轮的转动惯量可按匀质圆盘计算，闸杆尺寸如题 3.3 图所示．

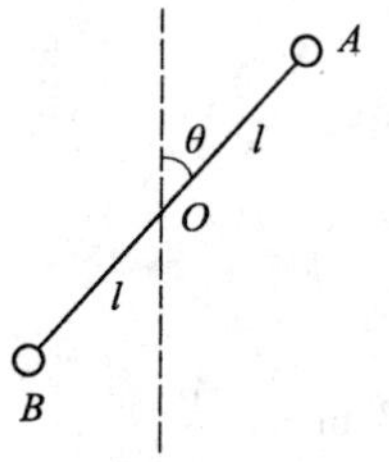

题 3.1 图

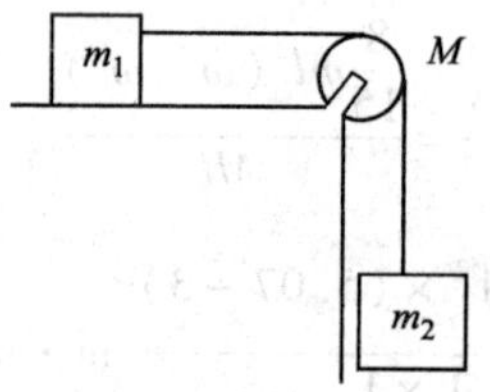

题 3.2 图

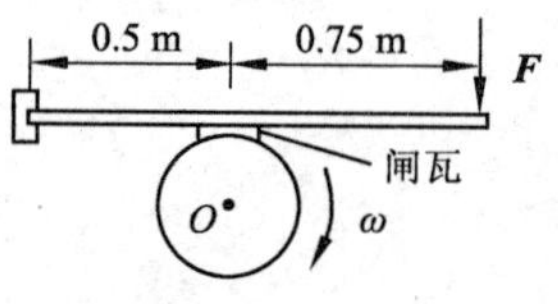

题 3.3 图

3.4 设有一均匀圆盘，质量为 m，半径为 R，可绕过盘中心的光滑竖直轴在水平桌面上转动．圆盘与桌面间的滑动摩擦系数为 μ，若用外力推动它使其角速度达到 ω_0 时，撤去外力，求：

(1) 此后圆盘还能继续转动多长时间；

(2) 上述过程中摩擦力矩所作的功．

3.5 如题 3.5 图所示，一匀质细杆质量为 m，长为 l，可绕过一端 O 的水平轴自由转动，杆于水平位置由静止开始摆下．求：

(1) 初始时刻的角加速度；

(2) 杆转过 θ 角时的角速度．

3.6 固定在一起的两个同轴均匀圆柱体可绕其光滑的水平对称轴 OO' 转动．设大小圆柱体的半径分别为 R 和 r，质量分别为 M 和 m. 绕在两柱体上的细绳分别与物体 m_1 和 m_2 相连，m_1 和 m_2 则挂在圆柱体的两侧，如题 3.6 图所示．设 $R=0.20\ \text{m}$，$r=0.10\ \text{m}$，$m=4\ \text{kg}$，$M=10\ \text{kg}$，$m_1=m_2=2\ \text{kg}$，且开始时 m_1、m_2 离地均为 $h=2\ \text{m}$. 求：

(1) 柱体转动时的角加速度；

(2) 两侧细绳的张力．

3.7 一风扇转速为 $900\ \text{r}\cdot\text{min}^{-1}$，当马达关闭后，在制动摩擦的作用下，风扇均匀减速，停止转动前它转过了 75 转，在此过程中制动摩擦力作的功为 44.4 J，求风扇的转动惯量和摩擦力矩．

3.8 一质量为 M、半径为 r 的圆柱体，在倾斜为 θ 角的粗糙斜面上距地面 h 高处只滚不滑而下，试求圆柱体滚至地面时的瞬时角速度 ω.

3.9 一个轻质弹簧的倔强系数 $k=2.0\ \text{N}\cdot\text{m}^{-1}$，它的一端固定，另一端通过一条细绳绕过一个定滑轮和一个质量为 $m=80\ \text{g}$ 的物体相连，如题 3.9 图所示．定滑轮可看做匀质圆盘，它的质量为 $M=100\ g$，半径 $r=0.05\ m$. 先用手托住物体 m，使弹簧处于其自然长度，然后松手．求物体 m 下降 $h=0.5\ \text{m}$ 时的速度为多大？

忽略滑轮轴上的摩擦,并认为绳在滑轮边缘上不打滑.

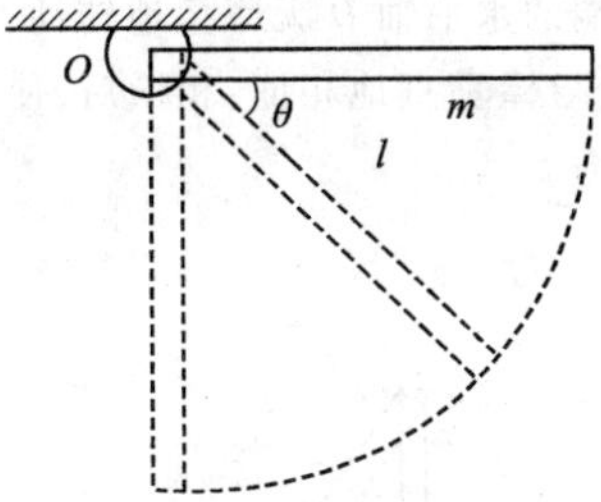

题 3.5 图

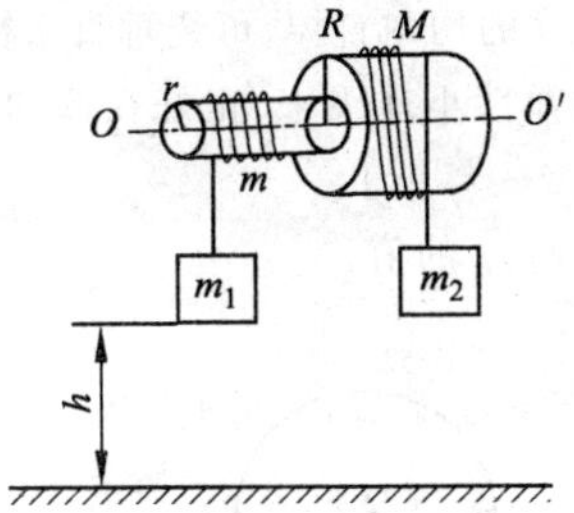

题 3.6 图

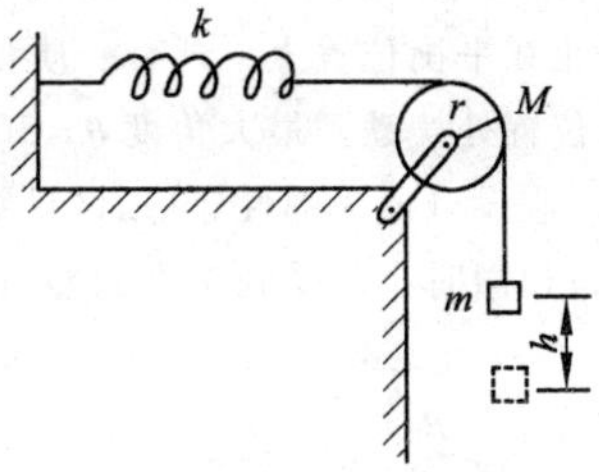

题 3.9 图

3.10　有一质量为 m_1、长为 l 的均匀细棒,静止平放在滑动摩擦系数为 μ 的水平桌面上,它可绕通过其端点 O 且与桌面垂直的固定光滑轴转动. 另有一水平运动的质量为 m_2 的小滑块,从侧面垂直于棒与棒的另一端 A 相碰撞,设碰撞时间极短. 已知小滑块在碰撞前后的速度分别为 $\boldsymbol{v}_1$ 和 $\boldsymbol{v}_2$,如题 3.10 图所示,求碰撞后细棒从开始转动到停止转动的过程中所需的时间(已知棒绕 O 点的转动惯量 $I=\frac{1}{3}m_1l^2$).

3.11　哈雷彗星绕太阳运动的轨道是一个椭圆. 它离太阳最近距离为 $r_1=8.75\times10^{10}$ m 时的速率是 $v_1=5.46\times10^4$ m·s^{-1},它离太阳最远时的速率是 $v_2=9.08\times10^2$ m·s^{-1},这时它离太阳的距离 r_2 为多少?(太阳位于椭圆的一个焦点)

3.12　平板中央开一小孔,质量为 m 的小球用细线系住,细线穿过小孔后挂一质量为 M_1 的重物. 小球做匀速圆周运动,当半径为 r_0 时重物达到平衡. 今在 M_1 的下方再挂一质量为 M_2 的物体,如题 3.12 图所示. 试问这时小球做匀速圆周运动的角速度 ω'和半径 r'各为多少?

3.13　如题 3.13 图所示,长为 l 的轻杆,两端各固定质量分别为 m 和 $2m$ 的小球,杆可绕水平光滑轴在竖直平面内转动,转轴 O 距两端的距离分别为 $l/3$ 和 $2l/3$. 杆原来静止在竖直位置. 今有一质量为 m 的小球,以水平速度 v_0 与杆下端的小球 m 作对心碰撞,碰后以 $v_0/2$ 的速度返回,试求碰撞后轻杆所获得的角速度 ω.

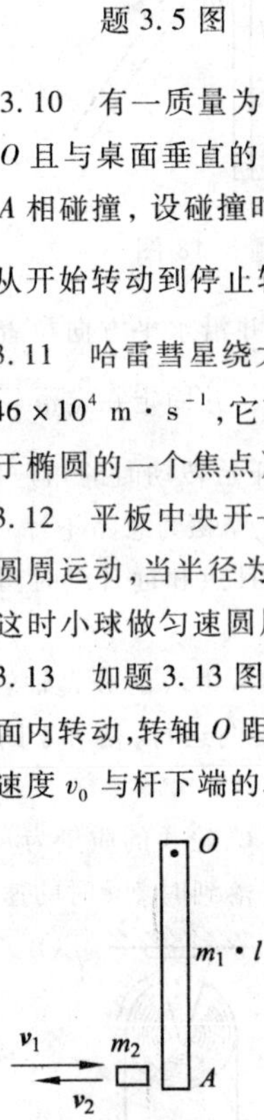

题 3.10 图

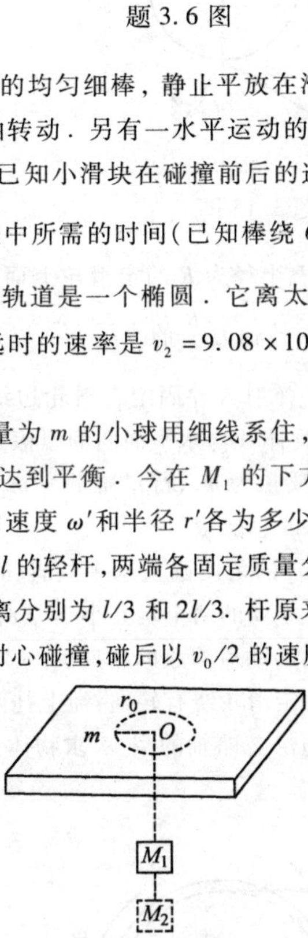

题 3.12 图

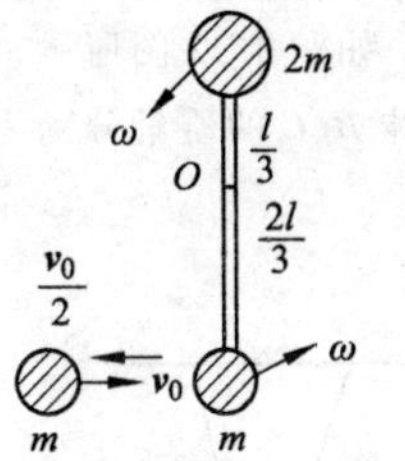

题 3.13 图

3.14　圆盘形飞轮 A 质量为 m,半径为 r,最初以角速度 ω_0 转动,与 A 共轴的圆盘形飞轮 B 质量为 $4m$,半径为 $2r$,最初静止,如题 3.14 图所示,两飞轮啮合后,以同一速度 ω 转动,求 ω 及啮合过程中机械能的损失.

3.15　如题 3.15 图所示,一匀质圆盘半径为 r,质量为 m_1,可绕过中心的垂直轴 O 转动. 初时盘静止,一质量为 m_2 的子弹以速度 $\boldsymbol{v}$ 沿与盘半径成 $\theta_1=60°$的方向击中盘边缘后以速度 $\boldsymbol{v}/2$ 沿与半径方向成 $\theta_2=30°$的方向反弹,求盘获得的角速度.

3.16　一人站在一匀质圆盘状水平转台的边缘,转台的轴承处的摩擦可忽略不计,人的质量为 m',转台的质量为 $10m'$,半径为 R. 最初整个系统是静止的,这时人把一质量为 m 的石子水平地沿转台的边缘的切线方向投出,石子的速率为 v(相对于地面). 求石子投出后转台的角速度与人的线速度.

3.17　一人站在转台上的中央处,两臂平举,两手各握一质量 $m=4$ kg 的哑铃,起初哑铃距转台轴的距离为 $r_0=0.8$ m,转台以 $\omega_0=2\pi$ rad·s^{-1}的角速度转动,然后此人放下两臂,使哑铃与轴间的距离 $r=0.2$ m. 设人与转台的转动惯量不变,且 $I=5$ kg·m^2,转台与轴间摩擦忽略不计,求转台角速度变为多大? 整个系统的动能改变了多少？

3.18 如题3.18图所示，质量为 M、长为 l 的均匀直棒，可绕垂直于棒一端的水平轴 O 无摩擦地转动，它原来静止在平衡位置上．现有一质量为 m 的弹性小球飞来，正好在棒的下端与棒垂直地相撞，相撞后，使棒从平衡位置处摆动到最大角度 $\theta=30°$ 处．

(1)假设碰撞为弹性碰撞，试计算小球初速 v_0 的值；

(2)相撞时小球受到多大的冲量？

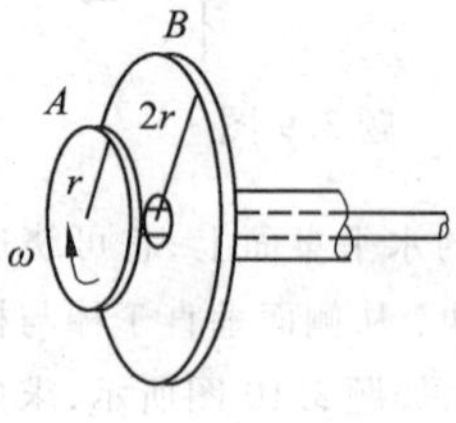

题3.14图

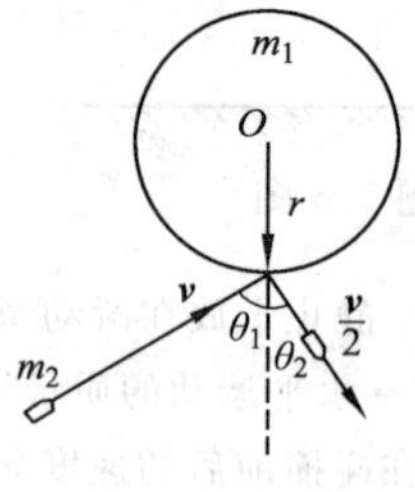

题3.15图

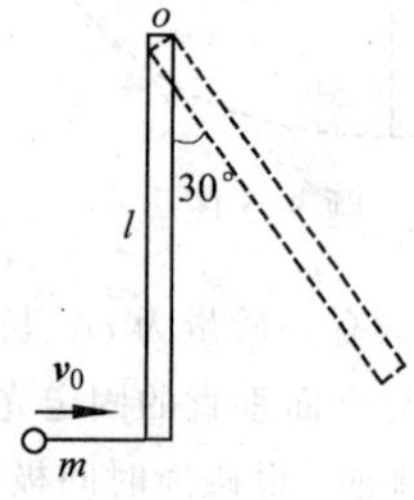

题3.18图

3.19 如题3.19图所示，一个转动惯量为 I、半径为 R 的定滑轮上面绕有细绳，并沿水平方向拉着一个质量为 M 的物体 A．现有一质量为 m 的子弹在距转轴为 $\frac{R}{2}$ 的水平方向以速度 v_0 射入，并固定在定滑轮的边缘处，使滑轮拖住 A 在水平面上滑动．求：(1)子弹射入并固定在滑轮边缘后，滑轮开始转动时的角速度 ω；(2)若定滑轮拖着物体 A 刚好转一圈而停止，求物体 A 与水平面间的摩擦系数 μ(轴上摩擦力忽略不计)．

3.20 行星在椭圆轨道上绕太阳运动，太阳质量为 m_1，行星质量为 m_2，行星在近日点和远日点时离太阳中心的距离分别为 r_1 和 r_2，求行星在轨道上运动的总能量．

3.21 如题3.21图所示，半径为 R、质量为 m' 的匀质圆盘水平放置，可绕通过圆盘中心的竖直轴转动．圆盘边缘及 $R/2$ 处设置了两条圆形轨道，质量均为 m 的两个玩具小车分别沿两轨道反向运行，相对于圆盘的线速度值同为 v．若圆盘最初静止，求两小车开始转动后圆盘的角速度．

3.22 如题3.22图所示，一匀质圆盘 A 作为定滑轮绕有轻绳，绳上挂两物体 B 和 C，轮 A 的质量为 m_1，半径为 r，物体 B、C 的质量分别为 m_2、m_3，且 $m_2>m_3$．忽略轴的摩擦，求物体 B 由静止下落到时刻 t 时的速度．

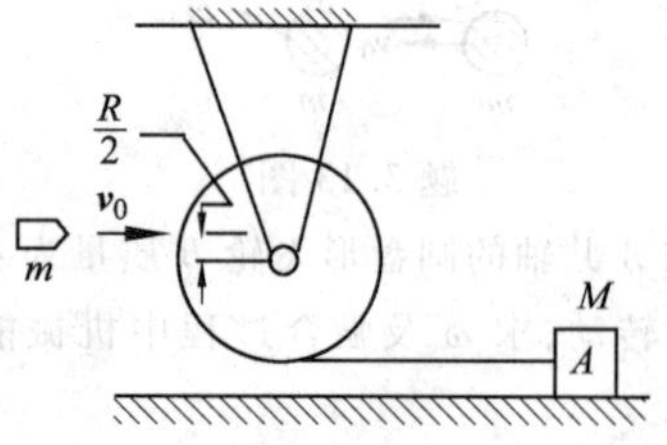

题3.19图

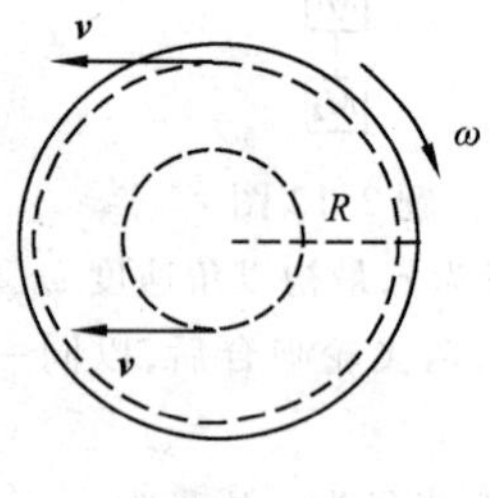

题3.21图

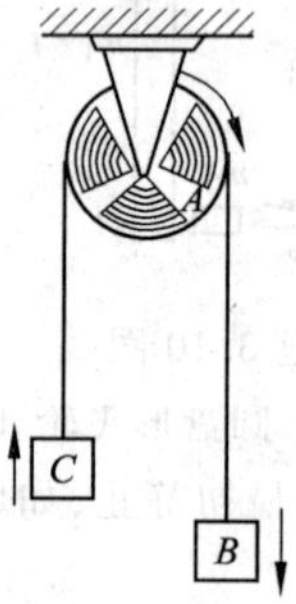

题3.22图

科学家简介

开 普 勒

开普勒(Johannes Kepler,1571—1630)是德国近代著名的天文学家、数学家、物理学家和哲学家．他以数学的和谐性探索宇宙，在天文学方面做出了巨大的贡献．开普勒是继哥白尼之后第一个站出来捍卫

太阳中心说、并在天文学方面有突破性成就的人物，被后世的科学史家称为“天上的立法者”.

一、生平简介

开普勒出生在德国威尔的一个贫民家庭，是一个早产儿，体质很差．他在童年时代遭遇了很大的不幸，4岁时患上了天花和猩红热，虽侥幸死里逃生，身体却受到了严重的摧残，视力衰弱，一只手半残．但开普勒身上有一种顽强的进取精神，他坚持努力学习，成绩一直名列前茅．1587年开普勒进入蒂宾根大学，在学校中遇到秘密宣传哥白尼学说的天文学教授麦斯特林，在他的影响下，开普勒很快成为哥白尼学说的忠实维护者．大学毕业后，开普勒获得了天文学硕士的学位，被聘请到格拉茨新教神学院担任教师．后来，由于学校被天主教会控制，开普勒离开神学院前往布拉格，与卓越的天文观察家第谷一起专心地从事天文观测工作．正是第谷发现了开普勒的才能．在第谷的帮助和指导下，开普勒的学业有了巨大的进步．第谷死后，开普勒接替了他的职位，被聘为皇帝的数学家．然而皇帝对他十分悭吝，给他的薪俸仅仅是第谷的一半，还时常拖欠不给．他的这一点点收入不足以养活年迈的母亲和妻儿，生活非常困苦．但开普勒却从未中断过自己的科学研究，并且在这种艰苦的环境下取得了天文学上的累累成果．1630年11月，因数月未得到薪金，生活难以维持，年迈的开普勒不得不亲自到雷根斯堡索取．不幸的是，他刚刚到那里就抱病不起．1630年11月15日，开普勒在一家客栈里悄悄地离开了世界．他死时，除一些书籍和手稿之外，身上仅剩下了7分尼(1马克等于100分尼)．开普勒被葬于拉提斯本圣彼得堡教堂．战争过后，他的坟墓已荡然无存，但他突破性的天文学理论，以及他对宇宙的不懈的探索精神却成了后人铭记他的最好丰碑．

二、主要科学贡献

开普勒在天文学方面做出了巨大的贡献．1600年，开普勒到布拉格担任第谷·布拉赫的助手．1601年第谷去世后，他继承了第谷的事业，利用第谷多年积累的观测资料，仔细分析研究，发现了行星沿椭圆轨道运行，并且提出行星运动三定律(即开普勒定律)，为牛顿发现万有引力定律打下了基础．在第谷的工作基础上，开普勒经过大量的计算，编制成《鲁道夫星表》，表中列出了1 005颗恒星的位置．这个星表比其他星表要精确得多，因此，直到18世纪中叶，《鲁道夫星表》仍然被天文学家和航海家们视为珍宝，它的形式几乎没有改变地保留到今天．在《彗星论》中，开普勒指出彗星的尾巴总是背着太阳，是因为太阳排斥彗头的物质造成的，这是距今半个世纪以前对辐射压力存在的正确预言．开普勒在1629年出版的《稀奇的1631年天象》中预言1631年11月7日水星凌日现象，12月6日金星也将凌日，人们果然如期观测到了水星凌日，而当时在西欧是无法看到金星凌日的．另外，开普勒还进行了大量的天文观测，1604年9月30日在蛇夫座附近出现一颗新星，最亮时比木星还亮，开普勒对这颗新星进行了17个月的观测并发表了观测结果，历史上称它为开普勒新星(这是一颗银河系内的超新星)；1607年，他观测了一颗大彗星，就是后来的哈雷彗星．为了纪念开普勒的功绩，国际天文学联合会决定将1134号小行星命名为开普勒小行星．

不仅在天文学上，开普勒在光学领域的贡献也是非常卓越的．他是近代光学的奠基者．他研究了小孔成像，并从几何光学的角度加以解释说明．他指出光的强度和光源的距离的平方成反比．开普勒研究过光的折射问题，认为折射的大小不能单单从物质密度的大小来考虑．例如油的密度比水的密度小，而它的折射率却比水的折射率大．1611年，开普勒发表了《折光学》一书，阐述了光的折射原理，为折射望远镜的发明奠定了基础．他最早提出了光线和光束的表示法，还成功地改进了望远镜．开普勒还对人的视觉进行了研究，以前人们认为视觉是由眼睛发射出的光，开普勒纠正了这种错误观点．他认为人看见物体是因为物体所发出的光通过眼睛的水晶体投射在视网膜上，并且解释了产生近视眼和远视眼的原因．1604年发表《对威蒂略的补充——天文光学说明》．1611年出版《光学》一书，这是一本阐述近代望远镜理论的著作.他把伽利略望远镜的凹透镜目镜改成小凸透镜,这种望远镜被称为开普勒望远镜.开普勒还发现大气折射的近似定律,用很简单的方法计算大气折射,并且说明在天顶大气折射为零.他最先认为大气有重量,并且正确地说明月全食时月亮呈红色是由于一部分太阳光被地球大气折射后投射到月亮上而造成的.

晚年的开普勒坚持不懈地同唯心主义的宇宙论作斗争.1625年,他写了题为《为第谷·布拉赫申辩》的著作,驳斥了乌尔苏斯对第谷的攻击,因而受到了天主教会的迫害.天主教会将开普勒的著作列为禁书.1626年,一群天主教徒包围了开普勒的住所,扬言要处决他.后来,开普勒因为曾担任皇帝的数学家而幸免于难.开普勒所处的年代正值欧洲从封建主义社会向资本主义社会转变的时期.在科学与神权的斗争中,开普勒坚定地站在了科学的一边,用自己孱弱的身体、艰苦的劳动和伟大的发现来挑战封建传统观念,推动了唯物主义世界观的发展,使人类科学向前跨进了一大步.马克思高度评价了开普勒的品格,称他是自己所喜爱的英雄.

阅读材料 C

旋进与导航

一、旋进与回转仪

定轴转动的规律是最简单的转动情形,即外力矩的方向与刚体动量矩的方向相平行的情形.所以,外力矩实际上只是改变了动量矩的大小,而并没有改变其方向,犹如平动中的直线运动那样.

稍微普遍些的情形是,外力矩只改变了动量矩的方向但不改变其大小,犹如质点曲线运动中匀速圆周运动那样.此时,外力矩的方向与动量矩的方向相垂直,造成了所谓的旋进(也称进动).我们先来描述一个实验现象,以便大家对这种转动形式有个初步认识.如图C.1(a)所示,若把静止(不转动)的陀螺(其实是个可以转动的圆盘)放到固定的支点O上,则由于受到重力矩$\boldsymbol{M}$的作用,陀螺便会倾倒下来,如果让陀螺以很大的角速度ω绕其自身的对称轴OO'转动,那就不会倾倒(见图C.1(b)),而且一方面仍高速自旋,另一方面,其对称轴OO'还以很小的角速度ω_0绕竖直轴Oz缓慢地转动.这种自身对称轴围绕另一轴线的转动,就是旋进.工程上常称为陀螺的回转效应,并根据此原理制成了回转仪.图C.1(c)所示的是一台常平架回转仪装置,它是自动驾驶仪的重要部分.在支架1上面装着可以转动的外环2,外环里面装着可以相对于外环转动的内环3,在内环3中安装回转仪4.3根转动轴线相互垂直,并相交于回转仪的质心,所有轴承都是非常光滑的,在回转仪转动后,用各种方法转动支架,可以看到回转仪转轴方向始终不变,也就是动量矩$I\omega$的方向保持不变.

二、回转仪与导航

常平架回转仪保持自转轴方向恒定的特性被用于飞机自动驾驶仪或卫星、火箭及导弹的导航,以回转仪自转轴线方向为标准,可随时纠正飞行的方向和姿态.

导弹偏离正常的飞行方向和姿态可用三个角度来说明,如图C.2所示.图C.2(a)表示导弹头部的上下摆动,即导弹绕垂直于飞行方向的水平轴(与纸面垂直)的旋转,可用俯仰角说明;图C.2(b)表示导弹头部左右摆动,即绕铅直轴线的转动,可用偏航角说明;图C.2(c)表示导弹绕本身纵向轴线的转动,可用侧滚角说明.测出这三个角度,至少要用两个回转仪.其中一个回转仪绕铅直轴转动,因为无论导弹怎样运动,其转轴方向不变,故可利用它规定铅直基准线,导弹的侧滚角和俯仰角都可根据铅直基准线测出来;另外一个回转仪绕水平轴转动,利用其转动轴线可规定水平基准线,用它测出偏航角.将测出的信号送给计算系统,就能够发出信号随时纠正导弹飞行的方向和姿态.

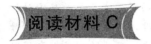

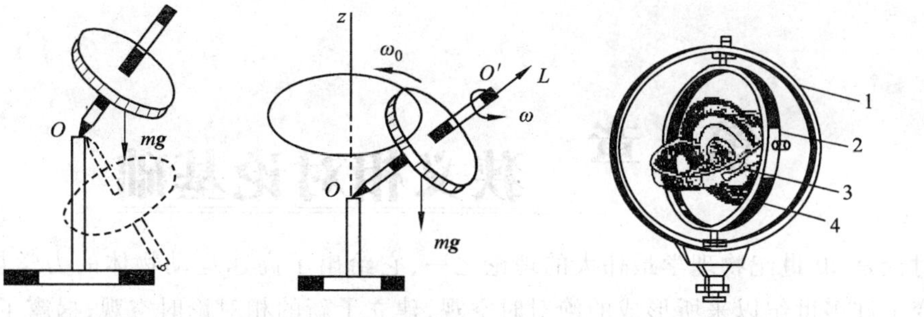

（a）　　（b）　　（c）

图 C.1　陀螺与常平架回转仪

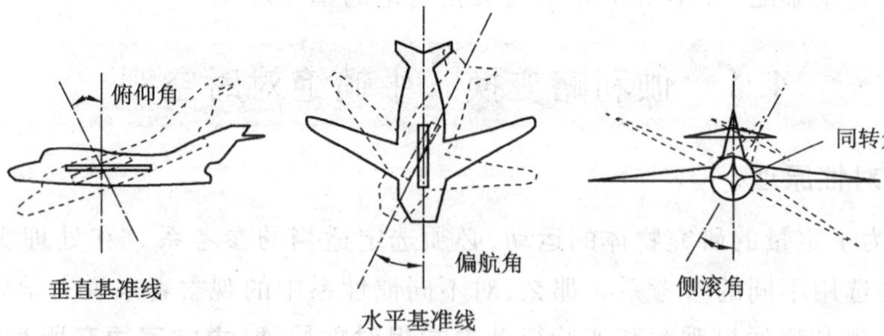

（a）　　（b）　　（c）

图 C.2　导弹的飞行方向和姿态

回转仪的进动在实践中还有许多应用．例如，射出的炮弹如果本身没有高速旋转，便可能在空气阻力的作用下翻转，如图 C.3(a)所示．

为避免这种现象，枪膛内来复线使子弹或炮弹出膛后高速旋转，由于自转，空气阻力对于质心的力矩仅能使弹丸绕飞行方向进动，使弹头与飞行方向不致有过大的偏离，如图 C.3(b)所示．

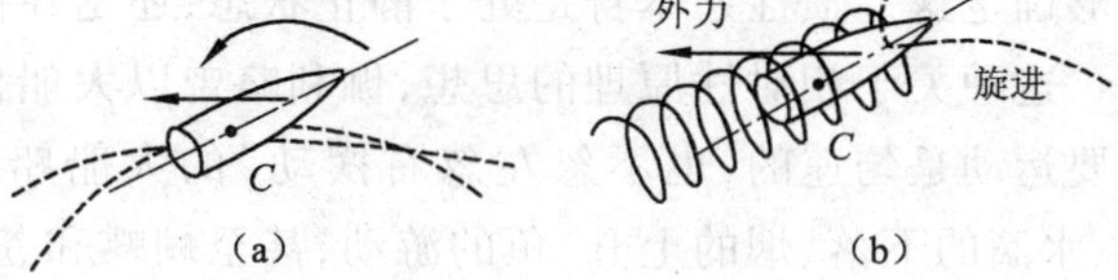

（a）　　（b）

图 C.3　子弹的旋进

第4章 狭义相对论基础

相对论是20世纪物理学最伟大的理论之一,它给出了高速运动物体的力学规律,并从根本上改变了许多世纪以来所形成的绝对时空观,建立了新的相对论时空观,揭露了质量和能量的内在联系,开始了有关万有引力本质的探索.尽管它的一些概念与结论和人们的日常经验大相径庭,但它已被许多实验事实所验证.现在,相对论已经成为近代物理学以及现代工程技术中不可缺少的理论基础之一.本章将介绍狭义相对论的基本原理.

4.1 伽利略变换 牛顿绝对时空观

4.1.1 力学相对性原理

在力学中,为了定量的研究物体的运动,必须选定适当的参考系. 在处理实际问题时,又可视问题的方便选用不同的参考系. 那么,对不同惯性系中的观察者来说力学规律是否相同?回答是肯定的. 伽利略通过观察和实验得到**力学相对性原理:力学定律在所有惯性系中都相同,即力学定律在不同的惯性系中具有相同的形式**. 也称为**伽利略相对性原理**. 力学相对性原理意味着所有惯性系从力学观点来看都是等价的,没有哪一个惯性系比其他的惯性系更优越些,或者说并不存在一个惯性系,在其中的观察者能够通过力学实验得出某种特别的、跟其他惯性系不同的规律. 力学相对性原理也说明,在一个惯性系内部所作的任何力学实验,都不能够确定这一惯性系本身是处于静止状态,还是在做匀速直线运动.

这种关于相对性原理的思想,伽利略曾以大船作比喻,生动地指出:在“以任何速度前进,只要运动是匀速的,也不忽左忽右摆动”的大船船舱内,观察各种力学现象,如人的跳跃、抛物、水滴的下落、烟的上升、鱼的游动,甚至蝴蝶和苍蝇的飞行等等,你会发现,它们都会和船静止不动时一样地发生. 人们并不能从这些现象来判断大船是否在运动. 无独有偶,我国西汉时代(比伽利略早1 700年)的《尚书纬 · 考灵曜》中有这样的记述:“地恒动不止而人不知,譬如人在大舟中,闭牖而坐,舟行而不觉也”.

4.1.2 伽利略变换

我们知道,由于选取不同的参考系,对同一物体运动的描述就会不同,这反映了运动描述的相对性. 质点在某个时刻的位置、速度等在不同的参考系中对应着不同的一组坐标. 现在我们要讨论的是:同一质点在有相对运动的两个不同的惯性系中的位矢、速度、加速度之间的关系.

设有两惯性参考系 S 与 S',相对做匀速直线运动,在每一参考系中各取一直角坐标系. 为方便起见,令两坐标系的坐标轴相互平行,且 x 轴与 x' 轴重合(如图4.1),并设 S' 相对于 S 沿 x 轴方向以速度 $\boldsymbol{u}=u\boldsymbol{i}$ 运动.

为了测量时间,设想在 S 与 S' 系中各处各有自己的钟,所有钟的结构完全相同,而且同一参考系中的所有钟都是校准好而同步的，它们分别指示时刻 t 和 t'. 设时刻 $t'=t=0$ 时，两坐标系的坐标原点 O 和 O'重合.

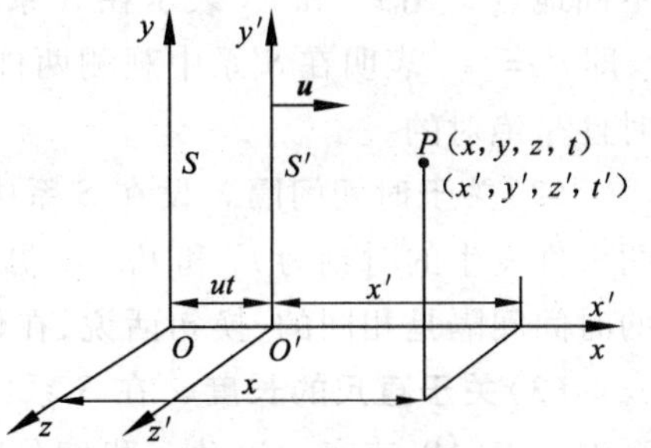

图 4.1　相对做匀速直线运动的两个参数系 S 和 S'

现在分别由 S 系与 S'系观测某一时刻在空间 P 点发生的一个事件，S 系的观察者测出该事件的时空坐标为(x,y,z,t)，S'系的观察者测出该事件的时空坐标为(x',y',z',t'). 利用经典力学知识，由图上分析可得，两组坐标有如下关系：

$$\begin{cases} x'=x-ut \\ y'=y \\ z'=z \\ t'=t \end{cases} \quad \text{或} \quad \begin{cases} x=x'+ut \\ y=y' \\ z=z' \\ t=t' \end{cases} \tag{4.1}$$

上式称为**伽利略坐标变换**. 这里实际上已经对时间和空间性质作了某些假定. 比如，在经典力学中，时间的测量是和参考系选取无关的，因此有 $t'=t$.

将(4.1)式对时间求一次导，可得**伽利略速度变换式**.

$$\begin{cases} v'_x=v_x-u \\ v'_y=v_y \\ v'_z=v_z \end{cases} \tag{4.2}$$

将上式写成矢量式，即 $\boldsymbol{v}'=\boldsymbol{v}-\boldsymbol{u}$，这和力学中讨论过的相对运动速度公式是完全一致的.

将(4.2)式再对时间求一次导，可得**伽利略加速度变换式**.

$$\begin{cases} a'_x=a_x \\ a'_y=a_y \\ a'_z=a_z \end{cases} \quad \text{或} \quad \boldsymbol{a}'=\boldsymbol{a} \tag{4.3}$$

上式说明物体的加速度对伽利略变换是不变的.

设在 S 与 S'系中观测某质点 P 受力分别为 $\boldsymbol{F}$ 和 $\boldsymbol{F}'$，因为在经典力学中认为物体的质量和相互作用力都不受参考系影响，即有 $m'=m$，$\boldsymbol{F}'=\boldsymbol{F}$. 所以，只要在惯性系 S 中有

$$\boldsymbol{F}=m\boldsymbol{a}$$

则在 S'系中一定有

$$\boldsymbol{F}'=m'\boldsymbol{a}'$$

这说明，在不同的惯性系中牛顿定律有完全相同的形式，也称牛顿定律在伽利略变换下是不变的. 而力学中的各种守恒定律，如动量守恒定律、能量守恒定律以及角动量守恒定律等都可以从牛顿定律导出，所以这些守恒定律在所有的惯性系中也具有完全相同的形式. 也可以说伽利略变换是力学相对性原理的数学表达式.

4.1.3　牛顿绝对时空观

前面已经指出，伽利略坐标变换实际上对时间和空间的性质作了某些假定. 换句话说，伽利略变换包含了某些时空特征，具体总结如下：

(1)**关于同时性**. 设在 S 系中测得两事件同时发生于 t 时刻，两事件可发生在同一地点或

不同地点．用 t'_1 和 t'_2 表示在 S'系中测得两个事件发生的时刻，根据伽利略变换：$t'_1 = t, t'_2 = t$，即 $t'_1 = t'_2$．表明在 S'系中观测两件事也是同时发生的，即同时性与惯性系无关，换句话说，同时性是绝对的．

(2)**关于时间间隔**．设在 S 系中测得两个事件于 t_1 和 t_2 时刻相继发生，在 S'系中测得该两事件发生的时刻为 t'_1 和 t'_2．由伽利略变换：$t'_2 - t'_1 = t_2 - t_1$，即在两惯性系中观测到两事件的时间间隔是相同的，换句话说，在伽利略变换下，时间间隔也是绝对的．

(3)**关于直尺的长度**．在 S'系中放一根直尺与 Ox'轴平行，且相对 S'系静止，但相对于 S 系沿 x 正向以速率 u 运动．我们分别在 S 和 S'系中测量直尺的长度．

在 S'系中直尺是静止的，用 x'_1 和 x'_2 表示直尺两端的坐标，则直尺长度为 $\Delta x' = x'_2 - x'_1$；在 S 系中，由于直尺是运动的，所以测量直尺两端的坐标必须要求是同时的．设在 S 系中同时测得的运动直尺两端的坐标为 x_1 和 x_2，得直尺长度 $\Delta x = x_2 - x_1$；根据伽利略变换，不难得出 $\Delta x' = \Delta x$．这就是说，在伽利略变换下，直尺的长度是绝对的．

总之，在伽利略变换下，时间测量和空间测量均与惯性系的选择无关，时间和空间不相互联系．这种绝对时空观特征与经典力学时空观是一致的．经典力学认为物体的运动虽在时间和空间中进行，但时间和空间的性质与物质的运动彼此没有任何联系．牛顿在《自然哲学的数学原理》中曾这样定义绝对时间和绝对空间："绝对的、真正的和数学的时间自己流逝着，并由于它的本性而均匀地、而与任一外界对象无关地流逝着．""绝对空间，就其本性而言，是与外界任何事物无关，而永是相同的和不动的．"牛顿的这种绝对空间与绝对时间的概念是一般人对空间和时间概念的理论总结．我国唐代诗人李白在他的《春夜宴桃李园序》中写到："夫天地者，万物之逆旅；光阴者，百代之过客"，也表达了相同的意思．由于我们在日常生活中接触到的物体的运动速率是远小于光速的，所以经典时空观与日常生活经验是一致的，十分容易被人们接受．

4.2 迈克尔森-莫雷实验

4.2.1 实验背景

19 世纪中后期，麦克斯韦系统总结了电磁现象的经验规律，得出描述电磁场理论的麦克斯韦方程组，并预言光就是一种电磁波，还给出光在真空中的传播速率 $c = \dfrac{1}{\sqrt{\varepsilon_0 \mu_0}} = 2.99 \times 10^8 \mathrm{m \cdot s^{-1}}$．这一预言很快被实验所证实．既然光是一种波，那么它是否也像机械波一样需要在媒质中传播呢？

一种很自然的联想就是把光的传播与声波的传播相类比．由于声波的传播必须有空气、水或其他物质作为媒质，于是认为光的传播也需要媒质，并把传播光的媒质叫做"以太"．由于遥远的星光可以传到地面，所以以太是充满整个宇宙空间的（包括真空和所有物质分子和原子的内部空间），整个宇宙是一个以太海洋．因为光是横波，所以作为传光媒质的以太应具有固体的性质；再由于光的速率非常大，所以以太固体的弹性系数极大，或者说以太固体是非常硬的．但是另一方面要求宇宙天体，包括太阳和我们生活的地球，在运动过程中并不明显地受到这种以太的阻力，故又要求以太的密度几乎为零．

把静止于以太的参考系叫做以太系．以太系中的光速是 c，其他任何惯性系中的光速都

不是 c，于是以太系就成了一个具有特殊地位的参考系，可以把它看成是绝对静止的参考系．

根据伽利略变换，如果地球以某一速度 u 在以太中运动，那么静止在地球上的观察者也以速度 u 在以太中穿过，而光以速度 c 在以太中传播，当光迎着地球运动时，观察者测得的光速应该是 $c+u$；类似地，当光沿地球运动的同方向运动时，观察者测得光速应为 $c-u$. 比较光相向和相背地球运动时的速度，人们就可以测得地球在以太中运动的速度 u. 如果能借助某种方法测出运动参考系地球相对于以太的速度，那么，作为绝对参考系的以太也就被确定了．为此，历史上有许多物理学家做过很多实验来寻找绝对参考系，但都得出了否定的结果．在众多的寻找以太的实验中，最为著名的是迈克尔森-莫雷实验．

4.2.2　迈克尔森-莫雷实验

迈克尔森-莫雷实验的目的是观测地球相对于以太的绝对运动，实验装置是迈克尔森干涉仪，其光路原理如图 4.2. 整个装置可绕垂直于图面的轴线转动，并保持光程 $RM_1=RM_2=L$ 固定不变．设以太相对于太阳系静止为 S 系，地球为 S' 系，相对于以太的运动为自左向右，速度为 $\boldsymbol{u}$（或认为有以太风自右向左吹，速度为 $-\boldsymbol{u}$）．实验时，先将干涉仪的一臂（如 RM_1）与地球运动方向平行，另一臂（如 RM_2）与地球运动方向垂直．由伽利略加速度变换式可知，在地球上的实验室中，光沿各方向传播的速度大小是不相等的．当两臂长度相等时，光程差不为零，可以看到干涉条纹．如果将整个装置转过 90°应该发现干涉条纹移动，由条纹移动的数目，就可以推算出地球现对于以太参考系的绝对速度 $\boldsymbol{u}$. 现在来计算光线通过两臂往返的时间．

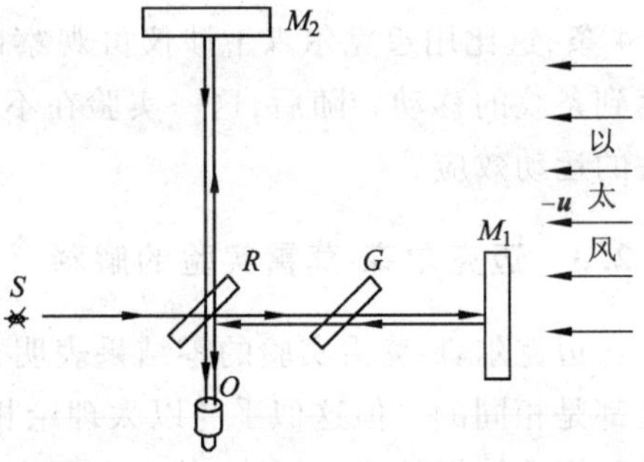

图 4.2　迈克尔森-莫雷实验平面示意图

当 RM_1 与 $\boldsymbol{u}$ 平行放置时，设光线往返 RM_1 所用的时间为 t_1. 因 RM_1 与 $\boldsymbol{u}$ 平行，根据伽利略变换可得

$$t_1=\frac{L}{c+u}+\frac{L}{c-u}=\frac{2Lc}{c^2-u^2}=\frac{\dfrac{2L}{c}}{\left(1-\dfrac{u^2}{c^2}\right)} \tag{4.4}$$

在以太参考系中，光线往返 RM_2 的实际路程为如图 4.3 所示的等腰三角形两腰之和．据图有

$$ct_2=2\left[L^2+\left(\frac{ut_2}{2}\right)^2\right]^{1/2}$$

经简单计算，可得

$$t_2=\frac{2L}{\sqrt{c^2-u^2}}=\frac{\dfrac{2L}{c}}{\sqrt{1-\dfrac{u^2}{c^2}}} \tag{4.5}$$

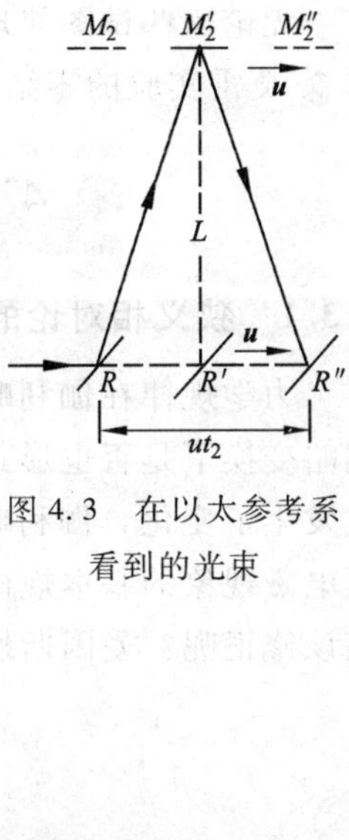

图 4.3　在以太参考系看到的光束

因此光线经两臂往返的时间差为

$$\Delta t = t_1 - t_2 = \frac{2L}{c}\left[\left(1-\frac{u^2}{c^2}\right)^{-1} - \left(1-\frac{u^2}{c^2}\right)^{-\frac{1}{2}}\right]$$

$$= \frac{2L}{c}\left[\left(1+\frac{u^2}{c^2}+\cdots\right) - \left(1+\frac{u^2}{2c^2}+\cdots\right)\right] \tag{4.6}$$

$$\approx \frac{2L}{c}\left(\frac{u^2}{2c^2}\right) = \frac{Lu^2}{c^3}$$

如把整个装置转动90°,使 RM_2 变为与 $\boldsymbol{u}$ 平行,同上可得

$$\Delta t' = -\frac{Lu^2}{c^3} \tag{4.7}$$

因而在转动过程中条纹移动数目为

$$\Delta N = \frac{c(\Delta t - \Delta t')}{\lambda} = \frac{2Lu^2}{\lambda c^2} \tag{4.8}$$

迈克尔森(A. A. Michelson)和莫雷(E. W. Morley)使用的仪器 $L = 12\ \mathrm{m}$, $\lambda = 5.7\times10^{-5}\ \mathrm{cm}$,把地球公转速率 $u = 3\times10^4\ \mathrm{m\cdot s^{-1}}$ 和光速 $c = 3\times10^8\ \mathrm{m\cdot s^{-1}}$ 代入,应能观察到条纹移动 $\Delta N = 0.4$ 条,这比用迈克尔森干涉仪可观察的条纹移动量(约为0.02)大得多,但实验中却没有观察到条纹的移动. 随后,这一实验在不同条件下重复了多次,但始终没有观察到地球相对于以太的运动效应.

4.2.3 迈克尔森-莫雷实验的解释

迈克尔森-莫雷实验的零结果表明:对所有惯性系的观测者而言,光沿各个方向传播的速度都是相同的. 但这似乎与以太理论相矛盾. 于是,在保留以太的前提下,许多科学家提出了解释实验结果的天才想法,其中主要有:

(1)**以太拖曳理论**. 以太在空间传播时,地球表面一薄层以太被拖曳而静止.

(2)**发射理论**. 光不是相对于以太以确定的速度传播,而是相对于光源以确定的速度传播的.

(3)**长度收缩理论**. 洛伦兹(H. A. Lorentz)和菲茨杰拉德(G. F. Fitzgerald)分别独立地提出了运动长度收缩的概念,即平行于以太风的干涉臂长度的收缩效果,恰好补偿了垂直于以太风往返传播所增加的时间. 洛伦兹还推导出了著名的洛伦兹变换公式.

无论这些试图使理论和实验结果符合的想象的细节如何,所有的努力都是为了解释迈克尔森-莫雷实验的零结果而特别设计的.

4.3 狭义相对论基本假设 洛伦兹变换

4.3.1 狭义相对论的基本假设

力学规律在伽利略变换下保持形式不变. 那么,除力学规律之外,其他一切物理规律在伽利略变换下是否也形式不变呢? 回答是否定的. 如麦克斯韦方程组在伽利略变换下方程的形式发生了变化. 伽利略变换和电磁规律的矛盾促使人们思考这样的问题:是伽利略变换正确,而电磁现象的基本规律不符合相对性原理呢? 还是电磁规律符合相对性原理,而伽利略变换应该修正呢? 爱因斯坦(A. Einstein)在1905年发表的《论动体的电动力学》一文中对此问题

做出了回答,他肯定了相对性原理的重要地位,以新的时空观指明了与伽利略变换相联系的旧时空观的局限性,并创立了相对论力学和相对论电动力学,这在物理学史上是继牛顿和麦克斯韦之后的又一巨大贡献.

狭义相对论是建立在下面两条基本假设基础上的:

(1)相对性原理:物理定律在一切惯性系中都具有相同的表达形式,也就是说,所有的惯性系都是等价的.

(2)光速不变原理:在所有惯性系中,自由真空中的光速具有相同的值 c.

第一条假设和伽利略相对性原理相比较,可以看出前者是后者的推广,使得相对性原理不仅适用于力学现象,而且适用于所有物理现象,包括电磁现象在内. 这样一来,不论用任何物理实验都不能找到绝对静止的参考系,从而把绝对运动和绝对静止的概念从整个物理学中排除掉了. 第二条假设与实验结果一致,但显然与伽利略变换相矛盾. 因此,必须建立满足上面两个基本假设的新的坐标变换,这就是洛伦兹变换.

4.3.2　洛伦兹变换

对于如图 4.1 所示的两个惯性系 S 和 S',描述在某时刻空间某点 P 的事件的两组坐标为 (x,y,z,t) 和 (x',y',z',t'),它们之间的关系是:

$$\begin{cases} x'=\gamma(x-ut) \\ y'=y \\ z'=z \\ t'=\gamma\left(t-\dfrac{u}{c^2}x\right) \end{cases} \quad \text{或} \quad \begin{cases} x=\gamma(x'+ut') \\ y=y' \\ z=z' \\ t=\gamma\left(t'+\dfrac{u}{c^2}x'\right) \end{cases} \tag{4.9}$$

式中,$\gamma=1\Big/\sqrt{1-u^2/c^2}$,上式称为**洛伦兹变换**.

从爱因斯坦狭义相对论的两个基本假设可以推得洛伦兹变换. 由于在爱因斯坦之前,洛伦兹在研究电磁场理论、解释迈克尔森-莫雷实验时,就曾推导出一套坐标变换来代替伽利略变换,虽然他不具有相对论的思想,对时空的观点也不正确,但这一关系正好和爱因斯坦狭义相对论的变换关系一致,因此仍被习惯称为洛伦兹变换.

在狭义相对论中,洛伦兹变换占据中心地位. 相对论时空观的内容都集中表现在洛伦兹变换上. 在洛伦兹变换中,不仅 x' 是 x、t 的函数,而且 t' 也是 x、t 的函数,并且都与两个惯性系之间的相对速度 u 有关,这样,洛伦兹变换就集中反映了相对论关于时间、空间和物质运动三者紧密联系的新观念. 而在经典力学中,时间、空间和物质运动三者都是相互独立、彼此无关的.

从式(4.9)可看出,当 $u\ll c$ 时,$\gamma\to 1$,$\dfrac{u}{c^2}\to 0$,洛伦兹变换可以还原为伽利略变换. 这正说明洛伦兹变换是对高速运动与低速运动都成立的变换,它包含了伽利略变换. 即伽利略变换只是洛伦兹变换的一种特殊情况,而洛伦兹变换更具有普遍性. 通常把 $u\ll c$ 叫做**经典极限条件或非相对论条件**. 因此,相对论并没有把经典力学"推翻",而只是限制了它的适用范围.

从式(4.9)还可看出,当 $u>c$ 时,洛伦兹变换就失去了意义,所以相对论还指出物体的速度不能超过真空中的光速,即真空中的光速是一切实际物体运动速度的极限. 事实上,人们迄今尚未发现过任何物体以超过光速的速率运动.

4.3.3 洛伦兹变换式的推导

为了推导洛伦兹变换,仍然采用图4.1中的 S 和 S' 两个惯性坐标系.由于两惯性系的相对运动发生在 x 方向,并且三个坐标轴对应平行,所以在式(4.9)中,$y'=y$ 和 $z'=z$ 是容易理解的.现在主要证明 x 和 t 的变换式.

首先,我们认为时间和空间都是均匀的,因此变换必须是线性的.此外,还要求这个变换能在 $u\ll c$ 时还原为伽利略变换.根据伽利略变换

$$x=x'+ut'$$
$$x'=x-ut$$

写出如下变换形式

$$\begin{aligned}x&=k(x'+ut')\\x'&=k'(x-ut)\end{aligned}\tag{1}$$

根据狭义相对论的相对性原理,S 和 S' 系是等价的,上面两个等式在形式上应该是相同的(除正负号外),所以两式中的比例常数 k 和 k' 应该相等,即 $k=k'$.这样,有

$$x'=k(x-ut)\tag{2}$$

根据光速不变原理,假设在 $t=t'=0$,两坐标原点 O 与 O' 重合的瞬间,有一光信号由重合点出发,沿 x 轴正向传播,则在任一瞬时(S 系为 t,S' 系为 t'),光信号到达的位置对两坐标系分别是

$$x=ct,x'=ct'\tag{3}$$

联立式(1)、(2)和(3)可得常数 k

$$k=\frac{c}{\sqrt{c^2-u^2}}=\frac{1}{\sqrt{1-\left(\frac{u}{c}\right)^2}}$$

将 k 代入式(1)和式(2)得

$$x=\frac{x'+ut'}{\sqrt{1-\left(\frac{u}{c}\right)^2}},\quad x'=\frac{x-ut}{\sqrt{1-\left(\frac{u}{c}\right)^2}}$$

从这两个式子中消去 x' 或 x,便得到关于时间的变换式.

$$t'=\frac{t-\frac{u}{c^2}x}{\sqrt{1-\left(\frac{u}{c}\right)^2}},\quad t=\frac{t'+\frac{u}{c^2}x'}{\sqrt{1-\left(\frac{u}{c}\right)^2}}$$

令 $\gamma=1\Big/\sqrt{1-u^2/c^2}$,可得变换式(4.9).

4.3.4 洛伦兹速度变换式

考虑从 S 系和 S' 系观测同一质点 P 在某一瞬时的运动速度.设 S 系和 S' 系的观察者分别测得的 P 在某一瞬时的运动速度为 $\boldsymbol{v}(v_x,v_y,v_z)$ 和 $\boldsymbol{v}'(v'_x,v'_y,v'_z)$.因

$$v_x=\frac{\mathrm{d}x}{\mathrm{d}t},\quad v_y=\frac{\mathrm{d}y}{\mathrm{d}t},\quad v_z=\frac{\mathrm{d}z}{\mathrm{d}t}$$

$$v'_x = \frac{dx'}{dt'},\quad v'_y = \frac{dy'}{dt'},\quad v'_z = \frac{dz'}{dt'}$$

应用洛伦兹坐标变换式(4.9),可得

$$dx' = \gamma(dx - u dt),\quad dy' = dy,\quad dz' = dz,\quad dt' = \gamma\left(dt - \frac{u}{c^2}dx\right)$$

所以

$$v'_x = \frac{dx'}{dt'} = \frac{\gamma(dx - u dt)}{\gamma(dt - \frac{u}{c^2}dx)} = \frac{\left(\frac{dx}{dt}\right) - u}{1 - \left(\frac{u}{c^2}\right)\left(\frac{dx}{dt}\right)} = \frac{v_x - u}{1 - \frac{u}{c^2}v_x} \tag{4.10a}$$

同样可得

$$v'_y = \frac{v_y}{\gamma\left(1 - \frac{u}{c^2}v_x\right)} \tag{4.10b}$$

$$v'_z = \frac{v_z}{\gamma\left(1 - \frac{u}{c^2}v_x\right)} \tag{4.10c}$$

其逆变换为

$$v_x = \frac{v'_x + u}{1 + \frac{u}{c^2}v'_x},\quad v_y = \frac{v'_y}{\gamma\left(1 + \frac{u}{c^2}v'_x\right)},\quad v_z = \frac{v'_z}{\gamma\left(1 + \frac{u}{c^2}v'_x\right)} \tag{4.11}$$

式中 $\gamma = 1\Big/\sqrt{1 - u^2/c^2}$. 式(4.10)和式(4.11)称为**洛伦兹速度变换式**.

从相对论速度变换公式,可以得出如下结论:

(1)虽然垂直于相对运动方向的长度不变,但速度是变化的,这是因为时间间隔变了.

(2)当 $u \ll c$ 和 $v_x \ll c$ 时,$\gamma \to 1$,$\frac{u}{c^2}v_x \to 0$,则式(4.10)转化为

$$v'_x = v_x - u,\quad v'_y = v_y,\quad v'_z = v_z$$

此即为伽利略速度变换.

(3)设想从 S'系的坐标原点 O'沿 x'方向发射一光信号,在 S'系中的观察者测得光速为

$$v'_x = c,\quad v'_y = 0,\quad v'_z = 0$$

对于在 S 系中的观察者,由洛伦兹速度变换式可求得该光信号的速度为

$$v_x = \frac{c + u}{1 + \frac{u}{c^2}c} = c,\quad v_y = 0,\quad v_z = 0$$

可见,光信号对 S'系和 S 系的速度都是 c. 由于 u 是任意的,因而在任一惯性系中光速都是 c,即使 $u = c$ 的极端情况,光速仍为 c. 这正是光速不变原理的结果.

例 4.1　甲乙两人分别乘飞行器沿轴做相对运动. 甲测得两个事件的时空坐标为 $x_1 = 6\times10^4$ m,$y_1 = z_1 = 0$,$t_1 = 2\times10^{-4}$ s;$x_2 = 12\times10^4$ m,$y_2 = z_2 = 0$,$t_2 = 1\times10^{-4}$ s. 如果乙测得这两个事件同时发生于 t'时刻,问:

(1)乙对于甲的运动速度是多少?

(2)乙所测得的两个事件的空间间隔是多少?

解　(1)设甲为 S 系,乙为 S'系,乙相对于甲的运动速度为 u.

由洛伦兹变换

$$t' = \frac{t - \frac{u}{c^2}x}{\sqrt{1 - u^2/c^2}}$$

可得乙测得这两个事件的时间间隔

$$t'_2 - t'_1 = \frac{(t_2 - t_1) - \frac{u}{c^2}(x_2 - x_1)}{\sqrt{1 - u^2/c^2}}$$

按题意，$t'_2 - t'_1 = 0$，代入已知数据有

$$0 = \frac{(1 \times 10^{-4} - 2 \times 10^{-4}) - \frac{u}{c^2}(12 \times 10^4 - 6 \times 10^4)}{\sqrt{1 - u^2/c^2}}$$

由此解得

$$u = -\frac{c}{2}$$

负号表示 u 沿 x 轴负方向．

（2）由洛伦兹变换

$$x' = \frac{x - ut}{\sqrt{1 - u^2/c^2}}$$

可知乙测得的这两个事件的空间间隔

$$\begin{aligned} x'_2 - x'_1 &= \frac{(x_2 - x_1) - u(t_2 - t_1)}{\sqrt{1 - u^2/c^2}} \\ &= \frac{(12 \times 10^4 - 6 \times 10^4) - (-1.5 \times 10^8) \times (1 \times 10^{-4} - 2 \times 10^{-4})}{\sqrt{1 - 0.5^2}}\ \text{m} \\ &= 5.20 \times 10^4\ \text{m} \end{aligned}$$

例 4.2 地面上观察者测得某高速列车由出发点甲处沿直线到达相距100 m的乙处所用时间为 10^{-5} s．如果从一个与列车运动方向相同的假想速率为 $u = 0.6c$ 的宇宙飞船中观测，列车由甲处运动到乙处所走过的路程、时间间隔和速率各是多少？

解 取地面为参考系 S，宇宙飞船为参考系 S'，x 与 x'轴同向．列车经过甲处记为事件 1，经过乙处记为事件 2.

已知 $u = 0.6c$，$\Delta x = x_2 - x_1 = 10^2$ m，$\Delta t = t_2 - t_1 = 10^{-5}$ s，则列车相对地面的速度为

$$v = \frac{\Delta x}{\Delta t} = 10^7\ \text{m} \cdot \text{s}^{-1}$$

根据洛伦兹变换公式，可得两坐标系时空间隔关系

$$\Delta x' = \frac{\Delta x - u\Delta t}{\sqrt{1 - u^2/c^2}}, \quad \Delta t' = \frac{\Delta t - \frac{u}{c^2}\Delta x}{\sqrt{1 - u^2/c^2}}$$

所以，若由飞船上观测，列车所走的路程为

$$|\Delta x'| = \left|\frac{\Delta x - u\Delta t}{\sqrt{1 - u^2/c^2}}\right| = \left|\frac{10^2 - 0.6 \times 3 \times 10^8 \times 10^{-5}}{\sqrt{1 - 0.6^2}}\right|\ \text{m} = 2\ 125\ \text{m}$$

时间间隔为

$$\Delta t' = \frac{\Delta t - \frac{u}{c^2}\Delta x}{\sqrt{1-u^2/c^2}} = \frac{10^{-5} - \frac{0.6}{3\times10^8}\times10^2}{\sqrt{1-0.6^2}} \text{ s} = 1.23\times10^{-5} \text{ s}$$

而由飞船上观测，列车的速率为

$$v' = \left|\frac{\Delta x'}{\Delta t'}\right| = 1.73\times10^8 \text{ m}\cdot\text{s}^{-1}$$

也可由速度变换公式求得

$$|v'_x| = \left|\frac{v_x - u}{1-\frac{u}{c^2}v_x}\right| = \left|\frac{10^7 - 0.6\times3\times10^8}{1-\frac{0.6}{3\times10^8}\times10^7}\right| \text{ m}\cdot\text{s}^{-1} = 1.73\times10^8 \text{ m}\cdot\text{s}^{-1}$$

例 4.3　设有两个可控光子火箭 A、B 相向运动，在地面测得 A、B 的速度沿 x 轴正方向，各为 $v_A = 0.9c$，$v_B = -0.9c$. 试求它们的相对运动速度.

解　设地球为参考系 S，火箭 A 为参考系 S'. A 沿 x 轴正方向运动，x 与 x'轴同向，则 $u = v_A$，B 相对 A 的运动速度就是相对参考系 S'的速度 v'_x.

已知 B 相对 S 参考系的速度为 $v_x = v_B = -0.9c$. 根据洛伦兹速度变换公式

$$v'_x = \frac{v_x - u}{1-\frac{u}{c^2}v_x} = \frac{-0.9c-0.9c}{1-\frac{0.9c}{c^2}(-0.9c)} = -\frac{1.8c}{1.81} \approx -0.995c$$

4.4　狭义相对论时空观

与伽利略变换相联系的是牛顿的绝对时空观，而从洛伦兹变换推出的一些结论，也许是我们从未想象过的.

4.4.1　同时的相对性

按经典力学，相对于一个惯性系来说同时发生的两个事件（无论是否同地），相对于另一个做相对运动的惯性系来说也是同时的，即同时性是绝对的. 但狭义相对论指出，同时性是相对的.

下面，我们先从洛伦兹变换进行说明.

设从 S 系和 S'系（S 系和 S'系如图 4.1 所示）中测得 A、B 两个事件发生的时空坐标分别是

S 系中　$A(x_1, y_1, z_1, t_1)$，$B(x_2, y_2, z_2, t_2)$

S'系中　$A(x'_1, y'_1, z'_1, t'_1)$，$B(x'_2, y'_2, z'_2, t'_2)$

由洛伦兹变换有

$$t'_1 = \gamma\left(t_1 - \frac{u}{c^2}x_1\right), \quad t'_2 = \gamma\left(t_2 - \frac{u}{c^2}x_2\right)$$

两者之差为

$$t'_2 - t'_1 = \gamma\left[(t_2 - t_1) - \frac{u}{c^2}(x_2 - x_1)\right] \tag{4.12}$$

若在 S 系中 A、B 两个事件同时发生，即 $t_1 = t_2$，则从上式可得

$$t_2' - t_1' = \gamma\left[-\frac{u}{c^2}(x_2 - x_1) \right] \tag{4.13}$$

该式表明，在 S 系中观测两事件并不一定同时，同时是有条件的.

(1)若 $x_1 = x_2$，即在 S 系中 A、B 两个事件同地发生，则 $t_1' = t_2'$，即在 S'系中观测两事件也是同时发生的．也就是说，在一个惯性系中同时同地发生的两个事件，在所有惯性系中观察都是同时同地发生的.

(2)若 $x_1 \neq x_2$，即在 S 系中 A、B 两个事件不同地发生，则 $t_1' \neq t_2'$，那么在 S'系中观测两事件是不同时的．同理，在 S'系中同时但不同地发生的两个事件，在 S 系中观察也是不同时发生的.

这种同时的相对性还可以用一个假想实验进行说明.

设在 S'系中的 x'轴上取两点，分别放置接收器 A'、B'，每个接收器旁各有一个静止于 S'的钟，在 $A'B'$的中点 M'上有一闪光光源(如图 4.4)．设光源发出一闪光，由于 $M'A' = M'B'$，而且光向各个方向上的速度是相同的，所以闪光必将同时传到两个接收器，或者说，光到达 A'和光到达 B'这两个事件在 S'系中观察是同时发生的.

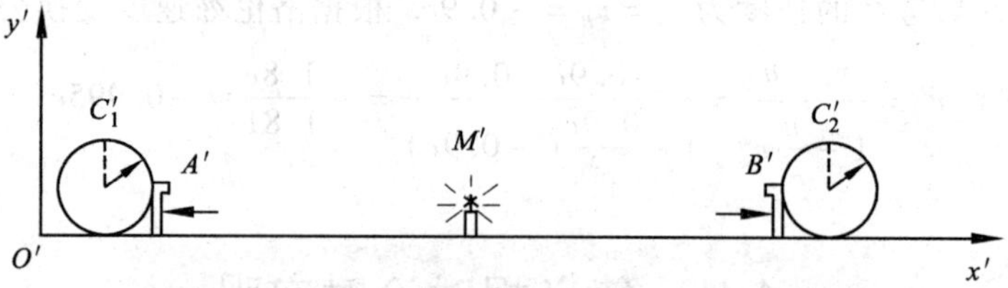

图 4.4　在 S'系中观察，光同时到达 A'和 B'

下面考虑在 S 系中观察闪光到达 A'、B'接收器这两个事件．如图 4.5 所示，在光从 M'出发到达 A'这段时间内，A'已迎着光线走了一段距离，而在光从 M'出发到达 B'这段时间内，B'却背着光线走了一段距离．显然，光线从 M'出发到达 A'所走的距离比到达 B'所走的距离要短．但这两个方向上的光速一定(光速不变原理)，所以光必定先到达 A'而后到达 B'，或者说，光到达 A'和到达 B'这两个事件在 S 系中观察并不是同时发生的.

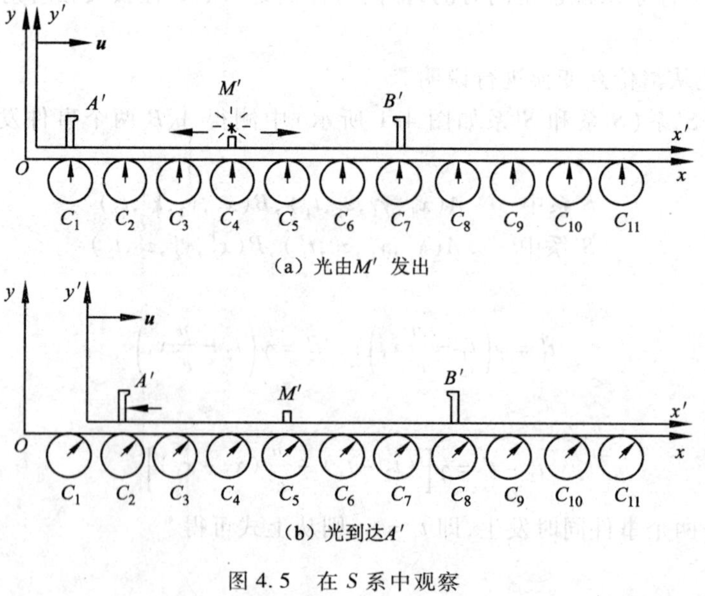

图 4.5　在 S 系中观察

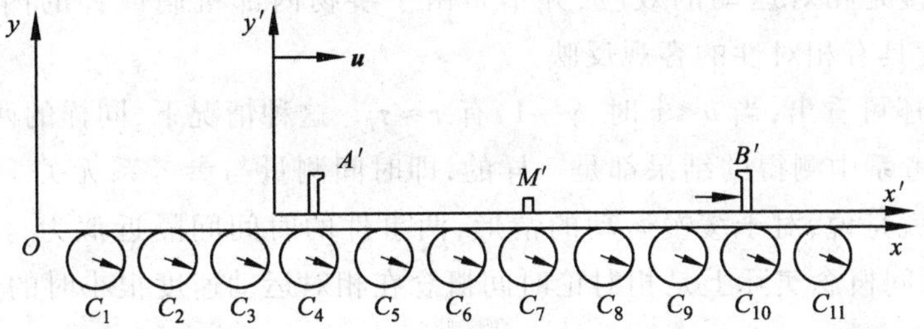

(c) 光到达B'

图 4.5　在 S 系中观察(续)

反之,如果在 S 系中固定同样的一套装置,则用同样的分析可以得出,在 S 系中同时发生的两个事件,在 S'系中观察也不是同时发生的.

根据上述分析,我们可以得出这样一个结论:两个事件的同时性不是绝对的,同时性具有相对性.

另外,从图 4.5 还可以看出,两个惯性系的相对速度越大,则在 S 系中所测得的两个事件之间的时间间隔就越长. 这就是说,时间间隔是相对的,与选取的惯性系有关. 这也正是我们接下来要讨论的问题.

4.4.2　时间延缓

现在我们来比较在 S 系和 S'系中测得相继两事件发生的时间间隔. 设在 S'系中同一地点发生了两个事件,用$(x_1,0,0,t_1)$和$(x_2,0,0,t_2)$分别表示这两个事件在 S 系中的时空坐标,用$(x'_1,0,0,t'_1)$和$(x'_2,0,0,t'_2)$分别表示该两事件在 S'系中的时空坐标. 根据洛伦兹变换,并考虑到在 S'系中两事件是在同一地点发生的,即 $x'_1=x'_2$,则两事件时间间隔之间的关系为

$$\Delta t=t_2-t_1=\gamma\left[(t'_2-t'_1)+\frac{u}{c^2}(x'_2-x'_1)\right]=\gamma\Delta t'$$

通常我们定义,在相对于事件发生的地点为静止的参考系中测得的时间间隔为**固有时间**,用 τ_0 表示;相对于事件发生地点运动的参考系中测得的时间间隔为**运动时间**,用 τ 表示. 则上式可写为

$$\tau=\gamma\tau_0\quad 或\quad \tau=\tau_0\Big/\sqrt{1-u^2/c^2} \tag{4.14}$$

这一结果意味着运动时间大于固有时间,或者说在相对事件运动的参考系中观测事件发生的时间间隔变大了. 这称为狭义相对论中的**时间膨胀**. 如果用钟走的快慢来说明,一个时钟由与它作相对运动的观察者观察时,就比由与它相对静止的观察者观察时走得慢些,所以又称为**动钟变慢**.

动钟变慢效应可由一设计的理想实验测得. 如图 4.6 所示,在 S 系的 x 轴上放置校准的时钟 A 和 B,它们的读数总保持相同. S'系以速率 u 相对 S 系沿 x 轴正向做匀速运动,在其 x'轴上某点固定一时钟 C(时钟 A、B、C 在同一参考系中校准). 我们把时钟 C 与时钟 A 恰好正对时称为一事件,把经过某时间间隔后时钟 C 与时钟 B 正对时称为另一事件. 分别测出两事件发生时 A、B 及 C 读数的改变,就可以比较在两个参考系中测得的两事件的时间间隔. 时

间膨胀或动钟变慢是相对运动的效应,并不是由于事物内部机制或钟的内部结构有什么变化,它是时间量度具有相对性的客观反映.

由式(4.14)还可看出,当 $u \ll c$ 时,$\gamma \to 1$,有 $\tau \approx \tau_0$. 这种情况下,同样的两个事件之间的时间间隔在各个参考系中测得的结果都是一样的,即时间测量与参考系无关. 这就是牛顿的绝对时间概念. 也就是说,对于缓慢运动的情形,两事件的时间间隔近似为一绝对量. 由此可知,牛顿的绝对时间概念实际上是相对论时间概念在相对运动速度很小时的近似.

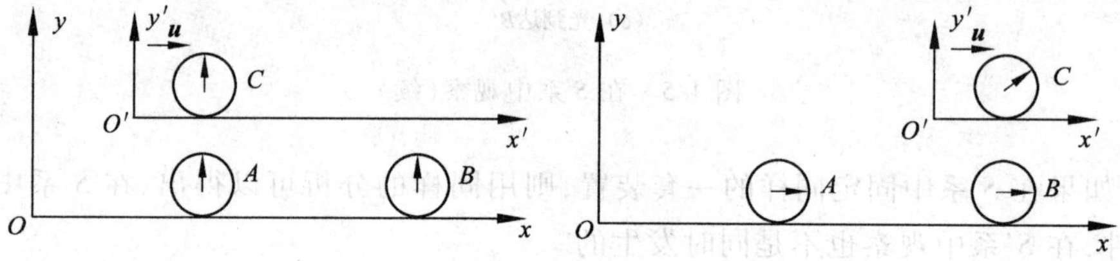

图 4.6 动钟变慢

例 4.4 一飞船以 $u = 9 \times 10^3\ \mathrm{m \cdot s^{-1}}$ 的速率相对于地面匀速飞行. 假定飞船上的钟走了 5 s 的时间,试计算用地面上的钟测量经过了多少时间?

解 设地面为 S 系,飞船为 S' 系,在 S' 系中测得的时间为固有时,即 $\tau_0 = 5$ s,所以

$$\tau = \gamma\tau_0 = \frac{5}{\sqrt{1-(9\times10^3/3\times10^8)^2}}\ \mathrm{s} \approx 5.000\ 000\ 002\ \mathrm{s}$$

此结果说明对于 $u \ll c$ 的速率来说,时间膨胀效应实际上是很难测量出来的.

例 4.5 带正电的 π 介子是一种不稳定的粒子. 当它静止时,平均寿命为 2.5×10^{-8} s,过后即衰变为一个 μ 介子和一个中微子. 今产生一束 π 介子,在实验室中测得它的速率为 $u = 0.99c$,求由实验室中测得它在衰变前通过的平均距离为多少?

解 考虑相对论时间膨胀效应,平均寿命是静止时测得的,应为固有时,即 $\tau_0 = 2.5 \times 10^{-8}$ s. 当 π 介子运动时,在实验室测得的平均寿命应是其运动时,所以有

$$\tau = \gamma\tau_0 = \frac{\tau_0}{\sqrt{1-u^2/c^2}} = \frac{2.5\times10^{-8}}{\sqrt{1-0.99^2}}\ \mathrm{s} = 1.8\times10^{-7}\ \mathrm{s}$$

在实验室测得它通过的平均距离是

$$l = u\tau = 0.99 \times 3 \times 10^8 \times 1.8 \times 10^{-7}\ \mathrm{m} = 53\ \mathrm{m}$$

这与相对论中的高能粒子实验结果相符合.

4.4.3 长度收缩

在经典力学中,一把直尺的长度在任何惯性系中测量都是一样的. 那么在相对论中,情况又是怎样呢?

仍取沿 x 方向做相对运动的两惯性系 S 和 S'. 设有两个观察者分别在两惯性系 S 和 S' 中对一刚性直尺的长度进行测量. 已知直尺沿 x、x' 轴放置,相对于 S' 系静止不动. 设 S' 系中的观察者测得直尺两端点的坐标为 x'_1 和 x'_2,可知直尺长 $L_0 = x'_2 - x'_1$. S 系中的观察者测尺长时,必须保证在同一时刻 t 测得直尺两端点的坐标,设分别为 x_1 和 x_2,得直尺的长度为 $L = x_2 - x_1$. 由洛伦兹变换式得

$$L_0 = x'_2 - x'_1 = \gamma(x_2 - ut) - \gamma(x_1 - ut) = \gamma(x_2 - x_1) = \gamma L$$

即

$$L = L_0/\gamma \text{ 或 } L = L_0\sqrt{1 - u^2/c^2} \tag{4.15}$$

这就是说，相对直尺运动的观察者测得直尺的长度 L，要比与直尺相对静止的观察者测得直尺的长度 L_0 短一些．这个效应叫做相对论中的**长度收缩**．我们把相对直尺静止不动的观察者测得的直尺长度 L_0 称为**固有长度**；相对直尺运动的观察者测得的直尺长度 L 称为**运动长度**.

由以上分析可以看出，在相对论中，物体的长度是相对的，长度的收缩具有普遍的时空性质，与物体的具体性质无关．长度收缩和时间膨胀一样纯粹是一种相对运动的效应．当物体运动速度大到可以和光速比拟时，这个效应是显著的；如果物体速度 $u \ll c$，则 $L \approx L_0$，这个收缩效应微乎其微，就显示不出来了．所以说，对于相对运动速度较小的惯性系，长度可以近似看做是一绝对量．另外，长度收缩只发生在相对运动的方向上，与相对运动垂直的方向上并不发生长度收缩．

例 4.6　试从长度收缩效应分析例4.5.

解　从 π 介子的参考系来看，实验室的运动速率为 $u = 0.99c$，实验室中测得的距离 $l_0 = 53$ m 为固有长度，在 π 介子参考系中测量此距离应为

$$l' = l_0\sqrt{1 - u^2/c^2} = 53 \times \sqrt{1 - 0.99^2}\ \text{m} = 7.3\ \text{m}$$

而实验室飞过这一段距离所用的时间为

$$\Delta t' = l'/u = 7.3/(0.99 \times 3 \times 10^8)\ \text{s} = 2.5 \times 10^{-8}\ \text{s}$$

这正好是静止 π 介子的平均寿命．

例 4.7　一静止长度为 l_0 的火箭，以恒定速度 $\boldsymbol{u}$ 相对于参考系 S 运动，如例 4.7 图所示．某时刻从火箭头部 A 发出一光信号，求：

(1) 对火箭上的观测者；(2) 对 S 系中的观测者，光信号由 A 到火箭尾部 B 各需多长时间？

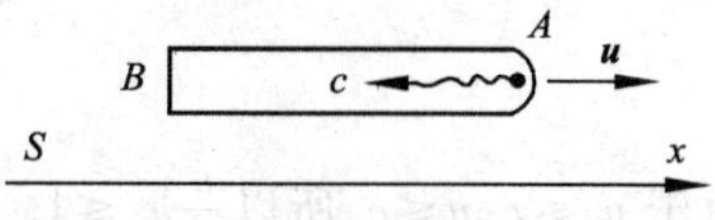

例 4.7 图　相对 S 系飞行的火箭

解　(1) 以火箭为参考系，A 到 B 的距离等于火箭的静止长度，信号由 A 到 B 传播所需的时间为

$$t' = l_0/c$$

(2) 对 S 系中的观测者，测得火箭的长度为运动长度

$$l = l_0\sqrt{1 - u^2/c^2}$$

在 S 系中，光信号也是以 c 传播的，设从 A 传到 B 的时间为 t，在此时间内火箭的尾部 B 向前推进了 ut 距离，所以

$$t = \frac{l - ut}{c} = \frac{l_0\sqrt{1 - u^2/c^2} - ut}{c}$$

解得

$$t = \frac{l_0\sqrt{1 - u^2/c^2}}{c + u} = \frac{l_0}{c}\sqrt{\frac{c - u}{c + u}}$$

4.4.4 相对论中的因果关系

前面讨论同时的相对性时，我们得到从 S 系和 S' 系观测 A、B 两个事件发生的时空坐标之间的关系式(4.12)

$$t_2' - t_1' = \gamma\left[(t_2 - t_1) - \frac{u}{c^2}(x_2 - x_1)\right]$$

从该式可以看出，如果 $t_2 > t_1$，即在 S 系中观察，B 事件迟于 A 事件发生，则对于不同的 $(x_2 - x_1)$ 值，$(t'_2 - t'_1)$ 可以大于、等于或小于零，即在 S' 系中观察，B 事件可能迟于、同时或先于 A 事件发生．这就是说，两个事件发生的时间顺序，在不同的参考系中观察，有可能颠倒．不过，应该注意，这只限于两个互不相关的事件．

对于有因果关系的事件，它们发生的顺序，在任何惯性系中观察，都是时序不可逆的．

所谓有因果关系的两个事件 A、B，就是说 B 事件是由 A 事件引起的．例如，猎人在某处发射子弹是 A 事件，猎物在另一处被子弹射中是 B 事件，这样 B 事件当然是由 A 事件引起的．又如，在地面上某处发射一电磁波信号是 A 事件，在某人造卫星上接收到此信号为 B 事件，这 B 事件也是由 A 事件引起的．一般地说，A 事件引起 B 事件的发生，必然是从 A 事件向 B 事件传递了一种“作用”或“信号”，例如上面的子弹或电磁波．这种“信号”从 t_1 时刻到 t_2 时刻这段时间内，从 x_1 到达 x_2 处，因而传递的速度是

$$u_S = \frac{x_2 - x_1}{t_2 - t_1}$$

这个速度称为**信号速度**．由于信号实际上是一些物体或电磁波、光波等，所以信号速度不能大于光速．对于这种有因果关系的两个事件，式(4.12)可改写成

$$\begin{aligned} t_2' - t_1' &= \gamma(t_2 - t_1)\left[1 - \frac{u}{c^2}\frac{(x_2 - x_1)}{(t_2 - t_1)}\right] \\ &= \gamma(t_2 - t_1)\left[1 - \frac{u}{c^2}u_S\right] \end{aligned}$$

由于 $u_S \leqslant c$，$u \leqslant c$，所以 $\frac{u}{c^2}u_S \leqslant 1$．这样 $(t'_2 - t'_1)$ 就总是与 $(t_2 - t_1)$ 同号．这就是说，在 S 系中观察，如果 A 事件先于 B 事件发生（即 $(t_2 > t_1)$），则在任何其他参考系 S' 中观察，A 事件也总是先于 B 事件发生的，这是由于光速是物体运动的极限速度，所以有因果关系的两个事件的时间顺序是不会颠倒的．狭义相对论在这一点上是符合因果关系要求的．

4.4.5 相对论的时空观

通过上面的讨论，可以看出，狭义相对论的时空观完全不同于经典力学的绝对时空观，它否定了脱离物质运动的“绝对时间”和“绝对空间”的概念，指出时间、空间和物质运动三者是相互联系、无法分割的整体．时间和空间是建立在物质运动基础上的，离开了物质运动的时间和空间是没有意义的．正是如此，时间和空间的测量值是相对的，每个惯性系都有各自的时间和空间量度，才出现了超乎想象的时间膨胀和长度收缩效应．狭义相对论的这些结论已被大量近代实验所证实．然而，经典力学和伽利略变换在一定条件下仍然是正确的．特别是人们

日常接触的物体,其运动速度远小于光速,则仍可应用伽利略变换．经典力学和伽利略变换是狭义相对论和洛伦兹变换在宏观低速下的极限情况．

4.5　狭义相对论动力学

在不同惯性系之间的时空坐标满足洛伦兹变换,相对性原理要求物理规律在所有的惯性系中具有相同的形式,这就要求物理规律在洛伦兹变换下保持形式不变.这样,描述质点动力学的物理量,如质量、动量、能量等,都必须重新定义,并且要求它们在低速近似下过渡到经典力学中相对应的物理量.

4.5.1　相对论中的质量和动量

在牛顿力学中,质点的动量定义为

$$\boldsymbol{p} = m\boldsymbol{v} \tag{4.16}$$

动量守恒定律是关于动量的一条基本定律,在相对论力学中,动量守恒定律仍然被认为是一条基本的物理定律,而且质点的动量仍采用式(4.16)定义．所不同的是,在牛顿力学中,质量被认为是与物体运动速率无关的恒量,而在相对论中,却必须认为物体的质量和自身速率有关．

下面,我们利用洛伦兹速度变换和动量守恒定律导出质量和速率之间的关系．

如图 4.7 所示,设在 S'系中有一粒子,原来静止于原点 O'处,在某一时刻此粒子分裂为完全相同的两半 A 和 B,分别沿 x'轴的正向和反向运动．根据动量守恒定律,A 和 B 的速率应该相等,设为 u.

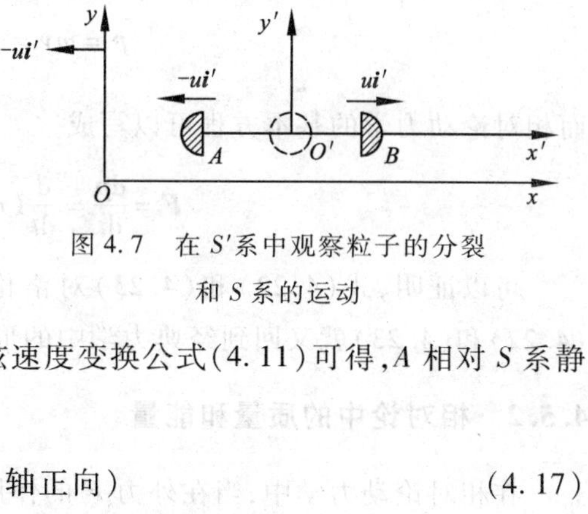

图 4.7　在 S'系中观察粒子的分裂和 S 系的运动

设另一参考系 S 以速率 u 沿 S'系的 $-\boldsymbol{i}'$方向运动．在 S 系中,粒子分裂前的速度为 $u\boldsymbol{i}$,总质量设为 M;分裂后的质量分别为 m_A 和 m_B．根据洛伦兹速度变换公式(4.11)可得,A 相对 S 系静止,而 B 的速度为

$$v_B = \frac{2u}{1 + u^2/c^2}(\text{沿 } x \text{ 轴正向}) \tag{4.17}$$

根据相对性原理,在 S 系中质量和动量也满足守恒定律．于是有

$$M = m_A + m_B \tag{4.18}$$

$$Mu = m_B v_B \tag{4.19}$$

联立式(4.17)、(4.18)和(4.19)可解得

$$m_B = \frac{m_A}{\sqrt{1 - v_B^2/c^2}} \tag{4.20}$$

这一公式说明,在 S 系中观察 m_A 和 m_B 有了差别．由于 A 是静止的,它的质量称为**静质量**,用 m_0 表示;B 以速率 v_B 运动,它的质量不等于 m_0．以 v 代替 v_B,并以 m 代替 m_B 表示粒子以速率

v 运动时的质量,则式(4.20)可写为

$$m = \frac{m_0}{\sqrt{1 - v^2/c^2}} \quad 或\ m = \gamma m_0 \tag{4.21}$$

式中,$\gamma = 1\Big/\sqrt{1 - v^2/c^2}$,$m$ 称为**相对论质量**．上式即给出了一个物体的相对论质量和它的速率关系．这里,速率 v 是粒子相对于某一参考系的速率,而不是某两个参考系的相对速率．

若质点速率 $v \ll c$,则式(4.21)给出 $m \to m_0$,质量可保持常量,又回到了经典力学的结论．实际上,在宏观物体所能达到的速度范围内,质量随速率的变化非常小,因而可以忽略不计．例如,当 $v = 10^4\ \mathrm{m \cdot s^{-1}}$ 时,

$$\frac{m - m_0}{m_0} = \frac{1}{\sqrt{1 - v^2/c^2}} - 1 \approx \frac{1}{2}\left(\frac{v^2}{c^2}\right) = \frac{1}{2}\left(\frac{10^4}{3 \times 10^8}\right)^2 = 5.6 \times 10^{-10}$$

在关于微观粒子的实验中,粒子的速率经常会达到接近光速的程度,这时质量随速率的改变就非常明显了．例如,当电子的速率达到 $v = 0.98c$ 时,按(4.21)式可以算出此时电子的质量为 $m = 5.03m_0$.

那么,物体的速率能不能达到光速呢？由式(4.21),对于 $m_0 \neq 0$ 的粒子,当 $v \to c$ 时,$m \to \infty$,这是没有实际意义的．即静止质量不为零的物体速度可以无限接近 c,但不能等于 c;只有当粒子的 $m_0 = 0$ 时,才能使 m 为有限值．也就是说,以光速运动的物质,例如光子,静止质量只能为零．反过来说,静止质量为零的粒子只能永远以光速运动．

按式(4.21)定义的物体质量,在相对论中,动量的表达式是

$$\boldsymbol{p} = m\boldsymbol{v} = \frac{m_0}{\sqrt{1 - v^2/c^2}}\boldsymbol{v} = \gamma m_0 \boldsymbol{v} \tag{4.22}$$

而相对论动力学的基本方程可以写成

$$\boldsymbol{F} = \frac{\mathrm{d}\boldsymbol{p}}{\mathrm{d}t} = \frac{\mathrm{d}}{\mathrm{d}t}(m\boldsymbol{v}) = \frac{\mathrm{d}}{\mathrm{d}t}\left(\frac{m_0}{\sqrt{1 - v^2/c^2}}\boldsymbol{v}\right) \tag{4.23}$$

可以证明,式(4.22)和(4.23)对洛伦兹变换的确是不变式．而当 $v \ll c$ 时,$m \approx m_0$,式(4.22)和(4.23)就又回到经典力学中的形式．

4.5.2 相对论中的质量和能量

在相对论动力学中,当在外力 $\boldsymbol{F}$ 的作用下粒子速率由 0 增大到 v 时,外力所作的功仍然定义为粒子动能的增量．以 E 表示粒子速率为 v 时的动能,则

$$E_\mathrm{k} = \int_0^v \boldsymbol{F} \cdot \mathrm{d}\boldsymbol{r} = \int_0^v \frac{\mathrm{d}(m\boldsymbol{v})}{\mathrm{d}t} \cdot \mathrm{d}\boldsymbol{r} = \int_0^v \boldsymbol{v} \cdot \mathrm{d}(m\boldsymbol{v})$$

其中

$$\boldsymbol{v} \cdot \mathrm{d}(m\boldsymbol{v}) = m\boldsymbol{v} \cdot \mathrm{d}\boldsymbol{v} + \boldsymbol{v} \cdot \boldsymbol{v}\mathrm{d}m = mv\mathrm{d}v + v^2\mathrm{d}m$$

又由式(4.21)可得

$$m^2c^2 - m^2v^2 = m_0^2c^2$$

对上式两边微分,有

$$2mc^2\mathrm{d}m - 2mv^2\mathrm{d}m - 2m^2v\mathrm{d}v = 0$$

即

$$c^2\mathrm{d}m = v^2\mathrm{d}m + mv\mathrm{d}v$$

所以有

$$\boldsymbol{v}\cdot\mathrm{d}(m\boldsymbol{v}) = mv\mathrm{d}v + v^2\mathrm{d}m = c^2\mathrm{d}m$$

代入上面求 E_k 的积分式内可得

$$E_k = \int_{m_0}^{m} c^2\mathrm{d}m$$

积分后得

$$E_k = mc^2 - m_0c^2 \tag{4.24}$$

这就是**相对论动能公式**,其中 m 为相对论质量.

当 $v \ll c$ 时

$$E_k = \frac{m_0c^2}{\sqrt{1-v^2/c^2}} - m_0c^2 = m_0c^2\left(1+\frac{1}{2}\frac{v^2}{c^2}+\cdots\right) - m_0c^2 \approx \frac{1}{2}m_0v^2$$

又回到了经典力学中的质点动能公式.

式(4.24)又可写为

$$mc^2 = E_k + m_0c^2$$

爱因斯坦称 m_0c^2 为粒子的**静能** E_0,mc^2 为动能和静能之和,称为总能量 E. 则有

$$E = mc^2 \tag{4.25}$$

$$E_0 = m_0c^2$$

$$E = E_0 + E_k$$

式(4.25)就是**质能关系**. 它把质量和能量直接联系起来了.

质能关系说明,一定的质量就代表一定的能量,质量和能量是相当的,二者之间的关系只相差一个常数因子 c^2. 如果对式(4.25)取增量式

$$\Delta E = (\Delta m)c^2 \tag{4.26}$$

则是质能关系的另一种表述形式,它表明物体吸收或放出能量时,必然伴随有质量的增加或减少. 这个公式是关于原子能的一个基本公式. 爱因斯坦建立的质能关系对原子核物理以及原子能利用,具有重要的理论指导作用.

4.5.3　相对论中的能量和动量

能量和动量都是描述物体运动状态的物理量. 在经典力学中,动能 $E_k = \frac{1}{2}m_0v^2$,动量 $\boldsymbol{p} = m_0\boldsymbol{v}$,二者的关系为 $E_k = \frac{p^2}{2m_0}$. 在相对论中,能量和动量的关系又如何呢?

由(4.22)和(4.25)两式可得,静质量为 m_0、速度为 $\boldsymbol{v}$ 的物体的动量和总能量为

$$\boldsymbol{p} = m\boldsymbol{v} = \frac{m_0}{\sqrt{1-v^2/c^2}}\boldsymbol{v}$$

$$E = mc^2 = \frac{m_0c^2}{\sqrt{1-v^2/c^2}}$$

将以上两式两边平方，并消去 v，可得相对论中动量和能量之间的一个重要关系式

$$E^2=(m_0c^2)^2+(pc)^2 \tag{4.27}$$

如果以 E、pc 和 m_0c^2 分别表示一个三角形三个边的长度，则它们正好构成一个直角三角形(如图 4.8).

对动能是 E_k 的物体，将 $E=m_0c^2+E_k$ 代入式(4.27)可得

$$E_k^2+2E_km_0c^2=p^2c^2$$

当 $v\ll c$ 时，粒子的动能 E_k 要比其静能 m_0c^2 小得多，因而上式中第一项与第二项相比可以略去，于是得

$$E_k=\frac{p^2}{2m_0}$$

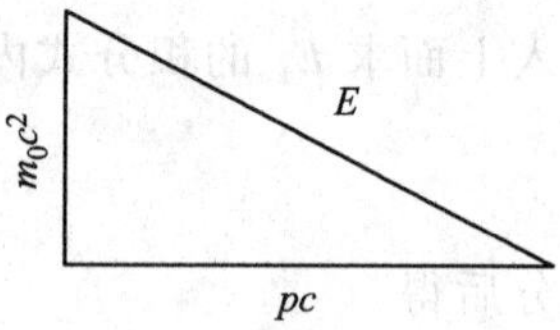

图 4.8 相对论动量能量三角形

又回到了经典动能和动量的关系式中.

对于静止质量 $m_0=0$ 的粒子，例如光子，则有

$$E=pc \quad 或 \quad p=\frac{E}{c}=\frac{mc^2}{c}=mc$$

例 4.8 原子核的结合能. 已知质子和中子的质量分别为 $M_p=1.007\ 28$ u 和 $M_n=1.008\ 66$ u. 两个质子和两个中子组成一氦核 ${}_2^4$He，实验测得它的质量为 $M_A=4.001\ 50$ u，试计算形成一个氦核时所放出的能量.（1 u $=1.660\times10^{-27}$ kg)

解 两个质子和两个中子组成氦核之前，总质量为

$$M=2M_p+2M_n=4.031\ 88\ \text{u}$$

而从实验测定，形成氦核后的质量 $M_A<M$，差额 $\Delta M=M-M_A$ 称为原子核的质量亏损. 对于氦核 ${}_2^4$He

$$\Delta M=M-M_A=0.030\ 38\ \text{u}$$

根据质能关系得到的结论，当系统质量改变 ΔM 时，一定有相应的能量改变

$$\Delta E=\Delta Mc^2$$

当质子和中子组成原子核时，将有大量能量放出，该能量就是原子核的结合能. 所以形成一个氦核所放出的能量为

$$\Delta E=0.030\ 38\times1.660\times10^{-27}\times(3\times10^8)^2\ \text{J}=0.453\ 9\times10^{-11}\ \text{J}$$

结合成 1 mol 氦核(即 4.002 g)时所放出的能量为

$$\Delta E=6.022\times10^{23}\times0.453\ 9\times10^{-11}\ \text{J}=2.733\times10^{12}\ \text{J}$$

这差不多相当于燃烧 100 t 煤所产生的热量.

例 4.9 一个静止质量为 m_0、动能为 $5m_0c^2$ 的粒子，与另一个静止质量也为 m_0 的静止粒子，发生完全非弹性碰撞. 碰撞后的复合粒子的静止质量为 M_0，并以速度 v 运动. 问：

(1)碰撞前系统的总动量是多少？

(2)碰撞前系统的总能量是多少？

(3)复合粒子的速度 v 是多少？

(4)给出静止质量 M_0 和 m_0 之间的关系.

解 (1)运动粒子的总能量与动量之间的关系为

$$E^2=(m_0c^2)^2+(pc)^2$$

所以碰撞前运动粒子的动量为

$$p=\frac{1}{c}\sqrt{E^2-(m_0c^2)^2}$$

其中运动粒子总能量 E 为

$$E=E_k+m_0c^2=6m_0c^2$$

代入动量表达式可知 $p=\sqrt{35}m_0c$. 而另一个粒子在碰撞前是静止的,所以这也就是粒子碰撞前的总动量 p_T

$$p_T=\sqrt{35}m_0c$$

(2)碰撞前系统的总能量 E_T 是两个粒子能量的和

$$E_T=6m_0c^2+m_0c^2=7m_0c^2$$

(3)因为是完全非弹性碰撞,所以碰撞过程中动量和能量守恒. 则复合粒子的动量和能量分别为 p_T 和 E_T,根据 $p_T=MV$ 和 $E_T=Mc^2$,粒子的速度为

$$v=\frac{p_Tc^2}{E_T}=\frac{(\sqrt{35}m_0c)c^2}{7m_0c^2}=0.85c$$

(4)对复合粒子应用式

$$E_T^2=(M_0c^2)^2+(p_Tc)^2$$

将 p_T 和 E_T 代入可得 $M_0=\sqrt{14}m_0$. 这里 $M_0\neq 2m_0$,所以静止质量是不守恒的,入射粒子的部分动能转化成了最终复合粒子的质量.

思　考　题

4.1　什么是力学相对性原理? 在一个参考系内做力学实验能否测出这个参考系相对于惯性系的加速度?

4.2　为什么说经典时空观是绝对的时空观?

4.3　迈克尔森-莫雷实验结果说明了什么问题?

4.4　狭义相对论的基本假设是什么? 为什么在光速不变原理中强调真空中的光速?

4.5　同时的相对性是什么意思? 为什么会有这种相对性? 如果光速是无限大,是否还会有同时的相对性?

4.6　前进中的一列火车的车头和车尾,各遭到一次闪电雷击,据车上的观察者测定这两次雷击是同时发生的. 试问,地面上的观察者测定它们是否仍然是同时发生的? 如果不同时,何处先遭到雷击?

4.7　如果在 S' 系中两个事件发生于同时同地,那么在任何其他参考系中观察,是否都将是同时发生的?

4.8　什么是固有时? 为什么说固有时最短?

4.9　长度的量度和同时性有什么关系? 为什么长度的量度会和参考系有关? 长度收缩效应是否是棒的长度受到了实际的压缩?

4.10　相对论的时间和空间概念与经典力学的有何不同? 有何联系?

4.11　牛顿力学中的变质量问题(如火箭的推进)和相对论中的质量变化有何不同?

4.12　能把一个粒子加速到光速吗? 为什么?

习　题

4.1　试证明:在某个惯性系中有两个事件同时发生在不同地点,在有相对运动的其他惯性系中,这两个事件一定不同时.

4.2　试证明:

(1)如果两个事件相对于某惯性系中是在同一地点发生的,则对一切惯性系来说这两个事件的时间间隔,只有在此惯性系中最短.

(2)如果两个事件在某惯性系中是同时发生的,则对一切惯性系来说这两个事件的空间间隔,只有在此惯性系中最短.

4.3　观测者 S 测得两个事件的空间和时间间隔分别为 600 m 和 8.0×10^{-7} s,而观测者 S' 测得这两个事件同时发生. 试求 S' 相对于 S 的速度及 S' 测得的这两个事件的空间距离.

4.4　观测者甲乙分别静止于两个惯性参考系 S 和 S' 中,甲测得在同一地点发生的两事件的时间间隔为 4 s,而乙测得这两个事件的时间间隔为 5 s. 求:

(1)S' 相对于 S 的运动速度;

(2)乙测得的这两个事件发生的空间距离.

4.5　在 S 系中观察到两个事件同时发生在 x 轴上,其间距是 1 m. 在 S' 系中观察这两个事件之间的距离是 2 m. 求在 S' 系中这两个事件的时间间隔.

4.6　一宇航员要到离地球为 5 光年的星球去旅行. 如果宇航员希望把路程缩短为 3 光年,则他所乘的火箭相对于地球的速度是多少?

4.7　6 000 m 的高空大气层中产生了一个 π 介子,以速度 $v=0.998c$ 向地球运动. 假定该 π 介子在其自身静止系中的寿命等于其平均寿命 2×10^{-6} s. 试分别由地球上的观测者和相对 π 介子静止系中的观测者来判断此 π 介子能否到达地球.

4.8　S 系和 S' 系是坐标轴相互平行的两个惯性系,S' 系相对于 S 系沿 x 轴正方向以速率 v 匀速运动. 一根直杆在 S 系中观察,其静止长度为 l,与 S' 系 x 轴的夹角为 θ,试求它在 S' 系中的长度和它与 x' 轴的夹角.

4.9　根据天文观测和推算,宇宙正在膨胀,太空中的天体都远离我们而去. 假定地球上观察到一颗脉冲星(发出周期无线电波的星)的脉冲周期为 0.50 s,且这颗星正沿观察方向以速度 $0.8c$ 离我们而去. 问这颗星的固有周期为多少?

4.10　S 系中的观察者有一根米尺固定在 x 轴上,其两端各装一手枪. 固定于 S' 系中的 x' 轴上有另一根长刻度尺. 当后者从前者旁边经过时,S 系的观察者同时扳动两枪,使子弹在 S' 系中的刻度上打出两个记号. 求在 S' 系刻度尺上两记号之间的刻度值. 在 S' 系中观察者将如何解释此结果.

4.11　一只装有无线电发射和接收装置的飞船,正以 $\frac{4}{5}c$ 的速度飞离地球. 当宇航员发射一无线电信号后,信号经地球反射,60 s 后宇航员才收到返回信号.

(1)在地球反射信号的时刻,求飞船上观察者测得的地球距飞船的距离;

(2)当飞船接收到反射信号时,求地球上观察者测得的飞船距地球的距离.

4.12　设物体相对 S' 系沿 x' 轴正向以 $0.8c$ 速度运动,如果 S' 系相对于 S 系沿 x 轴正向的速度也是 $0.8c$,求物体相对 S 系的速度是多少?

*4.13　飞船 A 以 $0.8c$ 的速度相对地球向正东飞行,飞船 B 以 $0.6c$ 的速度相对地球向正西方向飞行. 当两飞船即将相遇时,A 飞船在自己的天窗处相隔 2 s 发射了两颗信号弹. 在 B 飞船的观测者测得两颗信号弹相隔的时间间隔为多少?

*4.14　静止在 S 系中的观测者，测得一光子沿与 x 轴成 $60°$ 角的方向运动．另一观测者静止于 S' 系，S' 系的 x' 轴与 x 轴一致，并以 $0.6c$ 的速度沿 x 方向运动．试问 S' 系中的观测者观测到的光子运动方向如何？

4.15　(1)如果将电子由静止加速到速率为 $0.1c$，则需对它作多少功？

(2)如果将电子由速率为 $0.8c$ 加速到 $0.9c$，又需对它作多少功？

4.16　一物体由于运动使其质量增加了10%，试问此物体的长度在运动方向上缩短了百分之几？

4.17　一电子在电场中从静止开始加速，试问电场中应加多大的电势差才能使电子的质量增加0.4%？此时电子速度是多少？已知电子的静止质量为 9.1×10^{-31} kg.

4.18　一正负电子对撞机，可以把电子加速到动能为 $E_k=2.8\times10^9$ eV.

(1)这种电子的速率和光速相差多少？

(2)这样的一个电子的动量是多大？（电子静止时的静能量为 $E_0=0.511\times10^6$ eV）

(3)这种电子在周长为240 m的储存环内绕行时，它所受到的向心力有多大？需要多大的偏转磁场？

4.19　氢原子的同位素氘（$^2_1$H）和氚（$^3_1$H）在高温条件下发生聚变反应，产生氦（$^4_2$He）原子核和一个中子（$^1_0$n），并释放出大量能量，其反应方程为 $^2_1\mathrm{H}+^3_1\mathrm{H}\to^4_2\mathrm{He}+^1_0\mathrm{n}$. 已知氘核的静止质量为2.013 5原子质量单位（1原子质量单位 $=1.600\times10^{-27}$ kg），氚核和氦核及中子的质量分别为3.015 5、4.001 5、1.008 65原子质量单位．求上述聚变反应释放出来的能量．

4.20　有 A、B 两个静止质量都是 m_0 的粒子，分别以 $v_1=v$、$v_2=-v$ 的速度相向运动，在发生完全非弹性碰撞后合并为一个粒子．求碰撞后粒子的速度和静止质量．

科学家简介

爱因斯坦

有一天，当我和爱因斯坦一起阅读一篇对他的理论有颇多异议的文章时，他突然打断了我们的讨论，把窗台上的一份电报拿给我，并说："这个也许会令你感兴趣．"那是爱丁顿的电报，上面有日食观测队伍的观测结果．我发现这个结果与爱因斯坦的计算是相吻合的，不禁喜形于色．而此时爱因斯坦却无动于衷地说："我知道这个理论是正确的．"我问他，如果不能确认他的预言又将如何？他说："那我只能对上帝表示歉意——我的理论是正确的．"

——爱因斯坦的一位学生(1919)

一、生平简介

阿尔伯特·爱因斯坦(Albert Einstein)，1879年3月14日出生在德国西南的乌耳姆城，父母都是犹太人．爱因斯坦小时候并不活泼，三岁多还不会讲话，在念小学和中学时，功课属平常．爱因斯坦的叔叔雅各布是一个工程师，自己就非常喜爱数学，当小爱因斯坦来找他问问题时，他总是用很浅显通俗的语言把数学知识介绍给他．在叔父的影响下，爱因斯坦较早地受到了科学和哲学的启蒙．爱因斯坦还幸运地从一部卓越的通俗读物中知道了自然科学领域里的主要成果和方法，科普读物不但增进了爱因斯坦的知识，而且拨动了年轻人好奇的心弦，引起他对问题的深思．

1896年10月，爱因斯坦跨进了苏黎世工业大学的校门，在师范系学习数学和物理学．他对学校的注入式教育十分反感，认为

它使人没有时间、也没有兴趣去思考其他问题．幸运的是，窒息真正科学动力的强制教育在苏黎世的联邦工业大学要比其他大学少得多．爱因斯坦充分地利用学校中的自由空气，把精力集中在自己所热爱的学科上．在学校中，他广泛阅读了赫尔姆霍兹、赫兹等物理学大师的著作，他最着迷的是麦克斯韦的电磁理论．他有自学本领、分析问题的习惯和独立思考的能力．1900 年，爱因斯坦从苏黎世工业大学毕业．由于他对某些功课不热心，以及对老师态度冷漠，被拒绝留校．他找不到工作，靠做家庭教师和代课教师过活．

1902 年 6 月 23 日，爱因斯坦受聘于瑞士专利局，任三级技术员，工作职责是审核申请专利权的各种技术发明创造．1903 年，他与大学同学米列娃·玛丽克结婚．他早期一系列最有创造性的具有历史意义的研究工作，如相对论的创立等，都是在专利局工作时利用业余时间进行的．1909 年 10 月离开专利局，任苏黎世大学理论物理学副教授．1914 年 4 月 6 日从苏黎世迁居柏林，任德国威廉皇家学会物理研究所所长兼柏林大学教授．由于希特勒法西斯的迫害，于 1933 年到美国定居，任普林斯顿高级研究院研究员，直到 1955 年逝世．

二、主要科学贡献

1. 创立了狭义相对论

1905 年，爱因斯坦发表题为《论动体的电动力学》的论文（载德国《物理学杂志》第 4 篇，17 卷，1905 年），完整的提出了狭义相对论，揭示了空间和时间的联系，引起了物理学的革命．同年又提出了质能相当关系，在理论上为原子能时代开辟了道路．

2. 发展了量子理论

1905 年，爱因斯坦又在同一本杂志上发表题为《关于光的产生和转化的一个推测性观点》的论文，提出了光的量子论，正是由于这篇论文的观点使他获得了 1921 年的诺贝尔物理学奖．以后他又陆续发表文章提出受激辐射理论（1916 年）并发展了量子统计理论（1924 年），前者成为 20 世纪 60 年代崛起的激光技术的理论基础．

3. 建立了广义相对论

狭义相对论建立后，爱因斯坦并不感到满足，力图把相对性原理的适用范围推广到非惯性系．于 1907 年提出了等效原理．经过不懈的努力，在 1915 年连续发表论文建立了广义相对论，揭示了空间、时间、物质、运动的统一性，几何学和物理学的统一性，解释了引力的本质，从而为现代天体物理学和宇宙学的发展打下了重要的基础．

4. 对布朗运动的研究曾为气体动理论的最后胜利做出贡献

1905 年 4 月，爱因斯坦完成了《分子大小的新测定法》，5 月完成了《热的分子运动论所要求的静液体中悬浮粒子的运动》．这是两篇关于布朗运动的研究的论文．爱因斯坦当时的目的是要通过观测由分子运动的涨落现象所产生的悬浮粒子的无规则运动，来测定分子的实际大小，以解决半个多世纪来科学界和哲学界争论不休的原子是否存在的问题．三年后，法国物理学家佩兰以精密的实验证实了爱因斯坦的理论预测．

5. 提出引力波理论，开创了现代宇宙学

1916 年 6 月，爱因斯坦在研究引力场方程的近似积分时，发现一个力学体系变化时必然发射出以光速传播的引力波，从而提出引力波理论．1979 年，在爱因斯坦逝世 24 年后，间接证明了引力波存在．1917 年，爱因斯坦用广义相对论的结果来研究宇宙的时空结构，发表了开创性的论文《根据广义相对论对宇宙所做的考察》．论文分析了“宇宙在空间上是无限的”这一传统观念，指出它同牛顿引力理论和广义相对论都是不协调的．他认为，可能的出路是把宇宙看作一个具有有限空间体积的自身闭合的连续区，以科学论据推论宇宙在空间上是有限无边的，这在人类历史上是一个大胆的创举，使宇宙学摆脱了纯粹猜想的思辨，进入现代科学领域．

6. 努力探索统一场论

1925 年以后，爱因斯坦全力以赴去探索统一场论．开头几年他非常乐观，以为胜利在望；后来发现困难重重，他认为现有的数学工具不够用；1928 年以后转入纯数学的探索．他尝试着用各种方法，但都没有取得具有真正物理意义的结果．可是他依然无所畏惧，毫不动摇地走他自己所认定的道路，直到临终前一天，他还在病床上准备继续他的统一场理论的数学计算．

三、最伟大的科学家的风格

作为物理学革命中的伟大科学巨匠，爱因斯坦从来没有自认为是一个超人．他认识到，自己所走的道路是前人走过的道路的延伸，科学的新时代是在前人工作基础上的合理发展，因此他总是抱着感激和敬仰的心情赞赏前人的贡献．在谈到相对论的创立时，他说："相对论实在可以说是对麦克斯韦和洛伦兹的伟大构思画了最后一笔，因为它力图把场物理学扩充到包括引力在内的一切现象．"爱因斯坦曾几次在信中对赞扬他的成就的朋友写道："我完全知道我没有什么特殊的才能：兴趣、专一、顽强工作，以及自我批评使我达到我想要达到的理想境界．"有一次，一个美国记者问爱因斯坦关于他成功的秘诀．他回答："早在 1901 年，我还是 22 岁的青年时，我已经发现了成功的公式．我可以把这公式的秘密告诉你，那就是 $A=X+Y+Z$！A 就是成功，X 就是努力工作，Y 是懂得休息，Z 是少说废话！这公式对我有用，我想对许多人也是一样有用．"

爱因斯坦是很珍惜时间的人，他不喜欢参加社交活动与宴会，他曾讽刺地说："这是把时间喂给动物园．"他集中精神专心的钻研，他不希望宝贵的时间消耗在无意义的社交谈话上．他也不想听那些奉承和赞扬的话．他认为："一个以伟大的创造性观念造福于全世界的人，不需要后人来赞扬．他的成就本身就已经给了他一个更高的报答．"1929 年 3 月，为了躲避五十寿辰的庆祝活动，他在生日前几天，就秘密跑到柏林近郊的一个花匠的农舍里隐居起来．

爱因斯坦曾经说过："我自己不过是自然的一个极微小的部分．"他把一切献给了人类从自然界获得自由的征程，最后连自己的骨灰也回到了大自然的怀抱．但是正如英费尔德第一次与他接触时所感受到的那样："真正的伟大和真正的高尚总是并肩而行的．"爱因斯坦的伟大业绩和精神永远留给了人类．

第5章 机 械 振 动

振动是自然界中最常见的运动形式之一. 广义地说,任何一个物理量(如物体的位置矢量、电流、电场强度或磁场强度等)随时间的周期性变化都叫做振动. 物体或物体的一部分在某一位置附近做来回往复的运动,称为机械振动,如活塞的运动、钟摆的运动、心脏的跳动、晶体中原子或分子的运动等都是机械振动.

在不同的振动现象中,最基本、最简单的振动是简谐振动,一切复杂的振动都可以分解为若干个简谐振动. 本章从讨论简谐振动的基本规律入手,进而讨论振动的合成与分解问题,最后介绍阻尼振动和受迫振动.

5.1 简谐振动

5.1.1 弹簧振子模型

如图5.1所示,把一个质量为 m 的物体系在倔强系数为 k 的轻弹簧一端,弹簧的另一端被固定,物体限制在光滑水平面内运动,取平衡位置为 O,不计空气阻力. 把物体拉离平衡位置一个小位移(保证弹簧的弹力满足胡克定律)并释放,系统将在平衡位置附近作来回往复的运动,这样的系统称为**弹簧振子**. 它是一个理想化的简谐振子模型. 在一定条件下有许多系统可以看做简谐振子,如单摆、复摆等.

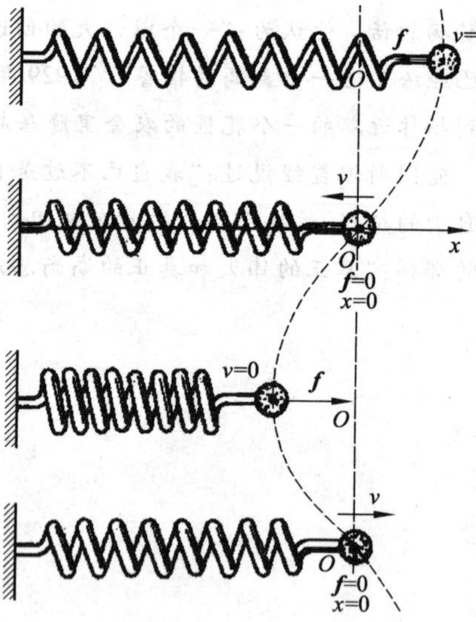

图5.1 弹簧振子的运动

下面,我们先来分析弹簧振子的动力学特征. 取如图5.1所示坐标轴 Ox,对于振动中的任一时刻来说,物体的坐标为 x,弹簧的形变也为 x,在弹性限度内,物体所受的弹性力为

$$f = -kx \tag{5.1}$$

式中负号表示力和位移的方向相反. 不计摩擦及空气阻力,物体只受弹性力作用. 由牛顿第二定律,弹簧振子的动力学方程为

$$m\frac{\mathrm{d}^2x}{\mathrm{d}t^2} = -kx$$

另 $\omega^2 = \frac{k}{m}$,得

$$\frac{\mathrm{d}^2x}{\mathrm{d}t^2} + \omega^2 x = 0 \tag{5.2}$$

其中,ω^2 是由系统固有性质决定的常量. 式(5.2)为二阶常系数线性微分方程,其通解为

$$x = A\cos(\omega t + \phi_0) \quad 或 \quad x = A\sin(\omega t + \phi_0') \tag{5.3}$$

其中，A、ϕ_0、ϕ_0' 为积分常量，由初始条件 x_0、v_0 确定.

从式(5.3)看出，物体的位移随时间按余弦函数或正弦函数做周期性变化，由于余弦函数和正弦函数的 ϕ_0 和 ϕ_0' 相差 $\pi/2$，为统一起见，本书以后均采用余弦函数的形式.

如果物体受到的力的大小总是与物体对其平衡位置的位移成正比、而方向相反，那么这种性质的力称为**线性回复力**. 弹簧的弹力就是线性回复力. 就是在线性回复力的作用下，物体的位移才满足式(5.2)的微分方程，物体的运动才满足这种简单的余弦周期运动. 所以我们定义：凡是受力满足式(5.1)，或运动微分方程为式(5.2)，或振动方程满足式(5.3)的系统，称为**简谐振子系统**，该系统的运动即为**简谐振动**. 实质上，从上述三个角度中的任一角度出发来判断振动系统是否做简谐振动均是等价的.

另外，方程(5.2)的解还可以用指数形式来表示

$$x = Ae^{i(\omega t + \phi_0)} \tag{5.4}$$

实际上，式(5.3)中的余弦和正弦函数就是上式的实数和虚数部分. 用复指数形式表示简谐振动，其优点是运算比较方便.

5.1.2 几种常见的简谐振动

上述弹簧振子是一个理想模型. 实际发生的振动大多较为复杂，一方面回复力可能不是弹力，而是重力、重力矩、浮力等；另一方面回复力可能是非线性的，只能是在一定条件下才可近似当做线性的，如单摆、复摆等.

1. 单摆

如图5.2所示，一质量为 m 的小球，系在长为 l、质量忽略不计且不可伸长的摆绳下端，绳的上端固定，将小球从平衡位置 O 拉开一段距离后放手，小球即可在竖直面内做来回往复的小角度摆动，这种装置称为**单摆**.

当摆绳竖直时，小球在其平衡位置 O 处. 当摆绳与竖直方向成 θ 角时，小球受到重力 G 和绳的拉力 T 两个力的作用(忽略空气阻力)，受力分析如图5.2所示，重力的切向分量为 $mg\sin\theta$，小球的切向加速度为 $a = \dfrac{d^2\theta}{dt^2}$，规定角位移 θ. 从竖直位置算起，沿逆时针方向为正，则重力的切向分力 $mg\sin\theta$ 与 θ 反向，根据牛顿定律可得

$$-mg\sin\theta = ml\frac{d^2\theta}{dt^2} \tag{5.5}$$

当 θ 很小时(一般 $\theta \leq 5°$)，$\sin\theta \approx \theta$，所以有

$$\frac{d^2\theta}{dt^2} = -\frac{g}{l}\theta = -\omega^2\theta$$

式中 $\omega^2 = g/l$. 其解为

$$\theta = \theta_m\cos(\omega t + \phi_0) \tag{5.6}$$

式(5.6)形式同式(5.3)，即单摆的小角度摆动是简谐振动.

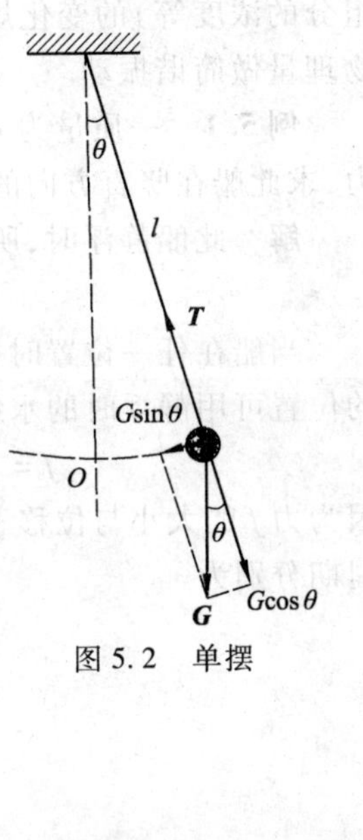

图5.2 单摆

在单摆中，小球所受的回复力是重力的切向分力，其作用与弹簧振子中的弹性力相同，称为准弹性力. 在摆角很小时，此力与角

位移成正比，方向指向平衡位置．如果摆角不是很小，则摆球所受切向力与角位移不成正比，单摆运动不再是简谐振动．

2. 复摆

绕不过质心的水平固定轴转动的刚体称为**复摆**，如图 5.3 所示．质心在轴的正下方为复摆的平衡位置，质心 C 至轴心 O 的距离 h 为摆长．

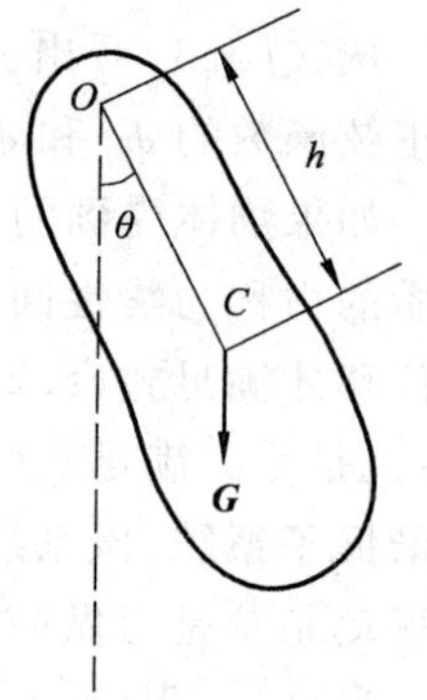

图 5.3　复摆

设在任一时刻 t，OC 连线偏离平衡位置 θ 角，规定偏离平衡位置沿逆时针方向转过的角位移为正．这时复摆受到对于 O 轴的力矩为

$$M = -mgh\sin\theta$$

式中的负号表明力矩 M 的转向与角位移 θ 的转向相反．

当摆角 $\theta \leqslant 5°$ 时，$\sin\theta \approx \theta$，则

$$M = -mgh\theta \tag{5.7}$$

设复摆绕 O 轴的转动惯量为 I，根据转动定律得

$$I\frac{\mathrm{d}^2\theta}{\mathrm{d}t^2} = -mgh\theta$$

或

$$\frac{\mathrm{d}^2\theta}{\mathrm{d}t^2} + \omega^2\theta = 0 \tag{5.8}$$

其中 $\omega^2 = \dfrac{mgh}{I}$．其解为

$$\theta = \theta_m\cos(\omega t + \phi_0) \tag{5.9}$$

即复摆的小角度摆动也是简谐振动．

在复摆中，与弹性力相当的是重力矩，称为**线性回复力矩**．

除了单摆和复摆的小角度摆动之外，任何在稳定平衡位置附近的微振动都可以近似地看成是简谐振动．原子核内质子和中子的振动、分子和原子振动等，都是在稳定平衡位置附近的微振动，它们都可以看成是简谐振动．

进一步研究表明，任何一个物理量（例如长度、角度、电流、电压以及化学反应中某种化学组分的浓度等）的变化规律凡满足式(5.2)或式(5.3)，且常量 ω 取决于系统本身的性质，则该物理量做简谐振动．

例 5.1　一质量为 m 的平底船，其平均水平截面面积为 S，吃水深度为 h，如不计水的阻力，求此船在竖直方向的振动周期．

解　此船静浮时，所受的浮力和重力平衡，有

$$\rho hSg = mg \Rightarrow m = \rho hS$$

当船在任一位置时，以水面处为坐标原点，取竖直向下的坐标轴为 y 轴（如例 5.1 图），船的位置可用静浮时的水线 p 对水面的位移 y 来描述，此时船所受的合力为

$$f = -(h+y)\rho Sg + mg = -(h+y)\rho Sg + \rho hSg = -y\rho Sg$$

因为力 f 的大小与位移 y 成正比，方向相反，所以船在竖直方向做简谐振动，其角频率及振动周期分别为

$$\omega = \sqrt{\frac{\rho Sg}{m}},\quad T = \frac{2\pi}{\omega} = 2\pi\sqrt{\frac{m}{\rho Sg}} = 2\pi\sqrt{\frac{h}{g}}$$

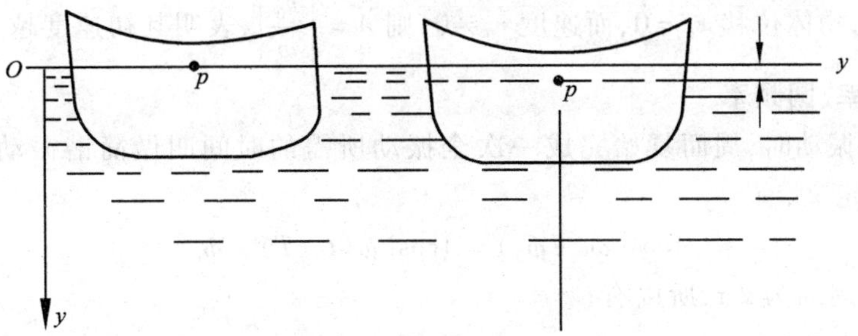

例5.1图　船舶在竖直方向的振动

例如，如果船的吃水深度为10 m，那么这种竖直振动的周期大约为6 s. 然而，这种振动在船舶振动的总图像中并不是主要的. 波浪的作用更易于激起船舶的左右摇摆及前后颠簸，但这些振动并不会使船舶的质心位置相对于水面发生大的起落.

5.2　简谐振动的描述

本节将详细讨论简谐振动的运动学特征.

5.2.1　描述简谐振动的几个重要物理量

如前所述，做简谐振动的物体其位移随时间按余弦函数（或正弦函数）做周期性变化，其变化规律满足式(5.3)

$$x = A\cos(\omega t + \phi_0)$$

式中，A、ω 和 ϕ_0 都是常数. 下面就其物理意义作进一步讨论.

1. 振幅

在简谐振动的振动方程中，因余弦函数（或正弦函数）的绝对值不能大于1，所以物体的振动范围在 $+A$ 和 $-A$ 之间，我们把做简谐振动的物体离开平衡位置的最大位移的绝对值 A 叫做**振幅**. 振幅是由初始条件决定的.

将简谐振动的振动方程对时间求一阶导数可得振动的速度方程，我们将振动方程一并写出为

$$\begin{cases} x = A\cos(\omega t + \phi_0) \\ v = -\omega A\sin(\omega t + \phi_0) \end{cases} \tag{5.10}$$

设初始条件，$t = 0$ 时，$x = x_0$，$v = v_0$. 代入上式得

$$\begin{cases} x_0 = A\cos\phi_0 \\ -\dfrac{v_0}{\omega} = A\sin\phi_0 \end{cases}$$

取两式平方和，可得振幅

$$A = \sqrt{x_0^2 + \left(\frac{v_0}{\omega}\right)^2} \tag{5.11}$$

例如，当 $t = 0$ 时，物体位移为 x_0，而速度 $v_0 = 0$，则 $A = |x_0|$，表明物体恰好处于最大位移

处;若当 $t=0$ 时,物体位移 $x_0=0$,而速度 $v_0\neq 0$,则 $A=\left|\frac{v_0}{\omega}\right|$,表明其初速度越大,振幅越大.

2. 周期、频率、圆频率

物体做简谐振动时,周而复始完成一次全振动所需的时间叫做简谐振动的**周期**,用 T 表示. 根据周期的定义,有

$$A\cos(\omega t+\phi_0)=A\cos[\omega(t+T)+\phi_0]$$

已知余弦函数的周期为 2π,所以有

$$\omega T=2\pi$$

即

$$T=\frac{2\pi}{\omega} \tag{5.12}$$

单位时间内物体所做的完全振动的次数称为**振动频率**,用 ν 表示,单位为赫兹(Hz). 显然,频率与周期的关系为

$$\nu=\frac{1}{T}=\frac{\omega}{2\pi} \tag{5.13}$$

或

$$\omega=\frac{2\pi}{T}=2\pi\nu \tag{5.14}$$

ω 表示振动系统在 2π 秒内完成全振动的次数,称为**圆频率**或**角频率**,单位是 rad/s.

对于简谐系统来说,T、ν、ω 是由振动系统的固有性质决定的,因此又称为**固有周期**、**固有频率**和**固有角频率**. 如对于弹簧振子

$$\omega=\sqrt{\frac{k}{m}},T=2\pi\sqrt{\frac{m}{k}},\nu=\frac{1}{T}=\frac{1}{2\pi}\sqrt{\frac{k}{m}} \tag{5.15}$$

对于单摆

$$\omega=\sqrt{\frac{g}{l}},T=2\pi\sqrt{\frac{l}{g}},\nu=\frac{1}{T}=\frac{1}{2\pi}\sqrt{\frac{g}{l}} \tag{5.16}$$

对于复摆

$$\omega=\sqrt{\frac{mgh}{I}},T=2\pi\sqrt{\frac{I}{mgh}},\nu=\frac{1}{T}=\frac{1}{2\pi}\sqrt{\frac{mgh}{I}} \tag{5.17}$$

应用周期和频率的概念,又可将简谐振动的振动方程表示为

$$x=A\cos\left(\frac{2\pi}{T}t+\phi_0\right) \tag{5.18}$$

$$x=A\cos(2\pi\nu t+\phi_0) \tag{5.19}$$

3. 相位、初相位和相位差

(1)相位 :由式(5.10)可知,当振幅 A 与角频率 ω 一定时,振动物体在任一时刻的运动状态都由($\omega t+\phi_0$)决定,称为振动的**相位**. 用 ϕ 表示相位,即 $\phi=\omega t+\phi_0$.

在质点运动学中,物体的运动状态可用物体所在的位置和速度来确定,而在振动中,相位是描述物体振动状态的物理量. 物体的振动状态在一个周期内的每一时刻都是不同的,这相当于相位经历着从 0 到 2π 的变化. 例如,在用余弦函数表示的简谐振动中,若某时刻 $\phi=0$,则在该时刻 $x=A,v=0$,表示物体在正的最大位移处且速度为零,如图 5.4 中 a 点;当 $\phi=\pi/2$,则 $x=0,v=-\omega A$,表示物体在平衡位置处并以最大速率向 x 轴负方向运动,如图 5.4 中 c 点;当 $\phi=\pi$,则 $x=-A,v=0$,表示物体在负的最大位移处且速度为零,如图 5.4 中 d 点;当 $\phi=$

$3\pi/2$，则 $x=0$，$v=\omega A$，这时物体也在平衡位置处但以最大速率向 x 轴正方向运动，例如图 5.4 中 e 点. 相位还可以反映振动的周期性，如图 5.4 所示，凡是位移和速度都相同的运动状态，它们在时间上相差整数个周期，对应的相位相差 2π 或 2π 的整数倍，如图 5.4 中的 b、f 和 g 点.

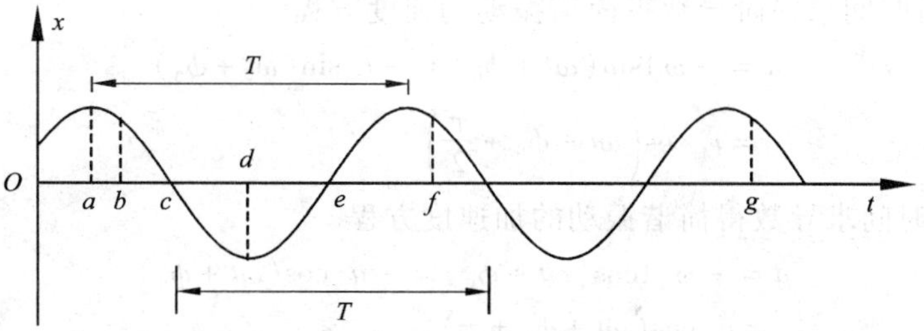

图 5.4　简谐振动的相位与振动状态

(2) 初相位：$t=0$ 时的相位 ϕ_0 称为**初相位**，简称**初相**. 初相同振幅一样由振动的初始条件决定. 从式(5.10)可得

$$\tan\phi_0=-\frac{v_0}{\omega x_0}\text{或 }\phi_0=\arctan\left(-\frac{v_0}{\omega x_0}\right) \tag{5.20}$$

但由式(5.20)解出的 ϕ_0 值在 $0\sim2\pi$ 之间有两个，所以还需将其代回式(5.10)中进行取舍.

(3) 相位差：在研究多个简谐振动的关系时，相位差 $\Delta\phi$ 起着重要的作用.

两个同频率的简谐振动在同一时刻的相位差，恒等于它们的初相差，即

$$\Delta\phi=\phi_2-\phi_1=(\omega t+\phi_{20})-(\omega t+\phi_{10})=\phi_{20}-\phi_{10} \tag{5.21}$$

如果 $\Delta\phi$ 为零或 2π 的整数倍时，则两振动物体同时到达各自相同方向的最大位移，同时通过平衡位置且同方向运动. 在这种情况下，我们称两振动的步调一致，或两个振动是同相的；如果 $\Delta\phi$ 为 π 或 π 的奇数倍时，则两振动物体同时到达各自相反方向的最大位移，同时通过平衡位置且反方向运动. 在这种情况下，我们称两振动的步调相反，或两个振动是反相的.

当 $\Delta\phi$ 为其他值时，通常用超前或落后的概念来表示两个简谐振动的步调. 如果 $\Delta\phi=\phi_{20}-\phi_{10}>0$，则称第二个振动超前第一个振动 $\Delta\phi$ 或第一个振动落后第二个振动 $\Delta\phi$；若 $\Delta\phi=\phi_{20}-\phi_{10}<0$，则称第一个振动超前第二个振动 $|\Delta\phi|$ 或第二个振动落后第一个振动 $|\Delta\phi|$.

图 5.5 给出了两个同频率同振幅不同相位的简谐振动的位移时间曲线. 简谐振动(2)和(1)具有恒定的相位差 $\Delta\phi=\phi_{20}-\phi_{10}$，它们在步调上相差一段时间 $\Delta t=\dfrac{\phi_{20}-\phi_{10}}{\omega}$. 图 5.5 中

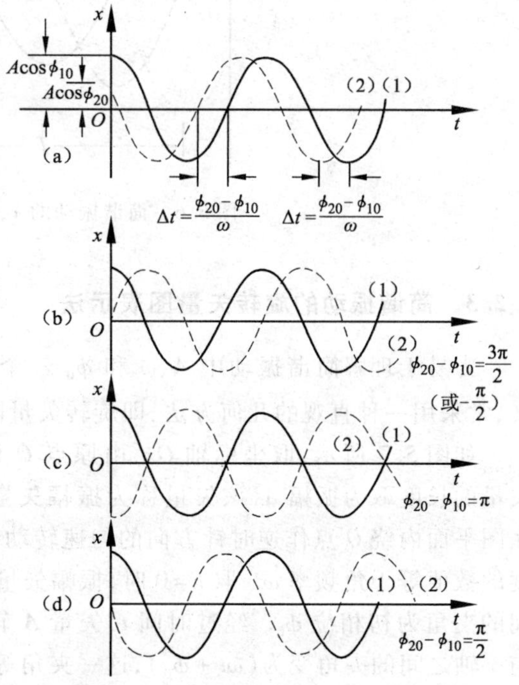

图 5.5　两个同振幅、同频率而不同相位的简谐振动的位移时间曲线

(b)、(c)、(d)图表示几种具有不同相位差的简谐振动. 在图(b)中,振动(2)比振动(1)超前 $3\pi/2$,也可以说,振动(2)比振动(1)落后 $\pi/2$.

5.2.2 简谐振动的速度和加速度

将式(5.3)对时间求一阶导数得简谐振动的速度方程

$$v = -\omega A\sin(\omega t + \phi_0) = -v_m\sin(\omega t + \phi_0)$$
$$= v_m\cos\left(\omega t + \phi_0 + \frac{\pi}{2}\right) \tag{5.22}$$

再对式(5.22)对时间求导数得简谐振动的加速度方程

$$a = -\omega^2 A\cos(\omega t + \phi_0) = -a_m\cos(\omega t + \phi_0)$$
$$= a_m\cos(\omega t + \phi_0 \pm \pi) \tag{5.23}$$

其中,$v_m = \omega A$ 称为**速度振幅**,$a_m = \omega^2 A$ 称为**加速度振幅**.

我们用相位差还可以比较不同的物理量变化的步调. 例如,比较简谐振动的位移、速度和加速度的相位关系,可以得出,速度的相位比位移的相位超前 $\pi/2$,加速度的相位比位移的相位超前(或落后)π,也可以说加速度与位移反相.

图 5.6 所示为简谐振动的 x、v 和 a 随时间变化的关系曲线.

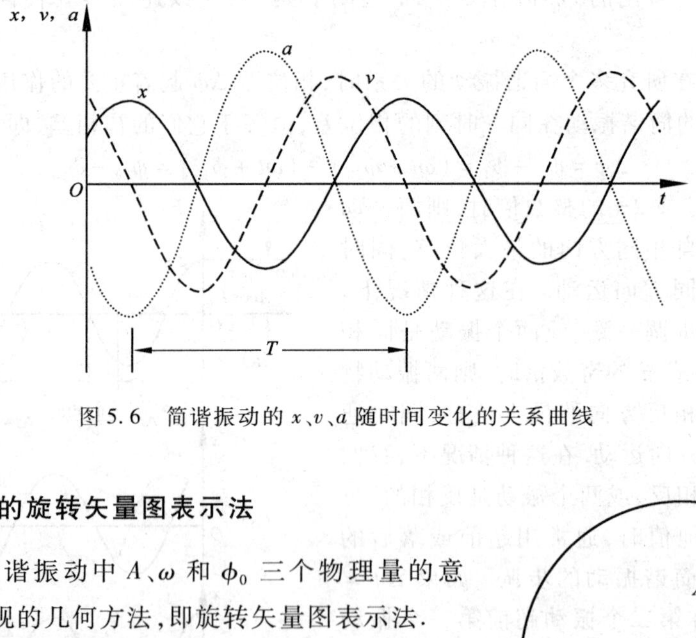

图 5.6 简谐振动的 x、v、a 随时间变化的关系曲线

5.2.3 简谐振动的旋转矢量图表示法

为易于理解简谐振动中 A、ω 和 ϕ_0 三个物理量的意义,常采用一种直观的几何方法,即旋转矢量图表示法.

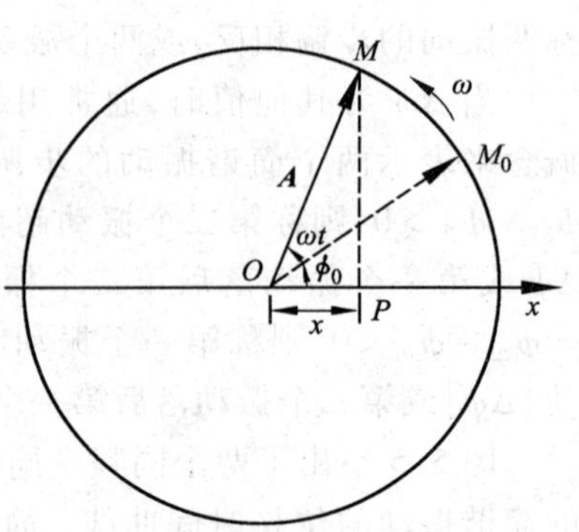

图 5.7 简谐振动的旋转矢量图示法

如图 5.7 所示,取坐标轴 Ox,由原点 O 作一矢量 $\boldsymbol{A}$,矢量的长度取为振幅 A,该矢量称为**振幅矢量**. 让矢量 $\boldsymbol{A}$ 在图平面内绕 O 点作逆时针方向的匀速转动,转动的角速度的数值等于角频率 ω. 取 $t=0$ 时,振幅矢量 $\boldsymbol{A}$ 与 x 轴之间的夹角为初相位 ϕ_0. 经过时间 t,矢量 $\boldsymbol{A}$ 转过角度 ωt,与 x 轴之间的夹角变为$(\omega t + \phi_0)$,这一夹角等于简谐振动在该时刻的相位. 这时矢量 $\boldsymbol{A}$ 的末端 M 在 x 轴上的投影点 P 的位移是

$$x = A\cos(\omega t + \phi_0)$$

这正是简谐振动的振动方程．可见，做匀速转动的矢量 $\boldsymbol{A}$，其端点 M 在 x 轴上的投影点 P 的运动是简谐振动．在矢量 $\boldsymbol{A}$ 的转动过程中，M 点做匀速圆周运动，通常把这个圆称为**参考圆**．矢量 $\boldsymbol{A}$ 转一周所需的时间就是简谐振动的周期．

由此可见，简谐振动的旋转矢量表示法把描写简谐振动的三个特征量非常直观地表示出来了，矢量的长度即为振动的振幅，矢量旋转的角速度就是振动的角频率，矢量与 x 轴的夹角就是振动的相位，$t=0$ 时矢量与 x 轴的夹角即为振动的初相位．

利用旋转矢量图，可以很容易地表示两个简谐振动的相位差．我们把图 5.5 中描述的不同初相位的简谐振动用旋转矢量表示出来，如图 5.8 所示．可以看出，它们的相位差就是两个旋转矢量之间的夹角．

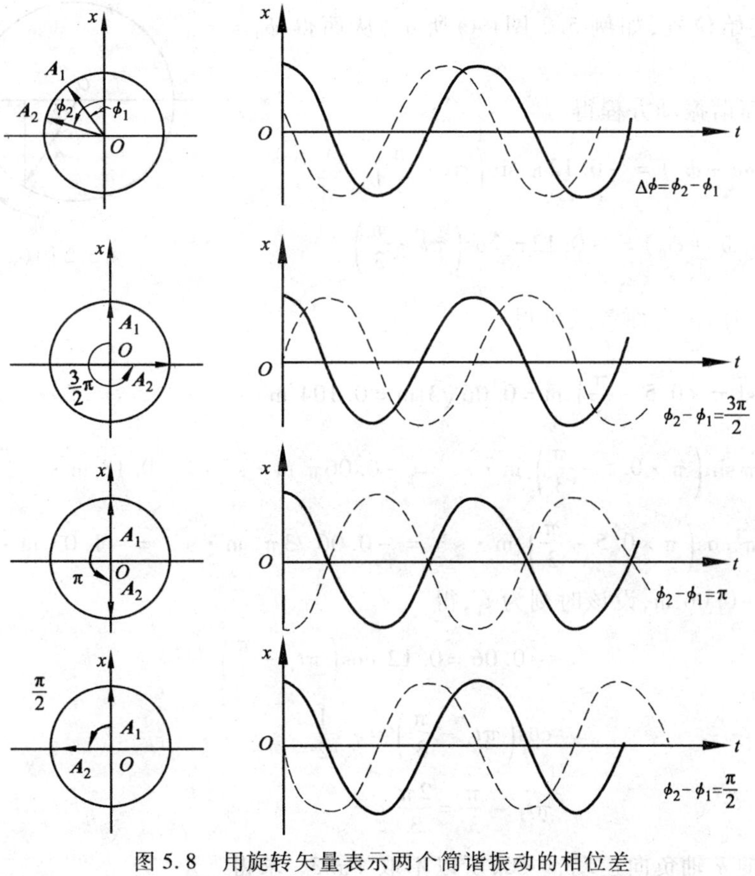

图 5.8　用旋转矢量表示两个简谐振动的相位差

例 5.2　一物体沿 x 轴做简谐振动，振幅 $A=0.12$ m，周期 $T=2$ s．当 $t=0$ 时，物体的位移 $x=0.06$ m，且向 x 轴正方向运动．求：

（1）此简谐振动的振动方程；

（2）$t=T/4$ 时物体的位置、速度和加速度；

（3）物体从 $x=-0.06$ m 向 x 轴负方向运动，第一次回到平衡位置时所需的时间．

解　（1）设这一简谐振动的振动方程为

$$x = A\cos(\omega t + \phi_0)$$

已知 $A=0.12\ \text{m}, T=2\ \text{s}$，则 $\omega=\dfrac{2\pi}{T}=\pi\ \text{rad}\cdot\text{s}^{-1}$

由初始条件 $t=0$ 时，物体的位移 $x=0.06\ \text{m}$，可得

$$0.06=0.12\cos\phi_0$$

解得 $$\phi_0=\pm\frac{\pi}{3}$$

根据初始条件 $v_0=-\omega A\sin\phi_0$，且 $t=0$ 时，物体向 x 轴正方向运动，即 $v_0>0$，所以取 $\phi_0=-\pi/3$. 因此，物体的振动方程为

$$x=0.12\cos\left(\pi t-\frac{\pi}{3}\right)$$

利用旋转矢量法来求解 ϕ_0 比较直观. 根据初始条件画出振幅矢量的初始位置，如例 5.2 图(a)所示，从而得 $\phi_0=-\pi/3$.

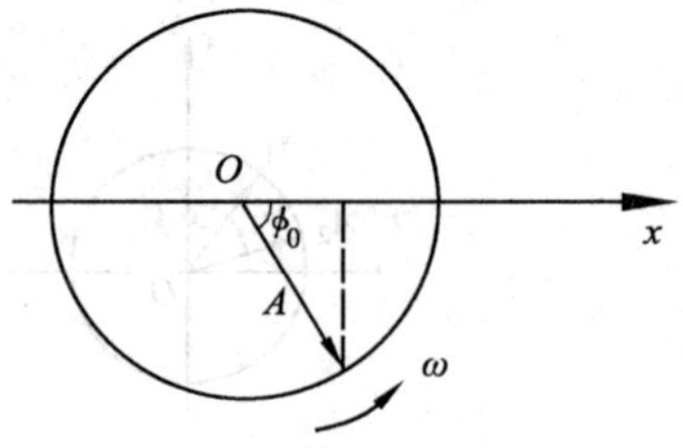

例 5.2 图(a)

(2)由(1)简谐振动方程得

$$v=-\omega A\sin(\omega t+\phi_0)=-0.12\pi\sin\left(\pi t-\frac{\pi}{3}\right)$$

$$a=-\omega^2 A\cos(\omega t+\phi_0)=-0.12\pi^2\cos\left(\pi t-\frac{\pi}{3}\right)$$

在 $t=\dfrac{T}{4}=0.5\ \text{s}$ 时，由上面各式可得

$$x=0.12\cos\left(\pi\times0.5-\frac{\pi}{3}\right)\ \text{m}=0.06\sqrt{3}\ \text{m}=0.104\ \text{m}$$

$$v=-0.12\pi\sin\left(\pi\times0.5-\frac{\pi}{3}\right)\ \text{m}\cdot\text{s}^{-1}=-0.06\pi\ \text{m}\cdot\text{s}^{-1}=-0.18\ \text{m}\cdot\text{s}^{-1}$$

$$a=-0.12\pi^2\cos\left(\pi\times0.5-\frac{\pi}{3}\right)\ \text{m}\cdot\text{s}^{-2}=-0.06\sqrt{3}\pi^2\ \text{m}\cdot\text{s}^{-2}=-1.03\ \text{m}\cdot\text{s}^{-2}$$

(3)当 $x=-0.06\ \text{m}$，设该时刻为 t_1，得

$$-0.06=0.12\cos\left(\pi t_1-\frac{\pi}{3}\right)$$

(4) $$\cos\left(\pi t_1-\frac{\pi}{3}\right)=-\frac{1}{2}$$

$$\pi t_1-\frac{\pi}{3}=\frac{2\pi}{3}$$

这里，因为物体向 x 轴负向运动，$v<0$，所以不取 $4\pi/3$. 求得

$$t_1=1\ \text{s}$$

当物体第一次回到平衡位置，设该时刻为 t_2，由于物体此时向 x 轴正向运动，所以物体在平衡位置处的相位为 $3\pi/2$，则由

$$\pi t_2-\frac{\pi}{3}=\frac{3\pi}{2}$$

求得

$$t_2=1.83\ \text{s}$$

所以，从 $x=-0.06\ \text{m}$ 处第一次回到平衡位置所需时间为

$$\Delta t = t_2 - t_1 = \left(\frac{11}{6} - 1\right)\ \mathrm{s} = 0.83\ \mathrm{s}$$

我们也可直接由例5.2图(b)所示旋转矢量图知，从 $x = -0.06$ m向 x 轴负方向运动，第一次回到平衡位置时，振幅矢量转过的角度为 $\frac{3\pi}{2} - \frac{2\pi}{3} = \frac{5\pi}{6}$，这就是两者的相位差，由于振幅矢量的角速度为 ω，所以可得到所需的时间

$$\Delta t = \frac{\frac{5\pi}{6}}{\omega} = 0.83\ \mathrm{s}$$

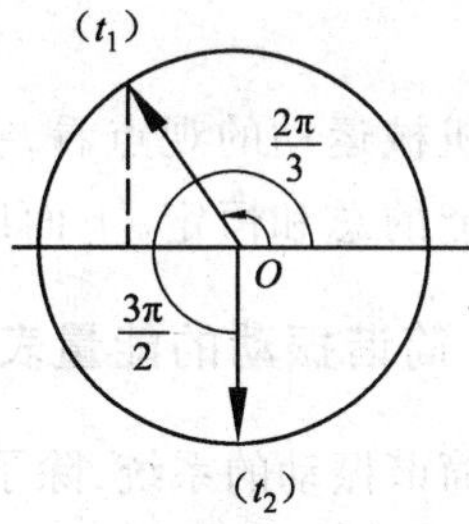

例5.2图(b)

例5.3　已知简谐振动曲线如例5.3图(a)所示，试写出此振动的振动方程.

解　由图可以看出 $A = 0.10$ m，$T = \left(\frac{7}{3} - \frac{1}{3}\right)$ s $= 2$ s，所以

$$\omega = \frac{2\pi}{T} = \pi\ \mathrm{rad \cdot s^{-1}}$$

又由图知 $t = 0$ 时，$x_0 = -0.05$ m，$v_0 < 0$，所以

$$x = A\cos(\omega t + \phi) \Rightarrow 0.10\cos\phi = -0.05 \tag{1}$$

$$v = -A\omega\sin(\omega t + \phi) \Rightarrow -0.10\pi\sin\phi < 0 \tag{2}$$

由式(1)得　$$\cos\phi = -\frac{1}{2} \Rightarrow \phi = \pm\frac{2\pi}{3}$$

由式(2)得　$$\sin\phi > 0$$

所以　$$\phi = \frac{2\pi}{3}$$

或者用旋转矢量图确定 ϕ(见例5.3图(b)). 因为 $x_0 = -A/2$，$v_0 < 0$，旋转矢量只能位于第Ⅱ象限，A 与 x 轴正向的夹角为

$$\phi = \frac{2\pi}{3}$$

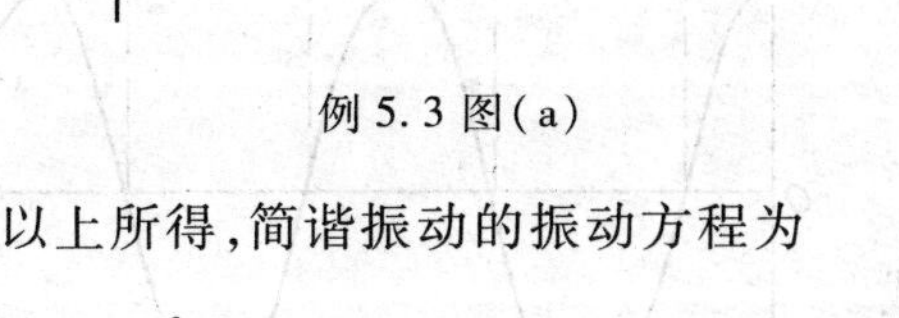

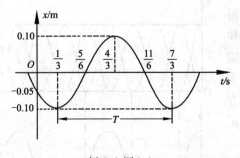

例5.3图(a)

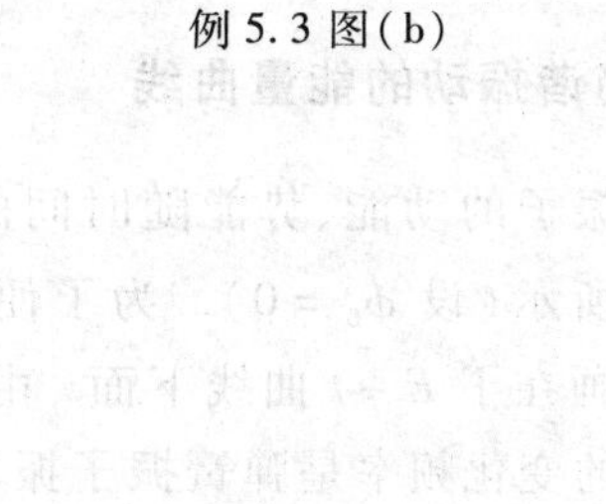

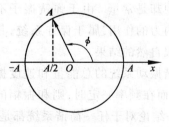

例5.3图(b)

根据以上所得，简谐振动的振动方程为

$$x = 0.10\ \cos\left(\pi t + \frac{2\pi}{3}\right)$$

5.3 简谐振动的能量

从机械运动的观点看,在振动过程中,若振动系统不受外力和非保守内力的作用,则其动能和势能的总和恒定.下面以弹簧振子为例,研究简谐振动中能量的转换和守恒问题.

5.3.1 简谐振动的能量表示式

做简谐振动的系统,除了具有动能之外,还具有势能. 以弹簧振子为例,振动物体的动能为

$$E_k = \frac{1}{2}mv^2$$

如取物体在平衡位置时的势能为零,则弹性势能为

$$E_p = \frac{1}{2}kx^2$$

将式(5.10)代入上面两式,并考虑到 $\omega^2 = \frac{k}{m}$,得

$$E_k = \frac{1}{2}m\omega^2 A^2 \sin^2(\omega t + \phi_0) = \frac{1}{2}kA^2 \sin^2(\omega t + \phi_0) \tag{5.24}$$

$$E_p = \frac{1}{2}kA^2 \cos^2(\omega t + \phi_0) \tag{5.25}$$

式(5.24)和式(5.25)说明物体做简谐振动时,其动能和势能都随时间 t 作周期性变化. 位移最大时,势能达最大值,动能为零;物体通过平衡位置时,势能为零,动能达最大值.

简谐振动的总机械能为

$$E = E_k + E_p = \frac{1}{2}kA^2 \sin^2(\omega t + \phi_0) + \frac{1}{2}kA^2 \cos^2(\omega t + \phi_0)$$

$$= \frac{1}{2}kA^2 = \frac{1}{2}mA^2\omega^2 = \frac{1}{2}mv_m^2 \tag{5.26}$$

上式说明:谐振系统在振动过程中的动能和势能虽然分别随时间而变化,但总的机械能在振动过程中却是常量. 由于弹簧振子不受外力和非保守内力的作用,属于保守系统,其总机械能守恒是很自然的结果.

简谐振动系统的总能量和速度振幅的平方成正比,而在频率一定时,则和振幅的平方成正比. 这一结论对于任一简谐系统都是正确的.

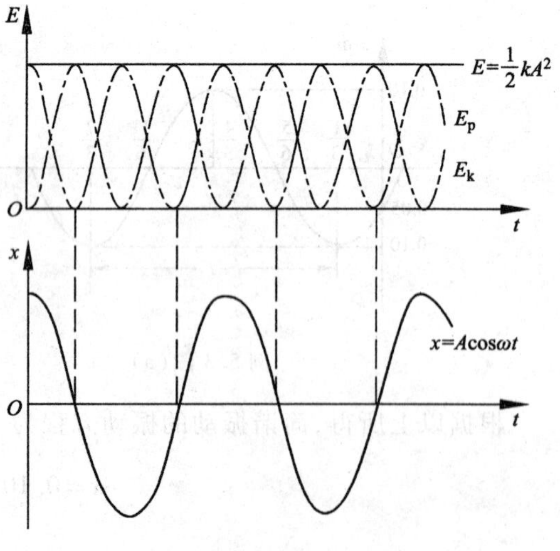

图 5.9 简谐振子的动能、势能和总能量随时间变化的曲线

5.3.2 简谐振动的能量曲线

弹簧振子的动能、势能随时间的变化曲线如图 5.9 所示(设 $\phi_0 = 0$). 为了便于比较,将 $x-t$ 曲线画在了 $E-t$ 曲线下面. 由图可见,动能和势能的变化频率是弹簧振子振动频率的两

倍,总能量则不改变.

5.3.3　简谐振动的能量平均值

下面我们计算动能和势能在一个周期内的平均值.

将式(5.24)对时间 t 从0到 T 积分,得

$$\overline{E}_k = \frac{1}{T}\int_0^T \frac{1}{2}kA^2\sin^2(\omega t+\phi_0)\,dt = \frac{1}{4}kA^2 \tag{5.27}$$

同理,将式(5.25)对时间 t 从0到 T 积分,得

$$\overline{E}_p = \frac{1}{T}\int_0^T \frac{1}{2}kA^2\cos^2(\omega t+\phi_0)\,dt = \frac{1}{4}kA^2 \tag{5.28}$$

即

$$\overline{E}_k = \overline{E}_p = \frac{1}{4}kA^2 = \frac{1}{2}E \tag{5.29}$$

由此可见,动能和势能在一个周期内的平均值相等,且均等于总能量的一半.

上述结论虽然是从弹簧振子这一特例推出的,但具有普遍意义,适用于任何一个简谐振动系统.

例5.4　一质量为10 g的物体做简谐振动,其振幅为24 cm,周期为4.0 s,当 $t=0$ 时,位移为 +24 cm.求:

(1) $t=0.5$ s时,物体所在位置;

(2) $t=0.5$ s时,物体所受力的大小与方向;

(3)由起始位置运动到 $x=12$ cm处所需的最少时间;

(4)在 $x=12$ cm处,物体的速度、动能以及系统的势能和总能量.

解　因为 $\omega=\frac{2\pi}{T}=\frac{2\pi}{4}\ \text{rad}\cdot\text{s}^{-1}=\frac{\pi}{2}\ \text{rad}\cdot\text{s}^{-1}$, $x_0=A=0.24$ m, $v_0=0$,所以 $\phi_0=0$,得简谐振动方程

$$x=0.24\cos\left(\frac{\pi}{2}t\right)$$

(1) $x|_{t=0.5}=A\cos(\pi t/2)|_{t=0.5}=0.24\cos(\pi\times0.5/2)\ \text{m}=0.17\ \text{m}$

(2) $a|_{t=0.5}=\left.\frac{d^2x}{dt^2}\right|_{t=0.5}=-0.24(\pi/2)^2\cos(\pi\times0.5/2)\,\text{m}\cdot\text{s}^{-2}=-0.419\ \text{m}\cdot\text{s}^{-2}$

$F|_{t=0.5}=ma|_{t=0.5}=0.01\times(-0.419)\ \text{N}=-4.19\times10^{-3}\ \text{N}$,指向平衡位置.

(3)物体位置处于 $x=12$ cm时的相位由振动方程得

$$0.12=0.24\cos\left(\frac{\pi}{2}t\right)\Rightarrow\frac{\pi}{2}t=\pm\frac{\pi}{3}$$

因为物体是由最大位移向平衡位置方向运动, $v<0$.用旋转矢量也可判断,上述相位应取

$$\phi=\frac{\pi}{2}t=\frac{\pi}{3}$$

所需最少时间是

$$t=\frac{2}{3}\ \text{s}$$

$$(4)\ v\big|_{x=0.12}=\frac{dx}{dt}\bigg|_{x=0.12}=-0.24\times\frac{\pi}{2}\times\sin\frac{\pi}{3}\ \text{m}\cdot\text{s}^{-1}=-0.326\ \text{m}\cdot\text{s}^{-1}$$

$$E_k\big|_{x=0.12}=\frac{1}{2}mv^2\bigg|_{x=0.12}=5.31\times10^{-4}\,\text{J}$$

$$E_p\big|_{x=0.12}=\frac{1}{2}kx^2\bigg|_{x=0.12}=\frac{1}{2}m\omega^2x^2\bigg|_{x=0.12}=1.78\times10^{-4}\,\text{J}$$

$$E=E_k+E_p=(5.31+1.78)\times10^{-4}\ \text{J}=7.09\times10^{-4}\ \text{J}$$

5.4 简谐振动的合成

在实际问题中,常会遇到一个质点同时参与两个或更多振动的情况,此时物体的运动为这多个振动的合成运动. 一般的振动合成问题比较复杂,我们只研究简谐振动合成的几种简单的情况.

5.4.1 同方向同频率的简谐振动的合成

设一质点同时参与两个同方向(设沿 x 轴)同频率(即角频率 ω 相同)的简谐振动,取质点的平衡位置为坐标原点,在任一时刻 t,这两个振动的位移分别为

$$x_1=A_1\cos(\omega t+\phi_{10})$$

$$x_2=A_2\cos(\omega t+\phi_{20})$$

因两分振动在同一方向上进行,所以质点的合位移等于两分位移的代数和,即

$$x=x_1+x_2=A_1\cos(\omega t+\phi_{10})+A_2\cos(\omega t+\phi_{20})$$

利用三角函数关系,上式可以化为

$$x=A\cos(\omega t+\phi_0) \tag{5.30a}$$

式中,A 和 ϕ_0 的值分别为

$$A=\sqrt{A_1^2+A_2^2+2A_1A_2\cos(\phi_{20}-\phi_{10})} \tag{5.30b}$$

$$\tan\phi_0=\frac{A_1\sin\phi_{10}+A_2\sin\phi_{20}}{A_1\cos\phi_{10}+A_2\cos\phi_{20}} \tag{5.30c}$$

由此可见,同方向同频率的简谐振动的合成仍为一简谐振动,其频率与分振动频率相同,合振动的振幅、相位由两分振动的振幅 A_1、A_2 及初相 ϕ_{10}、ϕ_{20} 决定.

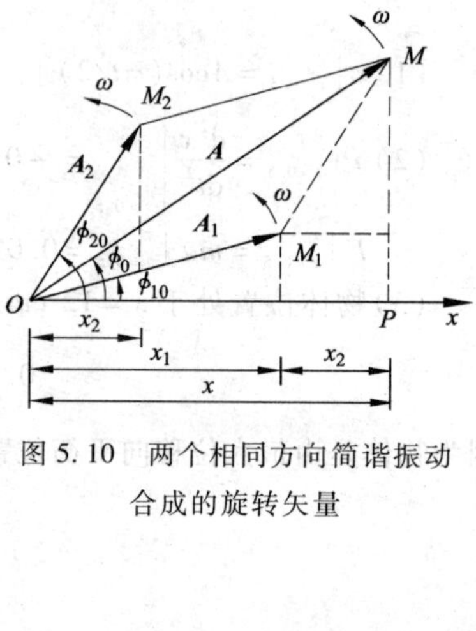

图 5.10 两个相同方向简谐振动合成的旋转矢量

也可采用旋转矢量图来研究两个简谐振动的合成. 如图 5.10 所示. 矢量 $\boldsymbol{A}_1$ 和 $\boldsymbol{A}_2$ 分别代表两个同频率的简谐振动的旋转矢量,x_1 和 x_2 分别为旋转矢量 $\boldsymbol{A}_1$ 和 $\boldsymbol{A}_2$ 在 x 轴上的投影,x 为 $\boldsymbol{A}_1$ 和 $\boldsymbol{A}_2$ 的合矢量 $\boldsymbol{A}$ 在 x 轴上的投影. 因为矢量的长度都是一定的,而且以相同的角速度 ω 匀速转动,所

以在旋转过程中，平行四边形 OM_1MM_2 的形状保持不变，同时合矢量 $\boldsymbol{A}$ 的长度也将保持不变，而且以同一角速度 ω 转动．这说明合矢量 $\boldsymbol{A}$ 所代表的合振动仍是简谐振动，其方向和频率都与原来的两个振动相同，合振动的方程可从合矢量 $\boldsymbol{A}$ 在 x 轴上的投影写出，即

$$x = A\cos(\omega t + \phi_0)$$

这就是上面得出的式(5.30a)．式中振幅 A 就是合矢量 $\boldsymbol{A}$ 的长度，初相位 ϕ_0 就是合矢量 $\boldsymbol{A}$ 和 x 轴之间的夹角．从图中三角形 OM_1M，运用余弦定理，即可得式(5.30b)．又从图中直角三角形 OMP，根据 $\tan\phi_0 = PM/OP$，即可得式(5.30c)．

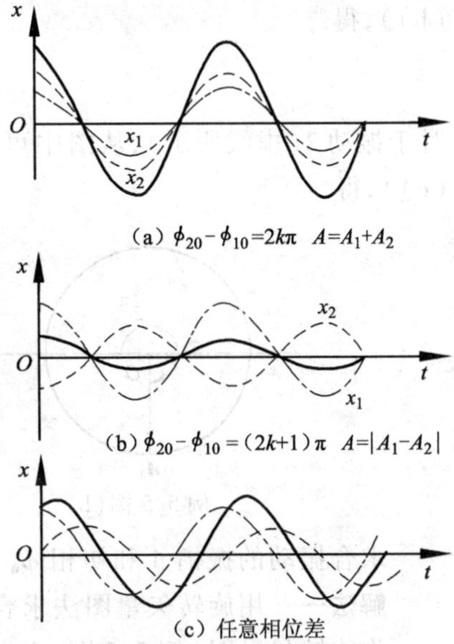

图 5.11　初相位差不同的两个简谐振动的合成

现在来讨论振动合成的结果．从式(5.30b)可以看出，合振动的振幅不仅与两个分振动的振幅有关，还与两个分振动的初相位差($\phi_{20}-\phi_{10}$)有关．下面讨论两个常用的特例．

(1)两振动同相，即初相位差 $\phi_{20}-\phi_{10}=\pm 2k\pi, k=0,1,2,\cdots$．这时 $\cos(\phi_{20}-\phi_{10})=1$，根据式(5.30b)得

$$A=\sqrt{A_1^2+A_2^2+2A_1A_2}=A_1+A_2$$

即合振动的振幅等于原来两个振动的振幅之和．这是合振动振幅可能达到的最大值，如图 5.11(a)所示．

(2)两振动反相，即初相位差 $\phi_{20}-\phi_{10}=\pm(2k+1)\pi, k=0,1,2,\cdots$．这时 $\cos(\phi_{20}-\phi_{10})=-1$，根据式(5.30b)得

$$A=\sqrt{A_1^2+A_2^2-2A_1A_2}=|A_1-A_2|$$

即合振动的振幅等于原来两个振动的振幅之差．这是合振动振幅可能达到的最小值，如图 5.11(b)所示．如果 $A_1=A_2$，则 $A=0$，即两个等幅反相的振动合成的结果将使质点处于静止状态．

在一般情形下，因为($\phi_{20}-\phi_{10}$)可能是其他任意值，合振动的振幅在 A_1+A_2 与 $|A_1-A_2|$ 之间，如图 5.11(c)所示．

同方向同频率简谐振动的合成原理，在讨论声波、光波的干涉和衍射时很重要．

例 5.5　有两个同方向、同频率的简谐振动，它们的振动曲线如例 5.5 图(a)所示．求这两个简谐振动合成的振动方程．

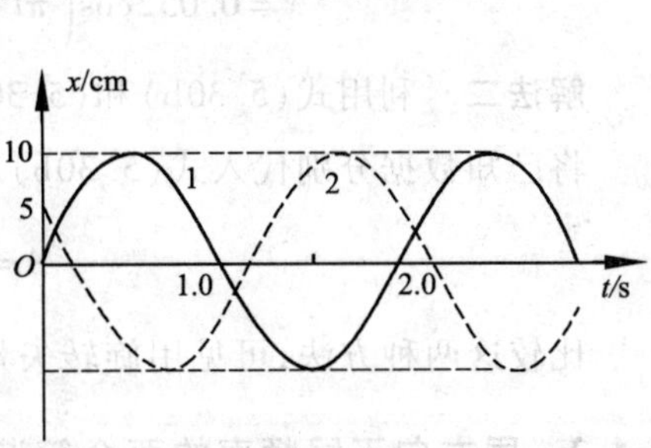

例 5.5 图(a)

解　要求简谐振动合成的振动方程，需求出合振动的三个特征量 A、ω 和 ϕ_0．

我们知道，两个同方向、同频率简谐振动的合振动仍为简谐振动，其角频率不变．从图可以看出振动的周期

$$T_1=T_2=T=2.0\ \text{s}$$

故合振动的角频率为

$$\omega=\frac{2\pi}{T}=\pi\ \text{rad}\cdot\text{s}^{-1}$$

要求合振动的振幅 A 和初相 ϕ_0，需求出两个分振动的振幅及初相. 从图中可以看出

$$A_1 = A_2 = 0.10\ \text{m}$$

对于振动 1（实线所示），从图中可知，在 $t=0$ 时，$x_{10}=0$，$v_{10}>0$. 作旋转矢量图（例 5.5 图(b)），得

$$\phi_{10} = \frac{3\pi}{2}$$

对于振动 2（虚线所示），从图中可知，在 $t=0$ 时，$x_{20}=A_2/2$，$v_{20}<0$. 作旋转矢量图（例 5.5 图(c)），得

$$\phi_{20} = \frac{\pi}{3}$$

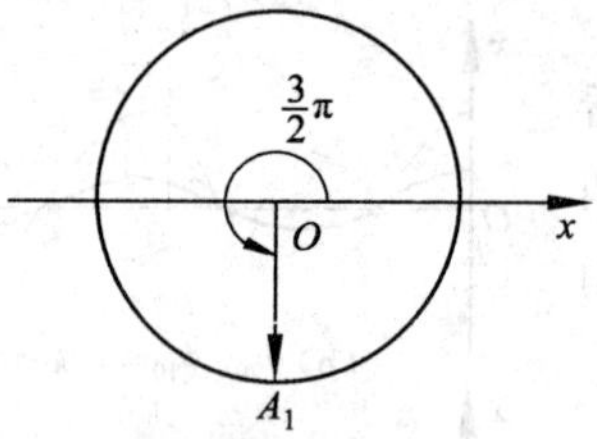

例 5.5 图(b)

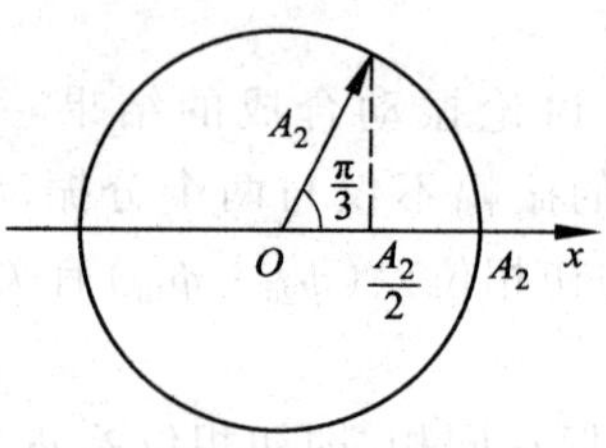

例 5.5 图(c)

求合振动的振幅 A 和初相 ϕ_0 可以有两种方法：

解法一　用旋转矢量图法求合矢量.

作旋转矢量图（例 5.5 图(d)）. 从图可见

$$\Delta\phi = \frac{\pi}{2} + \frac{\pi}{3} = \frac{5\pi}{6}$$

从几何关系可得到

$$A = 2A_2\cos\frac{\Delta\phi}{2} = 2\times(0.10\ \text{m})\times\cos\frac{5\pi}{12}$$

$$= 0.052\ \text{m}$$

$$\phi_0 = -\left(\frac{5\pi}{12} - \frac{\pi}{3}\right) = -\frac{\pi}{12}$$

故合振动方程为

$$x = 0.052\cos\left(\pi t - \frac{\pi}{12}\right)$$

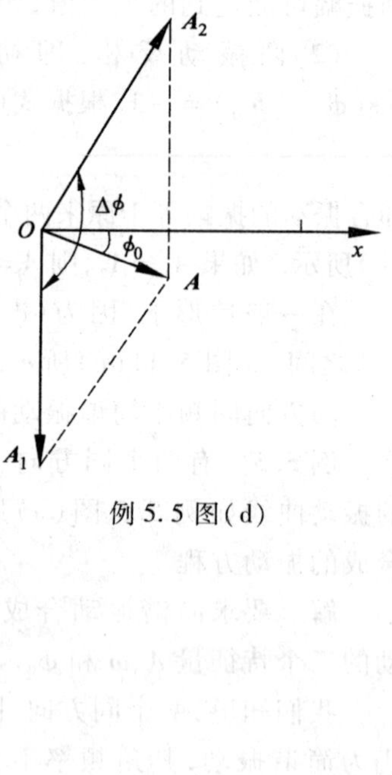

例 5.5 图(d)

解法二　利用式(5.30b)和(5.30c)计算.

将已知数据分别代入式(5.30b)和(5.30c)可得

$$A = 0.052\ \text{m}\ 和\ \phi_0 = -\frac{\pi}{12}$$

比较这两种方法，可见用旋转矢量法比较直观、简洁.

5.4.2　同方向不同频率的两个简谐振动的合成　拍

如果两个同方向简谐振动的频率不相同，则在旋转矢量图中，$\boldsymbol{A}_1$ 和 $\boldsymbol{A}_2$ 的转动速度就不相同. 这样一来，$\boldsymbol{A}_1$ 和 $\boldsymbol{A}_2$ 之间的相位差将随时间而变化，它们之间的夹角也随着时间改变，因此合矢量 $\boldsymbol{A}$ 的长度和角速度都将随时间而改变. 虽然合矢量 $\boldsymbol{A}$ 所代表的合振动仍与原来振动的方向相同，但不再是简谐振动，而是比较复杂的运动. 这里仅对两个频率相近的振动的合成

情况进行讨论.

设两个同方向的简谐振动,其频率满足 $\nu_2>\nu_1$ 和 $\nu_2-\nu_1\ll\nu_2+\nu_1$,且振幅相等,其振动方程为

$$x_1=A\cos(\omega_1 t+\phi_{10})=A\cos(2\pi\nu_1 t+\phi_{10})$$
$$x_2=A\cos(\omega_2 t+\phi_{20})=A\cos(2\pi\nu_2 t+\phi_{20})$$

为方便计算,令 $\phi_{10}=\phi_{20}=0$,则根据运动叠加原理,两者的合振动为

$$\begin{aligned}x&=x_1+x_2=A\cos(2\pi\nu_1 t)+A\cos(2\pi\nu_2 t)\\&=\left[2A\cos\left(2\pi\frac{\nu_2-\nu_1}{2}t\right)\right]\cos\left(2\pi\frac{\nu_2+\nu_1}{2}t\right)\end{aligned}\tag{5.31}$$

上式表明合振动不再是简谐振动. 但在满足 $\nu_2-\nu_1\ll\nu_2+\nu_1$ 的情况下,式中第一个因子的周期要比第二个因子的周期长得多. 于是我们可将式(5.31)表示的运动看做是振幅按照 $\left(2A\cos\left(2\pi\frac{\nu_2-\nu_1}{2}t\right)\right)$ 缓慢变化,而频率等于 $\frac{\nu_2+\nu_1}{2}$ 的"准简谐振动". 由于合振动的振幅呈周期性变化,所以将出现振动忽强忽弱的现象,称为**拍**. 如图 5.12 所示,图中(a)、(b)表示两个频率接近的分振动,(c)为合振动,合振动振幅的周期性变化在图中表现得非常明显. 例如,同时敲击两个频率相近的音叉,就会听到"嗡嗡"时强时弱的拍音出现. 单位时间内振动加强或减弱的次数称作拍频. 拍频的值可由合振幅变化的频率求出

$$\nu_{拍}=|\nu_2-\nu_1|\tag{5.32}$$

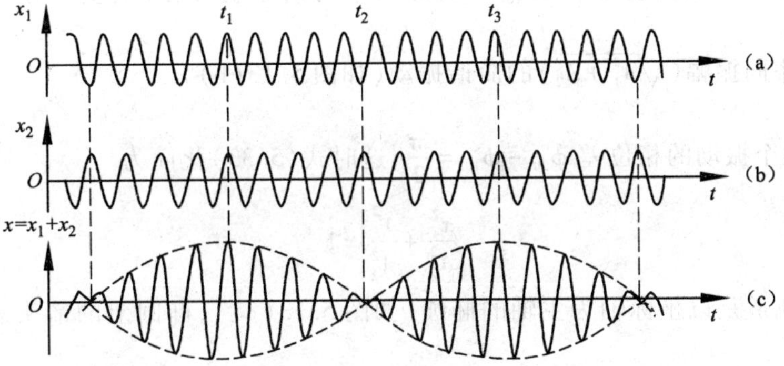

图 5.12　拍

拍现象在技术上的一个重要应用就是测量频率:如果已知一个高频振动频率,使它和另一频率相近但未知的振动叠加,测量合成振动的拍频,就可以求出未知的频率. 这种测量原理也适用于电磁波和光波.

5.4.3　相互垂直的同频率的简谐振动的合成

如果两个简谐振动的方向相互垂直,则其合振动一般是在两个振动方向所确定的平面上的曲线. 下面,我们先来讨论相互垂直的同频率的两个简谐振动的合成.

设质点同时参与两个简谐振动,其振动方向分别沿 x 和 y 轴方向,振动方程为

$$x=A_1\cos(\omega t+\phi_{10})$$
$$y=A_2\cos(\omega t+\phi_{20})$$

式中，ω 为两个振动的圆频率，A_1、A_2 和 ϕ_{10}、ϕ_{20} 分别为两振动的振幅和初相位．联立上面两式消去时间 t 得到质点的轨道方程为

$$\frac{x^2}{A_1^2}+\frac{y^2}{A_2^2}-2\frac{xy}{A_1A_2}\cos(\phi_{20}-\phi_{10})=\sin^2(\phi_{20}-\phi_{10}) \tag{5.33}$$

一般而言，上式是一个椭圆方程．椭圆轨道的范围不会超出以 $2A_1$ 和 $2A_2$ 为边长的矩形，椭圆的形状取决于相位差($\phi_{20}-\phi_{10}$)．下面分析几种特殊情况．

(1)两个振动的相位差 $\phi_{20}-\phi_{10}=0$，即两个简谐振动同相．在这种情况下，式(5.33)化简为

$$\left(\frac{x}{A_1}-\frac{y}{A_2}\right)^2=0$$

即

$$\frac{x}{A_1}=\frac{y}{A_2}$$

上式表明，质点的轨道是一条通过原点的直线，直线的斜率为这两个振动的振幅之比$\frac{A_2}{A_1}$(如图5.13(a))．在任一时刻 t，质点离开平衡位置的位移为

$$s=\sqrt{x^2+y^2}=\sqrt{A_1^2+A_2^2}\cos(\omega t+\phi_0)$$

所以合振动也是简谐振动，频率等于原来的频率，振幅等于 $\sqrt{A_1^2+A_2^2}$.

如果两个振动的相位差 $\phi_{20}-\phi_{10}=\pi$，即两个简谐振动反相，则质点在另一条直线$\frac{x}{A_1}=-\frac{y}{A_2}$上作同频率同振幅($\sqrt{A_1^2+A_2^2}$)的简谐振动(如图5.13(b))．

(2)如果两个振动的相位差 $\phi_{20}-\phi_{10}=\frac{\pi}{2}$，这时式(5.33)化简为

$$\frac{x^2}{A_1^2}+\frac{y^2}{A_2^2}=1$$

即质点的运动轨道是以坐标轴为主轴的椭圆(如图5.13(c))，椭圆上的箭头表示质点的运动方向．

如果两个振动的相位差 $\phi_{20}-\phi_{10}=-\frac{\pi}{2}$，质点运动轨道仍为上例椭圆，但运动方向反向(如图5.13(d))．

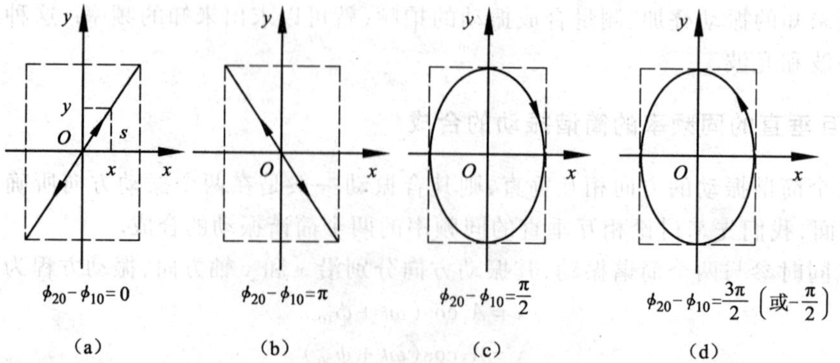

图5.13 两个相互垂直同频率简谐振动的合成

当两振动的相位差 $\phi_{20}-\phi_{10}=\pm\dfrac{\pi}{2}$ 且振幅相等（$A_1=A_2$）时，椭圆将变为圆（如图 5.14（a）、（b））.

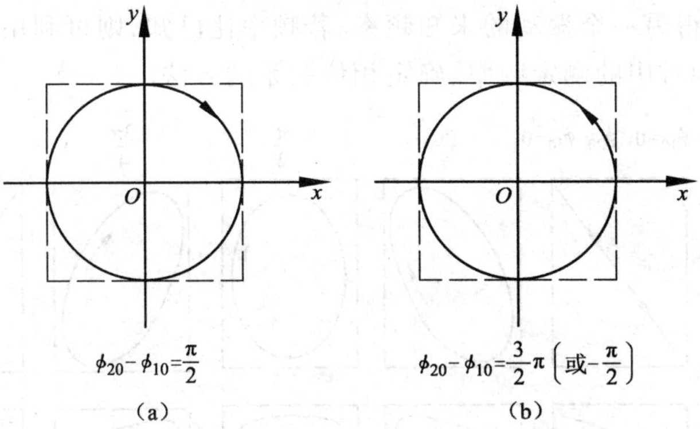

图 5.14　两个等振幅的、相位差为 $\pm\dfrac{\pi}{2}$ 的相互垂直同频率简谐振动的合成

总之，两个相互垂直的同频率简谐振动合成时，合运动的轨道是直线、椭圆或圆. 轨道的具体形状和运动方向由分振动的振幅和相位差（$\phi_{20}-\phi_{10}$）而定. 图 5.15 所示为振幅不相等的两振动在不同相位差时的合成图形.

以上讨论还说明：任意一个沿直线的简谐振动、匀速圆周运动和某些椭圆运动都可以分解成为两个相互垂直的简谐振动.

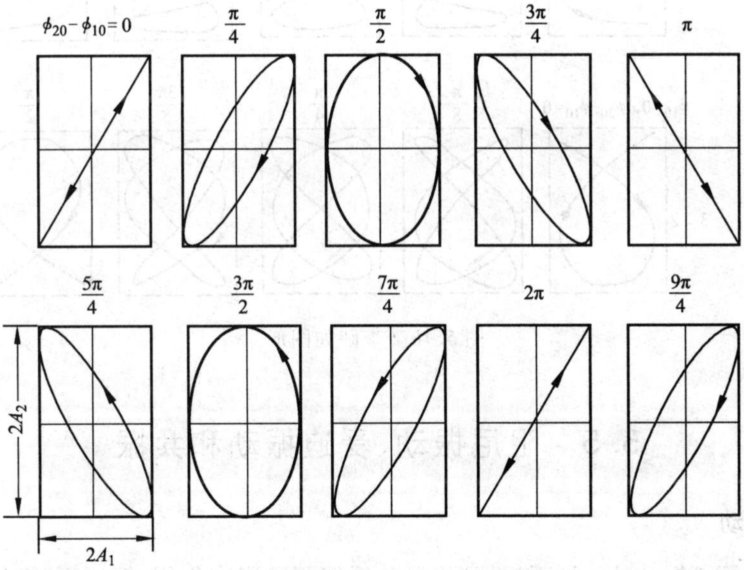

图 5.15　两个相互垂直的振幅不同、频率相同的简谐振动的合成

5.4.4　相互垂直的不同频率的简谐振动的合成

现在简略讨论一下两个互相垂直的、具有不同频率的简谐振动的合成情况. 如果两个振动的频率有很小差异，相位差就不是定值，合运动的轨道将不断地按照图 5.15 所示的顺序在上述矩形范围内由直线逐渐变成椭圆，又由椭圆逐渐变为直线，并重复进行.

如果两个振动的频率相差很大，但有简单的整数比例关系时，也可得到稳定的封闭的合成运动轨道. 图 5.16 表示出了两个相互垂直、具有不同频率比(1∶1,2∶1,3∶1 和3∶2)的简谐振动的合成的几个简单例子. 这些曲线称为**李萨如(J. A. Lissajous)图形**. 利用这些图形，可由一个已知频率的振动求得另一个振动的未知频率；若频率比已知，则可利用这种图形确定相位关系，这是无线电技术中常用的测定频率、确定相位关系的方法.

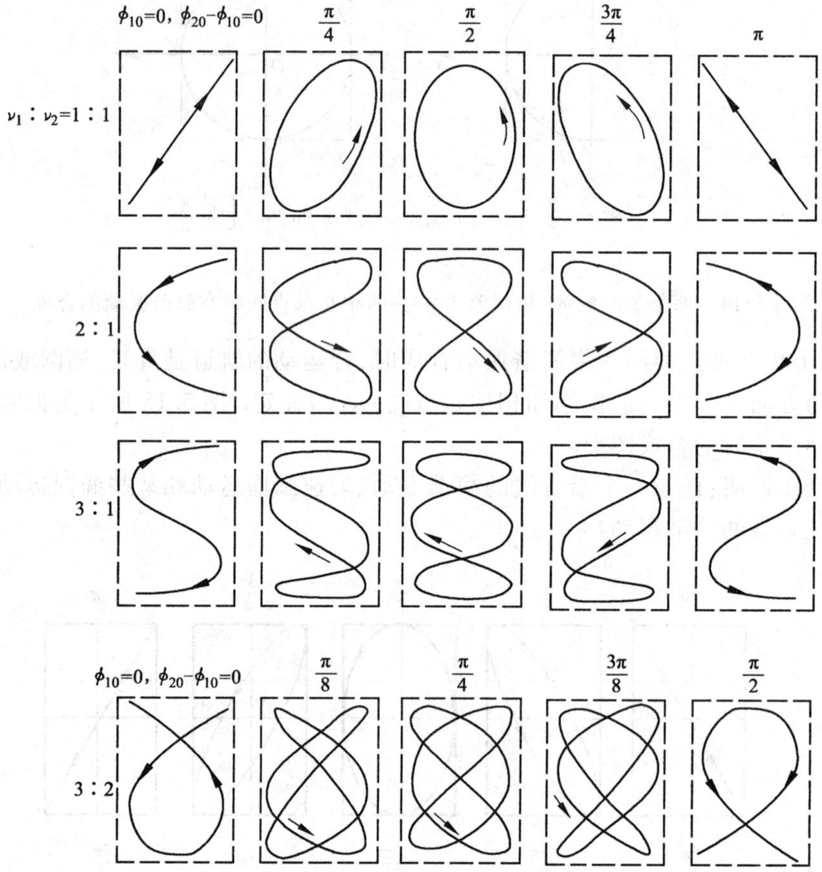

图 5.16 李萨如图形

5.5 阻尼振动、受迫振动和共振

5.5.1 阻尼振动

前面讨论的简谐振动是一种理想情况，振动系统不受阻力作用，振幅不随时间改变，系统机械能守恒. 这种不受任何阻力的影响，只在回复力的作用下所作的振动，称为**无阻尼自由振动**. 实际上，振动物体总是要受到阻力作用的，以单摆为例，由于受到空气阻力等的作用，它的振幅将逐渐减小，最后终归要停下来. 如果把单摆浸入到液体中，所受的阻力就更大了，这时可以看到它的振幅将急剧减小，振动几次以后，很快就会停止. 当阻力足够大时，振动物体甚至来不及完成一次振动就停止在平衡位置上了. 这种在回复力和阻力作用下的振动称为**阻尼振动**.

通常的振动系统都处在空气或液体中，它们受到的阻力就来自它们周围的这些介质. 介

质阻力对物体运动的影响是普遍存在的．实验表明，在物体的运动速度不大时，振动系统所受介质的黏滞阻力可表示为

$$\boldsymbol{f} = -\gamma \boldsymbol{v} \tag{5.34}$$

即在物体速度不大时，阻尼力与运动速度的大小成正比；方向与运动速度方向相反；γ 称为**阻力系数**，由振动物体的形状、体积大小、介质和物体材料性质等诸多因素共同决定．

下面讨论质量为 m 的振动物体，在弹性力（或准弹性力）和上述阻力作用下的运动．其运动方程为

$$m\frac{\mathrm{d}^2x}{\mathrm{d}t^2} = -kx - \gamma\frac{\mathrm{d}x}{\mathrm{d}t} \tag{5.35}$$

令 $\omega_0^2 = \dfrac{k}{m}$，$\omega_0$ 为振动系统的固有频率；$2\beta = \dfrac{\gamma}{m}$，$\beta$ 为阻尼系数．代入上式可得

$$\frac{\mathrm{d}^2x}{\mathrm{d}t^2} + 2\beta\frac{\mathrm{d}x}{\mathrm{d}t} + \omega_0^2 x = 0 \tag{5.36}$$

式(5.36)的解与固有角频率 ω_0 和阻尼系数 β 值的相对大小有关．下面分三种情况进行讨论．

(1) **弱阻尼状态**．当阻尼力较小，$\beta < \omega_0$ 时，令 $\omega = \sqrt{\omega_0^2 - \beta^2}$，系统仍能在平衡位置附近振动，方程(5.36)的解为

$$x = A\mathrm{e}^{-\beta t}\cos(\omega t + \phi_0) \tag{5.37}$$

其中，A、ϕ_0 为积分常量，由初始条件决定．式(5.37)中的 $A\mathrm{e}^{-\beta t}$ 可以看做是随时间变化的振幅，它随时间按指数规律衰减．这种振幅衰减的情况在图5.17中可以清楚地看出来，阻尼作用愈大，振幅衰减得愈快．显然阻尼振动不是简谐振动，它也不是严格的周期振动，因此常把阻尼振动叫做**准周期性运动**．

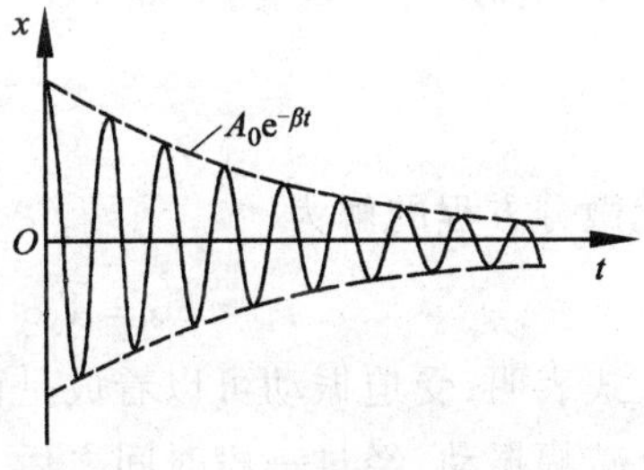

图5.17 阻尼振动图线

如果仍把相邻两次沿同方向经过平衡位置相隔的时间叫周期，则阻尼振动的周期为

$$T' = \frac{2\pi}{\omega} = \frac{2\pi}{\sqrt{\omega_0^2 - \beta^2}} \tag{5.38}$$

显然，阻尼振动的周期比简谐振动的固有周期要长，这是介质黏滞阻力的作用．

(2) **临界阻尼状态**．如果阻尼作用使得 $\beta = \omega_0$，称为**临界阻尼**，则有 $\omega = 0$，方程(5.36)的解为

$$x = x_0(1 + \beta t)\mathrm{e}^{-\beta t} \tag{5.39}$$

其 $x-t$ 关系如图5.18中的 c 曲线．此时系统不做往复运动，而是较快地回到平衡位置并停下来．当物体偏离平衡位置时，如果要它在不发生振动的情况下，很快地恢复到平衡位置，常用施加临界阻尼的方法．

(3) **强阻尼状态**．当 $\beta > \omega_0$ 时，称为**过阻尼**，方程的解为

$$x = C_1\mathrm{e}^{-\lambda_1 t} + C_2\mathrm{e}^{-\lambda_2 t} \tag{5.40}$$

其中，$\lambda_1 = -\beta + \sqrt{\beta^2 - \omega_0^2}$，$\lambda_2 = -\beta - \sqrt{\beta^2 - \omega_0^2}$，$C_1$、$C_2$ 是由初始条件决定的积分常量．式(5.40)的 $x-t$ 关系如图5.18中的 b 曲线．过阻尼也是非周期运动，和临界阻尼相比，物体回到平衡位置的时间较长．

在工程技术中，常利用改变阻尼的方法来控制系统的振动情况．例如，各类机器的防震器

大多采用 系列的阻尼装置；有些精密仪器，如物理天平、灵敏电流计中装有阻尼装置并调至临界阻尼状态，以使测量快捷、准确.

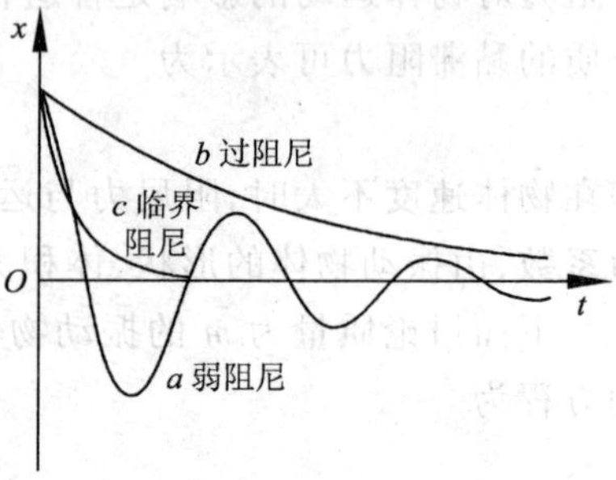

图 5.18　三种阻尼的比较

5.5.2　受迫振动和共振

1. 受迫振动

实际的振动系统总免不了受阻力作用而消耗能量，这会使振幅不断衰减，因此阻尼振动又称为**减幅振动**. 要使有阻尼的振动系统维持等幅振动，必须给振动系统不断补充能量，即施加持续的周期性外力作用. 振动系统在周期性外力作用下发生的振动叫做**受迫振动**. 这个周期性外力叫做**驱动力**. 许多实际的振动属于受迫振动，例如，声波引起耳膜的振动、马达转动导致基座的振动等.

为简单起见，设驱动力是随时间按余弦规律变化的简谐力 $H\cos\omega t$. 由于同时还受弹性力和阻力的作用，物体受迫振动的运动方程为

$$m\frac{\mathrm{d}^2x}{\mathrm{d}t^2} = -kx - \gamma\frac{\mathrm{d}x}{\mathrm{d}t} + H\cos\omega t \tag{5.41}$$

令 $\omega_0^2 = \dfrac{k}{m}$，$2\beta = \dfrac{\gamma}{m}$，$h = \dfrac{H}{m}$，则上式可写成

$$\frac{\mathrm{d}^2x}{\mathrm{d}t^2} + 2\beta\frac{\mathrm{d}x}{\mathrm{d}t} + \omega_0^2x = h\cos\omega t \tag{5.42}$$

此微分方程的解为

$$x = A_0\mathrm{e}^{-\beta t}\cos(\sqrt{\omega_0^2-\beta^2}\,t + \phi_0) + A\cos(\omega t + \phi) \tag{5.43}$$

上式表明，受迫振动可以看成是两个振动的合成. 一个振动由式(5.43)中第一项表示，它是一个减幅振动，经过一段时间之后，这一分振动就减弱到可以忽略不计了. 另一个振动由第二项表示，它是振幅不变的振动，这就是受迫振动达到稳定状态时的等幅振动. 因此受迫振动的稳定状态由下式表示

$$x = A\cos(\omega t + \phi) \tag{5.44}$$

可见，稳态受迫振动的角频率就是驱动力的角频率. 而振幅为

$$A = \frac{h}{[(\omega_0^2 - \omega^2)^2 + 4\beta^2\omega^2]^{1/2}} \tag{5.45}$$

稳态受迫振动与驱动力的相位差为

$$\phi = \arctan\frac{-2\beta\omega}{\omega_0^2 - \omega^2} \tag{5.46}$$

这些都与初始条件无关.

2. 共振

由式(5.45)可得，对于一定的振动系统，如果驱动力的幅值一定，受迫振动的稳态振幅与驱动力的频率有关. 按式(5.45)画出的不同阻尼时位移振幅和外力频率之间的关系，如图 5.19所示. 从图中可以看出，当驱动力频率为某一值时，位移振幅达到最大值，我们把这种位移振幅达到最大值的现象叫做**位移共振**. 用求极值的方法可得到位移共振角频率为

$$\omega_r = \sqrt{\omega_0^2 - 2\beta} \qquad (5.47)$$

相应的最大振幅为

$$A = \frac{h}{2\beta\sqrt{\omega_0^2 - \beta^2}} \qquad (5.48)$$

可见,阻尼愈小,ω_r 愈接近 ω_0,共振位移振幅也就愈大.

系统做受迫振动时,其速度也与驱动力有关,即

$$v = -\omega A\sin(\omega t + \varphi) = -v_m\sin(\omega t + \varphi) \qquad (5.49)$$

式中

$$v_m = \omega A = \frac{\omega h}{\sqrt{(\omega_0^2 - \omega^2)^2 + 4\beta^2\omega^2}} \qquad (5.50)$$

称为**速度振幅**,同样可求出当 $\omega_v = \omega_0$ 时,速度振幅有最大值,这种现象称为**速度共振**,如图 5.20 所示. 进一步研究表明,当系统发生速度共振时,外界能量的输入处于最佳状态,因此,速度共振又称为**能量共振**. 在弱阻尼情况下,位移共振与速度共振的条件趋于一致,所以,在弱阻尼情况下,两者可以不加区分.

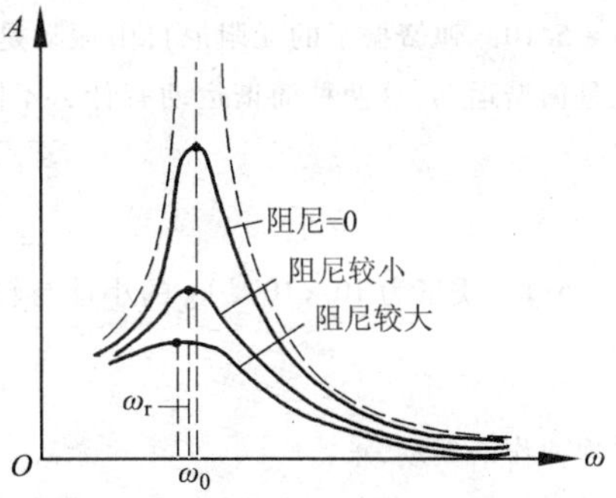

图 5.19　受迫振动的位移振幅与外力频率的关系

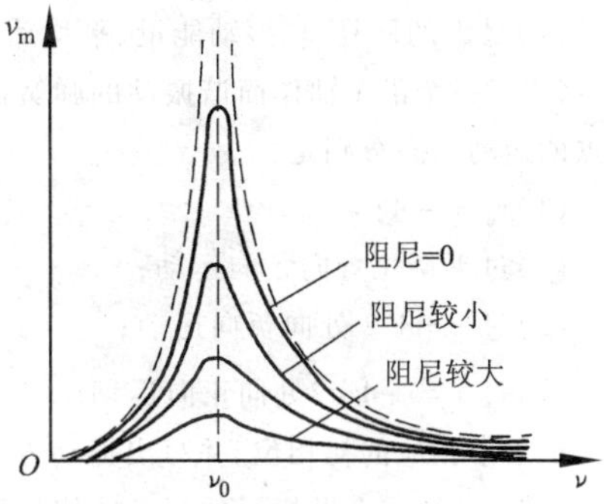

图 5.20　受迫振动的速度幅值与外力频率的关系

共振现象极为普遍,在声、光、无线电、原子内部及工程技术中都常遇到. 共振现象存在有利的一面,例如,许多仪器就是利用共振原理设计的:收音机利用电磁共振(电谐振)进行选台,一些乐器利用共振来提高音响效果,核内的核磁共振被利用来进行物质结构的研究以及医疗诊断等. 此外,如何避免因为系统振幅过大而造成机器设备、桥梁建筑的损坏,也是设计制造者必须考虑的.

思 考 题

5.1　什么是简谐振动? 下列运动中哪个是简谐运动?

(1)拍皮球的运动;

(2)锥摆的运动;

(3)一个小球在半径很大的光滑凹球面底部的小幅度摆动.

5.2　如果把一弹簧振子和一单摆拿到月球上去,振动的周期如何改变?

5.3　当一个弹簧振子的振幅增大到两倍时,试分析它的下列物理量将受到什么影响:振动的周期、最大速度、最大加速度和振动的能量.

5.4　把一个单摆从平衡位置拉开,使悬线与竖直方向成一小角度 φ,然后放手任其摆动. 如果从放手时开始计算时间,此 φ 角是否是振动的初相? 单摆的角速度是否是振动的角频率?

5.5　已知一简谐振动在 $t=0$ 时物体在平衡位置,试结合旋转矢量图说明此条件能否确定物体振动的初相?

5.6　一个弹簧,倔强系数为 k,一质量为 m 的物体挂在它的下面. 若把该弹簧分割成两半,物体挂在分割后的一根弹簧上,问分割前后两个弹簧振子的振动频率是否一样?

5.7　任何一个实际的弹簧都是有质量的,如果考虑弹簧的质量,弹簧振子的振动周期将变大还是变小?

5.8　振动合成中的“拍”现象指的是什么? 它的形成条件是什么? 其合成振动是什么样的振动? 如何确定合成振幅的“拍”频?

5.9 稳态受迫振动的频率由什么决定？这个振动频率与振动系统本身的性质有何关系？

5.10 弹簧振子的无阻尼自由振动是简谐运动，同一弹簧振子在简谐驱动力持续作用下的稳态受迫振动也是简谐运动，这两种简谐运动有什么不同？

习 题

5.1 质量为 10×10^{-3} kg 的小球与轻弹簧组成的系统，按

$$x=0.1\cos\left(8\pi t+\frac{2\pi}{3}\right)\quad(\mathrm{SI})$$

的规律作谐振动，求：

(1)振动的周期、振幅和初相位及速度与加速度的最大值；

(2)$t=1$ s、2 s、5 s 时刻的相位；

(3)$t_2=5$ s 与 $t_1=1$ s 两个时刻的相位差；

(4)最大的回复力、振动能量、平均动能和平均势能. 在哪些位置上动能与势能相等？

5.2 一个沿 x 轴作简谐振动的弹簧振子，振幅为 A，周期为 T，其振动方程用余弦函数表示. 若 $t=0$ 时，质点的运动状态分别是：

(1)$x_0=-A$；

(2)过平衡位置向正向运动；

(3)过 $x=A/2$ 处向负向运动；

(4)过 $x=-A/\sqrt{2}$ 处向正向运动.

试求出相应的初相位，并写出振动方程.

5.3 已知一个谐振子的振动曲线如题 5.3 图所示.

(1)求和 a、b、c、d、e 各状态相应的相位；

(2)写出振动表达式；

(3)画出旋转矢量图.

5.4 作简谐振动的小球，速度最大值为 $v_m=3$ cm·s^{-1}，振幅 $A=2$ cm，若从速度为正的最大值的某时刻开始计算时间. 求：

(1)振动的周期；

(2)加速度的最大值；

(3)振动表达式.

5.5 有一轻弹簧，下面悬挂质量为 1.0 g 的物体时，伸长为 4.9 cm. 用这个弹簧和一个质量为 8.0 g 的小球构成弹簧振子，将小球由平衡位置向下拉开 1.0 cm 后，给予一个向上的初速度 $v_0=5.0$ cm·s^{-1}，求振动周期和振动表达式.

5.6 题 5.6 图为两个谐振动的 x-t 曲线，试分别写出其谐振动方程.

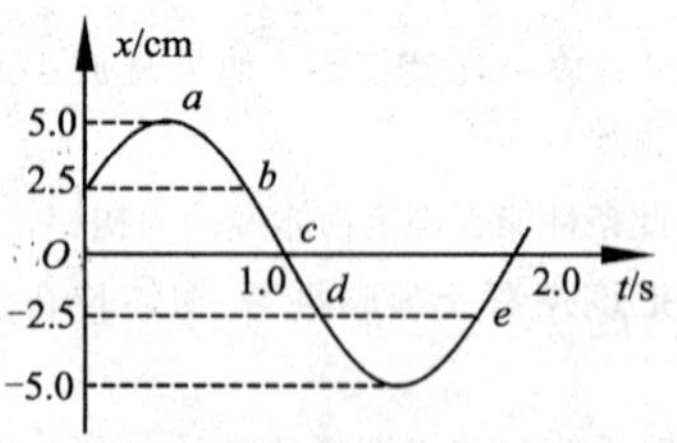

题 5.3 图

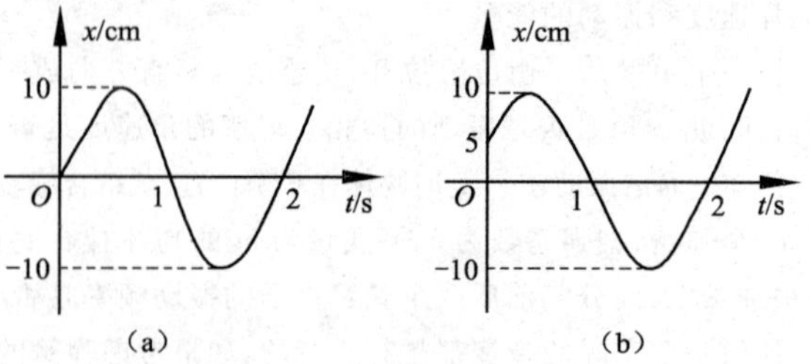

题 5.6 图

5.7 一轻弹簧的倔强系数为 k，其下端悬有一质量为 M 的盘子. 现有一质量为 m 的物体从离盘底 h 高

度处自由下落到盘中并和盘子粘在一起，于是盘子开始振动.

(1)此时的振动周期与空盘子作振动时的周期有何不同?

(2)此时的振动振幅多大?

(3)取平衡位置为原点，位移以向下为正，并以弹簧开始振动时作为计时起点，求初相位并写出物体与盘子的振动方程.

5.8　两个质点平行于同一直线并排作同频率、同振幅的简谐振动. 在振动过程中，每当它们经过振幅一半的地方时相遇，而运动方向相反. 求它们的相位差，并作旋转矢量图表示之.

5.9　一弹簧振子，弹簧倔强系数为 $k=25\ \mathrm{N\cdot m^{-1}}$，当物体以初动能 0.2 J 和初势能 0.6 J 振动时，试回答：

(1)振幅是多大?

(2)位移是多大时，势能和动能相等?

(3)位移是振幅的一半时，势能多大?

5.10　一质点同时参与两个在同一直线上的简谐振动，振动方程为

$$\begin{cases} x_1=0.4\cos\left(2t+\dfrac{\pi}{6}\right) \\ x_2=0.3\cos\left(2t-\dfrac{5}{6}\pi\right) \end{cases}$$

试分别用旋转矢量法和振动合成法求合振动的振幅和初相，并写出谐振动方程.

5.11　试用最简单的方法求出下列两组谐振动合成后所得合振动的振幅：

$$(1)\begin{cases} x_1=0.05\cos\left(3t+\dfrac{\pi}{3}\right) \\ x_2=0.05\cos\left(3t+\dfrac{7\pi}{3}\right) \end{cases} \qquad (2)\begin{cases} x_1=0.05\cos\left(3t+\dfrac{\pi}{3}\right) \\ x_2=0.05\cos\left(3t+\dfrac{4\pi}{3}\right) \end{cases}$$

5.12　有两个同方向、同频率的简谐振动，其合振动的振幅为 0.20 m，相位与第一振动的相位差为$\dfrac{\pi}{6}$，已知第一振动的振幅为 0.173 m，求第二个振动的振幅以及第一、第二两振动的相位差.

5.13　两个谐振子作同频率、同振幅的简谐运动. 第一个振子的振动表达式为 $x_1=A\cos(\omega t+\varphi_{10})$，当第一个振子从振动的正方向回到平衡位置时，第二个振子恰在正方向位移的端点.

(1)求第二个振子的振动表达式和二者的相位差；

(2)若 $t=0$ 时，$x_1=-A/2$，并向 x 负方向运动，给出两者的振动表达式.

5.14　三个同方向、同频率的简谐运动为

$$x_1=0.08\cos\left(314t+\frac{\pi}{6}\right)$$

$$x_2=0.08\cos\left(314t+\frac{\pi}{2}\right)$$

$$x_3=0.08\cos\left(314t+\frac{5\pi}{6}\right)$$

求：(1)合振动的角频率、振幅、初相及振动表达式；

(2)合振动由初始位置运动到 $x=\dfrac{\sqrt{2}}{2}A$（A 为合振动振幅）所需的最短时间.

5.15　倔强系数为 k_1 和 k_2 的两根弹簧，与质量为 m 的小球按题 5.15 图所示的两种方式连接，试证明它们的振动均为谐振动，并分别求出它们的振动周期.

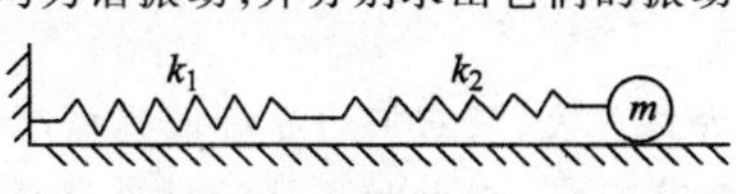

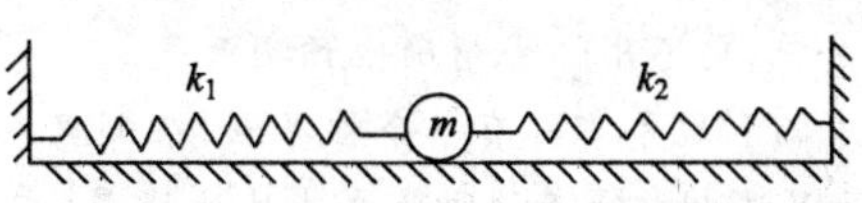

题 5.15 图

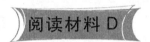

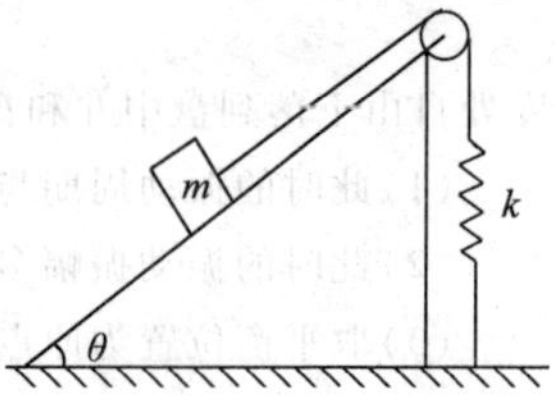

题 5.16 图

5.16　如题 5.16 图所示，物体的质量为 m，放在光滑斜面上，斜面与水平面的夹角为 θ，弹簧的倔强系数为 k，滑轮的转动惯量为 I，半径为 R. 先把物体托住，使弹簧维持原长，然后由静止释放，试证明物体作简谐振动，并求出振动周期.

5.17　将倔强系数分别为 k_1 和 k_2 的两根轻弹簧串联在一起，竖直悬挂着，下面系一质量为 m 的物体，做成一在竖直方向振动的弹簧振子，试求其振动周期.

*5.18　楼内空调用的鼓风机如果安装在楼板上，它工作时就会使整个楼产生讨厌的振动. 为了减小这种振动，就把鼓风机安装在有 4 个弹簧支撑的底座上. 鼓风机和底座的总质量为 576 kg，鼓风机的轴的转速为 1 800 $\mathrm{r\cdot min^{-1}}$. 经验指出，驱动频率为振动系统固有频率 5 倍时，可减震 90% 以上. 若按 5 倍计算，所用的每个弹簧的倔强系数应多大？

阅读材料 D

混　沌

今天一只蝴蝶在北京扇动了一下翅膀，可能会引起下个月在纽约的一场暴风雨.

——引自格莱克著《混沌——开创一门新科学》

混沌(chaos)理论是继相对论和量子力学问世以来 20 世纪物理学的第三次革命，其覆盖面广，涉及自然科学与社会科学的几乎各个领域. 它不仅改变了天文学家看待太阳系的方式，而且开始改变企业家做出保险决策的方式，改变政治家谈论紧张局势导致武装冲突的方式，等等. 混沌理论正促成整个现代知识体系成为新科学.

一、什么是混沌

混沌是决定性动力学系统中出现的一种貌似随机的运动行为. 混沌是一种复杂的运动形式，混沌研究隶属于非线性动力学.

混沌现象在人们的生活中无处不在. 上升的香烟柱破碎成缭乱的旋；旗帜在风中前后飘拂；龙头滴水从稳定样式变成随机样式. 混沌现象出现在大气和海洋的湍流中，出现在飞机的飞翔中，出现在高速公路上阻塞的汽车群体中，出现在野生动物种群数的涨落、心脏和大脑的振动以及地下管道的油流中……

二、蝴蝶效应

1963 年的一天，气象学家洛伦兹(E. Lorenz)踱进麻省理工学院的咖啡馆，而在他进来之前，他刚把一个数据输入他那台现在看来工作速度其慢无比的计算机，以验证上一次的结果. 他知道结果还需要等一个小时，他大可一边躲开噪声，一边来悠闲地享受咖啡. 当他回到自己的工作室时，令他惊讶的事情发生了，这次的结果与上次的结果在开始时相同，但到后来却出现了很大的差异. 他的结果是通过曲线表示的，这就是说两条曲线只是在开始时相吻合，而到后来两者却分道扬镳了. 问题出在计算机上吗？要知道，那时的计算机是经常出错的. 但洛伦兹通过再次验证排除了这种可能. 那么原因何在？不久他就找到了缘由. 在初次计算中，他输入的值是 0.506 127，而在后来的计算中，他输入的值是 0.506. 没有想到这 1/1 000的误差引起了如此严重的后果. 输入的细微差异可能很快成为输出的巨大差别，这种现象称为**事件对初始条件的敏感依赖性**. 在天气预报中，这种现象称为“**蝴蝶效应**”. 就像今天北京一只蝴蝶展翅翩翩对空气造成了扰动，可能导致下个月纽约的大风暴一样. 这种效应使得科学家始终无法模拟天气这个复杂系统，更不用说去精确地预测天气.

许多事物和现象都具有一个临界点，在那里，小小的变化会被放大，使它们的原有进程被改变得面目全非. 然而混沌却意味着这种临界点比比皆是，它无孔不入，无时不在. 对初始条件的敏感性乃是各种大小尺度的运动互相纠缠所不能避免的结果.

三、天体运动的混沌现象

学习了牛顿力学后,往往会得到这样一种印象:在物体受力已知的情况下,给定了初始条件,物体以后的运动情况(包括各时刻的位置和速度)就完全决定了,并且可以预测,这种认识被称为**决定论的可预测性**.牛顿力学的这种可预测性其威力扩及宇宙天体,如1757年哈雷彗星在预定的时间回归,1846年海王星在预言的方位上被发现.但混沌理论已证明,冥王星的运动以千万年为时间尺度却是混沌的,这是因为冥王星除去受到太阳的巨大引力外,还受到其他行星的微小引力;而1994年7月苏梅克-列维9号彗星撞上木星这种罕见的太空奇观也很可能就是混沌运动的一种表现.在太阳系内火星和木星之间分布有一个小行星带,1985年有人对小行星的轨道运动进行了计算机模拟,证明了小行星的运动由于受到木星的长期作用可能变为混沌运动,其后果是被从原来轨道中甩出,有的甚至可能最终被抛入地球大气层中成为流星.令人特别感兴趣的是美国的阿尔瓦莱兹曾提出一个理论:在6 500万年前曾有一颗大的小行星在混沌运动中脱离小行星带以$10^4\ \mathrm{m\cdot s^{-1}}$的速度撞上地球(墨西哥境内存有撞击后形成的大坑),撞击时产生的大量尘埃遮天蔽日,引起地球上的气候大变,大量茂盛的植物品种消失,也导致了以植物为食的恐龙及其他动物品种的灭绝.

四、生物界的混沌

自然界创造了各种生物以适应各种自然环境,也包括灾难性的气候突变.由于自然环境的演变不可预测,生物种族的产生和发展也不可能有一个预先安排好的确定程序.自然界在这里利用了混乱来对抗不可预测的环境.

澳大利亚昆虫学家尼科尔森(A. J. Nicholson)曾经在一个大瓶子里用有限的蛋白质食物喂养了一瓶子绿头苍蝇,研究受到空间和食物限制的苍蝇群体数目(蝇口)的变化.他观察到,有时绿头苍蝇可以繁殖到将近一万只,有时又会降至几百只.当蝇口繁殖过快,超过容器的空间限制后蝇口就急剧减少,而活动空间的扩大又使蝇口快速增长;蝇口决不会单调增大或单调减少,而是呈现一种周期性的降落.尼科尔森发现,这个循环周期大约是38天.但每个周期内蝇口数可能出现两个峰值,而且到约450天后,蝇口的变化(振荡)变得极不规则.在这个实验中,蝇口数的变化包括了周期性、准周期性和混沌.

生态学家们一直试图为生物群体增减寻找一个数学模型.一个合理的简化就是用离散的时间间隔去模拟虫口的变化.一个较好的方程是用迭代逻辑斯蒂映射得到的非线性逻辑斯蒂(Logistic)差分方程

$$x_{n+1}=ax_n(1-x_n)$$

其中,比例系数a即群体的增长率;x表示虫口的相对数,它被定义为介于0和1之间的数,0代表灭绝,1代表群体的最大虫口数.20世纪70年代,美国生态学家罗伯特·梅(Robert May)开始利用计算机对这种单一群体生物随时间而变化的最简单的生态学方程进行系统的研究.梅编制了计算机程序,慢慢增加a值,对方程进行数值运算.他发现,当a值小于1时,在0到1之间任取初值x_0,经过若干次迭代,虫口数趋于终态$x_*=0$,表示生物群体将灭绝,这是可以预料的.当$1<a<3$时,任取初值x_0,经过一系列迭代后,虫口数越来越趋于一个稳定态$x_*=1-\dfrac{1}{a}$.当a值超过3之后,系统的定态失稳了,这线条分裂为两条,虫口交替振荡于两线的两点之间,x_*值在两个数之间交替地跃变,这是周期2循环.当a值增大到3.5左右时,周期2吸引子也开始失稳,出现周期4循环,对群体的不同起始值x_*值都收敛于以4为周期的循环中.当a值增至3.56后,周期又加倍到8;a值到3.567时,周期达到16(如图D.1所示).此后将更快地出现32、64、128、…的周期倍化序列,这就是**倍周期分岔**现象.周期分裂再分裂,这种双分支越来越快地发生,以至$a=3.58$左右,这种分裂突然呈现崩溃之势,周期性态就变成混沌,虫口的涨落再也不会确定下来,虫口的逐年变化成为完全随机的,全部区域染成了墨色.

另外,人的自体免疫反应、正常人的脑电波、心脏病患者的心跳等都表现为混沌,而猝死、癫痫、精神分裂症等疾病的根源可能就是混沌.

经过近几十年对混沌现象的深入研究,科学家已经取得了许多突破.目前,混沌理论已广泛应用于物理、天文、化学、生物、医学、气象等自然科学学科,并开始应用于激光、超导等众多高科技领域.混沌理论在工程科学中也有用武之地,这种理论甚至已经拓展到社会科学的众多方面.混沌科学仍然是一门正在发展中的科学.

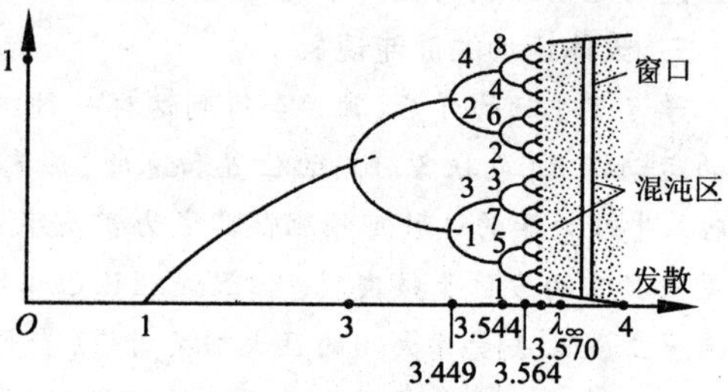

图 D.1 倍周期分岔

第6章 机械波和电磁波

机械振动在介质中的传播称为**机械波**,如声波、水波、地震波等.变化的电场和变化的磁场在空间的传播称为**电磁波**,如无线电波、光波、X射线、γ射线等.近代物理研究表明,微观粒子具有明显的波粒二象性,因此研究微观粒子的运动规律时,波动概念也十分重要.尽管波动现象的具体内容不同、本质不同,但在形式上它们却具有相似性.它们都遵循共同的波动规律,都可以用相同的数学方程来描述,因此掌握波动的基本概念和基本规律十分重要.本章主要讨论机械波的特点及其运动规律,并在此基础上介绍电磁波发射和传播的规律.

6.1 机械波的基本概念

6.1.1 机械波产生的条件

机械波的产生要有两个条件:一是要有做机械振动的物体,称为**波源**;二是要有能够传播这种机械振动的弹性介质.例如地震波,所谓震源即波源,地球本身即是传播地震波的介质.声带的振动、乐器上的弦和空气柱的振动、电话机薄膜的振动、机器的振动等都构成了声波的波源,并以空气为介质进行传播,因此我们才会生活在一个充满音响的世界中.由于月球上没有空气传播声音,因此月球是一个非常寂静的世界.然而,并不是一切波动的传播都需要介质,电磁波或光波就可以在真空中传播.

一般的波动中,波源和介质质元的振动是很复杂的.我们把波源以及介质中各质点的振动都是简谐振动的波叫**简谐波**.简谐波是一种最简单而又最基本的波.正像复杂的振动可以看成是由若干个简谐振动的合成一样,复杂的波也可以看成是由若干个简谐波叠加而成的,因此,研究简谐波的传播规律具有特别重要的意义.

6.1.2 横波和纵波

根据传播波的介质中的质点振动方向和波的传播方向的关系,可将机械波分为横波和纵波.

1. 横波

如果在振动中,质点的振动方向与波的传播方向相互垂直,这种波称为**横波**.如图6.1所示,绳的一端固定,另一端握在手中并不停地上下抖动,使手拉的一端作垂直于绳子的振动,就可以看到一个接一个的波形沿着绳子向另一端传播,形成绳子上传播的横波.

2. 纵波

如果在振动中,质点的振动方向与波的传播方向相互平行,这种波称为**纵波**.如图6.2所示,将一根相当长的弹簧水平悬挂,在其左端沿水平方向把弹簧左右拉推,就可以看到在长弹簧的各部分呈现由左向右移动的、疏密相间的纵波波形.在空气中传播的声波也是纵波.

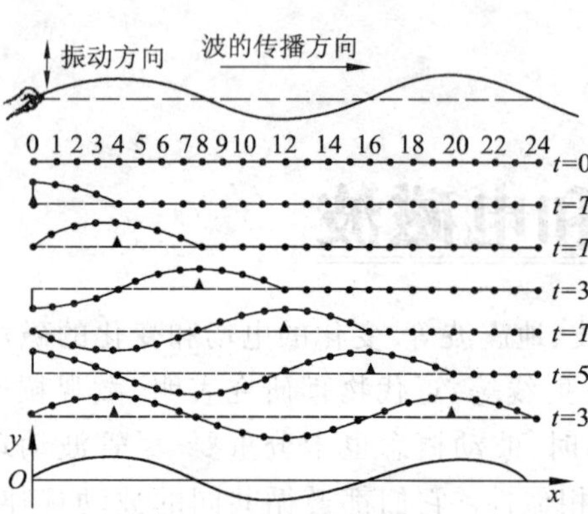

图 6.1 绳子上的横波

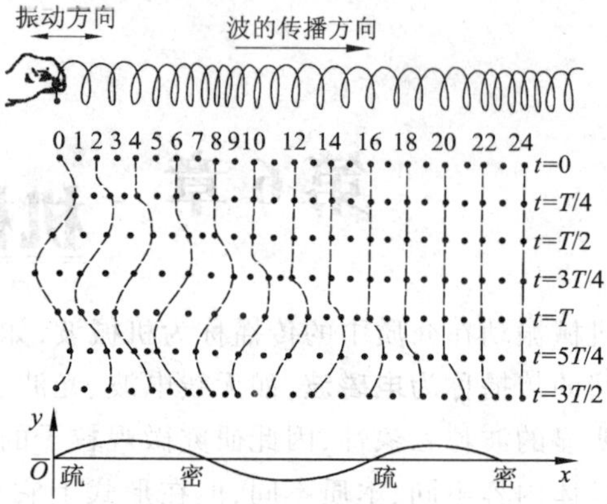

图 6.2 弹簧中的纵波

横波和纵波是波的两个基本类型. 有些波既不是纯粹的横波,也不是纯粹的纵波,例如水面波,如图 6.3 所示. 当波通过时,水的质点的运动既有上下运动,也有左右运动.

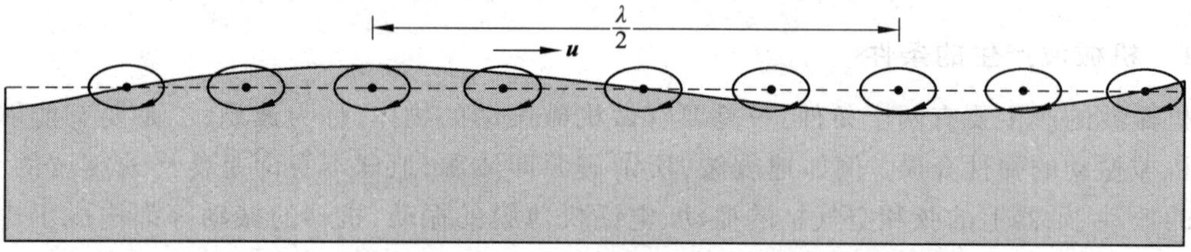

图 6.3 水面波

还可以看出,无论是横波还是纵波,介质中的各质点只是在各自的平衡位置附近作上下振动,质点并不沿波动方向移动. 即波是振动状态的传播,是能量的传播,并没有质量的迁移.

6.1.3 波线和波面

为形象地描述波在空间中的传播,通常用射线来代表波的传播方向,称为**波射线**,简称**波线**. 从波源发出的波,在空间沿各个方向传播,如果在同一时刻,把波沿各个方向传播所到达的各点的轨迹连接起来,就构成一个曲面, 该曲面上各个质点的振动状态(或振动相位)是完全相同的,则该曲面称为**波面**. 波面是一个等相面. 在某一时刻,波源最初的振动状态传到的波面叫**波阵面**或**波前**,显然,波前是最前面的一个波面. 在任一时刻波面可以有任意多个,但波前只有一个.

按波面的形状,可把波分为平面波(如图 6.4(a))、球面波(如图 6.4(b))、柱面波等. 在各向同性的介质中,波线总是与波阵面相垂直. 实际中常常将离波源足够远的球面波上的一小部分视为平面波,如太阳光射到地面上时就可看做平面波. 波面是平面的简谐波称为**平面简谐波**. 平面简谐波是最基本最简单的波. 本章主要讨论平面简谐波的传播规律.

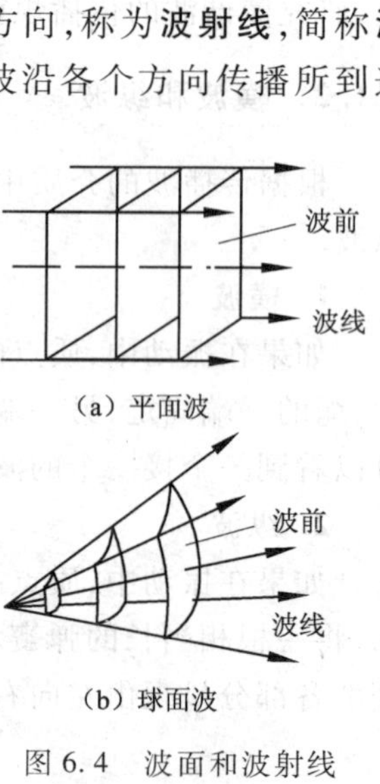

图 6.4 波面和波射线

*6.1.4　物体的弹性形变

固体、液体和气体在受到外力作用时，不仅运动状态会发生变化，而且其形状和体积也会发生改变，这种改变称为**形变**. 如果外力不超过一定限度，在外力撤去后，物体的形状和体积能完全恢复原状，这种形变称为**弹性形变**. 这个外力限度称为**弹性限度**.

1. 容变

当物体(固体、液体或气体)周围受到压力作用时，其体积会发生改变，这种形变称为**容变**. 如图 6.5(a)所示，设有一立方体受到各方向的正压力 f，使容积 V 变为 $V' = V + \Delta V$. 如果用 S 表示各面的受力面积，则量值 $p = \frac{f}{S}$ 叫做**胁强**，也叫**应力**. 在胁强 p 的作用下，立方体的容积受到相应的变化 ΔV(这里 ΔV 实际为负值)，通常称 $\frac{\Delta V}{V}$ 为**胁变**. 实验表明，在弹性限度内，胁强与胁变成正比，定义

$$B = -\frac{p}{\frac{\Delta V}{V}} \tag{6.1}$$

称为**容变弹性模量**. B 只与材料性质有关.

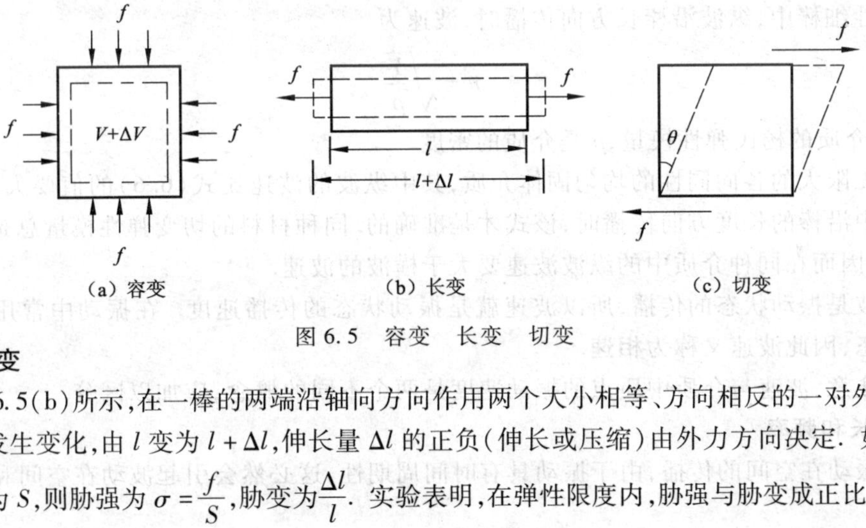

(a) 容变　　(b) 长变　　(c) 切变

图 6.5　容变　长变　切变

2. 长变

如图 6.5(b)所示，在一棒的两端沿轴向方向作用两个大小相等、方向相反的一对外力 f 时，其棒的长度发生变化，由 l 变为 $l + \Delta l$，伸长量 Δl 的正负(伸长或压缩)由外力方向决定. 如果设棒的横截面积为 S，则胁强为 $\sigma = \frac{f}{S}$，胁变为 $\frac{\Delta l}{l}$. 实验表明，在弹性限度内，胁强与胁变成正比，定义

$$Y = \frac{\sigma}{\frac{\Delta l}{l}} \tag{6.2}$$

称为**杨氏弹性模量**. Y 只与材料性质有关.

3. 切变

现在考虑物体在切向力作用下的形变. 设有一柱体，两端底面受到切向力 f 的作用，如图 6.5(c)所示，这时产生的形变称为**切变**. 切变中胁变的量值可用 θ 角(以弧度为单位)表示，胁强以 $\sigma = \frac{f}{S}$ 表示，S 为柱体底面的面积. 定义

$$G = \frac{\frac{f}{S}}{\theta} \tag{6.3}$$

称为**切变模量**. G 只与材料性质有关.

6.1.5 波速、波长和波的频率

1. 波速

波速是指波在介质中的传播速度. 波速的大小由介质的性质决定,而与波源的振动状况无关. 在不同的介质中,波的传播方式不同,波速也不同.

液体和气体只有容变弹性,所以液体和气体中只能传播与容变有关的弹性纵波. 在气体或液体中,纵波的传播速度为

$$u=\sqrt{\frac{B}{\rho}} \tag{6.4}$$

式中,B 是介质的容变弹性模量,ρ 是介质的密度.

在固体中能够产生切变、容变、长变等各种弹性形变,所以在固体中既能传播与切变有关的横波,又能传播与容变和长变有关的纵波. 在固体中,横波的传播速度为

$$u=\sqrt{\frac{G}{\rho}} \tag{6.5}$$

式中,G 是介质的切变弹性模量,ρ 是介质的密度.

在弹性细棒中,纵波沿棒长方向传播时,波速为

$$u=\sqrt{\frac{Y}{\rho}} \tag{6.6}$$

式中,Y 是介质的杨氏弹性模量,ρ 是介质的密度.

对于无限大的各向同性的均匀固体介质,其中纵波的波速比式(6.6)的值要大. 仅当纵波在细长棒中沿棒的长度方向传播时,该式才是准确的. 同种材料的切变弹性模量总是小于杨氏弹性模量,因而在同种介质中的纵波波速要大于横波的波速.

由于波是振动状态的传播,所以波速就是振动状态的传播速度. 在振动中常用相位来描述振动状态,因此波速又称为**相速**.

应该注意,波速与介质中质点的振动速度是两个不同的概念,应加以区分.

2. 波长和频率

波是振动在空间的传播,由于振动具有时间周期性,这必然会引起波动在空间和时间上的周期性.

所谓空间上的周期性,就是说在波传播方向上每隔一定的距离,相对应处的质点的振动状态或者说相位都是完全相同的. 两个相邻的振动状态完全相同的点之间的距离叫做一个**波长**,用 λ 表示. 因此,波长实际上反映了波在空间上的周期性. 从波的形状上来讲,波长就是一个完整波的长度. 例如对横波来说,波长等于两相邻波峰之间或两相邻波谷之间的距离;而对纵波来说,波长等于两相邻密集部分的中心之间或两相邻稀疏部分的中心之间的距离.

波的时间周期性是指每间隔一定的时间,介质中各点的振动状态都将复原. 将这一间隔时间称为**波的周期**,用 T 表示. 显然,波的周期就等于波源的振动周期,它是任一质点完成一次完整的振动所用的时间.

波的频率定义为其周期的倒数,即

$$\nu=\frac{1}{T} \tag{6.7}$$

从上面的分析可知，在一个周期内，波传播的距离即为一个波长，所以波速与波长和周期及频率之间的关系为

$$u=\frac{\lambda}{T}=\lambda\nu \tag{6.8}$$

由式(6.8)又可得

$$\nu=\frac{u}{\lambda} \tag{6.9}$$

这表明波的频率等于单位时间内通过介质中任一给定点的完整波的个数，即在单位时间里波所传播的距离内所包含的完整波的数目.

6.1.6　简谐波

一般来说，波动中各质点的振动是很复杂的. 最简单而又最基本的波动是简谐波. 即波源以及介质中各质点的振动都是谐振动. 这种情况只能发生在各向同性、均匀、无限大、无吸收的连续弹性介质中，一下我们提到的介质都是这种理想介质. 由于任何负责的波都可以看成是由若干个简谐波叠加而成的. 因此，研究简谐波具有特别重要的意义.

例 6.1　已知在室温下空气中的声速为 $340\ \mathrm{m\cdot s^{-1}}$，水中的声速为 $1\ 450\ \mathrm{m\cdot s^{-1}}$，人耳所能听到的声波频率在 20 ~ 20 000 Hz 之间，求在这两个极限频率的声波在空气中和水中的波长.

解　声波在空气中

$\nu=20$ Hz 时，$\lambda=\dfrac{u}{\nu}=\dfrac{340}{20}\ \mathrm{m}=17\ \mathrm{m}$

$\nu=20\ 000$ Hz 时，$\lambda=\dfrac{u}{\nu}=\dfrac{340}{20\ 000}\ \mathrm{m}=1.7\times10^{-2}\ \mathrm{m}$

声波在水中

$\nu=20$ Hz 时，$\lambda=\dfrac{u}{\nu}=\dfrac{1\ 450}{20}\ \mathrm{m}=72.5\ \mathrm{m}$

$\nu=20\ 000$ Hz 时，$\lambda=\dfrac{u}{\nu}=\dfrac{1\ 450}{20\ 000}\ \mathrm{m}=7.25\times10^{-2}\ \mathrm{m}$

6.2　平面简谐波的波动方程

平面简谐波传播时，介质中的各质点都在做频率相同的简谐波运动，但是在任一时刻，处在同一波面上的各点有相同的相位，它们离开各自平衡位置的位移也是相同的，如图 6.6 所示. 因此，只要知道了与波面垂直的任意一条波线上的波的传播规律，也就知道了整个平面简谐波的传播规律.

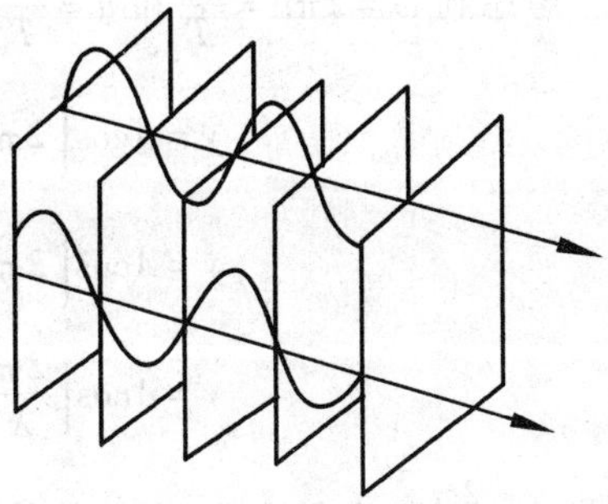
图 6.6　平面简谐波

6.2.1　平面简谐波的波动方程

如图 6.7 所示，设有一平面简谐波，在无吸收的均匀

无限大介质中沿 x 轴正向传播,波速为 u. x 轴即为某一波线,在此波线上任取一点 O 为坐标原点. 假设 O 点处(即 $x=0$ 处)质点的振动方程为

$$y_0 = A\cos(\omega t+\phi_0)$$

式中,y_0 是 O 点处质点在时刻 t 离开平衡位置的位移,A 是振幅,ω 是角频率,ϕ_0 是初相位.

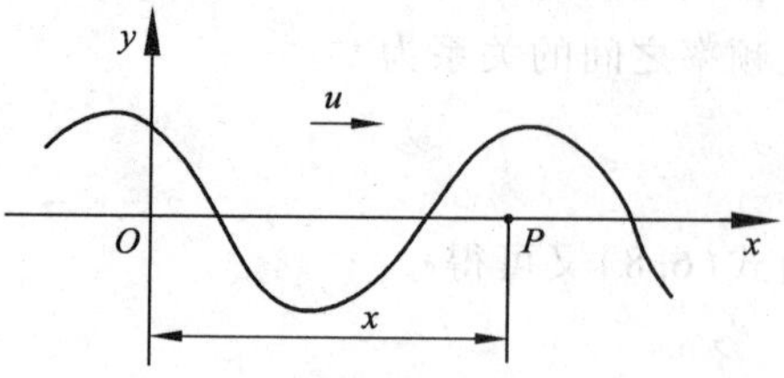

图 6.7 推导波动方程用图

现在考虑波线上的另一任意点 P 的振动. 设 P 点距 O 点的距离为 x,那么位于 P 点处的质点在时刻 t 离开平衡位置的位移将是多少呢?因为振动是从 O 点处传播过来的,所以 P 点振动的相位是落后于 O 点的. 如果振动从 O 点传到 P 点所需的时间为 Δt,那么,P 点处质点在时刻 t 的位移就是 O 点处质点在 $t-\Delta t$ 时刻的位移. 从相位来说,P 点将落后于 O 点,其相位差为 $\omega\Delta t$. 由于所讨论的是平面波,且在无吸收的均匀介质中传播,所以各质点的振幅相等(理由见下节),于是 P 点处质点在时刻 t 的位移为

$$y_P = A\cos[\omega(t-\Delta t)+\phi_0]$$

假设介质中的波速为 u,则有 $\Delta t=\dfrac{x}{u}$,代入上式并将下角标省去可得

$$y = A\cos\left[\omega\left(t-\frac{x}{u}\right)+\phi_0\right] \tag{6.10}$$

上式表示的是波线上任一点(距原点为 x)处的质点的振动方程,这就是沿 x 轴正方向传播的平面简谐波的波动方程.

如果波动沿 x 轴负方向传播,那么 P 点处质点要比 O 点处质点早开始振动一段时间,即 P 点处质点在时刻 t 的位移等于 O 点处质点在时刻 $\left(t+\dfrac{x}{u}\right)$ 的位移,P 点的相位比 O 点要超前. 所以 P 点处质点的振动方程为

$$y = A\cos\left[\omega\left(t+\frac{x}{u}\right)+\phi_0\right] \tag{6.11}$$

此即为沿 x 轴负方向传播的平面简谐波的波动方程.

将(6.10)式和(6.11)式合起来写成

$$y = A\cos\left[\omega\left(t\mp\frac{x}{u}\right)+\phi_0\right] \tag{6.12}$$

其中,波动沿 x 轴正方向传播取负号;波动沿 x 轴负方向传播取正号.

考虑到 $\omega=2\pi\nu=\dfrac{2\pi}{T}$ 和 $u=\dfrac{\lambda}{T}=\dfrac{\omega}{2\pi}\lambda$,可得到如下几种常用的波动方程表示形式

$$y = A\cos\left[2\pi\left(\frac{t}{T}\mp\frac{x}{\lambda}\right)+\phi_0\right] \tag{6.13}$$

$$y = A\cos\left[2\pi\left(\nu t\mp\frac{x}{\lambda}\right)+\phi_0\right] \tag{6.14}$$

$$y = A\cos\left[\frac{2\pi}{\lambda}(ut\mp x)+\phi_0\right] = A\cos[k(ut\mp x)+\phi_0] \tag{6.15}$$

式中,$k=\dfrac{2\pi}{\lambda}$ 称为**角波数**,它的数值等于在 2π 长度内所包含的完整波的个数.

6.2.2　波动方程的物理意义

为了明确波动方程的物理意义，我们以沿 x 轴正方向传播的平面简谐波为例，并分几种情况进行讨论.

(1) 如果令式(6.10)中的 $x=x_0$ 为给定值，则 y 仅是时间 t 的函数，波动方程变为

$$y(t)=A\cos\left[\omega\left(t-\frac{x_0}{u}\right)+\phi_0\right]$$
$$=A\cos\left[\omega t-\omega\frac{x_0}{u}+\phi_0\right] \qquad (6.16)$$

这就是波线上 x_0 处质点在任意时刻离开自己平衡位置的位移，即 x_0 处质点的振动方程. 式(6.16)对应的振动曲线如图 6.8 所示.

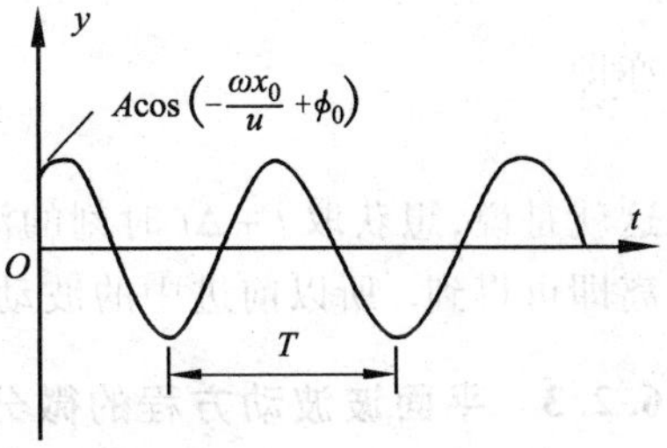

图 6.8　波线上给定点的振动曲线

由式(6.16)可知，x_0 处质点在 $t=0$ 时刻的位移为

$$y(x_0,0)=A\cos\left(-\omega\frac{x_0}{u}+\phi_0\right)$$

该处质点的振动初相位为 $\phi_0'=-\omega\frac{x_0}{u}+\phi_0$，显然 x_0 处质点的振动相位比原点 O 处质点的振动相位始终落后 $\omega\frac{x_0}{u}$，x_0 越大，相位落后的越多. 所以，沿着波的传播方向上，各质点的振动相位依次落后.

(2) 如果令式(6.10)中的 $t=t_0$ 为给定值，则 y 仅是 x 的函数，波动方程变为

$$y(x)=A\cos\left[\omega\left(t_0-\frac{x}{u}\right)+\phi_0\right] \qquad (6.17)$$

上式给出了在 t_0 时刻，波线上各质点离开各自的平衡位置的位移，称为 t_0 时刻的**波形方程**. t_0 时刻的波形曲线如图 6.9所示，它也是一条余弦函数曲线.

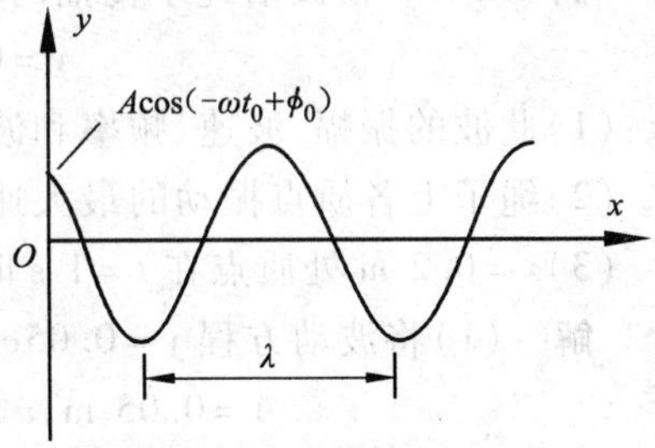

图 6.9　给定时刻的波形

(3) 如果式(6.10)中的 x、t 都在变化，波动方程(6.10)给出的是波线上各质点在不同时刻的位移，或者说它包括了各个不同时刻的波形，也就是反映了波形不断向前推进的波动传播的全过程.

根据波动方程可知，t 时刻的波形方程为

$$y(x)=A\cos\left[\omega\left(t-\frac{x}{u}\right)+\phi_0\right]$$

而 $t+\Delta t$ 时刻的波形方程为

$$y(x)=A\cos\left[\omega\left(t+\Delta t-\frac{x}{u}\right)+\phi_0\right]$$

我们分别用实线和虚线表示 t 时刻和稍后的 $t+\Delta t$ 时刻两条波形曲线，如图 6.10 所示，可形象地看出波形向前传播的图像，波形向前传播的速度就等于波速 u.

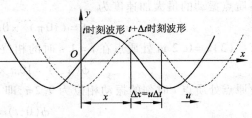

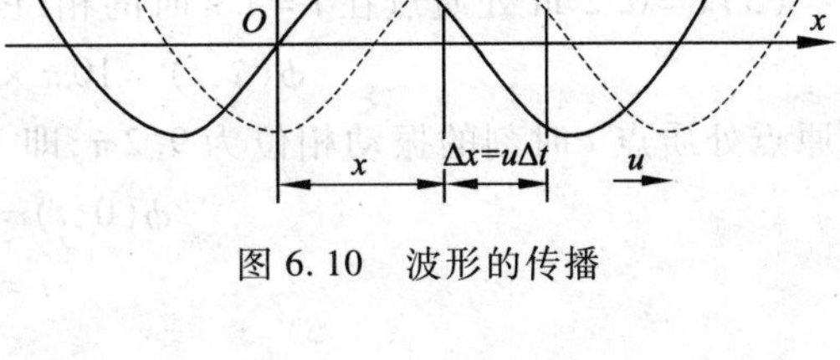

图 6.10　波形的传播

设 t 时刻、x 处的某个振动状态经过时间 Δt 向前传播了 $\Delta x = u\Delta t$ 的距离，用波动方程表示为

$$y(x+\Delta x, t+\Delta t) = A\cos\left[\omega\left(t+\Delta t-\frac{x+u\Delta t}{u}\right)+\phi_0\right]$$
$$= A\cos\left[\omega\left(t-\frac{x}{u}\right)+\phi_0\right]$$

亦即

$$y(x+\Delta x, t+\Delta t) = y(x,t) \tag{6.18}$$

这就是说，想获取 $t+\Delta t$ 时刻的波形，只要将 t 时刻的波形沿波前进的方向移动 $\Delta x = u\Delta t$ 的距离即可得到. 所以前进中的波动又称为**行波**.

6.2.3 平面波波动方程的微分形式

将平面简谐波波动方程(6.12)分别对 t 和 x 求二阶偏导数，有

$$\frac{\partial^2 y}{\partial t^2} = -A\omega^2\cos\left[\omega\left(t\mp\frac{x}{u}\right)+\phi_0\right]$$
$$\frac{\partial^2 y}{\partial x^2} = -A\frac{\omega^2}{u^2}\cos\left[\omega\left(t\mp\frac{x}{u}\right)+\phi_0\right]$$

比较上面两式有

$$\frac{\partial^2 y}{\partial x^2} = \frac{1}{u^2}\frac{\partial^2 y}{\partial t^2} \tag{6.19}$$

对于任一个沿 x 轴方向传播的平面波，即使不是简谐波，也可以看做是由许多不同频率的平面简谐波的合成，将其对 t 和 x 求二阶偏导数后，仍然可得到(6.19)式. 所以(6.19)式所反映的是一切平面波的共同特征，称为平面波波动方程的微分形式.

例 6.2 一横波沿绳子传播时的波动方程为

$$y = 0.05\cos(10\pi t - 4\pi x) \quad (\mathrm{SI})$$

求：(1)此波的振幅、波速、频率和波长；

(2)绳子上各质点振动的最大速度和最大加速度；

(3)$x = 0.2$ m 处质点在 $t = 1$ s 时的相位，它是原点处质点在哪一时刻的相位？

解 (1)将波动方程 $y = 0.05\cos(10\pi t - 4\pi x)$ 与式(6.14)比较可得

$$A = 0.05\ \mathrm{m}, \nu = 5\ \mathrm{Hz}, \lambda = 0.5\ \mathrm{m}, u = \lambda\nu = 2.5\ \mathrm{m\cdot s^{-1}}$$

并可知坐标原点处质点的初相为 $\phi_0 = 0$.

(2)各质点振动的最大速度为

$$v_{\mathrm{m}} = \omega A = 10\pi \times 0.05\ \mathrm{m\cdot s^{-1}} = 1.57\ \mathrm{m\cdot s^{-1}}$$

各质点振动的最大加速度为

$$a_{\mathrm{m}} = \omega^2 A = (10\pi)^2 \times 0.05\ \mathrm{m\cdot s^{-1}} = 49.30\ \mathrm{m\cdot s^{-2}}$$

(3)$x = 0.2$ m 处质点在 $t = 1$ s 时的相位为

$$\phi(x,t) = 10\pi \times 1 - 4\pi \times 0.2 = 9.2\pi$$

设原点处质点 t 时刻的振动相位为 9.2π，即

$$\phi(0,t) = 10\pi t = 9.2\pi$$

得

$$t = 0.92\ \mathrm{s}$$

例 6.3　波源按余弦规律振动，振幅为 0.10 m，周期为 0.02 s．若该振动以 $100\ \text{m}\cdot\text{s}^{-1}$ 的速度沿直线传播，设 $t=0$ 时，波源处的质点经平衡位置向正向运动．求：

(1)波动方程；

(2)距波源 15.0 m 和 5.0 m 处质点的简谐振动方程；

(3)距波源分别为 16.0 m 和 17.0 m 的两质点间的相位差．

解　(1)设波源为原点 O，波的传播方向为 x 轴的正向．已知 $T=0.02$ s，波速 $u=100\ \text{m}\cdot\text{s}^{-1}$，则

$$\lambda = Tu = 2\ \text{m},\omega = \frac{2\pi}{T} = 100\ \pi\ \text{rad}\cdot\text{s}^{-1}$$

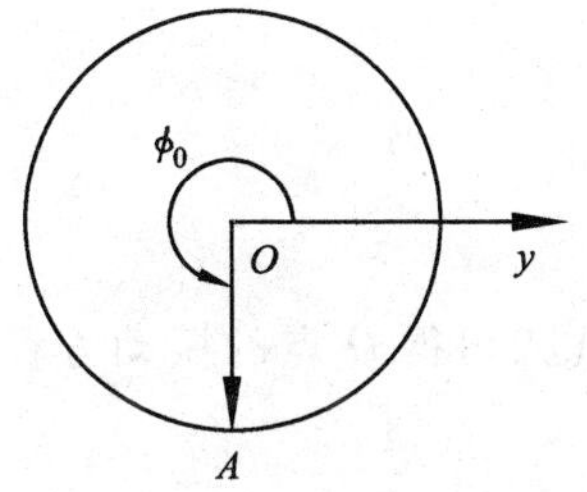

例 6.3 图

根据题意作波源的旋转矢量图（如例 6.3 图），可得原点处质点的振动初相

$$\phi_0 = \frac{3\pi}{2}\text{或} -\frac{\pi}{2}$$

所以波动方程为

$$y = A\cos\left(\omega t - \frac{2\pi x}{\lambda} + \phi_0\right) = 0.10\cos\left(100\pi t - \pi x - \frac{\pi}{2}\right)$$

(2)$x=15.0$ m 处的简谐振动方程为

$$y = 0.10\cos\left(100\pi t - \pi\times 15 - \frac{\pi}{2}\right) = 0.10\cos(100\pi t - 15.5\pi)$$

$x=5.0$ m 处的简谐振动方程为

$$y = 0.10\cos\left(100\pi t - \pi\times 5 - \frac{\pi}{2}\right) = 0.10\cos(100\pi t - 5.5\pi)$$

(3)$x_1=16.0$ m 和 $x_2=17.0$ m 的两质点间的相位差为

$$\Delta\phi = 2\pi\frac{x_2 - x_1}{\lambda} = 2\pi\frac{17.0 - 16.0}{2} = \pi$$

例 6.4　一平面简谐波，$t=0$ 时刻的波形如例 6.4 图(a)所示，求：

(1)O 点的振动方程；

(2)波动方程；

(3)P 点的振动方程；

(4)该时刻 a、b 两点的运动方向．

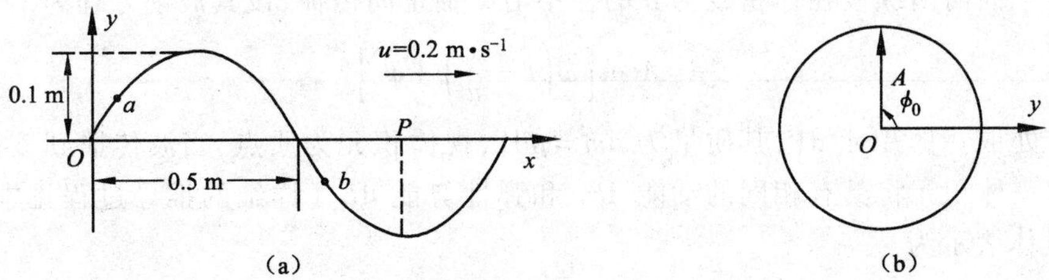

例 6.4 图

解　(1)设 O 点的振动方程为

$$y_0 = A\cos(\omega t + \phi_0)$$

因 $t=0$ 时，$v_0<0$（O 点重复它左边的点的运动，所以运动方向向下），所以由旋转矢量图（如例 6.4 图(b)）求得

$$\phi_0=\frac{\pi}{2}$$

又从图中知 $\lambda=1\ \mathrm{m}$，所以

$$T=\frac{\lambda}{u}=\frac{1}{0.2}\ \mathrm{s}=5\ \mathrm{s}$$

$$\omega=\frac{2\pi}{T}=\frac{2\pi}{5}\ \mathrm{rad\cdot s^{-1}}$$

代入可得 O 点的振动方程为

$$y_O=0.1\cos\left(\frac{2\pi}{5}t+\frac{\pi}{2}\right)$$

（2）波动方程为

$$y=A\cos\left[2\pi\left(\frac{t}{T}-\frac{x}{\lambda}\right)+\phi_0\right]=0.1\cos\left[2\pi\left(\frac{t}{5}-\frac{x}{1}\right)+\frac{\pi}{2}\right]$$

（3）P 点的坐标为 $x_P=\frac{3}{4}\lambda=\frac{3}{4}\ \mathrm{m}$，所以 P 点的振动方程为

$$y_P=0.1\cos\left[2\pi\left(\frac{t}{5}-\frac{3}{4}\right)+\frac{\pi}{2}\right]=0.1\cos\left(\frac{2\pi}{5}t-\pi\right)$$

（4）a、b 两点的运动方向可根据波形图判断. 根据相位滞后的关系，$t>0$ 时 a 将重复它左边的点的运动，所以可知 a 点的运动向下；同理可知 b 点的运动方向向上.

6.3 波的能量

6.3.1 波的能量和能量密度

波在介质中传播时，各质点参与振动，所以具有振动动能，同时由于介质产生形变，因此还具有弹性势能. 所以，波动的能量包括动能和势能两部分. 当波从波源由近及远向外传播时，就伴随着能量的传播，这是波动的一个重要特征. 下面，我们仅以平面余弦弹性纵波在棒中的传播为例，对波的能量作简单的讨论.

1. 波的能量

设有一平面简谐纵波在体密度为 ρ 的棒中沿 x 轴正向传播，设其波动方程为

$$y=A\cos\left[\omega\left(t-\frac{x}{u}\right)+\phi_0\right]$$

在坐标为 x 处取一体积元 $\mathrm{d}V$，其质量为 $\mathrm{d}m=\rho\mathrm{d}V$，视体积元为质点，当波传播到该体积元时，可以证明这一体积元将具有相同的动能 $\mathrm{d}E_\mathrm{k}$ 和弹性势能 $\mathrm{d}E_\mathrm{p}$（详细的推导过程见本节第二部分内容），具体表示为

$$\mathrm{d}E_\mathrm{k}=\mathrm{d}E_\mathrm{p}=\frac{1}{2}\rho A^2\omega^2(\mathrm{d}V)\sin^2\left[\omega\left(t-\frac{x}{u}\right)+\phi_0\right] \tag{6.20}$$

而体积元的总机械能 W 为

$$\mathrm{d}E=\mathrm{d}E_\mathrm{k}+\mathrm{d}E_\mathrm{p}=\rho A^2\omega^2(\mathrm{d}V)\sin^2\left[\omega\left(t-\frac{x}{u}\right)+\phi_0\right] \tag{6.21}$$

由式(6.20)可以看出,波动在介质中传播时,介质中任一体积元的动能和势能均随时间作周期性变化,两者不仅同相,而且大小相等,即同时达到最大值和最小值. 由式(6.21)可以看出,每一体积元的总机械能也随时间作周期性变化,这说明每个体积元都在不断地接受和放出能量.当体积元从相邻的介质中吸收能量时,其能量增加;当体积元向相邻介质释放能量时,其能量减少. 这样,能量就不断地从介质中的一部分传递到了另一部分. 所以,波动过程实际上也就是能量传播的过程.

应当注意,波动能量和谐振动能量有着明显地区别. 在一个孤立的谐振子系统中,由于它和外界没有能量交换,所以机械能守恒且动能和势能在不断地相互转换,即当动能达极大值时势能为极小值,当动能为极小值时势能为极大值. 而在波动中,做谐振动的体积元内的总能量是不守恒的,且同一体积元内的动能和势能是同步变化的,同时达到极大值或同时达到极小值. 如图 6.11 所示,处于波峰处的 B 质元,速度为零,则动能为零,同时该质元处的相对形变量为最小值零,即 $\left.\dfrac{\partial y}{\partial x}\right|_B=0$,其弹性势能亦为零;处在平衡位置 B' 处的质元速度最大,动能也最大,同时波形曲线的 $\left.\dfrac{\partial y}{\partial x}\right|_{B'}$ 有最大值,即该质元相对形变最大,所以弹性势能也最大.

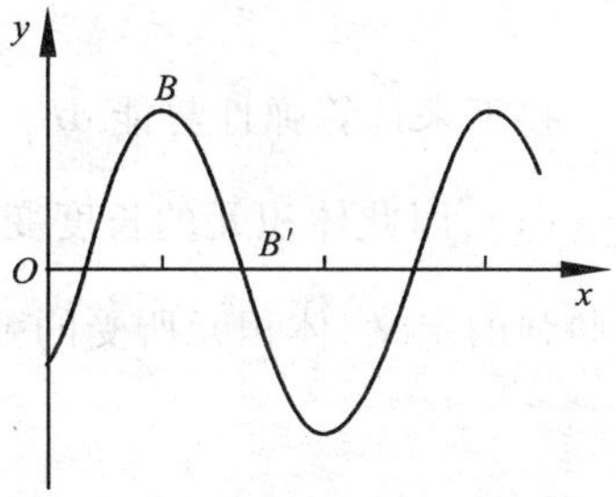

图 6.11 波传播时体积元的变形

2. 能量密度

单位体积中的介质所具有的波的总能量,称为波的**能量密度**,用 w 表示,即

$$w=\frac{\mathrm{d}E}{\mathrm{d}V}=\rho A^2\omega^2\sin^2\left[\omega\left(t-\frac{x}{u}\right)+\phi_0\right] \tag{6.22}$$

可见能量密度也是时间的周期函数. 我们在实际应用中经常用到**平均能量密度**的概念,即能量密度在一个周期内的平均值,用 $\overline{w}$ 表示,即

$$\begin{aligned}\overline{w}&=\frac{1}{T}\int_0^T w\,\mathrm{d}t=\frac{1}{T}\int_0^T\rho A^2\omega^2\sin^2\left[\omega\left(t-\frac{x}{u}\right)+\phi_0\right]\mathrm{d}t\\&=\frac{1}{2}\rho A^2\omega^2\end{aligned} \tag{6.23}$$

上式指出,平均能量密度与波振幅的平方、角频率的平方及介质密度成正比. 此公式适用于各种弹性波.

*6.3.2 波动能量的推导

波动中介质体积元的动能和势能公式(6.20)和(6.21)推导如下:

如图 6.12 所示,x 处体积元 ab 的动能为

$$\mathrm{d}E_{\mathrm{k}}=\frac{1}{2}(\mathrm{d}m)v^2=\frac{1}{2}\rho(\mathrm{d}V)v^2$$

根据平面简谐波的波动方程,可求得这一体积元的振动速度 v 为

$$v=\frac{\partial y}{\partial t}=-A\omega\sin\left[\omega\left(t-\frac{x}{u}\right)+\phi_0\right]$$

代入上式即得

$$dE_k = \frac{1}{2}\rho(dV)A^2\omega^2\sin^2\left[\omega\left(t-\frac{x}{u}\right)+\phi_0\right]$$

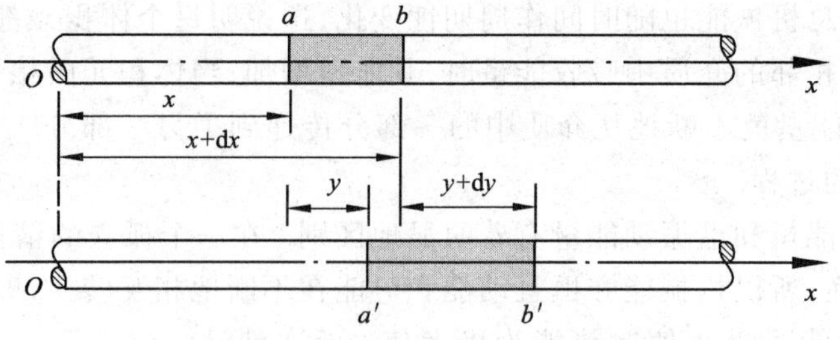

图 6.12　细长棒中纵波的传播

接下来计算弹性势能 dE_p. 从图 6.12 中可以看出,体积元左端的位移为 y,右端的位移为 $(y+dy)$,因此体积元的长度变化为 dy. 而体积元的原长为 dx,所以胁变为$\frac{dy}{dx}$. 根据杨氏模量和胁强的定义,体积元所受的弹性力为

$$f = YS\frac{dy}{dx} = kdy$$

式中,$k=\frac{YS}{dx}$,Y 为杨氏模量,S 为棒的横截面积.

则体积元的弹性势能,根据胡克定律为

$$dE_p = \frac{1}{2}k(dy)^2 = \frac{1}{2}\frac{YS}{dx}(dy)^2 = \frac{1}{2}YS(dx)\left(\frac{\partial y}{\partial x}\right)^2$$

因 $dV = Sdx$,$u=\sqrt{\frac{Y}{\rho}}$,又由波动方程求得

$$u = \frac{\partial y}{\partial x} = A\frac{\omega}{u}\sin\left[\omega\left(t-\frac{x}{u}\right)+\phi_0\right]$$

所以最后得

$$dE_p = \frac{1}{2}\rho u^2(dV)A^2\frac{\omega^2}{u^2}\sin^2\left[\omega\left(t-\frac{x}{u}\right)+\phi_0\right]$$
$$= \frac{1}{2}\rho(dV)A^2\omega^2\sin^2\left[\omega\left(t-\frac{x}{u}\right)+\phi_0\right]$$

如果所考虑的是平面余弦弹性横波,那么只要把上述计算中的$\frac{dy}{dx}$和 f 分别理解为体积元的切变和切力,用切变模量 G 代替杨氏模量 Y,就可得到同样的结果,所以式(6.20)和(6.21)对平面余弦弹性行波来说总是正确的.

6.3.3　波的能流和能流密度

1. 能流和平均能流

在波动过程中,能量随着波的传播而不断由波源向外传播,可以形象地说是能量在流动,因此可以引入能流的概念来描述波中能量的传播. 我们把单位时间通过介质中某一面积上的能量称为**能流**. 如图 6.13 所示,设在垂直于波速 u 的介质中取面积 S,则在单位时间内通过面积 S 的能量等于体积 uS 中的能量,即通过该面积 S 的能流,用 P 表示为

$$P = wuS$$

因为能量密度 w 是呈周期性变化的，所以能流 P 也是周期性变化的，以 $\overline{P}$ 表示该能流在一个周期内的平均值，即**平均能流**

$$\overline{P} = \overline{w}uS = \frac{1}{2}\rho uA^2\omega^2 S \tag{6.24}$$

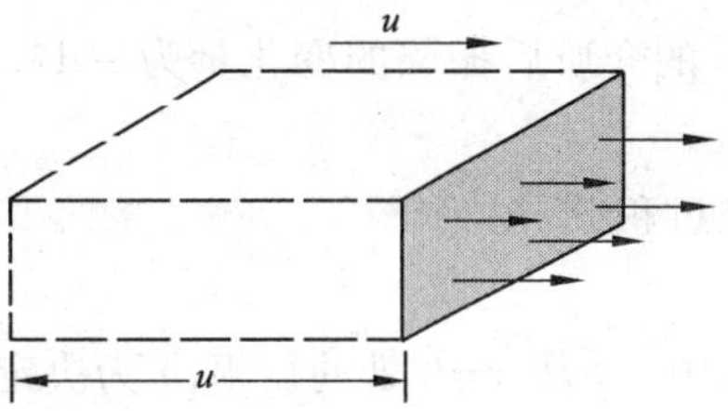

图 6.13　波的能流

2. 能流密度(波的强度)

通过垂直于波的传播方向上单位面积的平均能流称为**能流密度**或**波的强度**，用 I 表示，即

$$I = \frac{\overline{P}}{S} = \overline{w}u = \frac{1}{2}\rho uA^2\omega^2 \tag{6.25}$$

上式说明波的强度与振幅的平方成正比.

例 6.5　试证在无吸收的均匀介质中，平面简谐波的振幅不变，而球面简谐波的振幅与波面距波源的距离 r 成反比.

证　如例 6.5 图(a)所示，设波先后垂直通过 S_1 和 S_2 面(令 $S_1 = S_2$)，则通过这两个面的平均能流分别为

$$\overline{P}_1 = \frac{1}{2}\rho A_1^2\omega^2 uS_1, \overline{P}_2 = \frac{1}{2}\rho A_2^2\omega^2 uS_2 \tag{*}$$

因为 $S_1 = S_2$，又由于介质无吸收，即无能量损耗，所以有 $\overline{P}_1 = \overline{P}_2$. 由此得

$$A_1 = A_2$$

可见，平面简谐波在无吸收的均匀介质中的传播过程中振幅是保持不变的.

对于球面波，按题意仍需满足条件 $\overline{P}_1 = \overline{P}_2$，但这时两球面的面积(见例 6.5 图(b))分别为

$$S_1 = 4\pi r_1^2, S_2 = 4\pi r_2^2$$

将以上关系代入式(*)得

$$A_1^2 r_1^2 = A_2^2 r_2^2, 即\frac{A_1}{A_2} = \frac{r_2}{r_1}$$

上式说明在无吸收的介质中，球面波的振幅与波面到点波源的距离成反比.

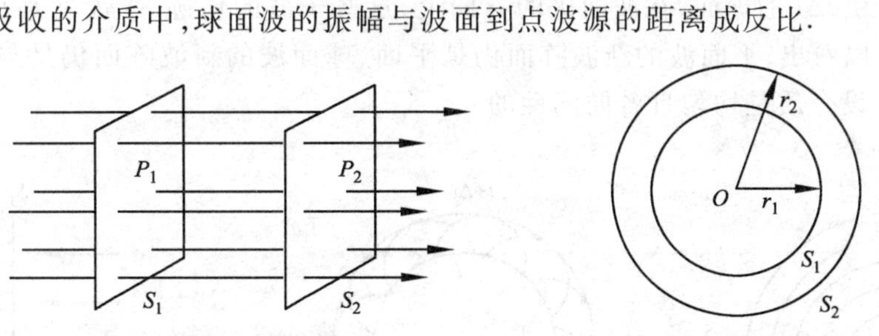

例 6.5 图

6.3.4　波的吸收与衰减

其实在实际情况中是不存在完全无吸收的介质的，由于介质要吸收波的能量，这就使得波的强度和振幅都逐渐减小，这种现象称为**波的吸收**. 所以波的传播过程是伴随着能量的损耗的.

下面我们推导平面波振幅的衰减规律.

设波沿 x 正方向传播,其在 x 处的振幅为 A,当传到 $x+dx$ 时振幅为 $A-dA$,则通过厚度为 dx 的介质后振幅的变化量为 $-dA$. 振幅的变化量正比于此处的振幅 A 和介质厚度 dx,即

$$-dA = aAdx$$

经过积分,得到

$$A = A_0 e^{-ax} \tag{6.26}$$

式中,A_0 是 $x=0$ 处的振幅,a 为决定于介质并与频率有关的常数,称为介质的**吸收系数**.

由于波的强度与振幅的平方成正比,所以平面波强度衰减的规律是

$$I = I_0 e^{-2ax} \tag{6.27}$$

式中,I_0 是 $x=0$ 处波的强度.

可见由于介质的吸收,波的强度按指数衰减,所以 a 又称为**波的衰减系数**.

6.4 惠更斯原理 波的衍射、反射和折射

6.4.1 惠更斯原理

当机械波在弹性介质中传播时,由于介质中质点之间的相互作用,介质中任一点的振动都将引起邻近质点的振动,因而在波的传播过程中,介质中的任何一点都可以看成是新的波源,例如水面波的传播. 如图 6.14 所示,当一块开有小孔的隔板挡在波的前面时,不论原来的波面是什么形状,只要小孔的线度远小于波长,我们都可看到穿过小孔的波是圆形波,就好像是以小孔为点波源发出的一样,这说明小孔可以看做新的波源,其发出的波称为**子波**.

荷兰物理学家惠更斯观察和研究了大量类似的现象后,于 1690 年提出了一条描述波传播特性的重要原理,称为**惠更斯原理:在波的传播过程中,波阵面上的每一点都可以看做是发射子波的波源,在其后的任一时刻,这些子波的包迹就成为新的波阵面**. 这个原理无论是对于机械波还是电磁波、通过的介质无论是均匀的还是非均匀的、是平面波还是球面波都是适用的.

根据惠更斯原理,只要知道某一时刻的波阵面,就可用几何作图方法来确定下一时刻的波阵面,如图 6.15 所示. 其中,S_1 为某一时刻 t 的波阵面,S_1 上的每一点发出的球面子波,经时间 Δt 后形成半径为 $u\Delta t$ 的球面,在波前进的方向上,这些子波的包迹 S_2 就成为 $t+\Delta t$ 时刻的新波阵面. 由图可以看出,平面波的新波阵面仍是平面,球面波的新波阵面仍是与原来球面同心的球面(这里假设介质是均匀且各向同性的).

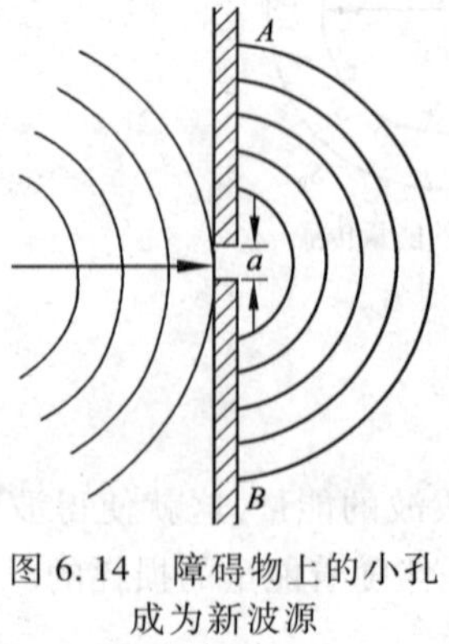

图 6.14 障碍物上的小孔成为新波源

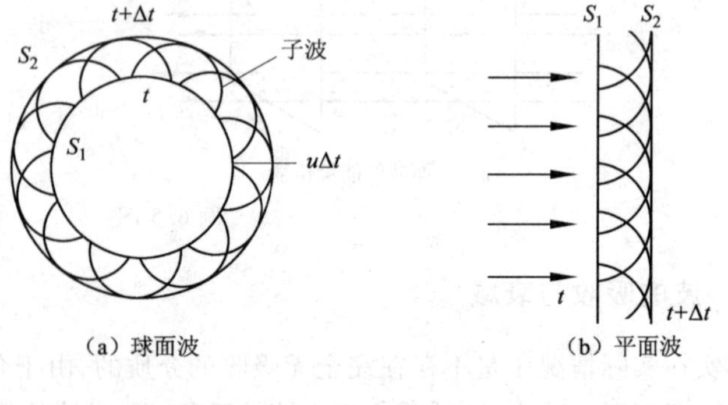

(a) 球面波 (b) 平面波

图 6.15 用惠更斯原理求平面波和球面波的波阵面

6.4.2　波的衍射、反射和折射

用惠更斯原理可以解释波的衍射、反射和折射现象.

1. 波的衍射

当波在传播过程中遇到障碍物时,其传播方向绕过障碍物发生偏转的现象,称为**波的衍射**(或**绕射**). 例如,水波遇到狭缝或障碍物后改变传播方向;光波通过小孔形成明暗相间的圆环条纹;无线电信号能绕过高大的建筑物传播;高墙内的人说话的声音能绕过高墙传播等等,这些都是衍射现象.

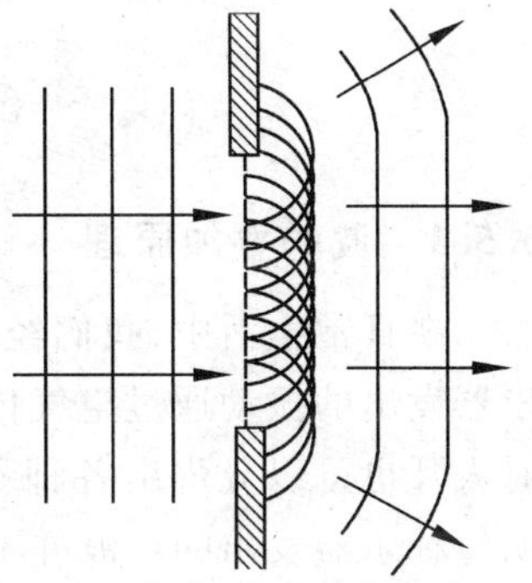

图6.16　波的衍射

根据惠更斯原理,可以对衍射现象进行定性的解释. 如图6.16所示,当一平面波的波阵面到达狭缝时,狭缝处的各点都成为发射子波的波源,它们发射的子波的包迹在边缘处不再是平面,从而使传播方向偏离了原来的方向而向外延展,进入到缝的两侧的阴影区域. 如果我们缩小狭缝的尺寸,那么我们将看到衍射现象会变得更明显,当狭缝的尺寸小到可以看做是一个点波源时,障碍物后面的波阵面就不再是平面而是球面了.

2. 波的反射

波动从一种介质传到另一种介质时,在两种介质的分界面上传播方向要发生变化,产生反射现象. 如图6.17所示,传播速度为u的平面波以入射角i入射于两介质的界面上. 设t时刻波面AB上的A端到达界面并在该时刻发出子波,经$\mathrm{d}t$时间即在$t+\mathrm{d}t$时刻,AB面上的B端到达界面上的C点. 在这段时间内,由A端发出的子波已传播了$\overline{AD}=u\mathrm{d}t$的距离而到达了$D$点,所以在这一时刻反射波的波阵面即为$DC$.

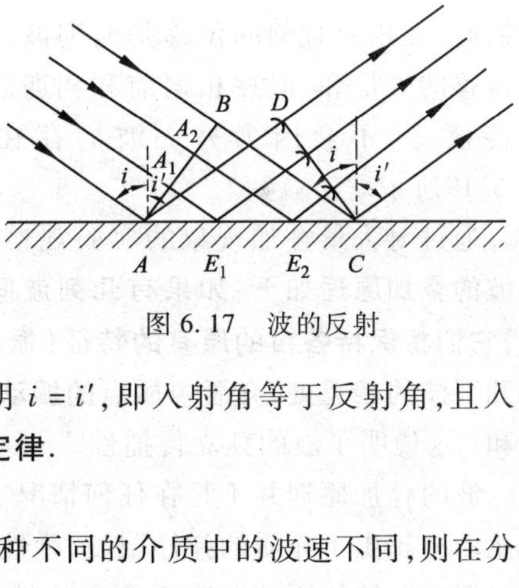

图6.17　波的反射

由于$\overline{AD}=\overline{BC}=u\mathrm{d}t$,所以$\triangle ABC\cong\triangle ADC$. 因此不难证明$i=i'$,即入射角等于反射角,且入射线、反射线和法线均在同一平面内,这就是**波动的反射定律**.

3. 波的折射

波动从一种介质进入到另一种介质时,由于波在两种不同的介质中的波速不同,则在分界面上要发生折射现象. 如图6.18所示. 设u_1、u_2分别表示波在上下两种介质中的传播速度. 类似于上面的证明,当入射波面AB上的A端到达界面时,另一端B处于如图所示的位置. 经$\mathrm{d}t$时间后,当B端传至界面上C点时,由A端发出的子波已在界面下传播了$\overline{AD}=u_2\mathrm{d}t$的距离而到达了$D$点,所以在该时刻折射波的波阵面即为$DC$. 由几何关系可以看出$\angle BAC=i$,$\angle ACD=\gamma$. 又因$\overline{BC}=u_1\mathrm{d}t=\overline{AC}\sin i$,$\overline{AD}=u_2\mathrm{d}t=\overline{AC}\sin\gamma$. 由此得到

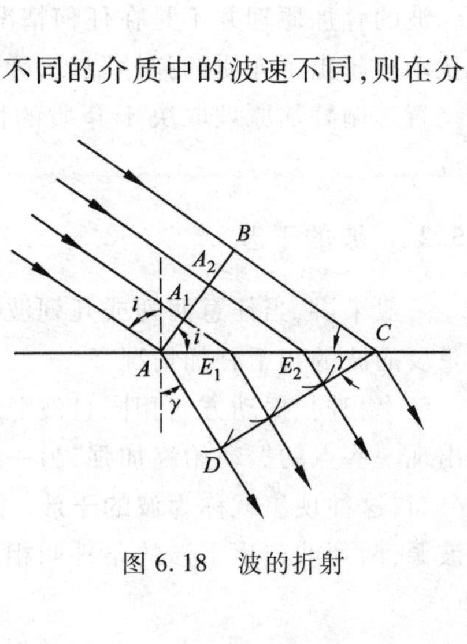

图6.18　波的折射

$$\frac{\sin i}{\sin \gamma}=\frac{u_1}{u_2}=n_{21} \tag{6.28}$$

上式指出,不论入射角的大小如何,入射角的正弦与折射角的正弦之比都等于波动在第一个介质中的波速与第二个介质中的波速之比. 对于给定的两种介质来说,比值 n_{21} 称为第二个介质相对于第一个介质的相对折射率. 从图中可以看出,入射线、折射线和分界面的法线是在同一平面内的. 以上结论称为**波动的折射定律**.

6.5 波的叠加原理 波的干涉

6.5.1 波的叠加原理

在日常生活中,我们经常会遇到波的叠加现象. 如人们听到的优美悦耳的音乐,是由各种乐器发出的振动通过空气传播到人耳中的叠加效果. 同时人耳也可以分辨出各种不同乐器发出的声音,这就说明每种乐器发出的声波并不会由于其他乐器发出的声波的存在而受到影响;又如,各种颜色的探照灯的光柱在交叉处改变了颜色,但在其他区域内仍是各自的光色,并不会因为其他光色的存在而有所改变;再如在同一直线上无论是振动方向相同还是相反的两个振动在介质中相向传播时,在相遇时刻的位移是两列波各自引起的质点振动位移的矢量和,但在相遇前和相遇后仍保持原来的波形传播,并不会因为另一波的存在而有所改变,如图 6.19所示.

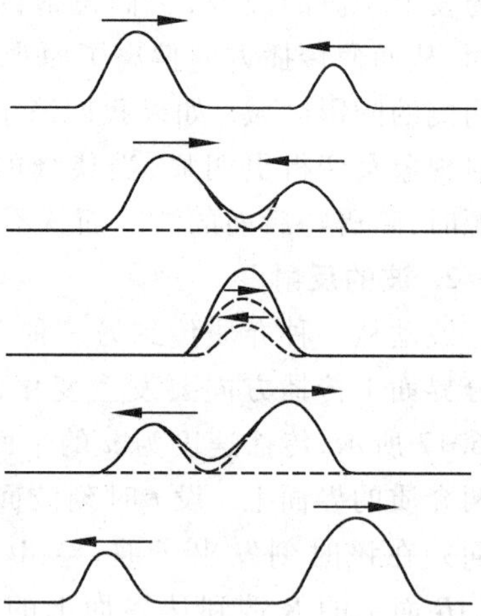

图 6.19 波的独立传播

通过对大量叠加现象的实验观察和研究,人们总结出**波的叠加原理**如下:**如果有几列波同时在介质中传播时,它们将保持各自的原有的特征(振动方向、振幅、波长和频率)独立地传播,彼此互不影响. 在几列波的相遇处,介质中质点的振动位移为各列波单独传播时在该处引起的振动位移的矢量和**. 这说明了波的独立传播性.

波的叠加原理并不是在任何情况下都成立的. 例如冲击波(由爆炸引起的)在介质中引起的扰动已超出了介质的弹性限度,弹性力不再是线性关系,此时波的叠加原理就不再适用了. 波是否遵循叠加原理取决于介质的性质和波的强度. 这里只限于讨论适用于叠加原理的线性波.

6.5.2. 波的干涉

一般来讲,当任意两列或几列波相遇时,其叠加结果是很复杂的. 我们这里仅讨论一种非常重要的波的相干叠加情况.

频率相同、振动方向相同且波源的相位差恒定的两列波相遇时,在两列波叠加的区域内,会出现一些点的振动始终加强,另一些点的振动始终减弱,因而其强度在空间内形成一种稳定的分布,这种现象就称为**波的干涉**. 能产生干涉现象的两列波称为**相干波**,相应的波源称为**相干波源**,两列波产生干涉的条件叫**相干条件**. 如图 6.20 所示,让两个小孔 S_1 和 S_2 对称于点波

源 S 放置，从 S_1 和 S_2 发出的两列子波就是相干波，在 AB 后面的空间里就会发生波的干涉.

设由两相干波源 S_1 和 S_2 发出的两列波在同一介质中传播并相遇，现在分析在相遇区域中任意一点 P 的振动合成情况. 如图 6.21 所示.

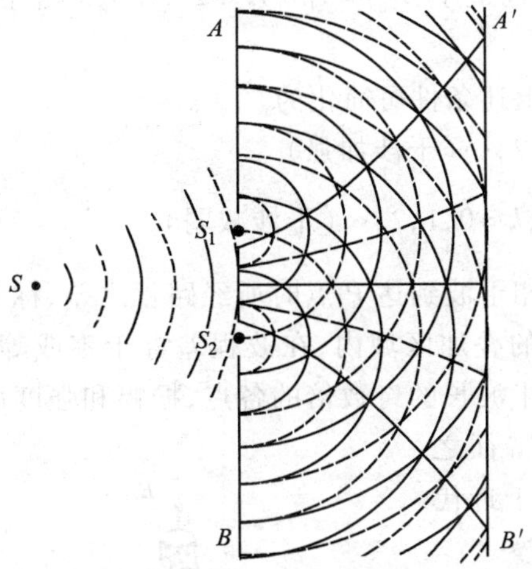

图 6.20　波的干波

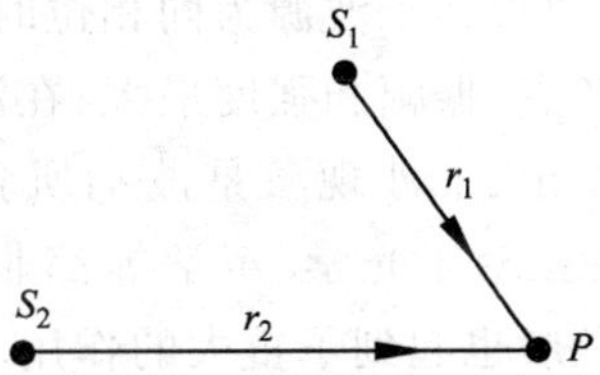

图 6.21　两列相干波的叠加

设两列波各自单独传播到 P 点时，在 P 点引起的振动方程分别为

$$y_1 = A_1 \cos\left(\omega t - \frac{2\pi r_1}{\lambda} + \phi_{10}\right)$$

$$y_2 = A_2 \cos\left(\omega t - \frac{2\pi r_2}{\lambda} + \phi_{20}\right)$$

式中 A_1、A_2 为两列波在 P 点引起振动的振幅，ϕ_{10} 和 ϕ_{20} 为两个波源的初相位，并且($\phi_{20} - \phi_{10}$)是恒定的，r_1 和 r_2 为 P 点离开两个波源的距离. 根据叠加原理，P 点的合振动为

$$y = y_1 + y_2 = A\cos(\omega t + \phi_0)$$

式中

$$A = \sqrt{A_1^2 + A_2^2 + 2A_1A_2\cos\left(\phi_{20} - \phi_{10} - 2\pi\frac{r_2 - r_1}{\lambda}\right)}$$

$$\tan\phi_0 = \frac{A_1\sin\left(\phi_{10} - \frac{2\pi r_1}{\lambda}\right) + A_2\sin\left(\phi_{20} - \frac{2\pi r_2}{\lambda}\right)}{A_1\cos\left(\phi_{10} - \frac{2\pi r_1}{\lambda}\right) + A_2\cos\left(\phi_{20} - \frac{2\pi r_2}{\lambda}\right)}$$

因为两列波在空间任一点所引起的两个振动的相位差为

$$\Delta\phi = \phi_{20} - \phi_{10} - 2\pi\frac{r_2 - r_1}{\lambda}$$

这个是一个恒量，可知每一点的合振幅 A 也是恒量，并由 A 的表达式可知，随着空间各点位置的改变，即各点到波源的振幅差($r_2 - r_1$)的不同，空间各点的合振幅也不同，满足

$$\Delta\phi = \phi_{20} - \phi_{10} - 2\pi\frac{r_2 - r_1}{\lambda} = \pm 2k\pi, k = 0, 1, 2, \cdots \tag{6.29}$$

的空间各点合振幅最大，$A_{max} = A_1 + A_2$；又因为波强 $I \propto A^2$，所以波强也最大，$I_{max} = I_1 + I_2 +$

$2\sqrt{I_1I_2}$. 由于这些点处的振动始终加强,故称为**相干加强**或**干涉相长**. 满足

$$\Delta\phi = \phi_{20} - \phi_{10} - 2\pi\frac{r_2 - r_1}{\lambda} = \pm(2k+1)\pi, k = 0,1,2,\cdots \quad (6.30)$$

的空间各点合振幅最小,$A_{\min} = |A_1 - A_2|$;波强也最小,$I_{\min} = I_1 + I_2 - 2\sqrt{I_1I_2}$. 由于这些点处的振动始终减弱,故称为**相干减弱**或**干涉相消**.

如果 $\phi_{10} = \phi_{20}$,即对于同相位的相干波源,上述条件可简化为

$$\delta = r_2 - r_1 = \pm k\lambda, k = 0,1,2,\cdots(\text{干涉加强}) \quad (6.31)$$

$$\delta = r_2 - r_1 = \pm(2k+1)\frac{\lambda}{2}, k = 0,1,2,\cdots(\text{干涉减弱}) \quad (6.32)$$

$\delta = r_2 - r_1$ 表示从波源 S_1 和 S_2 发出的两列相干波到达 P 点时所经路程之差,称为**波程差**. 上式说明,两个相干波源为同相位时,在两列波的叠加区域内,在波程差等于零或等于波长的整数倍的各点,振幅和强度最大;在波程差等于半波长的奇数倍的各点,振幅和强度最小.

必须指出,干涉现象是波动所独具的重要特征之一. 干涉现象对于光学、声学等都非常重要,对于近代物理学的发展也起到了重大的作用.

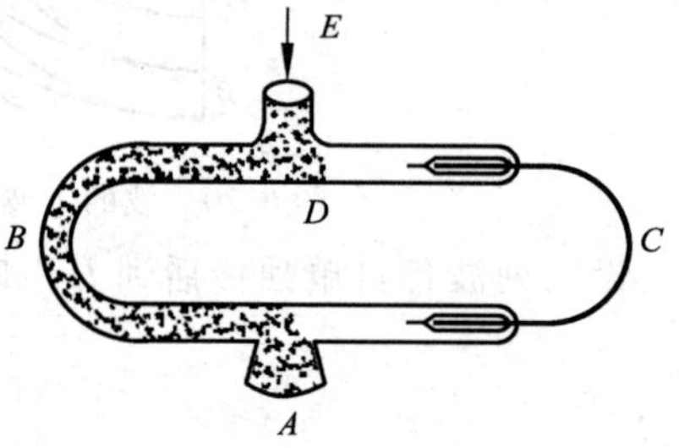

例 6.6 图

例 6.6 如例 6.6 图所示是声波干涉仪. 声波从入口 E 进入仪器,分 B、C 两路在管中传播,然后到喇叭口 A 会合后传出. 弯管 C 可以伸缩,当它渐渐伸长时,喇叭口发出的声音作周期性增强或减弱. 设弯管 C 每向外拉出8 cm时,由 A 发出的声音就减弱一次. 求此声波的频率(空气中声速为 340 $m\cdot s^{-1}$).

解 声波从 E 进入仪器后分 B、C 两路在管中传播,这两路声波满足相干条件,它们在 A 处产生相干叠加,干涉减弱的条件是

$$\delta = \widehat{DCA} - \widehat{DBA} = (2k+1)\frac{\lambda}{2} \quad (k = 0,1,2,\cdots)$$

当 C 管拉出 $x = 8$ cm 时,再一次出现干涉减弱,即此时两路波的波程差应满足

$$\delta' = \delta + 2x = [2(k+1)+1]\frac{\lambda}{2}$$

以上两式相减得

$$\delta' - \delta = 2x = \lambda$$

于是可求得声波的频率为

$$\nu = \frac{u}{\lambda} = \frac{u}{2x} = \frac{340}{2\times 0.08}\text{ Hz} = 2\ 125\text{ Hz}$$

例 6.7 S_1 和 S_2 是初相和振幅均相同的相干波源,相距 4.5 λ. 设两波沿 S_1S_2 连线上传播的强度不随距离变化,求在连线上两波相干加强的位置.

解 如例 6.7 图所示,取 S_1S_2 连线为 x 轴,S_1 所在处为坐标原点 O. 在连线上 S_1 左侧各点和 S_2 右侧各点,两波的波程差均为$\frac{9}{2}\lambda$,即半波长的奇数倍,两波干涉相消,不存在加强点.

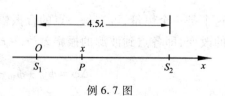

例 6.7 图

在 S_1 和 S_2 之间取一点 P,其位置为 x. 两波传至 P 点的波程差为

$$\delta = r_2 - r_1 = \left(\frac{9\lambda}{2} - x\right) - x = \frac{9\lambda}{2} - 2x$$

若 P 点为相干加强,则应满足

$$\frac{9\lambda}{2} - 2x = k\lambda$$

即

$$x = (9 - 2k)\frac{\lambda}{4}$$

令 $k = 4,3,2,1,0,-1,-2,-3,-4$,相应可得两波加强的位置

$$x = \frac{\lambda}{4},\frac{3\lambda}{4},\frac{5\lambda}{4},\frac{7\lambda}{4},\frac{9\lambda}{4},\frac{11\lambda}{4},\frac{13\lambda}{4},\frac{15\lambda}{4},\frac{17\lambda}{4}$$

6.5.3　驻波

当振幅相同的两列相干波在同一直线上沿相反的方向传播时,产生特殊的干涉现象,称为**驻波**. 下面我们先来推导驻波方程,然后再讨论驻波的特点.

1. 驻波方程

振幅相同的两列相干波,一列波沿 x 轴正方向传播,另一列波沿 x 轴负方向传播,选取相同的坐标原点和计时起点,设在坐标原点两列波的初相位相同且为零,则两列波的波动方程为

$$y_1 = A\cos\left(\omega t - \frac{2\pi}{\lambda}x\right)$$

$$y_2 = A\cos\left(\omega t + \frac{2\pi}{\lambda}x\right)$$

合成波的方程为

$$y = y_1 + y_2 = A\cos\left(\omega t - \frac{2\pi}{\lambda}x\right) + A\cos\left(\omega t + \frac{2\pi}{\lambda}x\right)$$

$$= 2A\cos\frac{2\pi}{\lambda}x\cos\omega t \tag{6.33}$$

这就是**驻波方程**.

2. 驻波特点

(1)驻波振幅的特点.

式(6.33)中后一项 $\cos\omega t$ 表示介质中各点都在做同频率的简谐振动,但各点的振幅 $\left|2A\cos\frac{2\pi}{\lambda}x\right|$ 却是位置的余弦函数. 其中有两类特殊的点讨论如下:

对应于 $\left|\cos\frac{2\pi}{\lambda}x\right| = 1$ 时,即

$$\frac{2\pi}{\lambda}x = \pm k\pi \text{ 或 } x = \pm k\frac{\lambda}{2}\quad (k = 0,1,2,\cdots) \tag{6.34}$$

的各点,振幅最大,为 $2A$,称为**波腹**.

对应于 $\left|\cos\frac{2\pi}{\lambda}x\right| = 0$ 时,即

$$\frac{2\pi}{\lambda}x = \pm(2k+1)\frac{\pi}{2} \text{ 或 } x = \pm(2k+1)\frac{\lambda}{4}\quad (k = 0,1,2,\cdots) \tag{6.35}$$

的各点,振幅始终为零,静止不动,称为**波节**.

由(6.34)和(6.35)两式还可看出,相邻两波腹或波节之间的距离都是 $\lambda/2$,而相邻波节和波腹之间的距离为 $\lambda/4$.

驻波的形成可由图 6.22 来说明. 如图所示,在 $t=0$ 时两波互相重合,这时各点的合位移最大. 经过 1/4 周期后,即 $t=T/4$ 时刻,两波沿相反方向分别移动了 $\lambda/4$ 距离,这时各点的合位移为零. 再经过 1/4 周期,即 $t=T/2$ 时,两波又互相重合,各点的位移又最大,但这时位移的方向与 $t=0$ 时的相反. 从图中可看出,上述两列波叠加形成驻波时,使得直线上的某些点始终静止不动,而另一些点的振幅始终具有最大值,而其他各点的振幅在零与最大值之间,结果是使直线上的各点做分段振动,如图 6.22(b)所示.

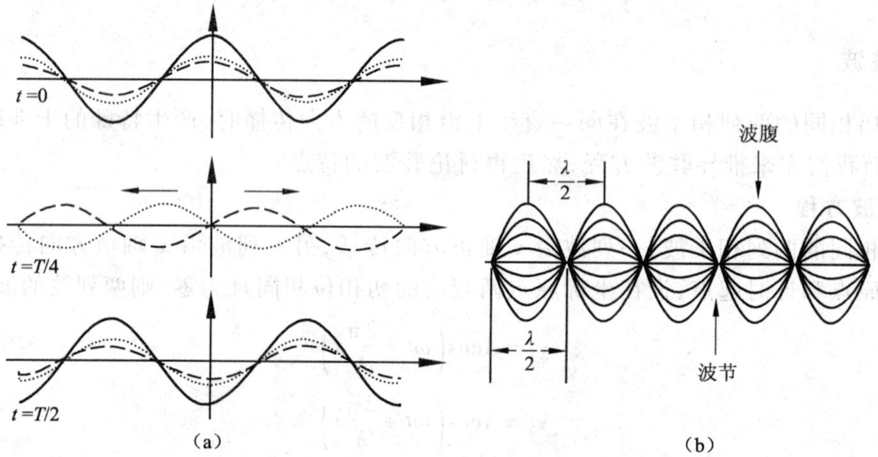

图 6.22 驻波的形成

(2)驻波相位的特点.

虽然由式(6.33)可得,驻波中各点的振动因子都是 $\cos\omega t$,但它们的振动并不都是同相的,这是因为前一项 $2A\cos\frac{2\pi}{\lambda}x$ 是可正可负的. 根据余弦函数的性质可知,在相邻两波节之间的所有点的 $\cos\frac{2\pi}{\lambda}x$ 值具有相同的符号,因此这些点具有相同的振动相位. 但对于位于波节两边的点,其对应的 $\cos\frac{2\pi}{\lambda}x$ 的符号相反,因而在波节两边的点,其振动的相位相反. 若把两个相邻波节之间的所有点叫做一段,则驻波中同一段上各点的振动相位是相同的,而相邻两段中各点的振动是反相的. 驻波中没有振动相位的逐点传播,只有段与段之间的相位突变,所以称这种波为驻波. 而在前面所讨论的振动状态逐点传播的波称为行波.

(3)驻波能量的特点.

在驻波中波节为始终不动的点,驻波的能量原则上不能越过波节而传播,即没有能量从波节处传播或通过,两波节间能量应当守恒. 如图 6.22(a)所示. 当 $t=0$ 时,各质点的振动达到各自的极大值,所以各质点的振动速度均为零,从而动能为零;但这时整个波段的相对形变最大,所以势能最大,且主要集中在波节附近. 当 $t=T/4$ 时,各质点同时通过平衡位置,相对形变及其势能均为零,但这时总动能达到最大值,且主要集中在质点速度最大的波腹附近. 由此可见,在驻波中,能量不断由波节附近转换到波腹附近,再由波腹附近又逐渐转换到波节附近,但始终只发生在相邻的波节和波腹之间. 因此,没有能量通过任何一个波节,没有能量的定向传播.

3. 半波损失

驻波可通过音叉来演示. 如图 6.23 所示,细绳一端连着音叉,另一端通过滑轮悬一重物使绳张紧,音叉振动发出的波传到由劈尖 B 组成的端点时发生反射,于是在绳中 AB 之间形成驻波.

在图 6.23 所示的实验中,反射点 B 是固定不动的,在该处形成驻波的一个波节. 这一结果说明,当反射点固定不动时,反射波与入射波在 B 点是反相位的. 也就是说,反射波与入射波间有 π 的相位突变,因为相距半波长的两点间的相位差为 π,我们把相位突变 π 的这个现象称为**半波损失**. 如果反射点是自由的,合成的驻波在反射点将形成波腹,这时,反射波与入射波之间没有相位突变.

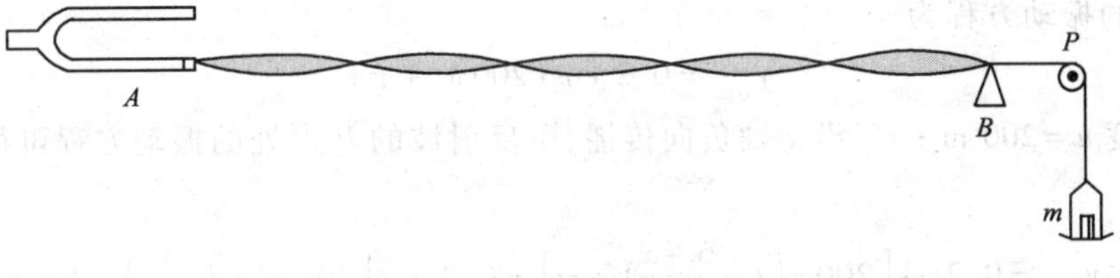

图 6.23　驻波实验

进一步研究表明,当波在空间传播时,在两种介质的分界面处究竟出现波节还是波腹,将取决于波的种类和两种介质的有关性质以及入射角的大小. 对于弹性介质,我们定义介质的密度与波速的乘积 ρu 为波阻. 相对波阻较大的介质称为**波密介质**,反之称为**波疏介质**. 当机械波垂直入射两介质界面时,波从波疏介质入射而从波密介质上反射,界面处形成波节,如图 6.24(a)所示;波从波密介质入射而从波疏介质上反射,界面处形成波腹,如图 6.24(b)所示.

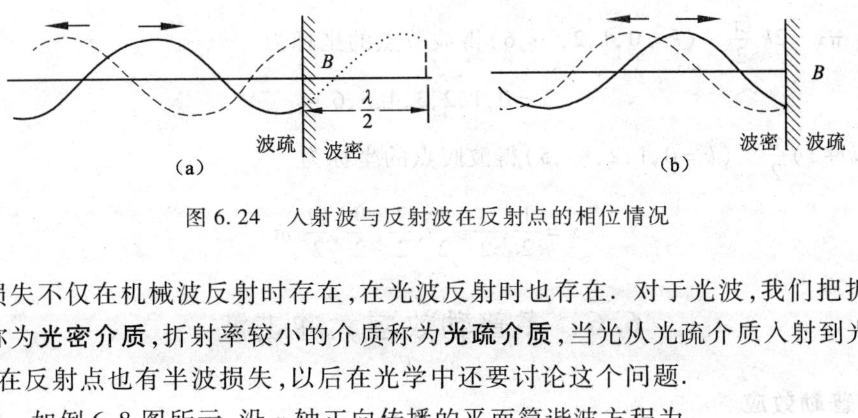

图 6.24　入射波与反射波在反射点的相位情况

半波损失不仅在机械波反射时存在,在光波反射时也存在. 对于光波,我们把折射率 n 较大的介质称为**光密介质**,折射率较小的介质称为**光疏介质**,当光从光疏介质入射到光密介质表面反射时,在反射点也有半波损失,以后在光学中还要讨论这个问题.

例 6.8　如例 6.8 图所示,沿 x 轴正向传播的平面简谐波方程为

$$y=0.2\cos\left[200\pi\left(t-\frac{x}{200}\right)\right]\quad(\mathrm{SI})$$

两种介质的分界面 P 与坐标原点 O 相距 $d=6.0$ m,入射波在界面上反射后振幅无变

化.求：

(1)反射波方程；

(2)驻波方程；

(3)在 O 与 P 间各个波节和波腹点的坐标.

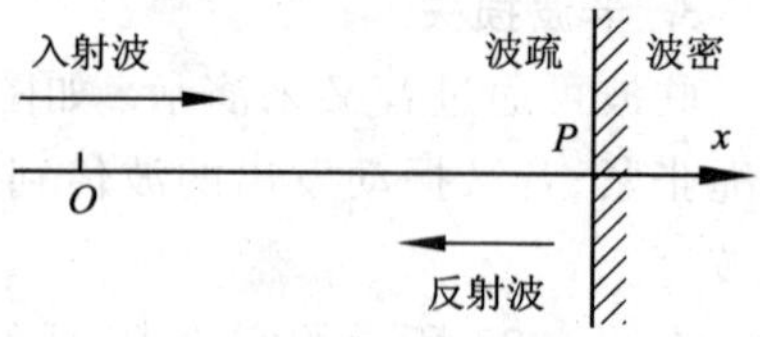

例 6.8 图

解 (1)由波动方程可知，入射波的振幅 $A=0.2$ m，圆频率 $\omega=200\pi$ rad·s^{-1}，波速 $u=200$ m·s^{-1}，故波长 $\lambda=\dfrac{u}{\nu}=2$ m.

入射波在两介质分界面 P 点处的振动方程为

$$y_{入}=y\big|_{x=d}=0.2\cos\left[200\pi\left(t-\frac{6}{200}\right)\right]=0.2\cos(200\pi t-6\pi)=0.2\cos(200\pi t)$$

由题意知，反射波的振幅、频率和波速均与入射波相同. 因为从波疏介质向波密介质入射，故反射波在 P 点处的振动相位与入射波在该点的振动相位相反，所以反射波在两介质分界面 P 点处的振动方程为

$$y_{反}=0.2\cos(200\pi t+\pi)$$

反射波以速度 $u=200$ m·s^{-1}沿 x 轴负向传播，由反射波的 P 点处的振动方程可得出反射波方程为

$$y_{反}=0.2\cos\left[200\pi\left(t-\frac{6-x}{200}\right)+\pi\right]=0.2\cos\left[200\pi\left(t+\frac{x}{200}\right)-5\pi\right]$$

$$=0.2\cos\left[200\pi\left(t+\frac{x}{200}\right)-\pi\right]$$

(2)驻波方程为

$$y=0.2\cos\left[200\pi\left(t-\frac{x}{200}\right)\right]+0.2\cos\left[200\pi\left(t+\frac{x}{200}\right)-\pi\right]$$

$$=0.2\cos\left[200\pi\left(t-\frac{x}{200}\right)\right]-0.2\cos\left[200\pi\left(t+\frac{x}{200}\right)\right]$$

$$=-0.4\sin(\pi x)\sin(200\pi t)$$

(3)由 $\pi x=2k\dfrac{\pi}{2}$ $(k=0,1,2,\cdots,6)$得波节点的坐标为

$$x=0,1,2,3,4,5,6\ \text{m}$$

由 $\pi x=(2k+1)\dfrac{\pi}{2}$ $(k=0,1,2,\cdots,5)$得波腹点的坐标为

$$x=\frac{1}{2},\frac{3}{2},\frac{5}{2},\frac{7}{2},\frac{9}{2},\frac{11}{2}\ \text{m}$$

6.6 多普勒效应 冲击波

6.6.1 多普勒效应

我们可能注意过这种现象，火车汽笛的音调在接近观察者时比远离时要高. 这种由于波源或观察者运动而使得观察者接收到的波的频率有所变化的现象称为**多普勒效应**. 此效应是由多普勒(J. C. Doppler)在 1842 年首先发现的.

设波源相对于介质的运动速度为 u_S，观察者相对于介质的运动速度为 u_R，波在介质中传播的速度为 u. 为简单起见，设波源和观察者的运动发生在两者的连线上. 波源的频率、观察者接收到的频率和介质中波的频率分别用 ν_S、ν_R 和 ν_W 表示. 这里波源的频率 ν_S 是指波源在单位时间内发出的完整波的数目；观察者接收到的频率 ν_R 是指观察者在单位时间内所接收到的完整波的数目；而介质中波的频率 ν_W 是指单位时间内通过介质中某点的完整波的数目，它满足 $\nu_W=\dfrac{u}{\lambda}$ 的关系. 只有当波源和观察者相对于介质都是静止时，波源的频率、介质中波的频率和观察者的接收频率才彼此相等. 如果波源和观察者相对于介质运动，情况将有所不同，下面分三种情况分别进行讨论.

1. 波源不动，观察者以速度 u_R 相对于介质运动

由于波源不动，那么波的传播过程与前面几节讨论的情况相同. 但由于观察者相对于介质运动，故接收频率与静止时有区别. 如图 6.25(a)所示，图中 S 表示波源，耳朵表示观察者. 先假定观察者朝着波源的方向运动. 由于单位时间内原来位于观察者处的波阵面向右传播了 u 的距离，同时观察者自己也向左运动了 u_R 的距离，这就相当于波通过观察者的总距离为 $u+u_R$，如图 6.25(b)所示. 所以在单位时间内观察者所接收到的完整波的数目为

$$\nu_R=\frac{u+u_R}{\lambda}=\frac{u+u_R}{\dfrac{u}{\nu_W}}=\frac{u+u_R}{u}\nu_W$$

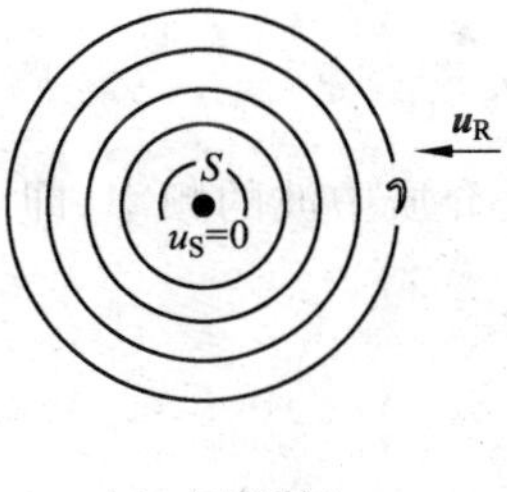

(a) 在某瞬间

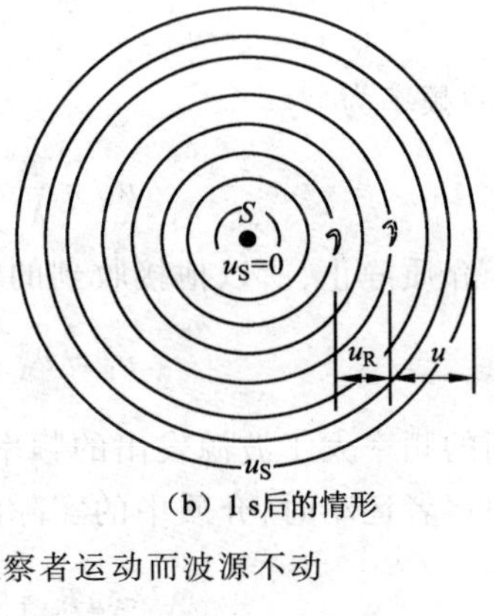

(b) 1 s后的情形

图 6.25　多普勒效应观察者运动而波源不动

由于波源在介质中静止，所以介质中波的频率就等于波源的频率，$\nu_W=\nu_S$，因而有

$$\nu_R=\frac{u+u_R}{u}\nu_S \tag{6.36}$$

可见观察者朝着波源运动时所接收到的频率大于波源的频率，也即大于观察者静止时的接收频率.

当观察者远离波源运动时，按类似的分析，可得观察者接收到的频率为

$$\nu_R=\frac{u-u_R}{u}\nu_S \tag{6.37}$$

即此时接收到的频率低于波源的频率. 综合(6.36)和(6.37)两式，规定观察者接近波源时 u_R 为正值，远离波源时为负值，则当波源不动，观察者以 u_R 相对波源运动时所接收到的频率可统一表示为

$$\nu_R = \frac{u + u_R}{u}\nu_S$$

2. 观察者不动,波源以速度 u_S 相对于介质运动

如果波源相对于介质运动,介质中波的波形将发生改变.首先设波源朝着观察者运动.如图6.26(a)所示,波源在运动中仍按自己的频率发射波,在一个周期 T_S 内,波在介质中传播了距离 uT_S,完成了一个完整的波形.

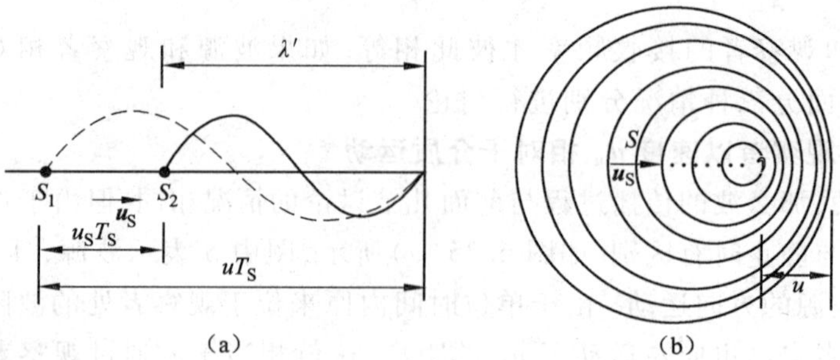

图6.26 多普勒效应波源运动而观察者不动

在这段时间内,波源位置由 S_1 移到 S_2,移过的距离为 u_ST_S.由于波源的运动,介质中的波长变小了,实际波长为

$$\lambda' = uT_S - u_ST_S = \frac{u - u_S}{\nu_S}$$

相应地,介质中波的频率为

$$\nu_W = \frac{u}{\lambda'} = \frac{u}{u - u_S}\nu_S$$

由于观察者相对于介质静止,所以他接收到的频率就是介质中波的频率,即

$$\nu_R = \nu_W = \frac{u}{u - u_S}\nu_S \tag{6.38}$$

此时观察者接收到的频率大于波源发出的频率.

当波源远离观察者运动时,介质中的实际波长变为

$$\lambda' = uT_S + u_ST_S = \frac{u + u_S}{\nu_S}$$

同理分析,可得观察者接收到的频率为

$$\nu_R = \frac{u}{u + u_S}\nu_S \tag{6.39}$$

这时观察者接收到的频率低于波源的频率.

同样,综合(6.38)式和(6.39)式,并规定波源接近观察者时 u_S 为正值,远离观察者时为负值,则波源运动,观察者静止时接收到的波的频率可统一表示为

$$\nu_R = \frac{u}{u - u_S}\nu_S$$

从图6.26(b)上可以清楚地看出,在波源运动的前方波长变短,后方波长变长.

3. 观察者与波源同时相对介质运动

根据以上的讨论,由于波源的运动,介质中波的频率为

$$\nu_W = \frac{u}{u - u_S}\nu_S$$

由于观察者的运动，观察者接收到的频率与介质中波的频率之间的关系为

$$\nu_R = \frac{u + u_R}{u}\nu_W$$

综合以上两式可得观察者接收到的频率为

$$\nu_R = \frac{u + u_R}{u - u_S}\nu_S \tag{6.40}$$

当波源和观察者相向运动时，u_S 和 u_R 均取正值；当波源和观察者相背运动时，u_S 和 u_R 均取负值.

综上可知，在多普勒效应中，不论是波源运动，还是观察者运动，或是两者同时运动，只要两者互相接近，接收到的频率将高于原来波源的频率；两者互相远离，接收到的频率将低于原来波源的频率.

即使波源和观察者运动不在它们的连线上，以上所得各式仍可适用. 只是其中的 u_S 和 u_R 为速度沿连线方向的分量，而垂直于连线方向的分量是不产生多普勒效应的.

电磁波也有多普勒效应，由于电磁波的传播不需要介质，所以观察者接收到的频率决定于观察者和波源的相对速度. 由于电磁波以光速传播，在涉及相对运动时要运用相对论来处理. 当波源和观察者以相对速度 v 沿二者连线运动时，有

$$\nu_R = \sqrt{\frac{c + v}{c - v}}\,\nu_S$$

其中 c 代表真空中的光速. 当波源与观察者相互接近时，v 取正值；当波源与观察者相互远离时，v 取负值. 从上式可看出，当光源远离观察者运动时，观察者接收到的频率比光源的频率低，因而波长变长，这称为**红移**. 天文学观测到，来自星体上各种元素的谱线几乎都有红移，这说明太空中的星体正在远离我们运动，即宇宙正在膨胀.

多普勒效应在科学技术上有着广泛的应用. 利用声波反射波的多普勒效应可以测量物体运动的速度，检测心脏的跳动和血管中血液的流速；电磁波的多普勒效应可用来跟踪人造地球卫星等.

例 6.9　一警报器发射频率为 1 000 Hz 的声波，它远离静止不动的观察者向一固定的目的物运动，其速度为 $10\ \text{m} \cdot \text{s}^{-1}$，试问：

(1) 观察者听到的直接从警报器传来的声音频率为多少？

(2) 观察者听到从目的物反射后传来的声音频率为多少？

(3) 听到的拍频是多少？

(设空气中的声速为 $330\ \text{m} \cdot \text{s}^{-1}$)

解　已知 $\nu_S = 1\ 000\ \text{Hz}$，$u_S = 10\ \text{m} \cdot \text{s}^{-1}$，$u = 330\ \text{m} \cdot \text{s}^{-1}$

(1) 由式(6.39)得观察者听到的直接从警报器传来的声音频率

$$\nu_1 = \frac{u}{u + u_S}\nu_S = \frac{330}{330 + 10} \times 1\ 000\ \text{Hz} = 970.6\ \text{Hz}$$

(2) 目的物接收到的声音频率由式(6.38)得到

$$\nu_2' = \frac{u}{u - u_S}\nu_S = \frac{330}{330 - 10} \times 1\ 000\ \text{Hz} = 1\ 031.3\ \text{Hz}$$

目的物反射的声音频率应等于它接收到的入射的声音频率 ν'_2. 因为目的物是静止的,所以观察者所听到的反射声音的频率,即为目的物反射的声音频率

$$\nu_2 = \nu'_2 = 1\ 031.3\ \text{Hz}$$

(3)两波合成的拍的频率为

$$\nu_B = \nu_2 - \nu_1 = 1\ 031.3 - 970.6\ \text{Hz} = 60.7\ \text{Hz}$$

6.6.2 冲击波

由式(6.38)可知,当波源运动的速度 u_S 超过波的传播速度 u 时,接收频率为负值,这在物理上是没有意义的,这时波源将位于波前的前方. 如图 6.27 所示. 当波源在 A 位置时发出的波,在其后 t 时刻的波阵面为半径等于 ut 的球面,但此时波源已向前运动了 $u_S t$ 的距离到达 B 位置,在整个 t 时间内,波源发出的波的各波前的切面形成一个圆锥面,这一锥面的顶角满足

$$\sin\alpha = \frac{u}{u_S} \tag{6.41}$$

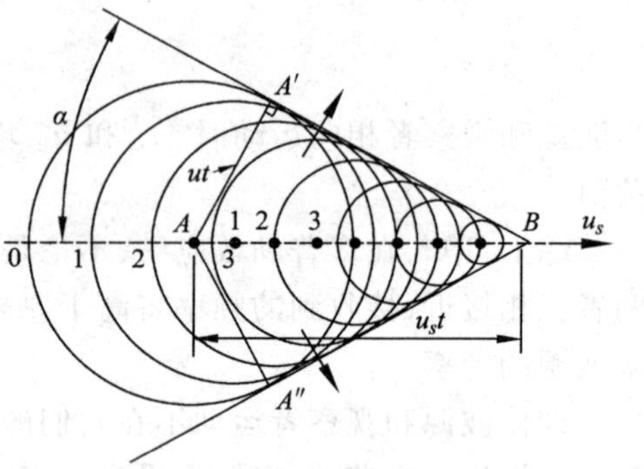

图 6.27 冲击波

随着时间的推移,各波前不断扩展,锥面也不断扩展,这种以点波源为顶点的圆锥形的波称为**冲击波**. $\frac{u}{u_S}$通常称为**马赫数**,α 称为**马赫角**. 锥面就是受扰动的介质与未受扰动的介质的分界面,在分界面的两侧有着压强、密度和温度的突变.

除伴有尖锐的噪声之外,还有剧烈的打击感. 如当飞机、炮弹等以超音速飞行时,都会在空气中激起冲击波,过强的冲击波能使掠过地区的物体遭到损坏,这种现象称为**"声暴"**.

当带电粒子在介质中高速运动时,如果其运动速度超过了电磁波在该介质中的传播速度,同样也会产生冲击波,引发辐射锥形的电磁波,这种辐射称为**切伦科夫辐射**. 根据切伦科夫辐射原理制成的测定高速粒子的探测器称为**切伦科夫计数器**,已广泛应用于高能物理学中.

6.7 电磁波

1864 年,麦克斯韦根据自己总结出来的电磁场的基本理论,预言了电磁波的存在. 1887 年,赫兹用振荡的电偶极子产生了电磁波,并证明了电磁波与光波一样能产生反射、折射、干涉、衍射、偏振等现象. 科学实验还证实无线电波、光波、X 射线等都是一定波长范围的电磁波.

电磁波实际上是变化着的电磁场在空间的传播过程,它的波源就是交替变化着的振荡电路. 按照麦克斯韦的电磁场理论,变化的电场要激发变化的涡旋磁场,而变化的磁场又要激发变化的涡旋电场,这样互为激发,由近及远地使电磁振荡在空中传播开来,从而形成了电磁波动. 本节首先从振荡电路入手来说明电磁波的产生,然后对电磁波的性质进行讨论.

6.7.1 电磁振荡和赫兹实验

1. 振荡电路

正如机械振动在介质中传播能够产生机械波一样,电磁振荡的传播也能够产生电磁波.

最简单的电磁振荡由 LC 电路产生，它是由一个已充电的电容器 C 和一个自感线圈 L 串联而成的回路，如图 6.28 所示.

图 6.28(a)表示被充电的电容器尚未放电，两极板间电压为最大值，这时电容器两极板上分别带有等量异号的电荷 $+Q_0$ 和 $-Q_0$，电路中电流为零，电场的能量全部集中在电容器的两极板间. 电容器开始放电时，由于线圈的自感作用，电路中的电流不能立刻达到最大值，而是逐渐增大. 在这个过程中，线圈周围的磁场随着电流的增大而增强，同时，电容器两极板上的正负电荷不断减少，因而电场不断减弱，电场能量不断减少. 当 $t=T/4$（T 表示电磁振荡的周期）时，电容器放电完毕，此时电流达到最大值，电容器两极板间的电场能量全部转变成线圈中的磁场能量，如图 6.28(b)所示.

当电容器放电完毕后，电路中的电流开始减少，但由于线圈的自感作用，电流不会立刻减小到零，而是保持原来的方向继续流动，对电容器作反方向的充电. 在这个过程中，随着电流的逐渐减少，线圈中的磁场能量减弱，电容器两极板上的正负电荷不断增大，两极板间的电场能量增强. 这样，电路中的磁场能量又逐渐转变成电场能量. 当 $t=T/2$ 时，电容器充电完毕，此时电路中电流为零，电容器两极板间的电压达到最大值，磁场能量全部转成电场能量，如图 6.28(c)所示.

此后，电容器开始反向放电，产生跟以前相反的电流. 当 $t=3T/4$ 时，电容器放电完毕，电流又达到最大值，电场能量又全部转变为磁场能量，如图 6.28(d)所示. 接着又给电容器正向充电，当 $t=T$ 时，充电完毕，磁场能量又全部转换成电场能量，如图 6.28(e)所示.

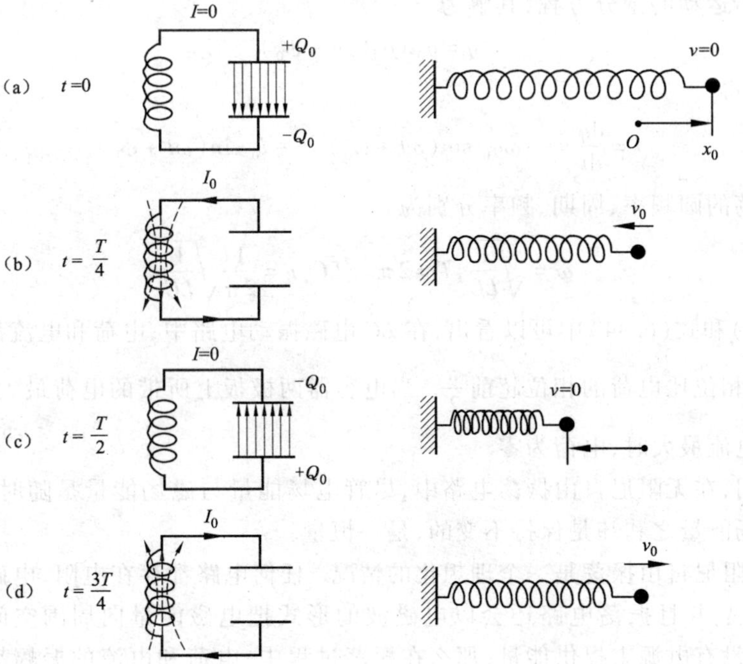

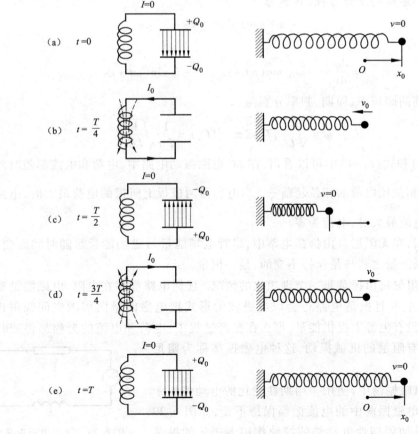

图 6.28　电磁振荡和机械振动

如此循环往复,电荷在电容器的两极板间来回流动,产生了电磁振荡. 这种振荡与我们熟知的弹簧振子的机械振动可以类比,如图 6.28 右边所示. 如果没有电阻、辐射等阻尼的存在,这种电磁振荡将持续反复进行,称为**无阻尼自由振荡**.

上面是对无阻尼自由电磁振荡的定性讨论. 下面对在 LC 回路中,电荷和电流随时间变化的规律作一定量讨论. 在图 6.28 中,设电容器的电容为 C,自感线圈的自感系数为 L,某一时刻电路中的电流为 I,极板上的电量为 q,自感线圈中的自感电动势 $\varepsilon=-L\dfrac{\mathrm{d}I}{\mathrm{d}t}$,由于 $R=0$,根据欧姆定律,知自感电动势满足

$$-L\frac{\mathrm{d}I}{\mathrm{d}t}=\frac{q}{C}$$

而 $I=\dfrac{\mathrm{d}q}{\mathrm{d}t}$,故上式可写成

$$\frac{\mathrm{d}^2q}{\mathrm{d}t^2}+\frac{1}{LC}q=0$$

令 $\omega^2=\dfrac{1}{LC}$,则上式为

$$\frac{\mathrm{d}^2q}{\mathrm{d}t^2}+\omega^2q=0 \tag{6.42}$$

这是熟知的简谐运动的微分方程,其解为

$$q=q_0\cos(\omega t+\phi_0) \tag{6.43}$$

对时间微分后,得

$$I=\frac{\mathrm{d}q}{\mathrm{d}t}=-\omega q_0\sin(\omega t+\phi_0)=-I_0\sin(\omega t+\phi_0) \tag{6.44}$$

无阻尼自由振荡的圆频率、周期、频率分别为

$$\omega=\sqrt{\frac{1}{LC}},T=2\pi\sqrt{LC},\nu=\frac{1}{2\pi}\sqrt{\frac{1}{LC}} \tag{6.45}$$

由式(6.43)和式(6.44)中可以看出,在 LC 电磁振动电路中,电荷和电流都随时间作周期性变化,电流的相位比电荷的相位超前$\dfrac{\pi}{2}$. 当电容器两极板上所带的电荷最大时,电路中的电流为零;反之,电流最大时,电荷为零.

还可以证明,在无阻尼自由振荡电路中,尽管电场能量与磁场能量是随时间而变化的,但是总的电场磁场能量之和却是保持不变的,是一恒量.

实际上,无阻尼自由振荡是一个理想化的情况. 任何电路都存在电阻,电磁能量都会转变成为焦耳-楞次热,并且振荡电路还会以电磁波的形式把电磁能量向周围空间辐射出去. 因此,如果电路中没有电源来提供能量,那么在振荡过程中,电荷和电流的振幅都将随时间而逐渐较少,类似于有阻尼的机械振动,这种电磁振荡称为**阻尼电磁振荡**.

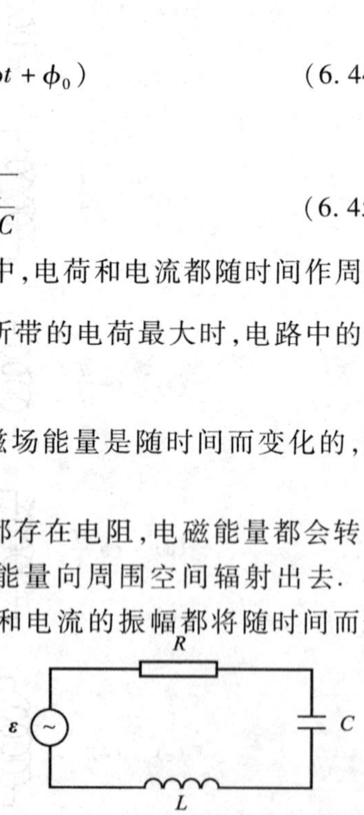

图 6.29 受迫电磁振荡电路

若在阻尼电磁振荡中,使用一周期性变化的电动势用于补充能量,使得电磁振荡中的电流振幅保持不变,如图 6.29 所示. 这种在外加周期性电动势的持续作用下产生的振荡

称为受迫振荡.

2. 赫兹实验

上面提到的振荡电路是封闭式的 LC 串联谐振系统. 系统在振荡过程中,虽然电场能量和磁场能量可以相互转化,但变化的电场局限于电容器中,而变化的磁场局限于电感线圈中,并不利于向外辐射电磁波. 要使系统向外辐射电磁能量,必须将谐振系统做必要的改进.

理论证明,电磁振荡电路在单位时间内,向外辐射的电磁能量与频率的四次方成正比,因此只有提高回路的振荡频率,才能将电磁能量很好地辐射出去. 由 $\omega=\sqrt{\frac{1}{LC}}$ 可知,可以通过减小电路的 L、C 的值来实现增大 ω 的目的. 另一方面,振荡电路必须改进,尽量成为开放式的电路,其改进步骤如图 6.30(a)、(b)、(c)、(d)、(e)所示. 这样改进后,电容器两个极板的面积 S 越来越小,间隙 d 越来越大,电容 C 变小;而线圈的匝数也变得越来越小,最后将一个振荡电路演变成一根直线形的振荡电偶极子,这样不仅可以提高振荡频率,而且电路越来越开放,电荷极性高速重复交替变化,十分有利于辐射电磁能量.

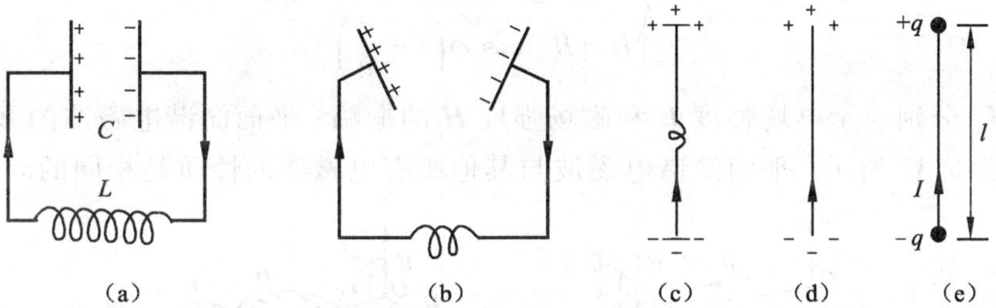

图 6.30　振动电路的改进

赫兹就曾经利用振荡偶极子从实验上证实了电磁波的存在. 赫兹实验的装置如图 6.31 所示,E、F 是两根共轴的长 12 英寸的铜棒,棒的一端装有小铜球,两铜棒与感应线圈 C 的两极相连,小铜球 a、b 间留有缝隙. 当调节感应线圈使得 a、b 间的电压高到足以使其间的空气击穿时,赫兹振子上的电荷经 a、b 而产生火花放电,回路中形成简谐性衰减振荡. 赫兹振子的振荡频率很高,其数量级为 10^8 Hz,因而有较强的电磁波被辐射出去. 检波器的铜棒弯成环状,两端装有铜球 c、d,c、d 的间距可用螺旋调节,检波器距离振子约 10 m 远. 当赫兹振子的 a、b 间发生火花放电时,调节检波器 c、d 之间的距离到某一合适位置时,c、d 间也出现火花,这就是人类历史上第一次接收到的电磁波.

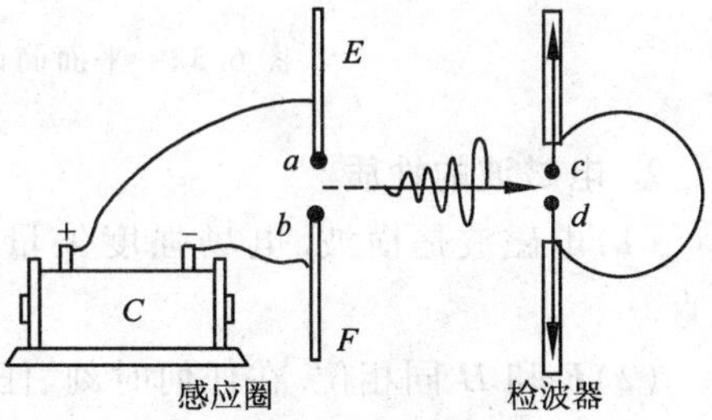

图 6.31　赫兹实验

赫兹还通过一系列的实验,证明电磁波可以产生反射、折射、干涉、衍射和偏振. 电磁波具有波动的共同特性.

6.7.2　平面电磁波的波动方程及性质

1. 平面电磁波的波动方程

平面简谐电磁波是最简单、最基本的一种电磁波. 从麦克斯韦方程组出发可以导出自由空间的平面电磁波的波动方程(推导过程从略).

设电磁振源作简谐振荡,均匀空间,没有传导电流和自由电荷,电磁波沿 x 轴传播,则其波动方程是一平面简谐波方程,即

$$\frac{\partial^2 E}{\partial x^2}-\frac{1}{u^2}\frac{\partial^2 E}{\partial t^2}=0 \tag{6.46}$$

$$\frac{\partial^2 H}{\partial x^2}-\frac{1}{u^2}\frac{\partial^2 H}{\partial t^2}=0 \tag{6.47}$$

其中波速

$$u=\frac{1}{\sqrt{\varepsilon\mu}} \tag{6.48}$$

ε、μ 分别表示电介质的介电常数和磁介质的磁导率. 式(6.46)和(6.47)两微分方程的特解为

$$\begin{cases} E=E_{\mathrm{m}}\cos\omega\left(t-\dfrac{x}{u}\right) \\ H=H_{\mathrm{m}}\cos\omega\left(t-\dfrac{x}{u}\right) \end{cases} \tag{6.49}$$

其中 E_{m} 和 H_{m} 分别表示电场强度 $\boldsymbol{E}$ 和磁场强度 $\boldsymbol{H}$ 的振幅. 平面简谐电磁波的 $\boldsymbol{E}$ 和 $\boldsymbol{H}$ 随空间分布变化如图 6.32 所示. 平面简谐电磁波与其他所有电磁波的性质是相同的.

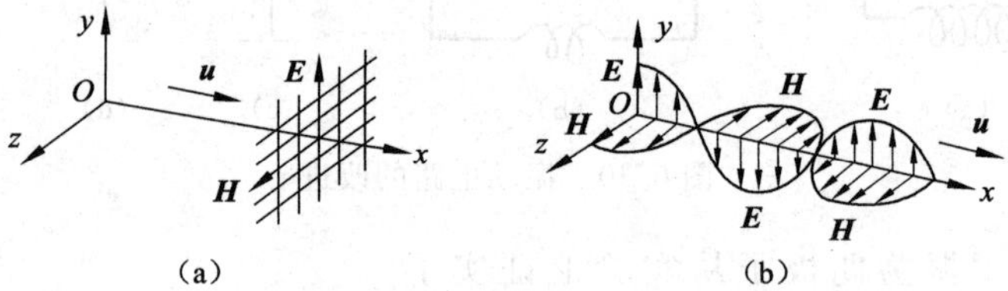

图 6.32 平面简谐电磁波的 $\boldsymbol{E}$ 和 $\boldsymbol{H}$ 随空间分布变化

2. 电磁波的性质

(1)电磁波是横波. 电场强度矢量 $\boldsymbol{E}$ 和磁场强度矢量 $\boldsymbol{H}$ 互相垂直,且均与传播方向 $\boldsymbol{u}$ 垂直.

(2)$\boldsymbol{E}$ 和 $\boldsymbol{H}$ 同相位. 在任何时刻、任何地点,$\boldsymbol{E}\times\boldsymbol{H}$ 的方向总是沿着电磁波的传播方向. 且 $\boldsymbol{E}$ 和 $\boldsymbol{H}$ 同时传到相同的位置,频率相同,步调一致,同时达到最大值,也同时达到零.

(3)$\boldsymbol{E}$ 和 $\boldsymbol{H}$ 的量值成正比,满足

$$\sqrt{\varepsilon}E=\sqrt{\mu}H \tag{6.50}$$

(4)真空中电磁波的传播速度等于光在真空中的传播速度. 电磁波的传播速度为

$$u=\frac{1}{\sqrt{\varepsilon\mu}}$$

真空中电磁波的传播速度为

$$u_{真}=\frac{1}{\sqrt{\varepsilon_0\mu_0}}=2.997\ 9\times10^8\ \mathrm{m\cdot s^{-1}}$$

由于理论计算结果和实验所测定的真空中的光速相符,因此肯定光也是一种电磁波.

(5)电磁波具有偏振特性. 当电磁波的传播方向一定时,**E** 和 **H** 分别在各自的振动平面上按正弦或余弦规律振动,而且两个振动平面又彼此垂直,**E** 和 **H** 的振动方向对电磁波的传播方向具有不对称性,这种特性称为**偏振性**.

6.7.3　电磁波的能量

电磁波在空间的传播过程就是电磁场能量的传播过程,电磁波能量的传播速度就是电磁波的传播速度,电磁波能量的传播方向就是电磁波的传播方向. 我们把单位时间内通过与电磁波传播方向垂直的单位面积上的能量叫做**能流密度**,用 **S** 表示.

由电磁学知道,电场和磁场的能量体密度分别为

$$W_e = \frac{1}{2}\varepsilon E^2, \quad w_m = \frac{1}{2}\mu H^2$$

变化电磁场中的能量 W 既包含电场能量也包含磁场能量,即

$$W = W_e + W_m = \frac{1}{2}\varepsilon E^2 + \frac{1}{2}\mu H^2$$

设 dA 为垂直于电磁波传播方向上的一个面积元,在介质不吸收电磁能量的条件下,在 dt 时间内,通过面积元 dA 的电磁波能量应为 $WdAudt$,则电磁波的能流密度,根据定义其量值为

$$S = Wu = \frac{u}{2}(\varepsilon E^2 + \mu H^2) \tag{6.51}$$

将 $u = \frac{1}{\sqrt{\varepsilon\mu}}$和$\sqrt{\varepsilon}E = \sqrt{\mu}H$ 代入上式有

$$S = \frac{1}{2\sqrt{\varepsilon\mu}}(\sqrt{\varepsilon}E\sqrt{\mu}H + \sqrt{\mu}H\sqrt{\varepsilon}E) = EH \tag{6.52}$$

因为电磁波能量的传播方向、**E** 的方向和 **H** 的方向三者互相垂直,通常将能流密度用矢量式表示为

$$\boldsymbol{S} = \boldsymbol{E} \times \boldsymbol{H} \tag{6.53}$$

S、**E**、**H** 组成右旋直角坐标系,如图 6.33 所示. 能流密度矢量 **S** 也称为**坡印廷矢量**.

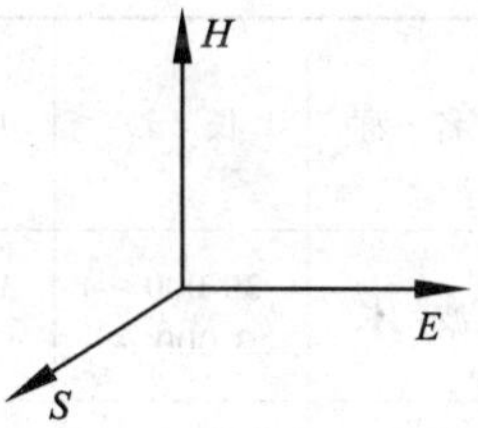

图 6.33　**S**、**E**、**H** 的关系

6.7.4　电磁波谱

赫兹用电磁振荡的方法产生了电磁波,同时还证明了电磁波的性质与可见光的性质完全相同. 后来人们通过许多实验证明,不仅可见光是电磁波,而且伦琴射线(即 X 射线)、γ 射线也是电磁波,它们在本质上是完全相同的,所不同的仅是波长、频率、产生方法及物质相互作用的效果.

按照波长大小的顺序,或频率大小的顺序,可将各类电磁波分区段排列成谱,称为**电磁波谱**,以供直观比较. 各种电磁波的波长与频率范围可用表 6.1 所示的比例来表达.

表6.1 各种电磁波的波长与频率范围

频率ν (Hz)	波长λ (m)	光子能量hν (eV)	(J)	波谱	微观源	检测方法	人为产生方法
10²²	10⁻¹³				原子核	盖革和闪烁计数器	加速器
		1 MeV	10⁶	γ射线			
	10⁻¹⁰			X射线	内层电子	电离室	X射线管
	10⁻⁹ 1 keV	10³		紫外线		光电管	
10¹⁶		10	10⁻¹⁸	可见光	内层和外层电子	光电倍增管	激光 弧光
10¹⁴ 1 μm	10⁻⁶	1 eV 10⁰	10⁻¹⁹		外层电子	人眼	电火花 灯
		10⁻¹	10⁻²⁰	红外线	分子振动和转动	辐射热测量器 热电偶	
1 THz 10¹²	1 cm 10⁻²			微波	电子自旋 核自旋		热物体 磁控管
1 GHz 10⁹	1 m 10⁰	10⁻⁶		超高频 雷达		晶体	速调管 行波管
1 MHz 10⁶	10² 1 km 10³		10⁻²⁷	高频电视 调频无线电 广播 无线电射频		电子线路	电子线路
1 kHz 10³	10⁵	10⁻¹¹		电力传输线			交流发电机

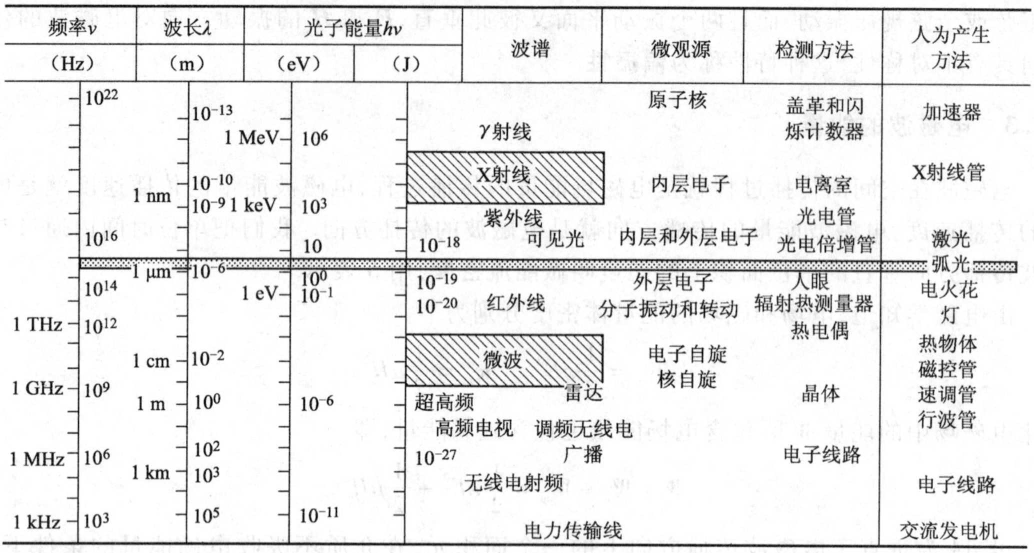

在日常生活中,常能见到的或易于检测的是可见光和无线电波这两个区段的电磁波.从表中可看出,可见光所占范围很小.关于无线电波的特性如表6.2所示.

那些不可见区的电磁波区段可以通过特别制作的仪器检测,它们也有独特的性能,并被广泛应用于各个方面.如紫外光可促进化学反应;红外光用于烘烤、夜视;X射线用于透视、检测;γ射线帮助人们了解核结构,等等.

表6.2 无线电波的范围和用途

名　称	长　波	中　波	中短波	短　波	米　波	微　波		
						分米波	厘米波	毫米波
波　长	30 000 ~ 3 000 m	3 000 ~ 200 m	200 ~ 50 m	50 ~ 10 m	10 ~ 1 m	1 ~ 0.1 m	0.1 ~ 0.01 m	0.01 ~ 0.001 m
频　率	10 ~ 100 kHz	100 ~ 1 500 kHz	1.5 ~ 6 MHz	6 ~ 30 MHz	30 ~ 300 MHz	300 ~ 3 000 MHz	3 000 ~ 30 000 MHz	30 000 ~ 300 000 MHz
主要用途	越洋长距离通信和导航	无线电广播	电报通信	无线电广播、电报通信	调频无线电广播、电视广播、无线电导航	电视、雷达、无线电导航及其他专门用途		

思 考 题

6.1 振动和波动有什么区别和联系? 平面简谐波波动方程和简谐振动方程有什么不同? 又有什么联系? 振动曲线和波形曲线有什么不同?

6.2 设某一时刻的横波波形曲线如思考题6.2图所示,水平箭头表示该波的传播方向,试分别用箭头表明图中 A、B、C、D、E、F、G、H、I 等质点在该时刻的运动方向,并画出经过 $\dfrac{T}{4}$ 后的波形曲线.

6.3　试判断下列几种关于波长的说法是否正确：

(1)在波的传播方向上,相邻的两个位移相同点的距离；

(2)在波的传播方向上,相邻的两个运动速度相同点的距离；

(3)在波的传播方向上,相邻的两个振动相位相同点的距离.

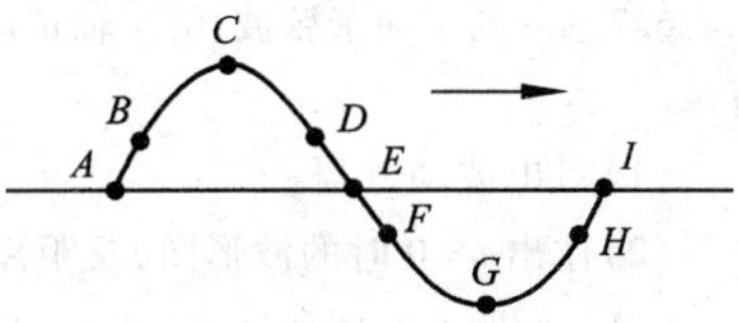

思考题 6.2 图

6.4　沿简谐波的传播方向上,相隔 Δx 的两质点,在同一时刻的相位差是多少？分别用波长 λ 和波数 k 表示之.

6.5　波的传播是否是介质质点的“随波逐流”？“长江后浪推前浪”这句话从物理上来说,是否有根据？

6.6　在波的传播过程中,每个质元的能量随时间而变,这是否违反了能量守恒定律？

6.7　驻波中各质元的相位有什么关系？为什么说相位没有传播？

6.8　我国古代有一种称为“鱼洗”的铜面盆,如思考题 6.8 图所示,盆底雕刻着两条鱼. 在盆中盛上水,当用手轻轻摩擦盆边的两环时,就可看到在两条鱼的嘴上方激起了很高的水柱. 试从物理上解释这一现象.

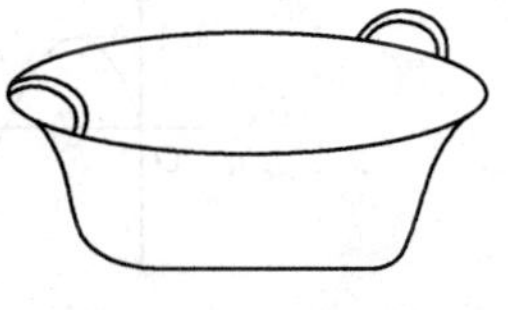
思考题 6.8 图

6.9　声源向接收器运动和接收器向声源运动时,都会产生声波频率增高的效果. 这两种情况有何区别？如果这两种情况下的运动速度相同,那么接收器接收到的频率相同吗？

6.10　如何将一个电磁封闭系统改进成一个开放的振荡偶极子？怎样才能提高偶极子的辐射功率？

6.11　电磁波有何特点？波印廷矢量表示了电磁波的什么特性？

习　　题

6.1　某次太平洋上形成的洋波速度为 740 $\text{km}\cdot\text{h}^{-1}$,波长为 300 km. 这种洋波的频率是多少？横渡太平洋 8 000 km 的距离需要的时间为多少？

6.2　一横波沿绳传播,其波动方程为

$$y = 2\times10^{-2}\sin 2\pi(200t - 2.0x)\quad(\text{SI})$$

(1)求此横波的波长、频率、波速和传播方向；

(2)求绳上质元振动的最大速度,并与波速比较.

6.3　据报道,1976 年唐山大地震时,当地居民曾被猛地向上抛起 2 m 高. 设地震横波为简谐波,且频率为 1 Hz,波速为 3 $\text{km}\cdot\text{s}^{-1}$,求波的波长和振幅.

6.4　沿绳子传播的平面简谐波的波动方程为

$$y = 0.05\cos(10\pi t - 4\pi x)\quad(\text{SI})$$

求：

(1)波的波速、频率和波长；

(2)绳子上各质点振动时的最大速度和最大加速度；

(3)求 $x = 0.2$ m 处质点在 $t = 1$ s 时的相位;它是原点在哪一时刻的相位？这一相位所代表的运动状态在 $t = 1.25$ s 时刻到达了哪一点？

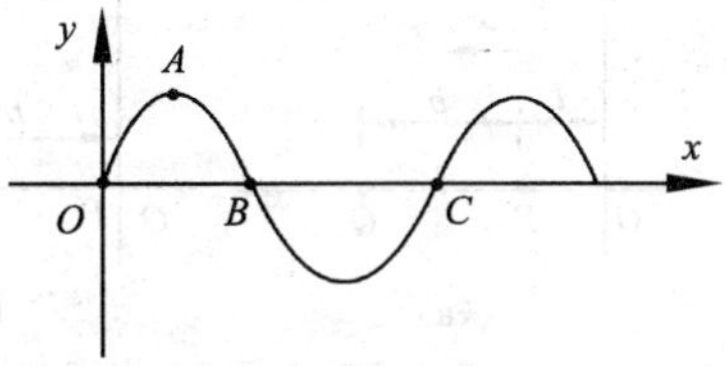

题 6.5 图

6.5　如题 6.5 图所示为沿 x 轴传播的平面余弦波在 t 时刻的波形曲线.

(1)若该波沿 x 轴正向传播,该时刻 O、A、B、C 各点的振动相位是多少？

(2)若该波沿 x 轴负向传播,上述各点的振动相位又是多少？

6.6　频率为 500 Hz 的简谐波,波速为 350 $\text{m}\cdot\text{s}^{-1}$. 求：

(1)沿波的传播方向上,相位差为 $\pi/3$ 的两点间的距离；

(2)在某点,时间间隔为 10^{-3} s 的两个振动状态的相位差.

6.7　一列平面余弦波，沿 x 轴正向传播，波速为 $5\ \mathrm{m\cdot s^{-1}}$，波长为 2 m，原点处质点的振动曲线如题 6.7 图所示.

(1)写出波动方程；

(2)作出 $t=0$ 时的波形图，及距离波源 0.5 m 处质点的振动曲线.

6.8　如题 6.8 图所示，已知 $t=0$ 时和 $t=0.5$ s 时的波形曲线分别为图中曲线(a)和(b)，波沿 x 轴正向传播，试根据图中所给出的条件求：

(1)波动方程；

(2)P 点的振动方程.

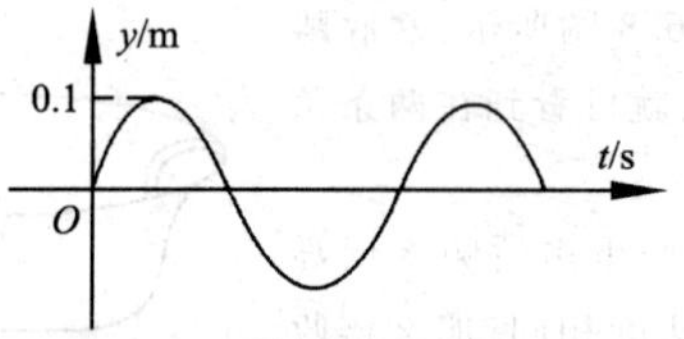

题 6.7 图

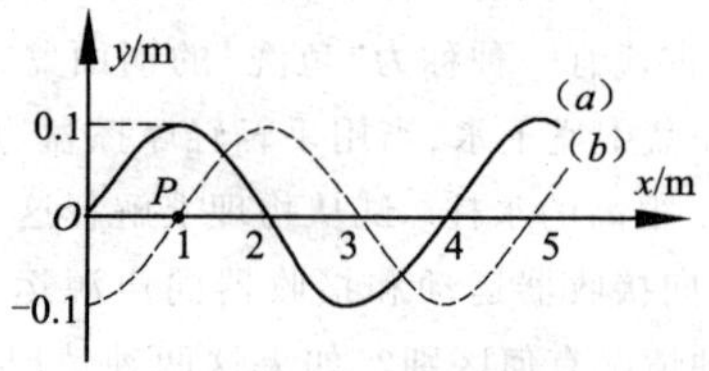

题 6.8 图

6.9　已知平面简谐波的波动方程为

$$y=A\cos\pi(4t+2x)\quad(\mathrm{SI})$$

(1)写出 $t=4.2$ s 时刻各波峰位置的坐标式；并求出此时离原点最近的一个波峰的位置，该波峰何时通过原点？

(2)画出 $t=4.2$ s 时的波形曲线.

6.10　如题 6.10 图所示，有一平面简谐波在空间传播，已知 P 点的振动方程

$$y_P=A\cos(\omega t+\phi_0)$$

(1)分别就图中给出的两种坐标写出其波动方程；

(2)写出距 P 点距离为 b 的 Q 点的振动方程.

6.11　一列平面简谐波沿 x 轴正向传播，$t=0$ 时的波形如题 6.11 图所示，已知波速为 $10\ \mathrm{m\cdot s^{-1}}$，波长为 2 m. 求：

(1)波动方程；

(2)P 点的振动方程及振动曲线；

(3)P 点的坐标；

(4)P 点回到平衡位置所需的最短时间.

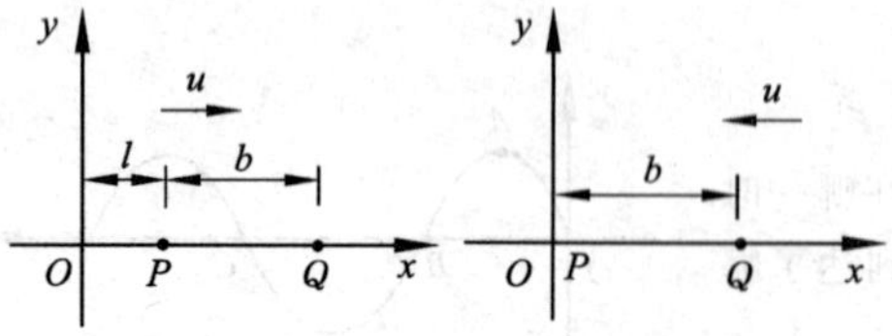

题 6.10 图

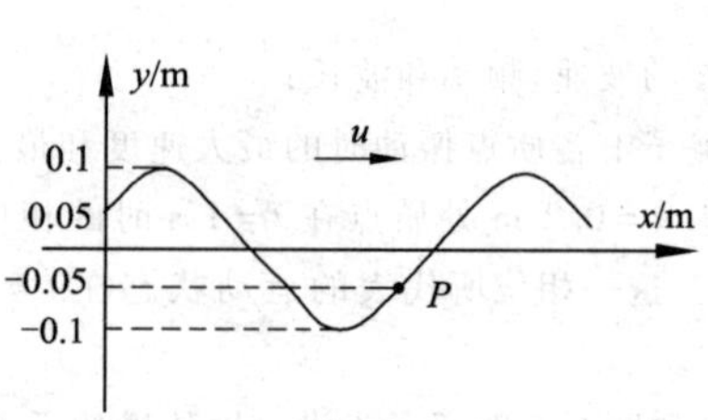

题 6.11 图

6.12　题 6.12 图(a)表示 $t=0$ 时刻的波形图，图(b)表示原点($x=0$)处质元的振动曲线，试求此波的波动方程，并画出 $x=2$ m 处质元的振动曲线.

6.13　一弹性波在介质中传播的速度 $u=10^3\ \mathrm{m\cdot s^{-1}}$，振幅 $A=1.0\times10^{-4}$ m，频率 $\nu=10^3$ Hz. 若该介质的密度为 $\rho=800\ \mathrm{kg\cdot m^{-3}}$，求：

(1)该波的平均能流密度；

(2)1 min 内垂直通过面积 $S=4\times10^{-4}\ \mathrm{m}^2$ 的总能量.

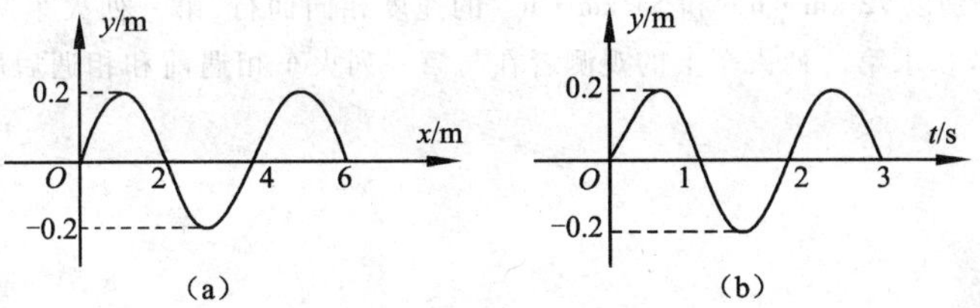

题 6.12 图

6.14　一平面余弦波,沿直径为 14 cm 的圆柱形管中传播,波的强度为 $1.8\times10^{-2}\ \mathrm{J\cdot m^{-2}\cdot s^{-1}}$,频率为 300 Hz,波速为 $300\ \mathrm{m\cdot s^{-1}}$,求

(1)波的平均能量密度和最大能量密度;

(2)两个相邻的同相面之间波的能量.

6.15　P、Q 为两个振动方向和频率都相同的同相波源,它们相距$\dfrac{3\lambda}{2}$,R 为 PQ 连线上 Q 外侧的任意一点,求自 P、Q 发出的两列波在点 R 处引起的振动的相位差.

6.16　位于 A、B 两点的两个波源,振幅相等,频率都是 100 Hz,相位差为 π,若 A、B 相距 30 m,波速为 $400\ \mathrm{m\cdot s^{-1}}$,求 AB 连线上二者之间由于叠加而静止的各点的位置.

6.17　如题 6.17 图所示,设 B 点发出的平面横波沿 BP 方向传播,它在 B 点的振动方程为

$$y_1=2\times10^{-3}\cos 2\pi t\quad(\mathrm{SI})$$

C 点发出的平面横波沿 CP 方向传播,它在 C 点的振动方程为

$$y_2=2\times10^{-3}\cos(2\pi t+\pi)\quad(\mathrm{SI})$$

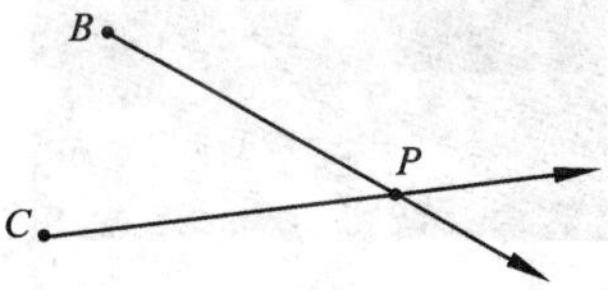

题 6.17 图

设 $BP=0.4$ m,$CP=0.5$ m,波速 $u=0.2\ \mathrm{m\cdot s^{-1}}$. 求

(1)两波传到 P 点时的相位差;

(2)当这两列波的振动方向相同时,P 处合振动的振幅;

*(3)当这两列波的振动方向互相垂直时,P 处合振动的振幅.

6.18　一驻波方程为

$$y=0.02\cos 20x\cos 750\,t\quad(\mathrm{SI})$$

求:

(1)形成此驻波的两列行波的振幅和波速;

(2)相邻两波节间的距离.

6.19　一平面简谐波沿 x 轴正向传播,如题 6.19 图所示. 已知振幅为 A,频率为 ν,波速为 u.

(1)若 $t=0$ 时,原点 O 处质元正好由平衡位置向位移正方向运动,写出此波的波动方程;

(2)若从分界面处反射波的振幅与入射波振幅相等,试写出反射波的波动方程,并求出 x 轴上因入射波与反射波干涉而静止的各点的位置.

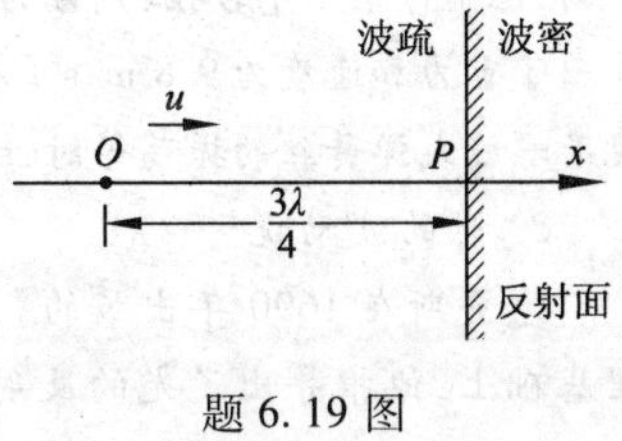

题 6.19 图

6.20　两列波在一根很长的细绳上传播,它们的波动方程分别为

$$y_1=0.06\cos(\pi x-4\pi t)\quad(\mathrm{SI}),\ y_2=0.06\cos(\pi x+4\pi t)\quad(\mathrm{SI})$$

(1)试证明细绳将作驻波式振动,并求出波节、波腹的位置;

(2)波腹处的振幅多大? $x=1.2$ m 处的振幅为多大?

6.21　鸣着汽笛的汽车驶过车站时,车站上的观测者测得汽笛声频率由 1 200 Hz 变到了1 000 Hz,设空

气中声速为 330 $m \cdot s^{-1}$,求汽车的速率.

6.22 两列火车分别以 72 $km \cdot h^{-1}$ 和 54 $km \cdot h^{-1}$ 的速度相向而行,第一列火车发出一个 600 Hz 的汽笛声,若声速为 340 $m \cdot s^{-1}$,求第二列火车上的观测者在与第一列火车相遇前和相遇后所听到该汽笛的频率分别是多少?

科学家简介

克里斯蒂安·惠更斯

克里斯蒂安·惠更斯(Christian Huygens,1629—1695)是与牛顿同一时代的科学家,是历史上最著名的物理学家之一,他对力学的发展和光学的研究都有杰出的贡献,在数学和天文学方面也有卓越的成就,是近代自然科学的一位重要开拓者.

一、生平简介

惠更斯于 1629 年 4 月 14 日诞生于海牙的一个富豪之家. 他的父亲是一个杰出的诗人和外交家. 惠更斯从小就喜欢钻研学问,跟随父亲学习了数学和力学. 16 岁时,惠更斯进入莱顿大学,后转到布雷达大学学习法律和数学. 1650 年,惠更斯开始研究光学,同时对天文观测产生了浓厚兴趣. 1655 年获得法学博士学位后,惠更斯转入科学研究. 他先后访问了伦敦和巴黎,并在巴黎获得了普遍的尊敬. 1663 年,惠更斯成为英国皇家学会第一个外国会员,并被巴黎科学院接纳为唯一的外国院士. 在伦敦和巴黎时,惠更斯结识了许多当时著名的科学家,包括牛顿、莱布尼兹等. 在巴黎生活的第 15 年,法国和荷兰之间爆发了战争,惠更斯不得不离开巴黎,回到故乡荷兰,过着孤独寂寞的晚年生活. 1695 年 6 月 8 日,惠更斯在海牙逝世.

二、主要科学贡献

1. 摆的研究和运用

对摆的研究是惠更斯所完成的最出色的物理学工作. 多少世纪以来,时间测量始终是摆在人类面前的一个难题. 当时的计时装置诸如日晷、沙漏等均不能在原理上保持精确. 直到伽利略发现了摆的等时性,惠更斯将摆运用于计时器,人类才进入一个新的计时时代. 惠更斯在他的《摆钟论》中还给出了他关于所谓的“离心力”的基本命题. 他提出:一个做圆周运动的物体具有飞离中心的倾向,它向中心施加的离心力与速度的平方成正比,与运动半径成反比. 这也是他对伽利略摆动学说的扩充. 在研制摆钟时,惠更斯还进一步研究了单摆运动,他制作了一个秒摆(周期为 2 s 的单摆),导出了单摆的运动公式. 在精确地取摆长为 3.056 5 英尺时,他算出了重力加速度为 9.8 m/s^2. 这一数值与现在我们使用的数值是完全一致的. 后来,惠更斯和胡克还各自发现了螺旋式弹簧丝的振荡等时性,这为近代游丝怀表和手表的发明奠定了理论基础.

2. 光的波动说

惠更斯在 1690 年出版的《光论》一书中正式提出了光的波动说,建立了著名的惠更斯原理. 在此原理基础上,他推导出了光的反射和折射定律,圆满解释了光速在光密介质中减小的原因,同时还解释了光进入冰洲石时所产生的双折射现象,认为这是由于冰洲石分子微粒为椭圆形所致. 惠更斯原理是近代光学的重要基本理论,但它并不完整,它虽然可以预料光的衍射现象的存在,却不能对这些现象作出解释;它可以确定光波的传播方向,但不能确定沿不同方向传播光波振动的振幅. 因此,惠更斯原理是人类对光学现象的一个近似的认识. 直到后来,菲涅耳对惠更斯的光学理论作出了进一步的发展和补充,创立了“惠更斯-菲涅耳原理”,才较好地解释了衍射现象,完成了光的波动说的全部理论.

3. 惠更斯的其他贡献

惠更斯在天文学方面有着很大的贡献. 惠更斯改良了开普勒的望远镜,进行了大量的天文观测,发现围绕着土星的是一个薄而平的圆环,而且环的平面与地球公转的轨道平面相近. 以后惠更斯又发现了土星的卫星——土卫六,并且还观测到了猎户座星云、火星极冠等. 惠更斯很早就显露出数学上的天才,早在22岁时惠更斯就发表过关于计算圆周长、椭圆弧及双曲线的著作. 他对各种平面曲线,如悬链线、曳物线、对数螺线等都进行过研究,还在概率论和微积分方面有所成就. 他1657年发表的《论赌博中的计算》就是一篇关于概率论的科学论文,这篇论文显示了他在数学上的造诣. 惠更斯在力学方面的研究是以伽利略所创建的基础为出发点的. 他在《论摆钟》一书中还论述了关于碰撞的问题. 大约在1669年,惠更斯就已经提出解决碰撞问题的一个法则——"活力"守恒原理,开创了应用能量守恒原理解决力学问题的先河. 惠更斯继承了伽利略的单摆振动理论,并在此基础上对单摆振动理论进行了更加深入的研究. 他把几何学带进了力学领域,用令人钦佩的方法处理力学问题,得到了人们的充分肯定.

阅读材料E

孤波与孤子

在以前波动的讨论中我们都假定了介质是弹性介质,即介质中的恢复力与介质的形变成正比,这使得弹性介质中的波动方程是线性的,波的传播速度只与介质的性质有关,而与振动状态无关. 如果介质是非线性的,它们的动力学方程含有非线性项,在波的振幅较大时,非线性项的作用不能忽略,在非线性介质中传播的波将不满足叠加原理,波速不仅与介质有关,还与振动状态有关. 介质中各点的波速不尽相同,从而产生一些新的效应,如波形随着传播距离的增大可能发生越来越大的畸变,原来的余弦波可能变成锯齿形波,简谐波可能变成各种非简谐波,使原来单一频率的波动变成含有各高次谐波的复合波等. 在色散和非线性的共同作用下,还有可能产生一种奇特的波——孤波(solitary wave).

一、孤波

首先观察到孤波的是英国一位造船工程师罗素(J. S. Russell). 1834年,他正骑马沿运河前进,发现河内一只船突然停止时,船首激起了一个高约0.3 m到0.5 m,长约10 m的光滑而轮廓分明的巨大水团向前推进,它在河中传播时一直保持其速度和原始形状不变. 罗素骑马一直跟随着它,发现它的大小、形状和速度变化很缓慢,直到1~2 miles后,它才在蜿蜒的河道上消失. 罗素认为这是一个新的波形,取名为孤波,并认为它应当是流体运动的一个稳定解.

罗素认识到,这绝不是普通的水波. 因为普通的水波是由水面的振动形成的,水波的一半高于水面,一半低于水面,而且在扩展,一小段距离后即行消失;而他所看到的这个水团,却具有光滑规整的形状,完全在水面上移动,衰减得也很缓慢. 罗素还仿照运河的状况建造了一个狭长的大水槽,模拟当时的条件给水以适当的推动,果然从实验上再现了在运河上观察到的孤波.

1895年,两位年轻的荷兰数学家科特维格(D. J. Korteweg)和德弗里斯(G. de Vries)在研究浅水中小振幅长波运动时,考虑到可把水简化为弹性体,具有弹性特征之外,还注意到水具有非线性特征与色散作用,这些次要特性在一定条件下会形成相干结构. 他们由此导出了描写单向运动浅水波的KdV方程

$$\frac{\partial y}{\partial t}-by\frac{\partial y}{\partial x}+a\frac{\partial^3 y}{\partial x^3}=0$$

上式中第二项 $by\frac{\partial y}{\partial x}$ 是一非线性项,a、b 为常数,这使得该式成为非线性微分方程. 方程的解为

$$y(x,t)=2v\ \mathrm{sec}\ h^2\left[\left(\frac{v}{2}\right)^{\frac{1}{2}}(x-vt)\right]$$

其波形如图 E.1 所示. $a=2v$ 为孤波的振幅,v 有波速的意义. 科特维格和德弗里斯对孤波的形成作出了合理的解释,认为它是色散效应和非线性效应共同起作用的结果. 非线性项(方程中的第二项)的作用将使简谐波的能量重新分配成各高次谐波的能量,使介质中各点的波速不同,与质元的位移大小有关系. 位移越大,波速越大,这意味着波峰会比其前面的波谷运动得快,波峰前缘会变陡,变窄,使波变陡峭. 而第三项 $a\frac{\partial^3 y}{\partial x^3}$ 表示介质的色散作用,它使波发生扩散而变得平坦. 这两种相反的效应相互抵消,就会形成形状不变的孤波,并使之传播很远而不至于衰减. 孤波的存在得到了公认.

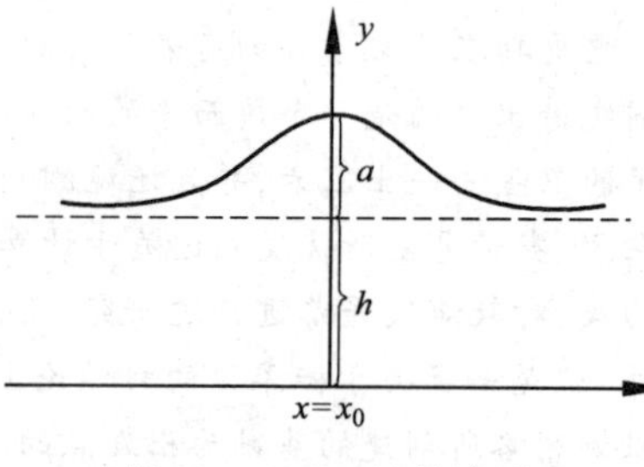

图 E.1　KdV 波的波形

二、孤子

孤子(soliton)与前面叙述的孤波不完全相同,即孤波并不一定是孤子. **孤子**是更严格的概念,类似于质子、光子,以及电子,即具有粒子特性的孤波. 最能显示粒子特性的是两列孤波相互碰撞后仍能保持原来的振幅和波形不变的运动,就像经典物理中两个粒子相互碰撞所产生的现象一样,这一现象可用数学加以严格证明,并在水中产生的非传播性孤立波的实验中清楚地显示出来.

图 E.2 是两个 KdV 孤波碰撞示意图. 两个以不同速度运动的孤波相互碰撞后,各自的波形和速度都不改变,这表明孤波具有稳定性. 但两孤波重叠时并不遵从叠加原理,不能进行简单相加,而是发生了强烈的相互作用,振幅大的孤波速度大,追赶振幅小的,重叠时快的孤波速度更快,慢的孤波速度更慢,但分开后又恢复到原来的形状和速度传播,不过振幅小的落在了后面. 孤波的这种稳定性使两孤波的碰撞类似于两粒子的碰撞,因此也将孤波称为**孤立子**,简称**孤子**.

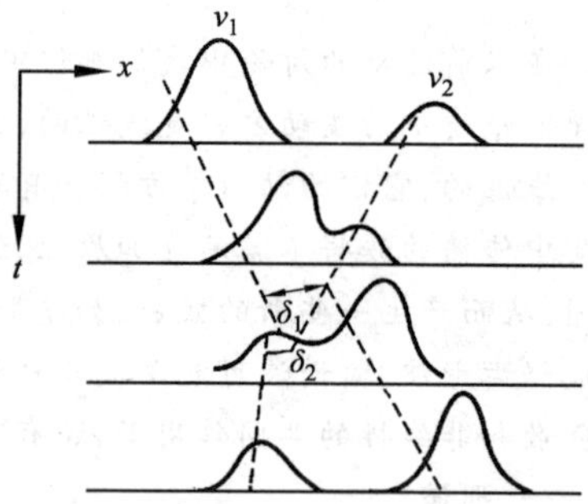

图 E.2　两个 KdV 孤波的碰撞特性

经过科学家们长期和广泛的研究,在物理现实中,除以上 KdV 方程外,还有多种形式的动力学方程具有孤波解. 例如,描写玻色子在相对论情况下处于非线性势场中运动规律的非线性 Klein-Gordon 方程,描写非线性势场中的微观粒子运动规律的非线性薛定谔方程,描写非线性晶格运动规律的 Toda 方程,描述介质对紫外光无损吸收的自透明方程等. 在物理学中的一些基本方程,如规范场论中的自对偶杨-米尔斯方程,引力场理论中的轴对称稳态爱因斯坦方程,以及一系列在流体力学、非线性光学、等离子体中有重要应用的方程,都已应用孤子理论中的方法得到了许多有趣的精确解. 当然,由于运动方程的不同,所具有的孤波的形式、特性和所表示的物质或粒子的特性也不一样. 1967 年,美国的一个研究小组在解 KdV 方程时,首次发明了著名的解析方法——"逆散射变换",并得出了 KdV 方程 N 个孤波相互作用的精确解. 这个方法经拉克斯(P. D. Lax)等人推广到一大批非线性演化方程中去,完善为一个较普遍的解析方法,大大推进了孤子的研究.

上述这些研究成果已经开始推向实际应用. 例如,在光纤通信中,由于色散变形,传输信息的低强度光脉冲,不仅传输的信息量小,质量差,而且每经一段传输距离后,都要做波形整复;而利用孤子的非线性特性,可以很好地解决信号传输中的畸变和衰减问题. 20 世纪 70 年代从理论上发现了**"光学孤子"**,由于在传输中具有波形不损失,不改变速度等特性,为消除前述缺点找到了有效的方法,且光纤中光学孤子可以进行压缩而且传输过程中孤子形状不变,这意味着孤子信号具有很强的抗干扰性,因此利用光纤孤子进行通信,就可大大提高信息传输量,进行远距离的通信传输.

物质的运动和特性从本质上来讲是一个非线性问题,而不是线性问题. 在线性科学已十分成熟的今天,非线性科学已成为各种自然现象的焦点,它和生命科学一起已成为 21 世纪科学发展的前沿.

第7章 光的干涉

光学是物理学中一个重要的分支学科，距今已有2000多年的历史，人类对于光的本质的认识经历了漫长的过程，直到19世纪末20世纪初，人们才认识到光既具有波动性，又具有粒子性，即光具有波粒二象性. 干涉现象是波动的基本特征之一. 对于光来说，当满足一定条件时就会产生光的干涉现象，说明光具有波动性. 本章主要介绍光的干涉现象及规律，包括干涉现象的产生条件和明暗条纹的分布规律，并对干涉现象的实际应用作一些简单的介绍.

7.1 光源 单色光 相干光

7.1.1 光源 光源的发光机理

任何能够发射光波的物体都可称为**光源**. 按光的激发方式不同，常把光源分为两大类：普通光源和激光光源. 普通光源又可分为热光源和冷光源. 利用热能激发的光源称为热光源，如太阳、白炽灯、弧光灯等；利用电能、光能或化学能激发的光源称为冷光源，如日光灯、电视显像管中的荧光屏、萤火虫的发光等. 激光光源则是一种与普通光源性质完全不同的新型光源，是由于受激辐射发光.

普通光源的发光机理是处于激发态的原子或分子的自发辐射. 当光源中的原子受到外界条件的激励而处于能量较高但极不稳定的激发态时，会自发地向低激发态或基态跃迁. 在跃迁过程中，原子向外发射光波. 每个原子一次发光的时间极短，大约只能持续 $10^{-10}\sim10^{-8}$ s，而且只能发出一段长度有限、频率一定和振动方向一定的波列. 一个原子经过一次发光后，只有再次被激发后才会再次发光，因此原子的发光是间歇性的. 普通光源中大量原子或分子的发光是随机的，彼此之间相互独立，没有任何联系，如图7.1所示. 因此，在同一时刻，各个原子或分子发出波列的频率、振动方向和相位都不一定相同；在不同时刻，即使是同一个原子或分子，它所发出的波列的频率、振动方向和相位也不相同. 这就是为什么即使我们用两盏频率相同的单色普通光源，如钠光灯，或用同一光源的不同部分发出的光，却仍看不到干涉现象的原因. 所以，如果想得到光的干涉现象，必须采用一些特别的方法.

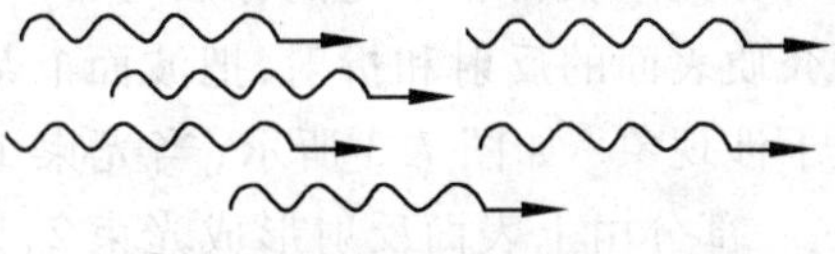

图7.1 普通光源的各原子或分子的发光彼此之间完全独立

7.1.2 单色光

具有单一频率的光称为**单色光**. 然而，严格的单色光在实际中是不存在的，光源中每个原子或分子每次发出的光，实际上是包含有一定频率范围或波长范围的光，这种光称为**准单色光**. 对于波长为 λ 的准单色光，其组成可用 $I-\lambda$ 曲线表示（I 表示光的强度，正比于光矢量振幅的平方：$I\propto E_0^2$），称为**光谱曲**. 如图7.2所示，以波长为横坐标，强度为纵坐标，在 λ 左右其他波长的光的强度迅速减小，构成一条谱线. 设 λ 处的光强为 I_0，通常把强度下降到 $I_0/2$ 所对应的两点之间的波长范围 $\Delta\lambda$ 称为**谱线宽度**. 谱线宽度是表示谱线单色性好坏的重要物理量，$\Delta\lambda$ 越窄，表示其单色性越好. 普通单色光源，如钠光灯、汞灯等，谱线宽度的数量级为千分之几纳米到几纳米，而激光的单色性更好，其谱线宽度大约只有 10^{-9} nm，甚至更小.

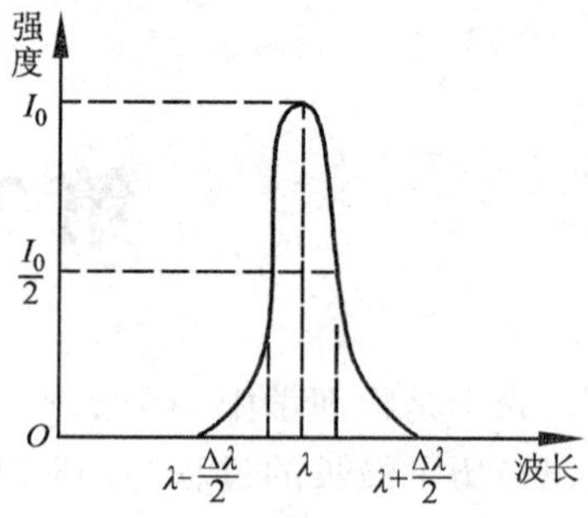

图 7.2 谱线及其宽度线

一般光源的发光都是由大量分子或原子在同一时刻所发出的，包含了各种不同频率的光，称为**复色光**，如太阳光、白炽灯光等. 当复色光通过三棱镜时，由于各种频率的光在玻璃中的传播速度各不相同，折射率也不同，因此，复色光中各种不同频率的光将按不同的折射角分开，形成一个**光谱**，这一现象称为**色散**. 光谱中每一波长成分所对应的亮线或暗线称为**光谱线**. 因为每种光源都有自己特定的光谱结构，因此，利用光谱结构可以对化学元素进行分析，或对原子和分子的内部结构进行研究.

7.1.3 相干光

1. 相干光

在第 6 章中我们已经知道：当频率相同、振动方向相同、相位相同或相位差保持恒定的两列相干波相遇时，在相遇的区域内就会产生干涉现象，即有些点的振动始终加强，有些点的振动始终减弱. 对于光波来说，它有两个振动矢量：电场强度 $\boldsymbol{E}$ 和磁场强度 $\boldsymbol{H}$，其中对人的眼睛或感光仪器等起感光作用的是 $\boldsymbol{E}$，因此通常把矢量 $\boldsymbol{E}$ 称为**光矢量**. 如果两束光的光矢量满足相干条件，则称这两束光为**相干光**，相应的光源称为**相干光源**.

2. 相干光的获得方法

前面已经提到，由普通光源的发光机理和特点所决定，若要使光发生干涉现象，必须采用一些特别的方法来获得相干光.

一般来说，获得相干光的基本原理是把普通光源上同一点发出的光设法“一分为二”，使这两束光分别沿不同的路径传播并使之再次相遇. 由于这两束光的相应部分实际上都来自于同一原子的同一次发光，即原来的每一个波列都被分成了频率相同、振动方向相同、相位差恒定的两个波列，因而这两束光是满足相干条件的相干光，当它们相遇时，就会产生干涉现象.

分光束获得相干光的方法通常有两种：分振幅法和分波阵面法. **分振幅法**是利用光在两种介质表面的反射和折射，把波面上某处的振幅分成两部分或若干份，再使它们相遇叠加而产生干涉现象. 如图 7.3 所示，当光束 1 入射至一薄膜表面上时，由于反射和折射被分为两部分：一部分由上表面反射形成光束 2，另一部分折射进入薄膜，在其下表面又被反射，再通过上表面透射出来，形成光束 3. 由于反射光束 2 和光束 3 是由光束 1 分出来的，所以它们的频率相同、振动方向相同且相位差恒定，所以是相干光. 从能量的角度来看，光束 2 和光束 3 的能量是从光束 1 分出来的. 由于波的能量与振幅有关，因此可以形象地说振幅被“分割”了，这种产生相干光的方法叫做分振幅法. 这种方法我们将在 7.4 节薄膜干涉中作详细介绍.

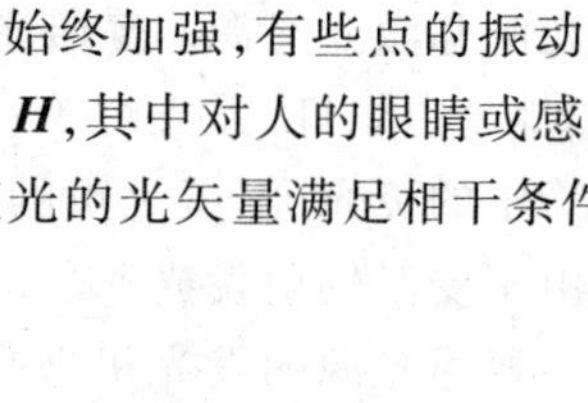

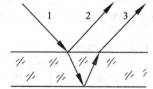

图 7.3 一束光被分为两束相干光

分波阵面法是在同一个波面上取出两部分面元作为相干光源的方法. 下节将要介绍的杨氏双缝干涉实验、菲涅耳双镜实验和洛埃德镜实验采用的都是这种方法.

7.2 杨氏双缝干涉实验

7.2.1 杨氏双缝干涉实验

1. 实验装置

1801 年，英国物理学家托马斯·杨(T. Young)首先用实验的方法得到了两列相干的光波，观察到了光的干涉现象. 并且最早以明确的形式确立了光波叠加原理，用光的波动性解释了光的干涉现象，具有重大的历史意义.

改进后的杨氏双缝实验装置如图 7.4(a)所示，用普通单色光源照射狭缝 S，此时 S 相当于一个线光源，在 S 的前方放置两个相距很近的狭缝 S_1 和 S_2，S_1 和 S_2 与 S 平行且等距. 这时由于 S_1 和 S_2 位于光源 S 所发出光的同一个波阵面上，满足频率相同、振动方向相同、相位差恒定的相干条件，构成一对相干光源，从 S_1 和 S_2 发出的光波在空间叠加，将产生干涉现象(由于 S_1 和 S_2 是从 S 发出的波阵面上取出的两部分，所以把这种获得相干光的方法称为分波阵面法). 如果在双缝前放置一屏幕 E，在屏幕上将出现一系列与狭缝平行、等间距的明暗相间的干涉条纹，如图 7.4(b)所示.

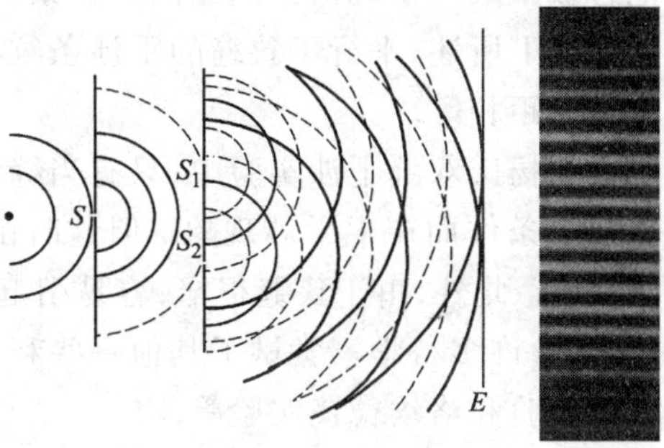

(a) (b)

图 7.4 杨氏双缝干涉实验

2. 干涉明暗条纹的分布

下面我们对杨氏双缝干涉明暗条纹的形成条件及其分布规律作一定量分析.

如图 7.5 所示，设 S_1 和 S_2 之间的距离为 d，M 为双缝的中点，双缝到屏幕 E 的距离为 $D(D \gg d)$. 在屏幕上任取一点 P，设 P 点到 O 点的距离为 $x(D \gg x)$，P 点到 S_1、S_2 的距离分别为 r_1、r_2. MO 为过 M 且垂直于屏幕 E 的直线，PM 与 MO 间的夹角 $\angle PMO$ 为 P 点的角位置. 由图可知，从 S_1、S_2 所发出的光到 P 点的波程差 δ 为

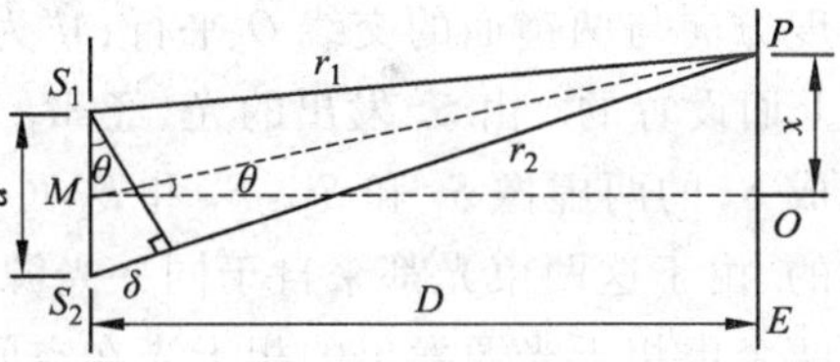

图 7.5 杨氏双缝干涉条纹的计算用图

$$\delta = r_2 - r_1 \approx d\sin\theta$$

这里的 θ 近似等于 $\angle PMO$(因为 $D \gg d, D \gg x$，θ 角很小)，$\sin\theta \approx \tan\theta$，所以有

$$\delta = r_2 - r_1 \approx d\sin\theta \approx d\tan\theta = d\frac{x}{D}$$

由波动理论知，P 点出现明暗条纹应满足的条件为

$$\delta = d\frac{x}{D} = \begin{cases} \pm k\lambda & k = 0,1,2,\cdots \quad \text{明纹} \\ \pm(2k-1)\dfrac{\lambda}{2} & k = 1,2,\cdots \quad \text{暗纹} \end{cases} \tag{7.1}$$

其中，对应于 $k=0$ 的明条纹称为**零级明纹**或**中央明纹**，对应于 $k=1,2,\cdots$ 的明条纹或暗条纹分别称第一级、第二级……明纹或暗纹. 式中的正负号表明干涉条纹在 O 点即中央明纹两侧对称分布. 如果 S_1 和 S_2 到 P 点的波程差为其他值，则 P 点处的光强介于明纹与暗纹之间.

各级明暗条纹的中心距 O 点的距离为

$$x=\begin{cases}\pm k\dfrac{D}{d}\lambda & k=0,1,2,\cdots \quad 明纹\\ \pm(2k-1)\dfrac{D}{d}\dfrac{\lambda}{2} & k=1,2,\cdots \quad 暗纹\end{cases} \tag{7.2}$$

由上式可以算出,两相邻明纹或暗纹的间距都为

$$\Delta x=x_{k+1}-x_k=\frac{D}{d}\lambda \tag{7.3}$$

所以,干涉明、暗条纹是等距离分布的. 从上式可以看出,当 D、d 一定时,干涉条纹的间距与入射光的波长成正比,波长愈小,条纹愈密. 因此,如果用白光照射,则除中央明纹为白色外,其他各级条纹将出现由紫到红的彩色条纹.

综上所述,平行于狭缝的干涉条纹在屏幕上对称地分布于中央明纹两侧,明暗条纹交替出现且间距相等.

在杨氏双缝干涉实验中,只有当缝 S_1、S_2 和 S 都很狭窄时,才能保证 S_1 和 S_2 处的光波满足相干条件而产生干涉现象. 但这时由于通过狭缝的光强太弱,显示在屏幕上的干涉条纹不够清晰. 此外,由于狭缝很窄,容易引起衍射现象的发生,从而对实验产生影响. 为了解决上述问题,许多科学家尝试了其他一些利用分波阵面获得相干光的方法,其中较著名的有菲涅耳双镜实验和洛埃德镜实验等.

7.2.2 菲涅耳双镜实验

菲涅耳双镜实验装置如图 7.6 所示,M_1 和 M_2 是两个夹角很小的平面镜;S_0 是线光源,其长度方向与两镜面的交线 O 平行;M 为遮光板,是为了防止从 S_0 发出的光线直接照射到屏幕 E 上而设置的. 由 S_0 发出的光,经 M_1 和 M_2 反射后被分成两束反射光,且在 M_1 和 M_2 上分别形成 S_0 的两虚像 S_1 和 S_2. S_1 和 S_2 可以看作是两个虚光源,两束反射光好像是分别从它们发出的,由于这两束光都来自于同一光源 S_0,所以是相干光,S_1 和 S_2 构成两个相干光源. 这样,由两个虚相干光源发出的相干光在空间叠加的区域内将会产生干涉现象. 如果屏幕 E 处于这一区域中,则在屏幕上即可看到明暗相间的等间距干涉条纹. 可利用杨氏双缝干涉的结果计算这里的明暗条纹位置及条纹间距.

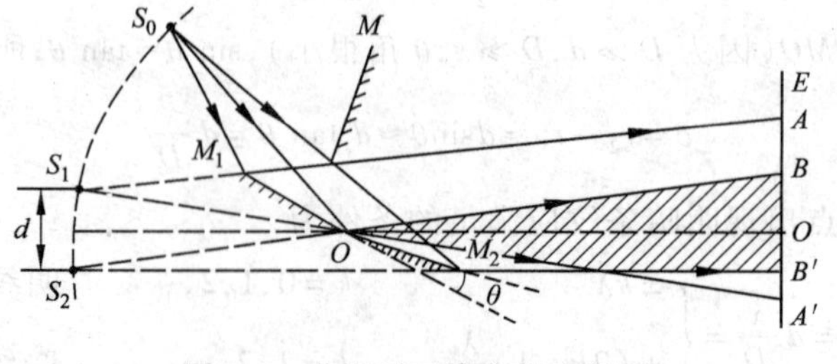

图 7.6 菲涅耳双镜实验示意图

7.2.3 洛埃德镜实验

洛埃德(H. Lolyd,1800—1881)于 1834 提出了一种更简单的观察干涉现象的装置. 如图 7.7 所示,M 为一块下面涂黑的平玻璃板,S_1 为线光源. 由 S_1 发出的光,一部分直接射到屏幕 P 上;另一部分以接近 90°的入射角掠射到玻璃平板上,经上表面反射后到达屏幕. 反

射光好像是从 S_1 的虚像 S_2 发出，S_1 和 S_2 构成一对相干光源，在两相干光的叠加区域将产生干涉现象，这时在屏幕上可以观察到明暗相间的干涉条纹.

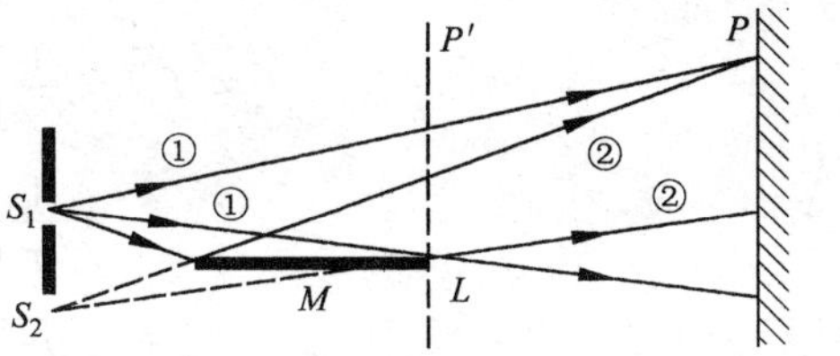

图 7.7　洛埃德镜实验示意图

值得注意的是，如果把屏幕移到与镜面边缘 L 相接触的位置 P'，这时从 S_1 和 S_2 发出的光到达接触处 L 的路程相等，在此处好像应该出现明纹，但实验结果却是暗纹. 这表明，由镜面反射出来的光和直接射到屏上的光在 L 处的相位相反，即相位差为 π. 由于直射光的相位不会变化，所以只能是光从空气射向玻璃平板发生反射时，反射光的相位跃变了 π.

进一步的实验表明，光从光疏介质射到光密介质界面反射时，在掠射（入射角 $i\approx 90°$）或正入射（$i\approx 0°$）的情况下，反射光的相位较入射光的相位有 π 的突变. 这一变化相当于反射光的波程在反射过程中损失了半个波长，故常称为半波损失. 容易理解，在菲涅耳双镜干涉实验中，经 M_1、M_2 反射的两束光，由于都产生了 π 的相位突变，所以二者的光程差是不变的.

例 7.1　杨氏双缝干涉实验中，两狭缝相距 $d = 0.20$ mm，屏与双缝间的距离 $D = 1$ m. 用一平行于缝的线光源照明，光波波长为 $\lambda = 600$ nm.

（1）求屏上两相邻明条纹中心的间距，以及第 3 级明纹中心的位置；

（2）如果从第一级明纹到同侧第四级明纹间的距离为 7.5 mm，求入射光波的波长.

解　（1）两相邻明条纹中心的距离为

$$\Delta x = \frac{D}{d}\lambda = \frac{1\ 000}{0.2}\times 6\times 10^{-4}\ \text{mm} = 3.0\ \text{mm}$$

第 3 级明条纹中心在屏上的位置为

$$x_3 = \pm 3\frac{D}{d}\lambda = \pm 3\,\frac{1\ 000}{0.2}\times 6\times 10^{-4}\ \text{mm} = \pm 9.0\ \text{mm}$$

（2）从第一级明纹到同侧第四级明纹间的距离 Δx_{14} 为

$$\Delta x_{14} = x_4 - x_1 = \frac{D}{d}(4-1)\lambda$$

将 $\Delta x_{14} = 7.5$ mm，$d = 0.20$ mm，$D = 1$ m 代入上式，得

$$\lambda = \frac{0.20\times 7.5}{1\ 000\times 3}\ \text{nm} = 500\ \text{nm}$$

例 7.2　设两个同方向、同频率的单色光波，传播到屏幕上的某一点的光矢量 $\boldsymbol{E}_1$、$\boldsymbol{E}_2$ 的量值分别为 $E_1 = E_{10}\cos(\omega t - \phi_1)$、$E_2 = E_{20}\cos(\omega t - \phi_2)$，如果这两个光矢量分别是：（1）非相干光；（2）相干光. 试分别讨论该点合成光矢量的光强的情况.

解　矢量 $\boldsymbol{E}_1$ 和 $\boldsymbol{E}_2$ 叠加后的光矢量为 $\boldsymbol{E} = \boldsymbol{E}_1 + \boldsymbol{E}_2$，已知 $\boldsymbol{E}_1$ 和 $\boldsymbol{E}_2$ 是同方向的，所以合成光矢量 $\boldsymbol{E}$ 的量值为

$$E = E_0\cos(\omega t - \phi)$$

式中

$$E_0 = \sqrt{E_{10}^2 + E_{20}^2 + 2E_{10}E_{20}\cos(\phi_2 - \phi_1)}$$

$$\phi = \tan^{-1}\frac{E_{10}\sin\phi_1 + E_{20}\sin\phi_2}{E_{10}\cos\phi_1 + E_{20}\cos\phi_2}$$

在我们所观察的时间间隔 τ 内($\tau \gg$ 光振动的周期),平均光强 I 正比于$\overline{E_0^2}$,即

$$
\begin{aligned}
I \propto \overline{E_0^2} &= \frac{1}{\tau}\int_0^\tau E_0^2\,\mathrm{d}t \\
&= \frac{1}{\tau}\int_0^\tau [E_{10}^2 + E_{20}^2 + 2E_{10}E_{20}\cos(\phi_2 - \phi_1)]\,\mathrm{d}t \\
&= \overline{E_{10}^2} + \overline{E_{20}^2} + 2E_{10}E_{20}\frac{1}{\tau}\int_0^\tau \cos(\phi_2 - \phi_1)\,\mathrm{d}t
\end{aligned}
$$

(1)对于非相干光,由于原子或分子发光的不规则性和间歇性,上述光波之间的相位差是杂乱变化的,即相当于在所观察时间内经历 0 到 2π 间的一切数值,因此有

$$\int_0^\tau \cos(\phi_2 - \phi_1)\,\mathrm{d}t = 0$$

所以
$$\overline{E_0^2} = \overline{E_{10}^2} + \overline{E_{20}^2}$$
相应地
$$I = I_1 + I_2$$
上式表明,两束非相干光波重合后的光强等于它们分别照射时的光强 I_1 和 I_2 的总和.

(2)对于相干光,对于屏幕上各指定点而言,$\Delta\phi = \phi_2 - \phi_1$ 各有恒定的值,这时,合成后的光强 I 为

$$I = I_1 + I_2 + 2\sqrt{I_1 I_2}\cos(\phi_2 - \phi_1)$$

上式表示,相干光合成的光强并不是简单地相加,屏幕上各点处的光强随该点所对应的 $\Delta\phi$ 值而定. 即屏幕上各点的光强,有些地方加强,有些地方减弱,这是相干光的重要特征.

如果 $I_1 = I_2$,则合成后的光强为

$$I = 2I_1(1 + \cos\Delta\phi) = 4I_1\cos^2\frac{\Delta\phi}{2}$$

当 $\Delta\phi = \pm 2k\pi, k = 0,1,2,\cdots$ 时,这些位置光强最大,等于单个光束光强的 4 倍;当 $\Delta\phi = \pm(2k+1)\pi, k = 0,1,2,\cdots$ 时,光强最小,等于零. 光强 I 随相位差 $\Delta\phi$ 变化的情况如例 7.2 图所示.

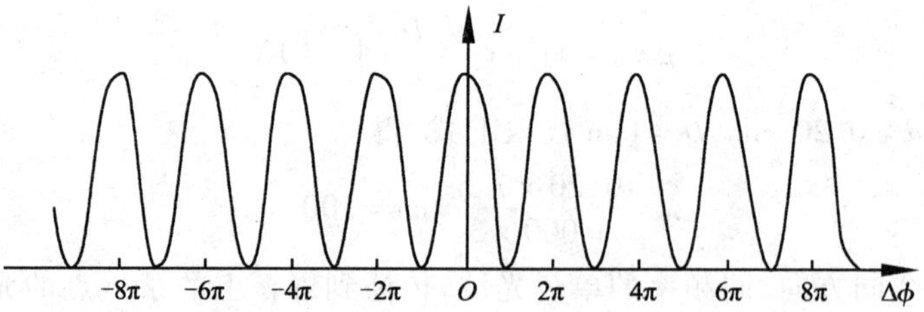

例 7.2 图　干涉现象的光强分布

7.3　光程和光程差

7.3.1　光程和光程差

我们前面所讨论的干涉现象都是两束相干光在同一种介质中传播的情形,它们在相遇处叠加时,两束光振动的相位差仅取决于两束光之间的几何路程之差. 但是,当两束相干光分别通过不同的介质时,就不能只根据几何路程之差来计算它们的相位差了. 为了方便的比较和计算经

过不同介质的相干光间的相位差,我们引入光程的概念.

设有一频率为 ν 的单色光,在真空中的光速为 c,波长为 λ,则 $\lambda = c/\nu$. 在折射率为 n 的介质中,光速变为 $u = c/n$,而波长 λ 则变为

$$\lambda_n = \frac{u}{\nu} = \frac{c}{n\nu} = \frac{\lambda}{n}$$

即为真空中波长的 $1/n$. 波行进一个波长的距离时,相位变化了 2π,如果光波在介质中传播的几何路程为 L,则相位的变化是

$$\Delta\phi = 2\pi\frac{L}{\lambda_n} = 2\pi\frac{nL}{\lambda}$$

上式表明:光在介质中传播时,其相位的变化不仅与光波传播的几何路程以及光波在真空中的波长有关,而且还与介质的折射率有关. 光在折射率为 n 的介质中通过几何路程 L 所发生的相位变化,相当于光在真空中通过 nL 的路程所发生的相位变化. 因此,我们将光波在某一介质中所通过的几何路程 L 和该介质折射率 n 的乘积 nL 定义为**光程**.

引入光程这一概念之后,我们便可以把光在不同介质中的传播路程折算成该光在真空中的传播路程. 对于初相位相同的两束相干光,当各自通过不同的介质和路径在某点相遇时,它们的相位差决定于它们的光程之差,即**光程差**,常用 δ 表示. 相位差 $\Delta\phi$ 和光程差 δ 之间的关系为

$$\Delta\phi = 2\pi\frac{\delta}{\lambda} \tag{7.4}$$

式中的 λ 为光在真空中的波长. 此外,如果两相干光初相位不相同,则还应加上两相干光的初相位差才是两束光在相遇点的相位差.

例如,S_1 和 S_2 为两相干光源,且初相位相同,它们发出的两相干光分别在折射率为 n_1 和 n_2 的两介质中传播,经过几何路程 r_1 和 r_2 在 P 点相遇,如图 7.8 所示. 则两光束在 P 点的相位之差为

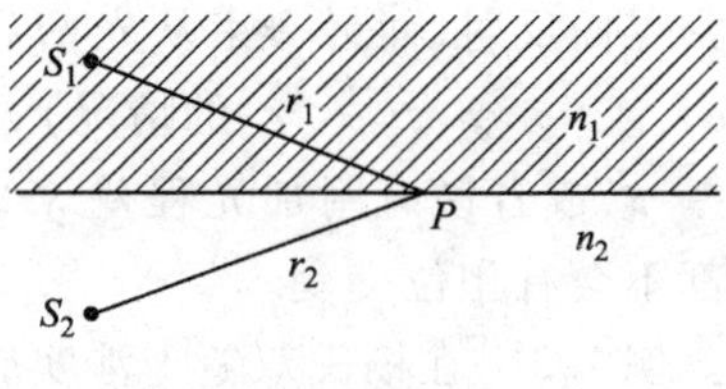

图 7.8　两相干光在不同介质中传播

$$\Delta\phi = \frac{2\pi}{\lambda}\delta = \frac{2\pi}{\lambda}(n_1r_1 - n_2r_2)$$

由式(7.4)可得干涉条纹的明暗条件

$$\delta = \pm k\lambda, \qquad k = 0,1,2,\cdots \qquad \text{明纹}$$

$$\delta = \pm(2k+1)\frac{\lambda}{2}, \qquad k = 0,1,2,\cdots \qquad \text{暗纹}$$

因此,两束初相位相同的相干光在不同介质中传播时,对干涉起决定作用的将是二者的光程差.

7.3.2　透镜不引起附加光程差

在干涉和衍射装置中,经常需要用到透镜. 但是,透镜的使用对各光线的光程会不会产生影响呢,即是否会产生附加的光程差呢?

由几何光学我们知道,平行光通过透镜后,会聚于焦平面上形成一亮点,如图 7.9(a)、(b)所示. 这说明,某时刻平行光束波前上的 A、B、C、D、E 等各点的相位相同,当它们到达透镜的焦平面上时,相位仍然是相同的. 可见,A、B、C、D、E 等各点到 F 点的光程都是相等的. 图 7.9(c)所

示为位于透镜主轴上的物点 S,经透镜成明亮的实像 S',说明物点和像点之间的各光线也是等光程的.

对于这个事实,我们可以这样解释:如图 7.9(a)或(b)所示,虽然光线从 AaF 比光线 CcF 经过的几何路程长,但是光线 CcF 在透镜中经过的路程比光线 AaF 的长,因此折算成光程,AaF 的光程与 CcF 的光程相等. 因此,**使用透镜虽然可以改变光线的传播方向,但不会引起附加的光程差**.

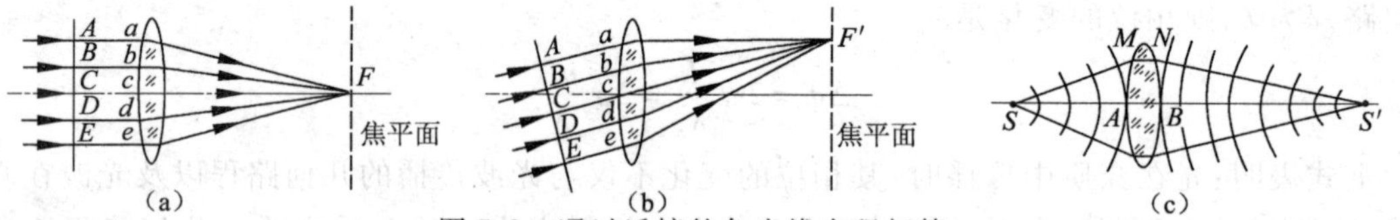

图 7.9 通过透镜的各光线光程相等

7.3.3 反射光的附加光程差

我们在前面讨论洛埃德镜实验时已经指出,当光从光疏介质射到光密介质界面反射时,反射光会有相位突变 π,即有半波损失. 因此,在讨论干涉问题时,经常需要考虑两束反射光之间是否有因这种相位突变而产生附加的光程差的问题,例如,在比较从薄膜的不同表面反射的两束光之间的光程时(图 7.10),就要考虑这个问题. 理论和实验表明:如果两束光都是从光疏到光密界面反射(即 $n_1 < n_2 < n_3$ 的情况)或都是从光密到光疏界面反射(即 $n_1 > n_2 > n_3$ 的情况),则两束反射光之间无附加的光程差. 如果一束光从光疏到光密界面反射,而另一束从光密到光疏界面反射(即 $n_1 < n_2$,$n_2 > n_3$,或 $n_1 > n_2$,$n_2 < n_3$ 的情况),则两束反射光之间有附加的相位差 π,或者说有附加光程差 $\lambda/2$. 对于折射光,则在任何情况下都不会有相位突变.

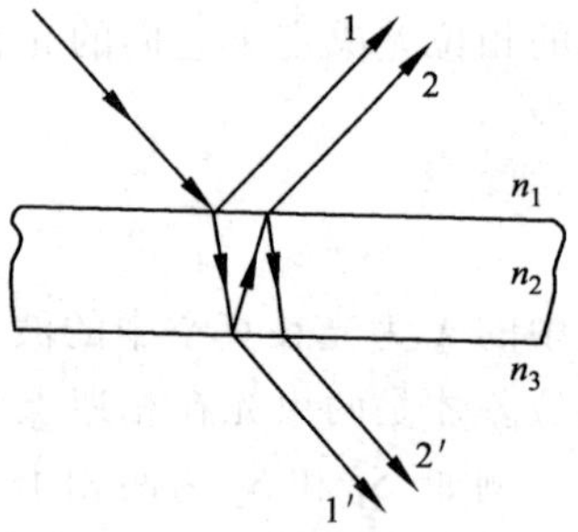

图 7.10 薄膜两界面反射光的附加光程差

例 7.3 在杨氏双缝干涉实验中,入射光的波长为 λ,现在 S_2 缝上放置一片厚度为 d、折射率为 n 的透明介质,试问原来的零级明纹将如何移动?如果观测到零级明纹移到了原来的 k 级明纹位置处,求该透明介质的厚度 d.

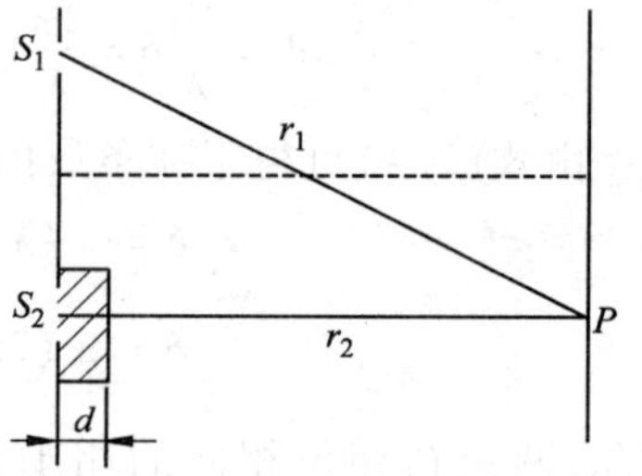

例 7.3 图

解 如例 7.3 图所示,有透明介质时,从 S_1 和 S_2 到观测点 P 的光程差为

$$\delta = (r_2 - d + nd) - r_1$$

对于零级明纹,其相应的 $\delta = 0$,其位置应满足条件

$$r_2 - r_1 = -(n-1)d < 0 \tag{1}$$

与原来零级明纹位置所满足的 $r_2 - r_1 = 0$ 相比可知,在 S_2 前有介质时,零级明纹应向下移动.

原来没有介质时,k 级明纹的位置满足

$$r_2 - r_1 = k\lambda \quad k = 0, \pm 1, \pm 2, \cdots \tag{2}$$

按题意,观测到零级明纹移到了原来的 k 级明纹处,于是(1)式和(2)式必须同时得到满足,由此可解得

$$d=\frac{-k\lambda}{n-1}$$

其中 k 为负整数. 上式也可理解为:插入透明介质后,屏幕上的干涉条纹移动了 $|k|=(n-1)d/\lambda$ 条. 这也提供了一种测量透明介质折射率的方法.

7.4 薄膜干涉

当光波经薄膜两表面发生反射后,相互叠加所形成的干涉现象,称为**薄膜干涉**. 薄膜干涉在日常生活中较为常见,比如在阳光的照射下,肥皂泡、水面上的油膜,以及许多昆虫(如蜻蜓、蝉、甲虫等)的翅膀上都会呈现彩色的花纹,这些都是薄膜干涉现象. 薄膜干涉是利用分振幅法获得相干光,从而产生干涉条纹的.

7.4.1 薄膜干涉

如图7.11所示,一厚度为 e 的平行平面薄膜,折射率为 n_2,其上下介质的折射率分别为 n_1 和 n_3. 由单色扩展光源 S 点发出的光线1,以入射角 i 入射到薄膜上表面的 A 点,一部分在 A 点反射成为光线2;另一部分折入薄膜内,在下表面 B 点反射后,又在 C 点折出形成光线3. 光线2、3是两条平行光线,经透镜 L 会聚于屏幕的 P 点. 由于光线2、3是来自于同一入射光线的两部分,是相干光,所以在 P 点将产生干涉现象.

下面我们来计算光线2和3的光程差,同时讨论 P 点干涉加强或减弱的条件. 由 C 点作光线2的垂线 CD,很显然,从 D 到 P 和从 C 到 P 的光程相等.

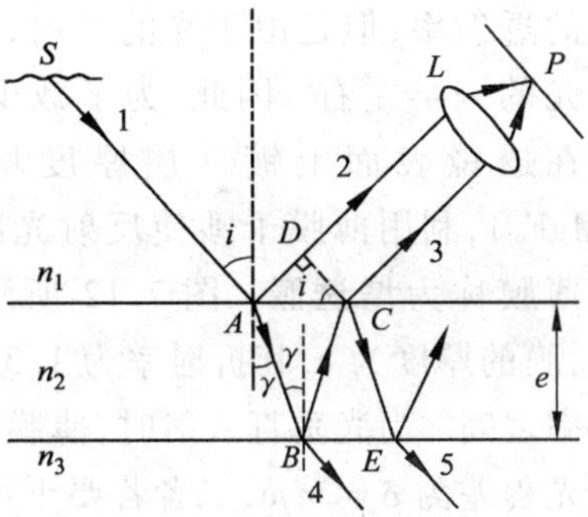

图7.11 薄膜干涉

由图可知,光线2和3这两条光线的光程差为

$$\delta=n_2(AB+BC)-n_1AD+\delta'$$

式中的 δ' 等于 $\frac{\lambda}{2}$ 或0. 当 $n_1<n_2<n_3$ 或 $n_1>n_2>n_3$ 时,δ' 为0,当 $n_1<n_2$,$n_2>n_3$,或 $n_1>n_2$,$n_2<n_3$ 时,要考虑附加光程差,δ' 等于 $\frac{\lambda}{2}$.

从图中可以看出

$$AB=BC=\frac{e}{\cos\gamma}$$

$$AD=AC\sin i=2e\tan\gamma\sin i$$

则

$$\delta=2n_2\frac{e}{\cos\gamma}-2n_1e\tan\gamma\sin i+\delta'$$

根据折射定律 $n_1\sin i=n_2\sin\gamma$,上式可写成

$$\delta=\frac{2n_2e}{\cos\gamma}(1-\sin^2\gamma)+\delta'=2n_2e\cos\gamma+\delta'$$

或

$$\delta=2n_2e\sqrt{1-\sin^2\gamma}+\delta'=2e\sqrt{n_2^2-n_1^2\sin^2 i}+\delta'$$

因此,干涉条件为

$$\delta = 2e\sqrt{n_2^2 - n_1^2\sin^2 i} + \delta' = \begin{cases} k\lambda & k = 1,2,\cdots \quad 干涉加强 \\ (2k+1)\dfrac{\lambda}{2} & k = 0,1,2,\cdots \quad 干涉减弱 \end{cases} \tag{7.5}$$

当光垂直入射,即 $i=0$ 时

$$\delta = 2n_2 e + \delta' = \begin{cases} k\lambda & k = 1,2,\cdots \quad 干涉加强 \\ (2k+1)\dfrac{\lambda}{2} & k = 0,1,2,\cdots \quad 干涉减弱 \end{cases} \tag{7.6}$$

实际上透射光也会产生干涉现象,如图 7.11 中的光线 4 和 5,它们同样是相干光,光线 4 直接从薄膜中透射出来,而光线 5 是在 B 点和 C 点经两次反射后折射出来的,二者之间有恒定的相位差,满足相干条件. 但应该注意的是:当 $n_1 < n_2 < n_3$ 或 $n_1 > n_2 > n_3$ 时,光线 4 和 5 之间是有附加光程差的,δ' 等于 $\lambda/2$;而当 $n_1 < n_2, n_2 > n_3$,或 $n_1 > n_2, n_2 < n_3$ 时,δ' 为 0. 这与反射光线 2、3 的情况恰恰相反,即当反射光之间有附加光程差时,透射光之间没有附加光程差;而当反射光之间没有附加光程差时,透射光之间却有附加光程差. 所以,当反射光干涉加强时,透射光则干涉减弱,二者形成“互补”的干涉图样,其实这也正是能量守恒的体现.

7.4.2 增透膜和增反膜

在现代光学仪器中,人们常常利用光的干涉作用来提高透镜的透射率或反射率. 例如,对于一个由六七个透镜组成的高级照相机,当然希望有足够高的透射率,但是由于光的反射,使得损失的光能约在入射光的一半左右. 因此,为了减少因反射而损失的光能,常在透镜表面上镀一层厚度均匀的薄膜,如氟化镁(MgF_2),利用薄膜干涉使反射光减少,透射光增强,这样的薄膜称为**增透膜**. 图 7.12 所示为最简单的单层增透膜,膜的厚度为 e,其折射率为 1.38,介于空气和玻璃的折射率之间. 当光垂直入射时,薄膜上下表面的反射光之间的光程差为 $\delta = 2n_2 e$,二者若要干涉相消,则须

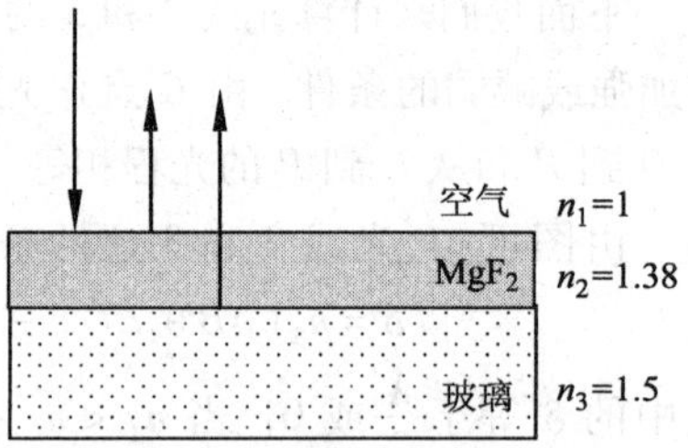

图 7.12 增透膜示意图

$$\delta = 2n_2 e = (2k+1)\frac{\lambda}{2} \qquad k = 0,1,2,\cdots$$

此时,膜的厚度为

$$e = (2k+1)\frac{\lambda}{4n_2} \qquad k = 0,1,2,\cdots$$

即对于某一入射光,当膜的厚度为 $\lambda/(4n_2)$ 的奇数倍时,由于干涉相消而无反射光,从而增强了光的透射率.

另一方面,有些光学器件却需要减少光的透射,增加反射光的强度. 例如,激光器中的谐振腔反射镜,要求对某种单色光的反射率在 99% 以上. 为此,需要利用薄膜干涉使得反射光相干加强,以增强反射能量. 反射光加强了,透射光就会减弱,这样的薄膜就是**增反膜**或称为**高反射膜**.

*7.4.3　等倾干涉

由公式 $\delta = 2e\sqrt{n_2^2 - n_1^2\sin^2 i} + \delta'$ 可知，对于厚度均匀的平行平面薄膜，若用单色光照射，由于 e 一定，反射光间的光程差仅取决于光的入射角 i，即入射角相同时各相干光间的光程差也相同. 因此，同一条干涉条纹上的各点都具有相同的入射角，而不同的干涉条纹具有不同的入射倾角，我们把这种干涉称为**等倾干涉**. 图 7.13(a)所示为观察等倾干涉的实验装置简图.

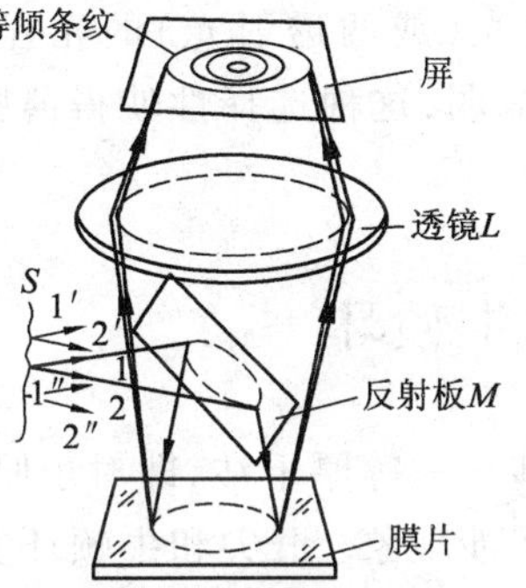

(a) 观察等倾干涉的实验装置

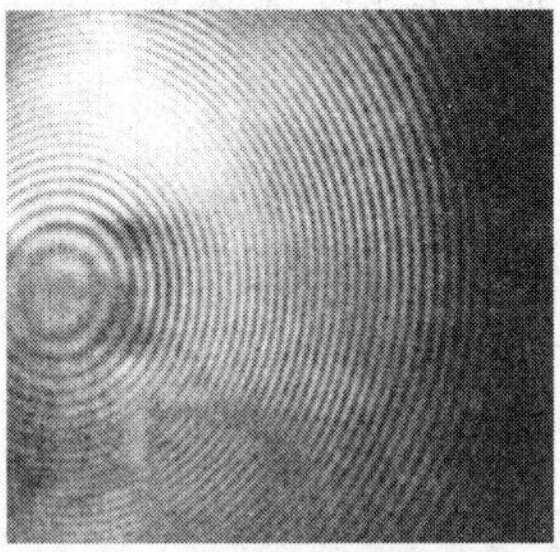
(b) 等倾干涉条纹

图 7.13　等倾干涉实验

图 7.13 中 S 为一单色面光源，M 为半反射半透明的平面镜，以倾斜 45°角放置，L 为透镜，屏幕位于透镜的焦平面上. 从 S 上任一点发出的光线中，以相同倾角入射到薄膜表面上的光都处在同一个圆锥面上，它们的反射光经透镜会聚后，将在屏上形成同一个圆形干涉条纹. 因此，等倾干涉的图样是一些明暗相间的同心圆环.

由式(7.5)得到等倾干涉明环的条件是

$$\delta = 2e\sqrt{n_2^2 - n_1^2\sin^2 i} + \delta' = k\lambda \qquad k = 1,2,3,\cdots$$

得到暗环的条件是

$$\delta = 2e\sqrt{n_2^2 - n_1^2\sin^2 i} + \delta' = (2k+1)\frac{\lambda}{2} \qquad k = 0,1,2,\cdots$$

由于面光源 S 上的每一发光点都要产生一组相应的干涉环纹，而且倾角相同的平行光都被会聚到屏幕的同一圆周上，所以它们所形成的干涉圆环都重叠在一起. 但是，光源上各点发出的光线互不相干，因此，各干涉圆环的叠加是非相干相加，这样就使干涉条纹更加明亮，从而提高了条纹的清晰度. 如图 7.13(b)为等倾干涉条纹.

例 7.4　在折射率 $n_3 = 1.52$ 的照相机镜头表面涂有一层折射率为 $n_2 = 1.38$ 的 MgF_2 增透膜，若此膜仅适用于波长 $\lambda = 550$ nm 的光，则此膜的最小厚度 d 为多大.

解　本题所述的增透膜就是希望该波长的光在透射中得到加强，从而得到所希望的照相效果. 具体求解时应注意在 $d > 0$ 的前提下，k 取最小的允许值.

解法一　因干涉的互补性，波长为 550 nm 的光在透射中得到加强，则在反射中一定减弱，两反射光的光程差 $\delta = 2n_2 d$，又由干涉相消条件 $\delta = (2k+1)\frac{\lambda}{2}$，得膜的厚度为

$$d = (2k+1)\frac{\lambda}{4n_2}$$

取 $k=0$,则膜的最小厚度为 $d_{\min}=99.64\ \text{nm}$

解法二 由于空气的折射率 $n_1=1$,且有 $n_1<n_2<n_3$,则对透射光而言,两相干光的光程差 $\delta=2n_2d+\frac{\lambda}{2}$,由干涉加强条件 $\delta=k\lambda$,得

$$d=\left(k-\frac{1}{2}\right)\frac{\lambda}{2n_2}$$

取 $k=1$,则膜的最小厚度为 $d_{\min}=99.64\ \text{nm}$

在薄膜干涉中,膜的材料及厚度都将对两反射光(或两透射光)的光程差产生影响,从而可使某些波长的光在反射(或透射)中得到加强或减弱,这种选择性使得薄膜干涉在工程技术上有很多应用.

7.5 劈尖 牛顿环

本节我们将讨论等倾干涉外的另一种薄膜干涉——等厚干涉,即对于厚度不均匀的薄膜,当平行单色光以同一入射角射到薄膜上时产生的干涉现象. 劈尖和牛顿环实验是两个典型的等厚干涉.

7.5.1 劈尖干涉

如图 7.14(a)所示,两块平面玻璃片,它们的一端互相叠合,另一端被一薄物(如一薄纸片)隔开,这样在两玻璃片之间就形成了一劈尖形状的空气薄膜,称之为**空气劈尖**. 两玻璃片的交线称为棱边,在与棱边平行的直线上,各点所对应的空气劈尖的厚度 e 相等. 当用平行单色光垂直照射两玻璃片时,自劈尖上、下表面反射的光形成相干光,它们在膜的上表面附近相遇而发生干涉现象. 因此,在劈尖表面上就可观察到明暗相间、均匀分布的干涉条纹,如图 7.14(b)所示. 观察劈尖干涉的实验装置如图7.14(c)所示.

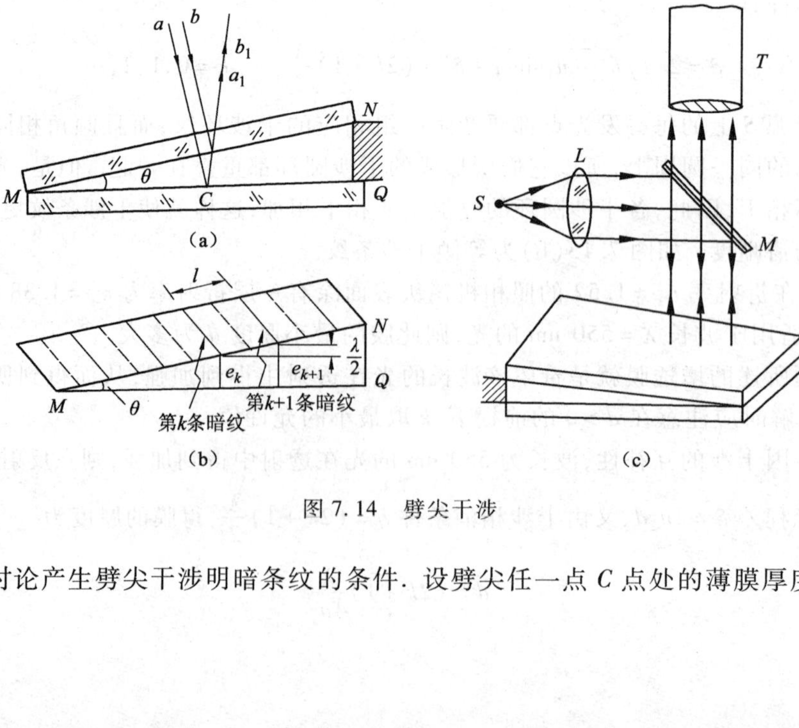

图 7.14 劈尖干涉

现在来讨论产生劈尖干涉明暗条纹的条件. 设劈尖任一点 C 点处的薄膜厚度为 e,当波长

为 λ 的平行单色光垂直($i=0$)入射时,两束相干反射光在相遇时总的光程差为

$$\delta = 2ne + \frac{\lambda}{2}$$

式中,n 为空气的折射率,由于空气的折射率比其上下两玻璃片的折射率小,所以两束反射光间有 $\lambda/2$ 的附加光程差. 因此,产生干涉明暗条纹的条件为

$$\delta = 2ne + \frac{\lambda}{2} = \begin{cases} k\lambda & k=1,2,3,\cdots \quad \text{明纹} \\ (2k+1)\dfrac{\lambda}{2} & k=0,1,2,\cdots \quad \text{暗纹} \end{cases} \tag{7.7a}$$

由上式可以看出,在劈尖厚度 e 相同的地方,两相干光的光程差相同,并形成同一级次的干涉明纹或暗纹. 由于劈尖的等厚线是一系列平行于棱边的直线,因此,干涉条纹是一系列与棱边平行的明暗相间的直条纹. 这种与等厚线相对应的干涉称为**等厚干涉**.

在两玻璃片相接触的棱边处,$e=0$,由于存在半波损失,光程差 $\delta=\lambda/2$. 所以棱边处应为暗条纹,而事实也确实如此. 这再次证明了半波损失的存在.

需要说明的是,当劈尖是其他介质薄膜时,反射光之间是否有附加光程差,即 $2ne$ 后是否要加 $\lambda/2$,要视具体情况而定. 我们习惯上把棱边处的干涉条纹定为零级条纹,并由此来定 k 的取值. 当无附加光程差时,干涉条件表示为

$$\delta = 2ne = \begin{cases} k\lambda & k=0,1,2,\cdots \quad \text{明纹} \\ (2k-1)\dfrac{\lambda}{2} & k=1,2,3,\cdots \quad \text{暗纹} \end{cases} \tag{7.7b}$$

如图 7.14(b)所示,两相邻明纹或暗纹之间所对应劈尖的厚度差由式(7.7b)可得

$$\Delta e = e_{k+1} - e_k = \frac{1}{2n}(k+1)\lambda - \frac{1}{2n}k\lambda = \frac{\lambda}{2n} \tag{7.8}$$

设两相邻明纹或暗纹的间距为 l,则有

$$l\sin\theta = e_{k+1} - e_k = \frac{\lambda}{2n}$$

$$l = \frac{\lambda}{2n\sin\theta}$$

θ 为劈尖夹角,通常 θ 很小,所以 $\sin\theta\approx\theta$,上式可改写为

$$l = \frac{\lambda}{2n\theta} \tag{7.9}$$

可见,劈尖干涉形成的干涉条纹是等间距的. 条纹的间距与劈尖的夹角 θ 有关. θ 愈小,干涉条纹愈疏;θ 愈大,干涉条纹愈密. 当 θ 大到一定程度时,干涉条纹将密得无法分开. 所以,一般只有在劈尖夹角很小的情况下,才能观察到劈尖的干涉条纹.

劈尖干涉可以用来检测光学元件表面的平整度. 如图 7.15(a)所示,M 为被检测的工件,N 为一具有光学平面的标准玻璃片. 如果待测工件表面也是光学平面,则干涉条纹是等间距的平行直条纹. 如果待检测工件的表面稍有凹凸不平,则在相应处的干涉条纹将不再是平行的直条纹,如图 7.15(b)所示.

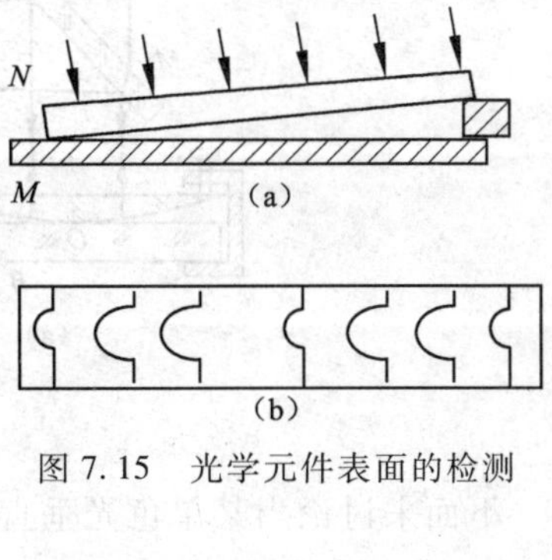

图 7.15　光学元件表面的检测

应用劈尖干涉的原理还可测量微小的线度变化. 例如,如果保持图 7.14(a)中的玻璃片 MQ 不动,将玻璃片 MN 向上(或向下)平移 $\lambda/2$ 的距离,则光线在劈尖上下往返一次所引起的光程差将增加(或减少)λ,这样,原来的第 k 级干涉条纹将移到原来的第 $k-1$ 级(或 $k+1$ 级)干涉条纹的位置处,即整个干涉条纹图样将沿劈尖的上表面 MN 向左(或向右)移动一个条纹间距 l. 如果劈尖的厚度改变 m 个 $\lambda/2$,则整个干涉图样就移动 ml 的距离. 因此,数出越过视场中某一刻度线的明纹或暗纹的数目,就可测得劈尖厚度的微小变化.

干涉膨胀仪就是利用这个原理制成的,用它可测量很小的固体样品的线膨胀系数,其结构如图 7.16 所示. 图 7.16 中 C 是一个热膨胀系数很小的石英套框,W 为一表面磨成稍微倾斜的待测样品,被置于平台 D 上,框顶放一平板玻璃 A,与样品 W 的上表面之间构成一空气劈尖. 如果以单色光垂直照射劈尖,就可看到干涉条纹. 当样品受热膨胀时,空气劈尖下表面的位置上升,从而使干涉条纹移动(由于套框的线膨胀系数很小,空气劈尖的上表面移动量可忽略不计),测出移过的条纹数目,就可算得样品的高度变化量,从而求得样品 W 的热膨胀系数.

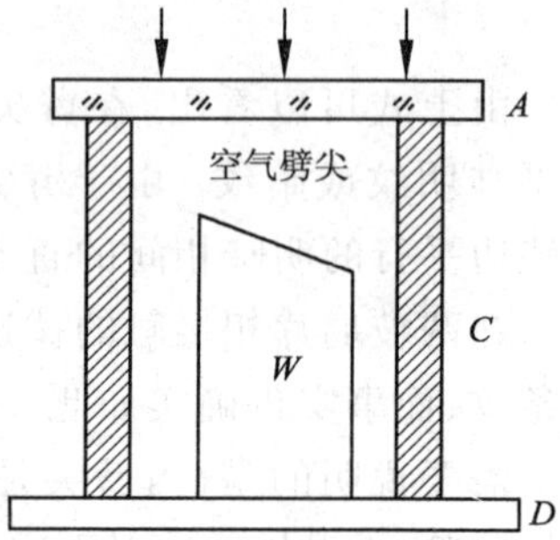

图 7.16 干涉膨胀仪的结构简图

另外,应用劈尖干涉还可测量微小角度、薄膜厚度或细丝直径等微小线度等,在这里就不一一举例了. 总之,劈尖干涉在实际生产中有着广泛的应用.

7.5.2 牛顿环

牛顿环的实验装置简图如图 7.17(a)所示. 在一块光学平面的平板玻璃上,放置一曲率半径很大的平凸透镜,这样就在透镜和平板玻璃之间形成了一个上表面为球面、下表面为平面的空气劈尖. 当用单色平行光垂直照射平凸透镜时,由透镜的凸面和平面玻璃片的上表面反射的光将发生干涉,从而通过透镜就可以观察到一系列以接触点 O 为圆心的、明暗相间的圆环形干涉条纹,如图 7.17(b)所示. 由于每一环干涉条纹所在处的空气薄层的厚度相等,所以这些干涉条纹也是一种等厚干涉条纹,称为**牛顿环**.

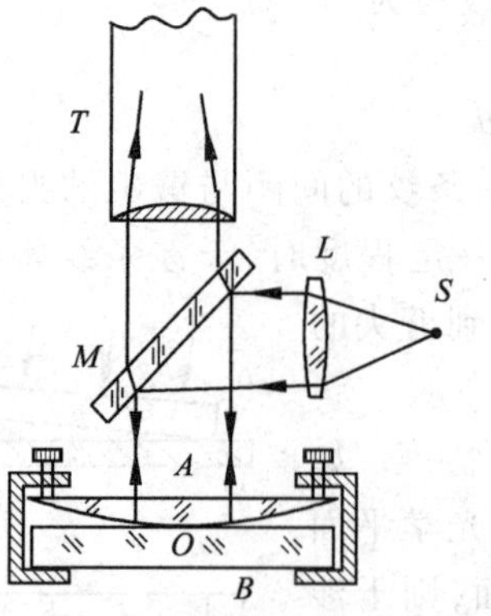

(a)

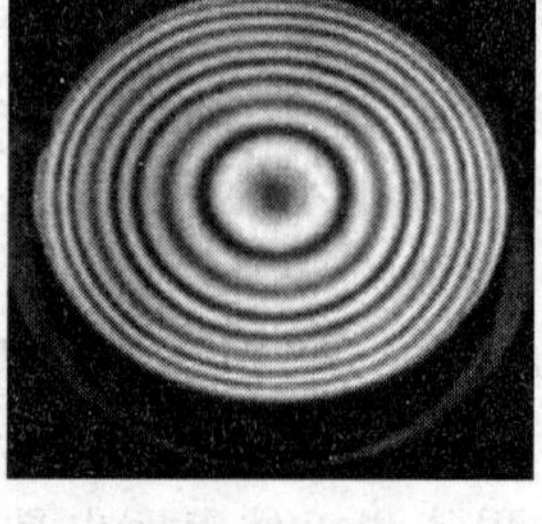
(b)

图 7.17 牛顿环

下面来讨论当某单色光垂直入射时,干涉条纹的半径 r、入射波波长 λ 及透镜的曲率半径

R 三者之间的关系.

由于空气劈尖的折射率小于玻璃的折射率,当波长为 λ 的单色光垂直入射时,可知在空气劈尖的任一厚度 e 处,上下两表面反射光产生明暗环的条件为

$$2ne+\frac{\lambda}{2}=\begin{cases}k\lambda & k=1,2,3,\cdots \quad \text{明环}\\ (2k+1)\dfrac{\lambda}{2} & k=0,1,2,\cdots \quad \text{暗环}\end{cases} \tag{7.10}$$

设某一级牛顿环的半径为 r,则由图 7.18 中的直角三角形可得

$$r^2=R^2-(R-e)^2=2Re-e^2$$

因为 $R\gg e$,e^2 可以从式中略去,于是

$$e=\frac{r^2}{2R} \tag{7.11}$$

从式(7.10)中解出 e,代入上式,可求得明环和暗环的半径分别为

$$r=\begin{cases}\sqrt{(2k-1)R\dfrac{\lambda}{2n}} & k=1,2,3,\cdots \quad \text{明环}\\ \sqrt{kR\dfrac{\lambda}{n}} & k=0,1,2,\cdots \quad \text{暗环}\end{cases} \tag{7.12}$$

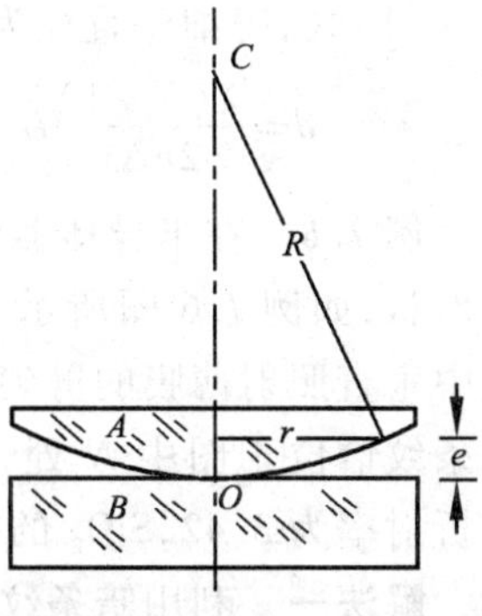

图 7.18　牛顿环半径的计算用图

由上式之一可以推出两相邻明环或暗环间的半径之差为

$$r_{k+1}^2-r_k^2=\frac{R\lambda}{n}$$

$$r_{k+1}-r_k=\frac{R\lambda}{n(r_{k+1}+r_k)}$$

上式说明,随着级数 k 的增大,相邻两明环或暗环的半径之差减小,即干涉条纹变得愈来愈密,如图 7.17(b)所示.

在透镜与平板玻璃的接触处,薄膜厚度 $e=0$,由于光在平板玻璃的上表面反射时有半波损失,所以两反射光的光程差为 $\lambda/2$,因此我们可以看到,牛顿环的中心是一个暗斑.

应用牛顿环干涉实验,可以测定平凸透镜的曲率半径及入射单色光波的波长. 在制作光学元件时,还可以根据牛顿环干涉条纹的圆形程度,来检测透镜的曲率半径是否均匀(把磨好的平凸透镜放在标准的光学平面玻璃片上),以及平面玻璃是否为一光学平面(把标准的平凸透镜放在待测的玻璃片上). 另外,应用牛顿环还可检验平凸透镜的曲率半径是否符合要求. 它是将具有一标准曲率半径的凹面玻璃与一待测的平凸透镜叠放在一起,如果平凸透镜的曲率半径与标准值稍有偏离,则会看到牛顿环,环纹越密,说明其曲率半径与标准值的偏差越大.

例 7.5　利用空气劈尖测量细丝直径. 如例 7.5 图所示,已知波长 $\lambda=589.3$ nm 的光垂直入射空气劈尖,$L=2.888\times10^{-2}$ m,测得 30 条明纹的总宽度 $\Delta x=4.295\times10^{-3}$ m,求细丝直径 d.

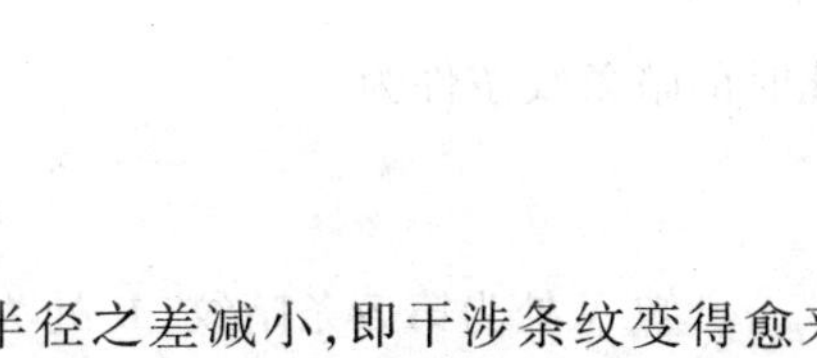

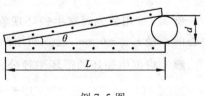

例 7.5 图

解　由公式(7.9)知,相邻两明纹的间距

$$l=\frac{\lambda}{2n\theta}$$

其中 $\theta=\dfrac{d}{L}$,得细丝直径为

$$d=\frac{\lambda}{2nl}L \tag{1}$$

若已知 N 条条纹的宽度为 Δx,则相邻两条纹的间距 l 又为

$$l=\frac{\Delta x}{N-1} \tag{2}$$

代入(1)式,得细丝直径为

$$d=\frac{\lambda(N-1)}{2n\Delta x}L=\frac{589.3\times10^{-9}\times(30-1)\times2.888\times10^{-2}}{2\times4.295\times10^{-3}}\ \mathrm{m}=5.75\times10^{-5}\ \mathrm{m}$$

例 7.6 在半导体器件生产中,为精确测定硅片上的 SiO_2 薄膜厚度,将薄膜一侧腐蚀成劈尖形状,如例 7.6 图所示. 用波长为589.3 nm的钠黄光从空气中垂直照射薄膜的劈尖部分,共看到 5 条暗条纹,且第 5 条暗条纹恰位于图中 N 处,试求此 SiO_2 薄膜的厚度(已知:Si 的折射率为 3.42,SiO_2 的折射率为 1.50).

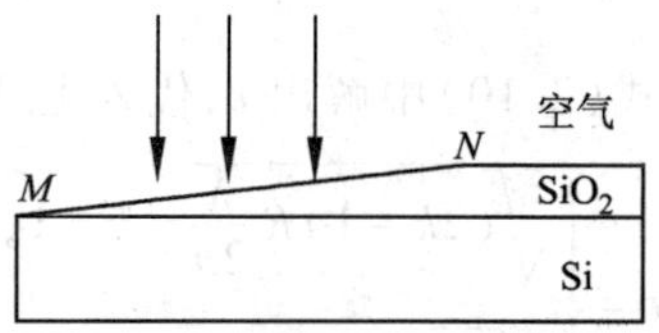

例 7.6 图

解法一 利用暗条纹条件来计算薄膜厚度.

设 SiO_2 薄膜的厚度为 e,由于空气、SiO_2 及 Si 的折射率依次增大,薄膜上、下表面的反射光无附加光程差,所以,其光程差为

$$\delta=2ne$$

此时的暗条纹条件为

$$\delta=2ne=(2k-1)\frac{\lambda}{2}$$

已知 N 处为第 5 条暗纹,M 处为零级明纹,所以,N 处的暗条纹为第 5 级暗纹,$k=5$,因此,N 处的厚度,也即薄膜的厚度为

$$e=\frac{(2k-1)\lambda}{4n}=\frac{9\times589.3}{4\times1.5}\ \mathrm{nm}=884\ \mathrm{nm}$$

解法二 利用相邻暗条纹对应的薄膜厚度差来计算薄膜厚度.

相邻两暗条纹对应的薄膜厚度差 Δe 为

$$\Delta e=\frac{\lambda}{2n}$$

第 5 条暗条纹与第 1 条暗条纹,相对应的薄膜厚度差为 $4\Delta e$. 而劈尖棱边处为明条纹,此明条纹与第一条暗条纹对应的薄膜厚度差为 $0.5\Delta e$,因此,N 处的厚度

$$e=4.5\Delta e=4.5\times\frac{\lambda}{2n_2}=\frac{4.5\times589.3}{2\times1.50}\ \mathrm{nm}=884\ \mathrm{nm}$$

例 7.7 用紫光观察牛顿环现象时,看到第 k 级暗环中心的半径 $r_k=4$ mm,第$k+5$级暗环中心的半径 $r_{k+5}=6$ mm. 已知所用凸透镜的曲率半径为 $R=10$ m,求紫光的波长和环数 k.

解 根据牛顿环的暗环半径公式 $r=\sqrt{kR\lambda}$,得

$$r_k=\sqrt{kR\lambda},\quad r_{k+5}=\sqrt{(k+5)R\lambda}$$

从以上两公式可解出

$$\lambda=\frac{r_{k+5}^2-r_k^2}{5R}=\frac{(6^2-4^2)\times10^{-6}}{5\times10}\ \mathrm{m}=0.4\times10^{-6}\ \mathrm{m}=400\ \mathrm{nm}$$

$$k=\frac{r_k^2}{R\lambda}=\frac{4^2\times10^{-6}}{10\times0.4\times10^{-6}}=4$$

7.6　迈克尔森干涉仪

7.6.1　迈克尔森干涉仪

1881 年,美国物理学家迈克尔森(A. A. Michelson,1852—1931)根据光的分振幅干涉原理,研制成了一种精密的光学仪器——迈克尔森干涉仪. 它的制成和应用曾在物理学的发展史上发挥过巨大的促进作用.

图 7.19 是迈克尔森干涉仪的实物图和构造简图. 图中 M_1 和 M_2 是两面精细磨光的平面反射镜,分别放置于相互垂直的两臂上,其中 M_1 是固定的;M_2 由精密丝杆控制,可前后作微小移动. 在两臂轴线相交处,有一块与两轴成 45°角的平行平面玻璃板 G_1,在它的后表面上镀有半透明半反射的薄银膜,以便将入射光分成振幅接近相等的透射光 1 和反射光 2,故 G_1 称为分光板. G_2 与 G_1 平行放置,材料、厚度和折射率均与 G_1 相同. G_2 的作用是使光线 1、2 都能以相同的次数穿过等厚的玻璃板,以免在光线 1 和 2 之间产生过大的光程差,因此把 G_2 称为补偿板.

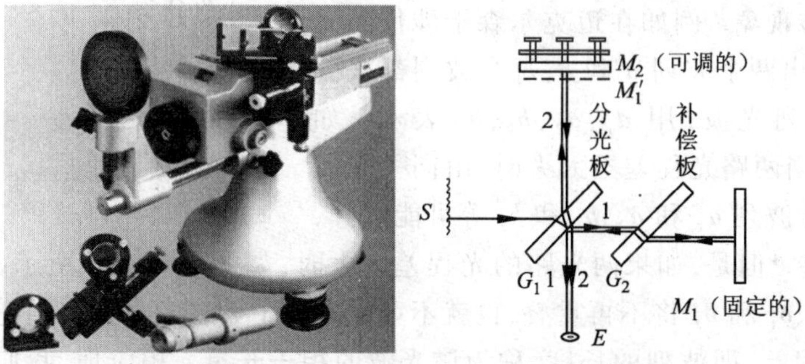

(a) 实物图　　(b) 结构简图

图 7.19　迈克尔森干涉仪

由面光源 S 发出的光,在 G_1 处分成两部分,透射光 1 穿过 G_2 向着 M_1 前进,反射光 2 则射向 M_2,这两束光分别被 M_1、M_2 反射后,逆着各自的入射方向返回,最后在 E 处相遇. 由于这两束光是相干光,因而在 E 处的观察者可以看到干涉条纹.

在图 7.19(b)中,M'_1是 M_1 经 G_1 的薄银层所形成的虚像,因此,来自 M_1 的反射光线 1 可以看做是从虚像 M'_1 发出的. 如果 M_1 与 M_2 严格互相垂直,则 M'_1 与 M_2 严格平行,这时将观察到环形的等倾干涉条纹. 而通常情况下,M_1 与 M_2 并不严格相互垂直,因此 M'_1 与 M_2 也就不严格平行,这样在 M'_1 和 M_2 之间就形成了一空气劈尖,此时可观察到等厚干涉条纹. 当 M_2 作微小移动时,将引起等厚干涉条纹的移动. 设某入射单色光的波长为 λ,则每当 M_2 移动 $\lambda/2$ 的距离时,观察者就可看到有一条干涉明纹(或暗纹)移过. 因此,只要数出视场中移过某一刻度位置的明纹(或暗纹)的数目 N,就可以计算出 M_2 移动的距离

$$\Delta d=N\frac{\lambda}{2}\tag{7.13}$$

利用上式,可由已知波长的光测定微小长度,也可由已知的微小长度测定某光波的波长.

1892 年，迈克尔森用他的干涉仪，最先以红镉线的波长为单位测定了国际标准米尺的长度. 在温度 $t=15℃$ 和压强 $P=1\text{atm}$ 的干燥空气中，测得红镉线的波长为 643. 847 22 nm，1 m = 1 553 163. 5 倍红镉线的波长.

1881 年，迈克尔森和莫雷（Morley）二人应用迈克尔森干涉仪进行了著名的迈克尔森-莫雷实验，试图通过实验来测定地球在“以太”中运动的相对速度，实验中所得到的否定结果成为爱因斯坦狭义相对论的实验依据.

*7. 6. 2 时间相干性

一般认为，从单色光源发出的光，经干涉装置分束后，再相遇时总能够产生干涉现象. 但是，在迈克尔森干涉仪中，如果将补偿板 G_2 移去，干涉条纹便会消失. 为什么会出现这种现象呢？

前面已经提到，补偿板 G_2 的作用是使光线 1 和 2 之间不会有过大的光程差. 而由普通光源的发光机制，我们知道，原子每次发出的光波波列的长度是有限的. 如果相干光的光程差大于它们的波列长度，那么由同一光波波列分解出来的两波列将不能重叠，也就不会再发生干涉现象. 例如在迈克尔森干涉仪的光路中，光源先后发出两个波列 a 和 b，每个波列都被分光板分成 1、2 两列光波，用 a_1、a_2、b_1、b_2 表示. 如图 7. 20（a）所示，当两路光程差不太大时，由同一光波列分解出来的两光波列 a_1 和 a_2、b_1 和 b_2 等可能重叠，这时就能发生干涉. 但是，如果两光路的光程差太大时，如图 7. 20（b）所示，由同一光波列分解出来的 a_1 和 a_2、b_1 和 b_2 将不再重叠，也就不可能发生干涉现象了. 我们把两分光束能够发生干涉的最大光程差，即波列的长度，称为该光波的**相干长度**. 相应地，我们把传播一个波列所需要的时间称为**相干时间**. 当同一波列分解出的 1、2 两分波列到达观察点的时间间隔小于相干时间时，就可产生干涉现象. 显然，某光波的相干时间（或相干长度）越长，两波列在相遇点相互叠加的时间就越长，那么干涉条纹的可见度就越高. 我们常用相干时间（或相干长度）来衡量某单色光源相干性的好坏，并把光的这一属性称为**光的时间相干性**.

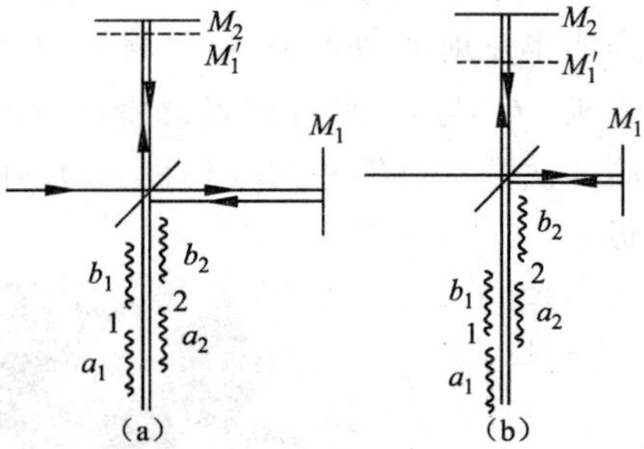

图 7. 20 说明相干长度用图

时间相干性问题不仅存在于迈克尔森干涉仪中，在所有的干涉现象中都存在时间相干性的问题. 例如，在杨氏双缝实验中，偏离中央明条纹越远的地方，干涉图样越模糊，甚至分辨不清，其原因就在于此.

思考题

7. 1 如果用一盏钠光灯，照射杨氏双缝干涉实验装置中的双缝 S_1、S_2，问：屏上能否看到干涉条纹？为什么？

7. 2 将杨氏双缝干涉实验的装置作如下调节时，屏幕上的干涉条纹将会有怎样的变化？

（1）光源 S 沿平行于 S_1 和 S_2 连线方向上作微小移动；

（2）增大两缝之间的距离；

（3）保持双缝间距不变，使双缝与屏幕间的距离变小；

(4)将整个装置浸入水中.

7.3　照相机镜头表面为何呈现蓝紫色？

7.4　在空气中的肥皂泡膜，随着泡膜厚度的变薄膜上将出现颜色，当泡膜进一步变薄并将破裂时膜上将出现黑色，请解释之.

7.5　如思考题 7.5 图所示，A、B 两块平板玻璃构成空气劈尖，如果将

(1)A 板绕棱边逆时针转动；

(2)整个装置浸入水中；

劈尖干涉条纹将如何变化？

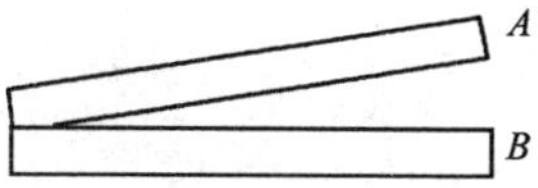

思考题 7.5 图

7.6　在折射率相同的平凸透镜与平面玻璃板间充以某种透明液体. 从反射光方向观察，牛顿环中心是亮点还是暗点？干涉条纹将怎样变化？

习　题

7.1　同一光源发出的两束光在不同介质中经过相同的波程，那么它们的光程是否相同？设一束光从 S 出发，经平行透明平板到达 P 点，其光路 $SABCP$ 的各段波程 r_1、r_2 和 r_3 如题 7.1 图所示. 设介质的折射率分别为 n_1、n_2 和 n_3，试将光线的几何路程折算为光程.

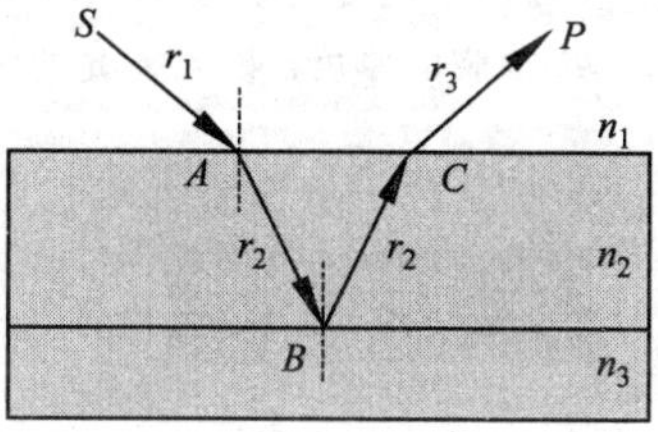

题 7.1 图

7.2　汞弧灯发出的光，通过一绿色滤光片后，照射在相距为 0.60 mm 的两条狭缝上，在 2.5 m 远处的屏幕上出现干涉条纹. 测得相邻两个明条纹中心的距离为 2.27 mm，试求入射光的波长.

7.3　氦氖激光器发出波长为 632.8 nm 的单色光，射在相距 2.2×10^{-4} m 的双缝上，屏幕距双缝的距离为 1.80 m. 求屏幕上 20 条干涉明条纹之间的距离.

7.4　若杨氏双缝干涉实验装置的一个缝被折射率为 1.40 的薄玻璃片所遮盖，另一个缝被折射率为 1.70 的薄玻璃片所遮盖，结果使屏幕上原来的中央明纹所在点变为第五级明条纹. 假定入射光的波长 $\lambda=480$ nm，两玻璃片厚度均为 d，求 d.

7.5　洛埃德镜干涉实验的装置如题 7.5 图所示，光源波长 $\lambda=7.2\times10^{-7}$ m，试求镜的右边缘到第一条明条纹的距离.

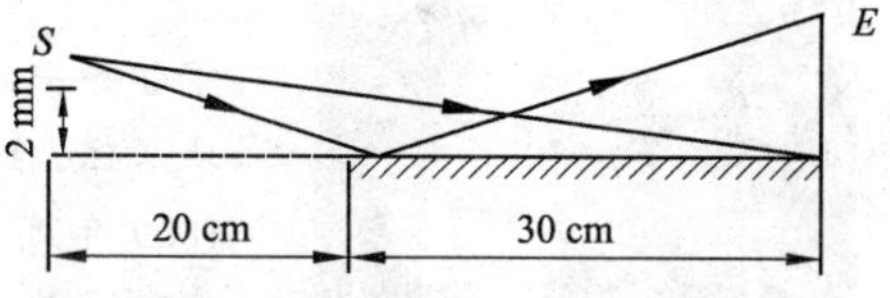

题 7.5 图

7.6　白光垂直照射在置于空气中厚度为 0.40 μm 的玻璃片上，玻璃片的折射率为 1.50. 试问在可见光范围内(400 ~ 700 nm)，哪些波长的光在反射中增强？哪些波长的光在透射中增强？

7.7　波长为 $\lambda=600$ nm 的单色光，垂直入射到置于空气中的平行薄膜上，已知膜的折射率 $n=1.54$，求

(1)反射光最强时，薄膜的最小厚度；

(2)透射光最强时，薄膜的最小厚度.

7.8　如题 7.8 图所示，折射率 $n=1.4$ 的劈尖，在某单色光的垂直照射下，测得两相邻明条纹之间的距离是 $l=0.25$ cm. 已知单色光在空气中的波长为 700 nm，求劈尖的顶角 θ.

7.9　两块平行玻璃板的一端叠置在一起，另一端可借助于螺钉调节高低距离(如题 7.9 图). 今旋动螺钉，可使点 A 的干涉条纹由明变暗，再由暗变明(称为条纹改变一次)，试解释条纹改变的原因. 今有一单色光，波长为 600 nm，垂直照射在玻璃板上，观察到点 A 的条纹改变了 50 次，问点 A 的高度变化了多少？

7.10　在牛顿环实验装置中，当用波长 $\lambda=450$ nm 的单色光照射时，测得第三个明环中心的半径为 1.06×10^{-3} m；若改用红光照射时，测得第五个明环中心的半径为 1.77×10^{-3} m. 求红光的波长和透镜的曲率半径.

7.11　当牛顿环装置中的透镜与平面玻璃之间充满某种液体时，某一级干涉条纹的直径由 1.40 cm 变为 1.27 cm. 试求该液体的折射率.

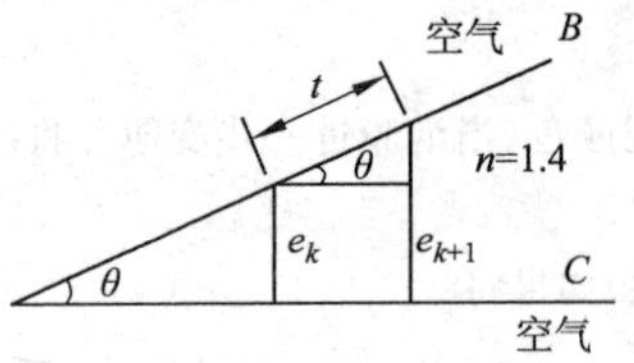

题 7.8 图

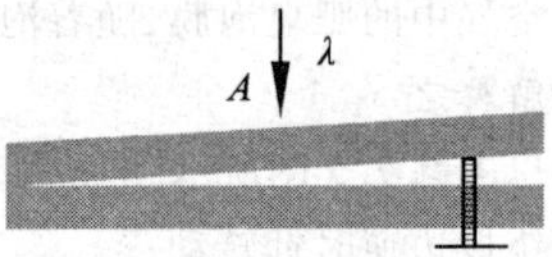

题 7.9 图

7.12 折射率 $n_2=1.20$ 的油滴，掉在 $n_3=1.50$ 的平板玻璃上，形成一上表面近似于球面的油膜，测得油膜中心最高处的高度 $d_m=1.1\ \mu\text{m}$. 当用 $\lambda=600$ nm 的单色光垂直照射油膜，看到离油膜中心最近处的暗环半径为 0.3 cm，问

(1)油膜周边是明环还是暗环？

(2)在整个油膜上，可以看到的完整的暗环数目为多少？

(3)油膜上表面的曲率半径为多少？

7.13 把折射率为 $n=1.40$ 的薄膜放入迈克尔森干涉仪的一臂，如果由此产生了 7.0 条干涉条纹的移动，求薄膜的厚度. 设入射光的波长为 589 nm.

科学家简介

迈克尔森

一、生平简介

A·A·迈克尔森(Albert Abraham Michelson)1852 年 12 月 19 日生于普鲁士的斯特雷诺. 两年后他家迁往美国，在内华达州的弗吉尼亚城居住，后来迁到旧金山. 迈克尔森在旧金山的公立学校受早期教育. 1869 年高中毕业，校长格兰特(Grant)选送他到美国海军学院学习，1873 年毕业，成为海军少尉. 在西印度群岛服役两年后，他成为由海军上将桑普森领导的海军学院的物理学和化学讲师. 1879 年受聘在华盛顿航海天文台任职，和纽康(Newcomb)一起工作，但在第二年他获准离职去欧洲继续求学，访问了柏林大学、海德堡大学、法兰西学院和巴黎工业学院. 他辞去海军职务后，于 1883 年回到美国，在俄亥俄州的克利夫兰担任凯斯应用科学学院的物理学教授. 1890 年到马萨诸塞的伍斯特担任克拉克大学的物理学教授. 1892 年任新芝加哥大学物理学教授和物理系主任. 第一次世界大战期间，他又参加了海军. 1918 年回到芝加哥大学，1925 年在该校荣获了第一个特级教授的称号. 1929 年辞职，到帕萨迪纳的威耳逊山天文台工作. 1899 年，迈克尔森和伊利诺斯州福雷斯特湖的艾德娜·斯坦顿(Edna Stantom)结婚，他们有一个儿子和三个女儿. 迈克尔森于 1941 年逝世.

二、主要科学贡献

迈克尔森一生中接触了物理学的许多分支，但擅长于光学，或许是因为他在这方面具有特殊才能. 在早年他用十分精巧的方法测定了光速，1881 年发明了迈克尔森干涉仪，用来观察地球运动对光速的影响. 他和莫雷(Morley)教授合作，用干涉仪证明了在一切惯性参照系内光速是一个常数. 这种干涉仪还能用光的波长以很高的精确度测定距离. 在国际度量委员会的邀请下，迈克尔森用镉光波的波长测量了标准米的长度. 他发明了阶梯光栅. 战时在海军服役期间,他进行了海军装备的研制工作,发明了一种光学测距仪,后来成为美国海军的一种装备. 退伍后,他对天文学特别感兴趣,于1920年用一台高分辨率的干涉仪利用光的干涉测量了猎户座α星的直径,这被认为是首次精确地测定了恒星的大小.

迈克尔森为许多科学杂志写过大量的文章,他有许多重要的经典著作,例如 *Velocity Light*(1902), *Light Waves and Uses*(1899—1903)和 *Stsdi in Optics*(1927). 迈克尔森荣获了美国和十个欧洲国家的许多学会的名誉会员称号,并获得美国和外国十个大学的科学和法律名誉学位. 他担任过美国物理学会主席(1900年)、美国科学促进会主席(1910—1911)、美国科学院院长(1923—1927). 他是英国皇家天文学会、伦敦皇家学会和光学学会的会员,法国科学院名誉院士. 他荣获了许多奖章,1904年获意大利学会的马休斯奖章,1907年获皇家学会的柯普利奖章,1912年获富兰克林研究院的克雷逊奖章,1916年获美国科学院的德雷用奖章,1923年获富兰克林研究院的富兰克林奖章和皇家天文学会的奖章,1929年获物理学会的达德耳奖章.

第8章 光的衍射

衍射现象也是波动的一个重要基本特征. 在第6章中已经介绍过,波在传播过程中遇到障碍物时能够绕过障碍物的边缘继续前进,这种偏离直线传播的现象称为波的衍射现象. 光作为一种电磁波也能产生衍射现象. 本章主要讨论单缝衍射、衍射光栅和X射线的衍射.

8.1 光的衍射现象 惠更斯-菲涅耳原理

8.1.1 光的衍射现象

讨论机械波时,我们已经知道,只有当障碍物或孔隙的尺寸和波长可以比拟时,衍射现象才会显著. 而在通常情况下,由于一般障碍物或孔隙的线度都远大于光波的波长,所以光的衍射现象并不易被人们所观察到,但在实验室中却可以很容易地看到光的衍射现象.

如图8.1所示,K是一个宽度可调节的狭缝. 让一束单色平行光通过K,当狭缝的宽度比光波波长大得多时,在屏幕P上就会呈现亮度均匀且形状和狭缝K几乎完全一致的光斑E,此时的光可看成是沿直线传播,光斑E即为K的几何投影;当我们逐渐缩小缝的宽度时,光斑E的宽度也随之减小,但当缝宽缩小到可以与光波波长相比拟时,光斑在其亮度下降的同时,其宽度范围反而扩宽,并且形成了明暗相间的条纹,如图8.1(b)所示. 这就是**光的衍射现象**,即光在传播过程中,当遇到大小可以和光波相比拟的障碍物时(如小孔、小屏、狭缝、毛发及细针等),光可以绕过障碍物的边缘偏离直线传播,并且衍射后能够形成明暗相间的衍射图样.

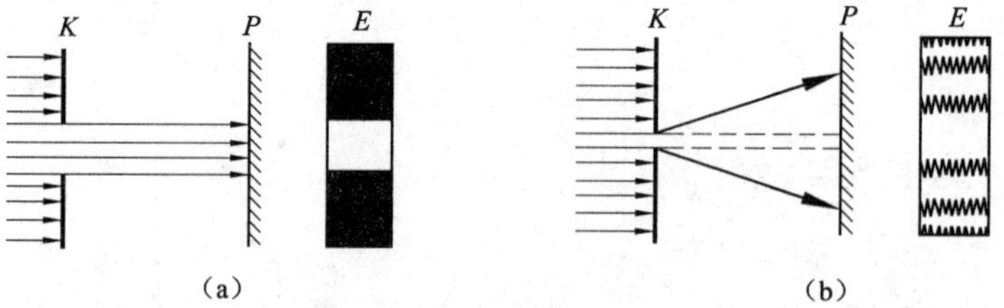

图8.1 光的衍射现象实验

在上述实验中,如果用白光照射单缝,屏幕上则会出现中央为白条纹、两侧为对称分布的彩色条纹图样. 如果用细线、针、毛发等一类细长的障碍物代替狭逢K,在屏幕上也会出现明暗条纹或彩色条纹;如果用平行光垂直照射到具有直线边缘的障碍物时,还可看到边缘复杂的衍射图样,如图8.2所示.

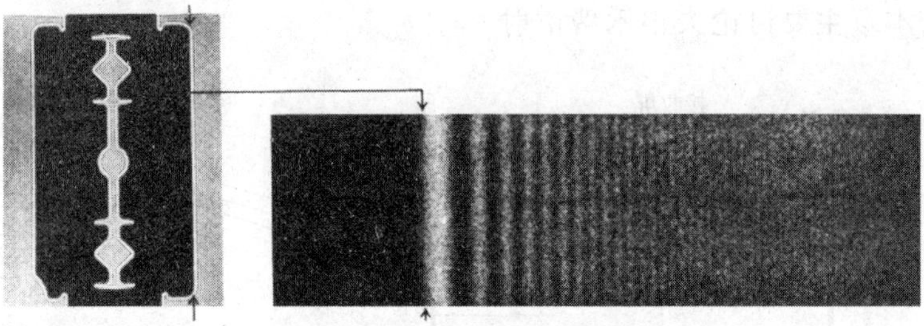

图 8.2　刀片边缘的衍射图样

8.1.2　惠更斯-菲涅耳原理

在机械波和电磁波一章中，应用惠更斯原理可以对波的衍射现象作定性说明. 但是，惠更斯原理却无法解释光的衍射图样中光强的分布. 菲涅耳用“子波相干叠加”的概念发展了惠更斯原理，使之成为研究衍射问题的基础理论.

菲涅耳假定，波在传播过程中，从同一波阵面上各点所发出的子波，经传播而在空间某点相遇时，也可以相互叠加而产生干涉现象，空间各点波的强度由各子波在该点的相干叠加所决定. 经过这样发展了的惠更斯原理称为**惠更斯-菲涅耳原理**.

根据这个原理，如果已知光波在某一时刻的波阵面 S，则空间任一点 P 的光振动就可由 S 面上所有面元 dS 发出的子波在 P 点引起的合振动来表示. 菲涅耳具体指出，在给定波阵面上，每一面元 dS 发出的子波在 P 点引起的振动的振幅与 dS 成正比，与面元到 P 点的距离 r 成反比，还与 r 和 dS 的法线之间的夹角 θ 有关，如图 8.3所示. 至于 P 点处光振动的相位，则仅由 r 来决定. 由此，点 P 处的光振动可由下面的积分式表示：

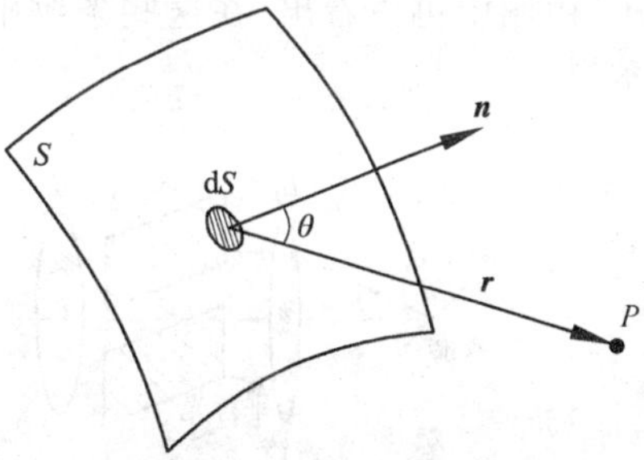

图 8.3　惠更斯-菲涅耳原理说明图

$$E = \int C\frac{K(\theta)}{r}\cos 2\pi\left(\frac{t}{T} - \frac{r}{\lambda}\right)dS \tag{8.1}$$

这便是惠更斯-菲涅耳原理的数学表达式. 式中，C 为比例系数，$K(\theta)$ 为随 θ 角增大而缓慢减小的函数，称为**倾斜因子**. 当 $\theta=0$ 时，$K(\theta)$ 最大；当 $\theta\geqslant\frac{\pi}{2}$ 时，$K(\theta)=0$，因而光强为零，这就解释了子波为什么不能向后传播的问题.

应用惠更斯-菲涅耳原理，原则上可以解决一般的衍射问题，但是积分相当复杂. 为避免复杂的计算，后面我们将应用菲涅耳半波带法定性解释光的衍射现象.

8.1.3　衍射的分类

衍射系统一般由光源、衍射屏和接收屏三部分组成，依照三者之间的相对位置关系通常把衍射分为两类：一类是**菲涅耳衍射**，在这种衍射中，光源和接收屏（或二者之一）与衍射屏的距离为有限远，如图 8.4(a)所示；另一类是**夫琅禾费衍射**，即光源、接收屏与衍射屏这三者之间的距离都是无限远的衍射，如图 8.4(b)所示. 夫琅禾费衍射中，由于入射光和衍射光都是平行光，所以也称为平行光衍射. 在实验室中，通常利用两个会聚透镜来实现夫琅禾费衍射，如图 8.4(c)所示. 夫琅禾费衍射在实际应用上有十分重要的意义，其理论分析也比菲涅耳衍射简单得多,因此,本章主要讨论夫琅禾费衍射.

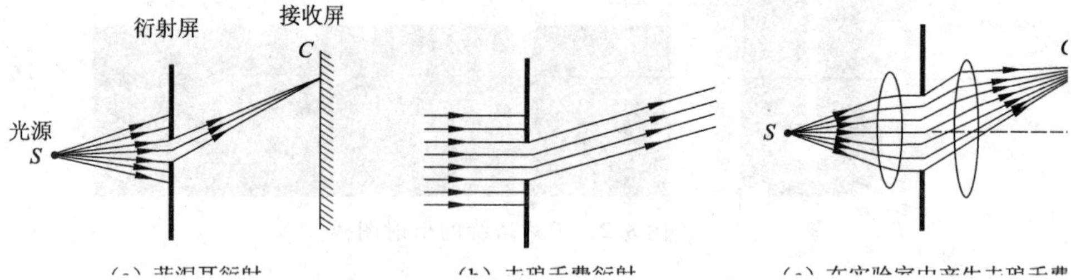

图 8.4 菲涅耳衍射和夫琅禾费衍射

8.2 单缝的夫琅禾费衍射

单缝夫琅禾费衍射的实验装置如图 8.5(a)所示. K 为单缝,线光源 S 和屏幕 E 分别位于透镜 L_1 和 L_2 的焦平面上. 由光源 S 发出的光,经透镜 L_1 后形成一平行光束,这束平行光射向单缝 K 后再经透镜 L_2 会聚,在屏幕 E 上便会出现一组平行于单缝的衍射条纹,如图 8.5(b)所示. 由图中可以看出,在这些条纹中中央明条纹最亮也最宽,其两侧对称地分布着明暗相间的条纹.

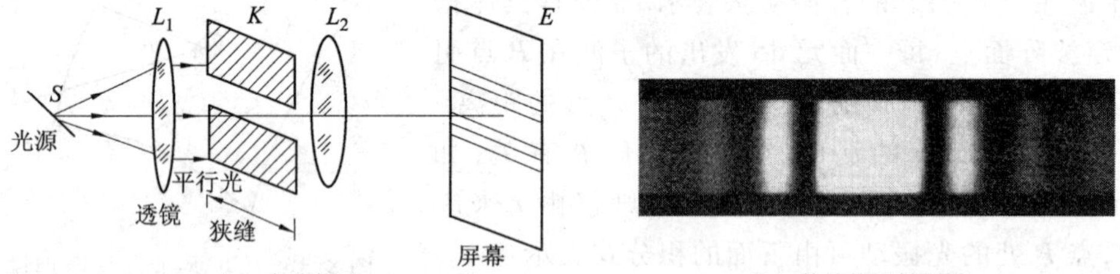

(a) 实验装置 (b) 单缝的衍射图样

图 8.5 单缝的夫琅禾费衍射

下面用菲涅耳半波带法来分析单缝夫琅禾费衍射.

如图 8.6 所示,设单缝的宽度为 a,根据惠更斯-菲涅耳原理,屏幕上任一点 P 的光振动是单缝处波阵面 AB 上各子波波源所发出的子波在 P 点的相干叠加.

在平行单色光的垂直照射下,波阵面 AB 上的各子波波源沿各个方向发出光线,我们把这些光线称为**衍射光**,衍射光线与单缝平面法线之间的夹角称为**衍射角**. 衍射角 φ 相同的衍射光线(图 8.6(a)中用 2 表示)经透镜后,聚焦在屏幕上 P 点. 从图中可以看出,两条边缘光线间的光程差为

$$BC = a\sin\varphi$$

P 点条纹的明暗完全取决于光程差 BC 的值. 菲涅耳在惠更斯-菲涅耳原理的基础上,提出了将波阵面分割成许多平行的等面积的半波带的办法. 在单缝夫琅禾费衍射中,可以作一些平行于 AC 的平面,使任何两相邻平面之间的距离等于入射光的半波长 $\lambda/2$,如图 8.6(b)所示. 假定这些平面将单缝处的波阵面 AB 分成 AA_1、A_1A_2、…等整数个半波带. 由于各个半波带的面积相等,所以它们在 P 点所引起的光振动振幅近似相等;在两相邻的半波带上,任何两个对应

点所发出的光线的光程差总是 $\lambda/2$,即相位差总是 π,而且经过透镜会聚时也不产生附加光程差,所以到达 P 点时的相位差仍是 π,结果任何两个相邻的半波带所发出的光线在 P 点将完全相互抵消.可见,当 BC 是半波长的偶数倍时,即对应于某给定的衍射角 φ 单缝可以分成偶数个半波带时,所有半波带的作用将成对地相互抵消,在 P 点处将出现暗条纹;当 BC 是半波长的奇数倍时,即单缝可分成奇数个半波带时,成对相互抵消的结果还将留下一个半波带的作用,则在 P 点将出现明条纹.上述结论可用如下数学形式表示

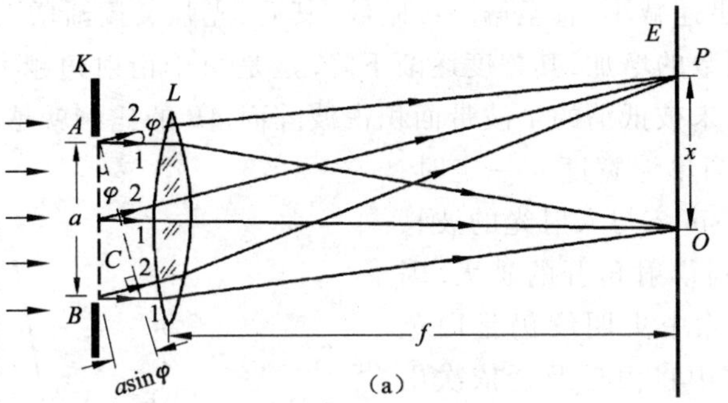

(a)

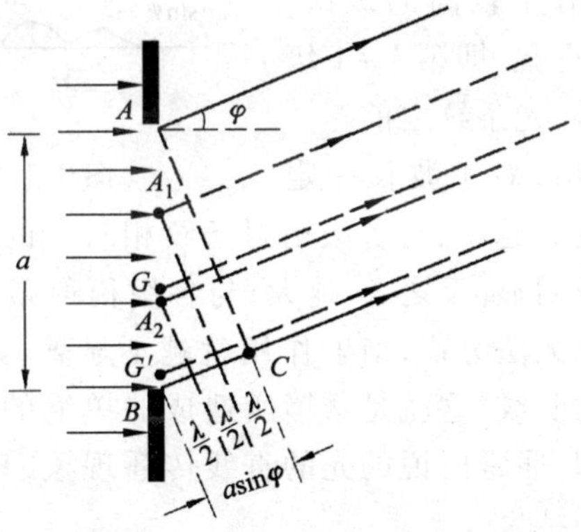

(b)

图 8.6　单缝衍射条纹的计算

$$a\sin\varphi=\begin{cases}\pm 2k\dfrac{\lambda}{2} & k=1,2,3,\cdots \quad 暗纹\\ \pm(2k+1)\dfrac{\lambda}{2} & k=1,2,3,\cdots \quad 明纹\end{cases}\tag{8.2}$$

对应于 $k=1,2,3,\cdots$ 的衍射暗(明)条纹分别叫做第一级暗(明)纹、第二级暗(明)纹、……式中正负号则表示各级暗(明)纹对称地分布在中央明条纹的两侧.式(8.2)称为**单缝夫琅禾费衍射的衍射公式**.

中央明条纹实际上是两侧第一级暗条纹之间的区域,此时衍射角 φ 满足

$$-\lambda < a\sin\varphi < \lambda \tag{8.3}$$

由上式可知,如果 $\sin\varphi=\dfrac{\lambda}{a}$ 则这个 φ 值对应于中央明纹的角范围的一半,称为**半角宽度**,即

$$\varphi=\arcsin\frac{\lambda}{a}$$

当 φ 很小时

$$\varphi \approx \frac{\lambda}{a} \tag{8.4}$$

必须指出的是,对于任意衍射角 φ 来说,AB 一般不能恰好分成整数个半波带,亦即 BC 不一定恰好等于 $\lambda/2$ 的整数倍.此时,这些衍射光线经透镜会聚后,在屏幕上形成的光强介于最明与最暗之间的中间区域.因此,在单缝衍射条纹中,光强的分布并不是均匀的,如图8.7所示.中央明纹最亮,也最宽,约为其他明条纹宽度的两倍(由式8.2计算也可得到这一结论).中央明纹的两侧光强迅速减小,直至第一级暗纹.其后,光强又逐渐增大成为第一级明纹,依此类推.各级明纹随着级数的增加,其亮度逐渐下降.这是由于衍射角越大,波阵面 AB 被分成的半波带的个数就越多,未被抵消的半波带面积占波阵面 AB 的比例就越小,因而明条纹越暗.

由式(8.2)可知,当单缝宽度 a 一定时,对于同一级衍射条纹,$\sin\varphi$ 与入射光的波长 λ 成正比,波长越长,则衍射角开的越大.因此,当以白光入射时,除中央明纹仍是白色外,其两侧的各级明纹中将由近及远依次出现由紫到红的彩色条纹.对于较高的级次,彩色条纹还可能发生级次重叠,即第 $k+1$ 级紫光条纹可能位于第 k 级红光条纹之前.

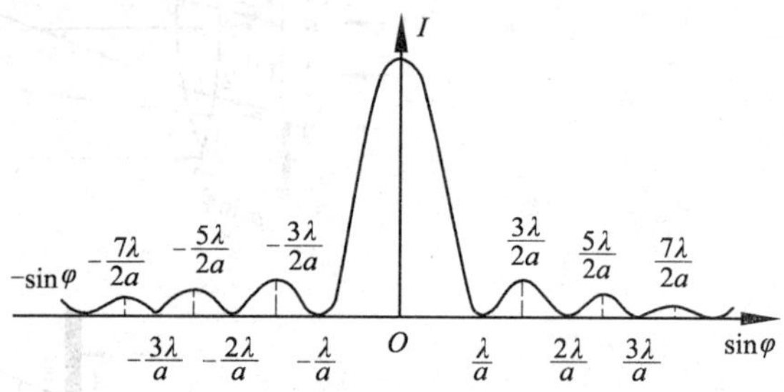

图8.7 单缝衍射条纹的光强分布

由式(8.2)还可以看出,对于波长一定的单色光来说,单缝的宽度 a 越小,与各级衍射条纹相对应的衍射角 φ 就越大,衍射条纹的间隔就越宽,衍射作用也就越明显.反之,a 越大,与各级衍射条纹相对应的衍射角 φ 就越小,衍射条纹的间距就越小,甚至无法分辨,衍射作用就越不显著.如果 $a \gg \lambda$,各级衍射条纹全部并入中央明条纹,形成单一的明纹,这就是透镜所造成的单缝的像.这是从单缝射出的平行光线直线传播的结果.由此可知,通常所说的光的直线传播现象,只是障碍物的线度远大于光的波长,使得衍射现象不显著的结果.

例8.1 波长为 $\lambda=500$ nm 的单色光,垂直照射到宽度为 $a=0.25$ mm 的单缝上.在缝后置一凸透镜,使之形成衍射条纹,若透镜焦距为 $f=25$ cm,求:

(1)屏幕上第一级暗纹中心与中央明纹中心的距离;

(2)中央明条纹的宽度;

(3)其余各级明条纹的宽度.

解 (1)按暗条纹条件:

$$a\sin\varphi = \pm 2k\frac{\lambda}{2}$$

令 $k=1$,因中央明条纹两侧的条纹是对称的,故只需讨论其中的一侧,于是有

$$a\sin\varphi = \lambda$$

设第一级暗条纹中心与中央明条纹中心的距离为 x_1,又因为 φ 很小,$\sin\varphi \approx \tan\varphi = \frac{x_1}{f}$,则上式变为

$$a\tan\varphi = a\frac{x_1}{f} = \lambda$$

因此有

$$x_1=\frac{\lambda}{a}f=\frac{25\times 5\times 10^{-5}}{2.5\times 10^{-2}}\ \text{cm}=0.05\ \text{cm}$$

(2)中央明纹的宽度,即中央明纹上、下两侧第一级暗纹间的距离:

$$s_0=2x_1=2\lambda f/a$$

利用(1)求解的计算结果,得

$$s_0=2\times 0.05\ \text{cm}=0.10\ \text{cm}$$

(3)设第 k 级明条纹的宽度为 s,则 s 等于第 $k+1$ 级和第 k 级两相邻暗条纹间的距离,有

$$s=x_{k+1}-x_k=\frac{(k+1)\lambda}{a}f-\frac{k\lambda}{a}f=\frac{\lambda}{a}f$$

将 λ、f、a 的数值代入,得任一级明条纹(除中央明条纹以外)的宽度均为

$$s=0.05\ \text{cm}$$

由此可见,除中央明条纹外,所有其他各级明条纹的宽度均相等,而中央明条纹的宽度为其他明条纹宽度的两倍.

8.3 光栅衍射

8.3.1 光栅

由大量等宽、等间距的平行狭缝所构成的光学元件称为**光栅**. 光栅可分为透射光栅和反射光栅两种. 用于透射光衍射的光栅称为**透射光栅**. 比如在一块玻璃片上,刻出大量等宽等间距的平行刻痕,其刻痕处因漫反射不易透光,而刻痕间未刻过的部分相当于透光的狭缝,这样便制成了一种透射光栅. 用于反射光衍射的光栅称为**反射光栅**. 如在光洁度很高的金属表面上,刻出大量等间距的平行细槽,这样就做成了一种反射光栅.

透射光栅的总缝数为 N,缝宽为 a,刻痕的宽度为 b,则 $a+b$ 为相邻两缝间的距离,称为**光栅常数**. 如果 1 cm 内刻有 1 000 条刻痕,那么光栅常数为 $a+b=1\times 10^{-5}$ m. 现代的光栅通常在 1 cm的宽度内就刻有几千乃至上万条刻痕,所以,光栅常数一般都很小,约为 $10^{-5}\sim 10^{-6}$ m 数量级.

8.3.2 光栅衍射

如图 8.8 所示,当一束平行单色光垂直照射光栅时,平行衍射光经透镜 L 会聚后,将在屏幕 E 上呈现出光栅的衍射图样. 与单缝衍射图样不同的是:光栅衍射的各级明条纹细而明亮,而且在两相邻的明纹之间有着很宽的暗区. 实验表明,光栅上的狭缝数越多,明条纹就越细、越亮,明条纹之间的暗区也越宽、越暗,如图 8.9 所示.

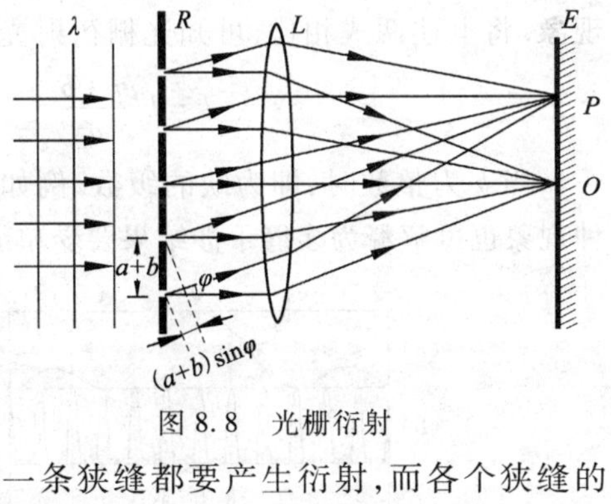

图 8.8　光栅衍射

光栅是由许多条狭缝组成的,当平行光入射时,每一条狭缝都要产生衍射,而各个狭缝的衍射光在相遇后又要发生多光束干涉. 所以说,光栅的衍射条纹是单缝衍射与多缝干涉的总效果.

下面我们分析光栅衍射条纹的分布规律.

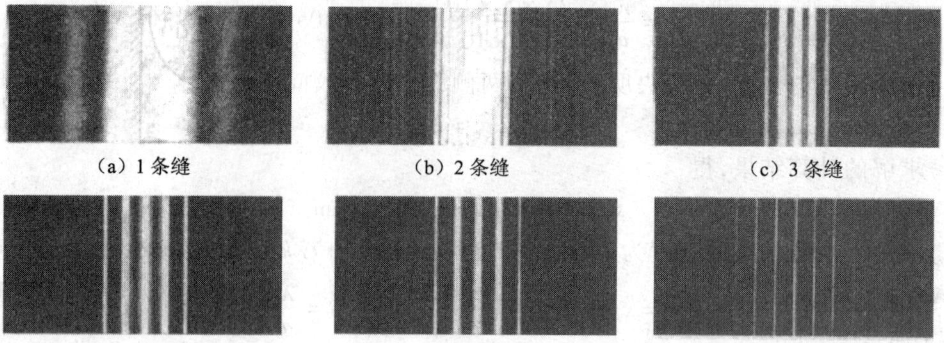

(a) 1 条缝　　(b) 2 条缝　　(c) 3 条缝

(d) 5 条缝　　(e) 6 条缝　　(f) 20 条缝

图 8.9　不同狭缝数光栅的衍射图样

1. 光栅公式

如图 8.8 所示，对于衍射角为 φ 的一组平行衍射光，经透镜 L 后会聚于屏幕上的 P 点. 从图中可以看出，任意相邻两缝所射出的光线的光程差均为 $(a+b)\sin\varphi$. 如果衍射角 φ 满足

$$(a+b)\sin\varphi = \pm k\lambda \qquad k=0,1,2,\cdots \tag{8.5}$$

即相邻两缝间的光程差为入射光波长的整数倍时，N 个缝的衍射光在 P 点干涉加强，形成明条纹. 上式称为**光栅公式**，式中的 k 表示明纹的级数，满足公式的各级明纹又称为**主极大明条纹**.

由光栅公式可以知道，当入射光波长一定时，光栅常数 $(a+b)$ 愈小，各级明纹的衍射角 φ 就越大，明纹间的间隔也越大.

2. 缺级现象

光栅公式只是形成主极大明条纹的必要条件. 在实际光栅衍射图样中，对应于光栅公式确定的主极大明条纹出现的位置，并不都有主极大明条纹出现. 如果衍射角 φ 满足光栅公式，又同时满足单缝衍射的暗纹条件，即

$$(a+b)\sin\varphi = \pm k\lambda \qquad k=0,1,2,\cdots$$

$$a\sin\varphi = \pm k'\lambda \qquad k'=1,2,\cdots$$

则对应于这一衍射角 φ 的屏幕上，将不出现由缝与缝之间的干涉加强作用而产生的主极大明条纹. 因此，从光栅公式看应出现明条纹的位置，实际上却是暗条纹，这种现象称为光栅的**缺级现象**. 将上述两式相比，可知光栅衍射光谱线缺级的级数为

$$k = k'\frac{a+b}{a} \qquad k' = \pm 1, \pm 2, \pm 3, \cdots \tag{8.6}$$

当 k 为整数时，即为缺的级数. 例如，当 $(a+b)=3a$ 时，缺级的级数为 $k=\pm 3, \pm 6, \cdots$. 这种现象也可解释为多缝干涉结果要受单缝衍射结果的调制，如图 8.10 所示.

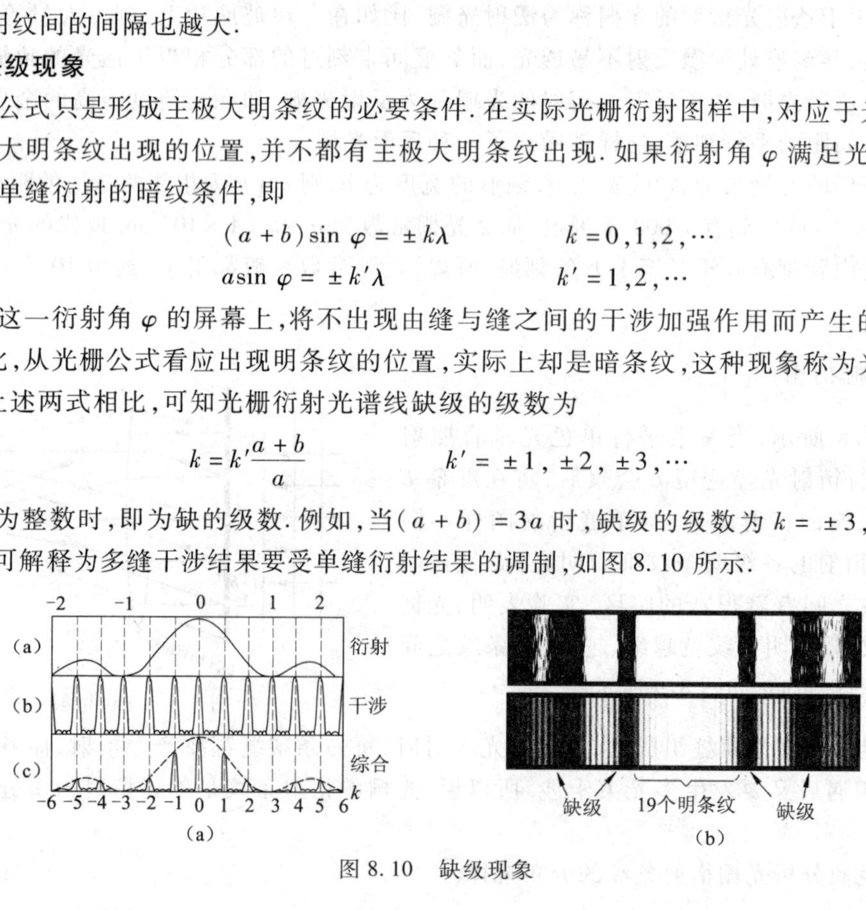

图 8.10　缺级现象

3. 暗纹和次明纹

在光栅衍射图样中，相邻两主极大明纹之间，还分布着一些暗纹和次明纹. 可以证明，当衍射角 φ 满足以下条件时

$$(a+b)\sin\varphi=\left(\pm k+\frac{n}{N}\right)\lambda \qquad k=0,1,2,\cdots \tag{8.7}$$

屏幕上出现暗条纹. 式中，k 为主极大级数，N 为光栅的总缝数，$n=1,2,\cdots,N-1$.

由上式可知，在两个主极大之间，分布着$(N-1)$条暗条纹. 而在每相邻两条暗纹之间，又一定存在着明纹，它们的光振动没有完全抵消，但其强度很弱，仅为主极大的光强的 4%，称之为次明纹或次极大. 可以推知，两主极大明纹间有$(N-2)$条次明纹. 可见，在光栅衍射中，形成暗纹和次明纹的机会远远大于形成明纹的机会.

由于光栅的总缝数很多，即 N 值很大，在相邻的主极大明纹之间布满了暗纹和光强极弱的次明纹，因此，在主极大明纹之间连成了一片很宽的暗区，明纹分得很开，也很细. 由于光强大部分都集中在各级主极大明纹上，所以各级明条纹很亮. 因此，光栅衍射图样的特征是：在明纹间有很宽的暗区，各级明纹分得很开，而且很细很明亮.

8.3.3　衍射光谱

由光栅公式可知，在光栅常数一定时，衍射角 φ 与入射光波的波长成正比，波长越长，衍射角越大. 如果用白光照射光栅，由于各种单色光的同一级主极大的角位置不同，波长短的光衍射角小，波长长的光衍射角大，除中央明条纹仍为白光外，其两侧将形成各级由紫到红、对称排列的彩色光带，称为光栅的衍射光谱，如图 8.11 所示. 由于各谱线间的距离随光谱级数的增高而增加，因此级数较高的光谱会发生重叠.

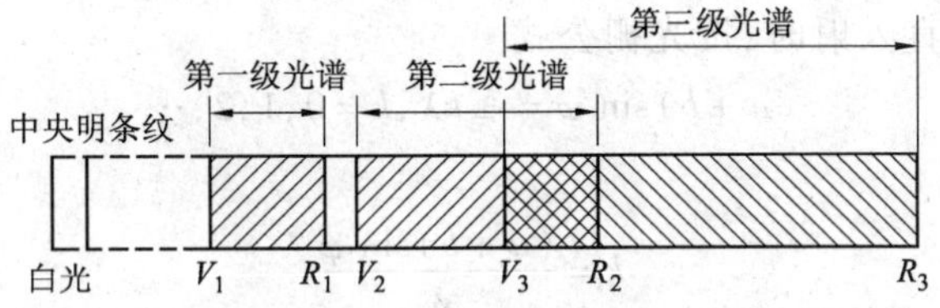

图 8.11　光栅的衍射光谱

各种物质都有一定的衍射光谱. 测定光谱中各谱线的波长和其相对光强，可以确定该物质的成分和含量. 这种物质分析方法称为**光谱分析**. 光谱分析广泛应用于科学研究和工业技术等方面. 在固体物理中，还可以利用光栅衍射测定物质光谱线的精细结构，从而使人们对物质的微观结构有较深入的了解.

例 8.2　已知一透射光栅的缝宽 $a=1.582\times10^{-3}$ mm，会聚透镜的焦距为 $f=1.5$ m. 现以波长 $\lambda=632.8$ nm 的单色平行光垂直入射光栅，发现第四级缺级，试求：

(1) 屏幕上第一级主极大与第二级主极大间的距离；

(2) 屏幕上所呈现的全部主极大数.

解　(1) 设透射光栅的刻痕宽度为 b（即相邻两缝间不透明部分的宽度），当光栅常数 $a+b=4a$ 时，级数为 $\pm4k'$，$k'=1,2,3,\cdots$的谱线缺级. 故光栅常数 $a+b$ 为

$$a+b=4a=4\times1.582\times10^{-3}\ \text{mm}=6.328\times10^{-3}\ \text{mm}$$

设第一级与第二级主极大的衍射角分别为 θ_1、θ_2，它们距中央明纹的线距离分别为 x_1、x_2，则

$$x_1 = f\tan\theta_1,\quad x_2 = f\tan\theta_2$$

当 θ 很小时，$\tan\theta_1 \approx \sin\theta_1$，$\tan\theta_2 \approx \sin\theta_2$，又由光栅公式知

$$\sin\theta_1 = \frac{\lambda}{a+b},\quad \sin\theta_2 = \frac{2\lambda}{a+b}$$

则

$$x_1 = f\frac{\lambda}{a+b},\quad x_2 = f\frac{2\lambda}{a+b}$$

所以，在屏幕上第一级主极大与第二级主极大的距离近似为

$$\Delta x = f\frac{2\lambda}{a+b} - f\frac{\lambda}{a+b} = f\frac{\lambda}{a+b} = \frac{6328\times10^{-7}}{6.328\times10^{-3}}\times1500\ \text{mm} = 150\ \text{mm} = 15\ \text{cm}$$

(2)由光栅公式 $(a+b)\sin\theta = \pm k\lambda$，$k=0,1,2,\cdots$ 可得

$$k = \pm\frac{(a+b)\sin\theta}{\lambda}$$

代入 $\sin\theta = 1$，可得

$$k = \pm\frac{(a+b)}{\lambda} = \pm\frac{6.328\times10^{-3}}{6328\times10^{-7}} = \pm10$$

考虑到 $k=\pm4$、±8 的谱线缺级，且 $k=\pm10$ 的谱线无法观察到，所以屏幕上显现的全部亮条纹数为

$$2\times(9-2)+1 = 15$$

例 8.3 有一平面衍射光栅，每厘米刻有 5000 条狭缝. 试问：

(1)当用 $\lambda = 589.3$ nm 的钠黄光垂直入射光栅时，最多能看到第几级明条纹？

(2)如果让光线以 $\alpha = 30°$ 倾斜入射时，则最多能看到第几级明条纹？

解 (1)当光线垂直入射时，按光栅公式

$$(a+b)\sin\varphi = \pm k\lambda,\ k=0,1,2,\cdots$$

有

$$k = \frac{(a+b)\sin\varphi}{\lambda}$$

其中 $a+b = \frac{10^{-2}}{5000} = 2\times10^{-6}$ m，$\sin\varphi \leqslant 1$，$\lambda = 5893\times10^{-10}$ m. 代入上式，得

$$k \leqslant \frac{(a+b)}{\lambda} = \frac{2\times10^{-6}}{589.3\times10^{-9}} = 3.4$$

因此，垂直入射时最多能看到第 3 级明条纹.

(2)如例 8.3 图所示，当光线以 $\alpha = 30°$ 角入射到光栅上时，相邻狭缝的对应点所射出的光线在 P 处的光程差为

$$AB + BC = (a+b)\sin\alpha + (a+b)\sin\varphi$$

这样，光栅公式应改写为

$$(a+b)(\sin\alpha + \sin\varphi) = \pm k\lambda \qquad k = 0,1,2,\cdots$$

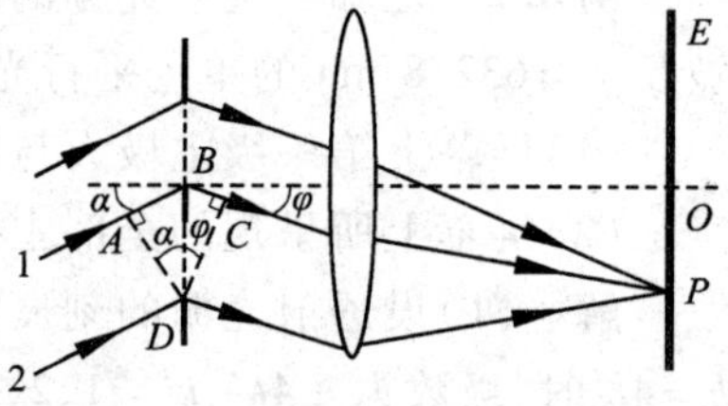

例 8.3 图

注意：当入射线和衍射线分别在光栅法线的两边时，P 点的光程差为 $AB - BC$，上式中的 φ 相应取负值.

因为 $\sin\varphi\leqslant 1$，从而由上式可得

$$k=\frac{(a+b)(\sin\alpha+\sin\varphi)}{\lambda}\leqslant\frac{(a+b)(\sin\alpha+1)}{\lambda}$$

代入已知数据，计算得

$$k\leqslant\frac{2\times10^{-6}\times(\sin 30^\circ+1)}{589.3\times10^{-9}}=5.1$$

这时，在屏幕下方一侧最多能看到第 5 级明条纹.

8.4　圆孔衍射　光学仪器的分辨率

8.4.1　圆孔的夫琅禾费衍射

在单缝夫琅禾费衍射的实验装置中，如果将单缝 K 换成一小圆孔，就构成了一个观察夫琅禾费圆孔衍射的装置. 这时，通过小圆孔的衍射光经透镜 L_2 会聚后，在屏幕上会形成圆孔的夫琅禾费衍射图样，如图 8.12 所示. 由于人眼的瞳孔和大多数光学仪器中透镜的边缘都是圆形的，并且都是对平行光或近似于平行光成像的，所以圆孔夫琅禾费衍射具有重要的意义.

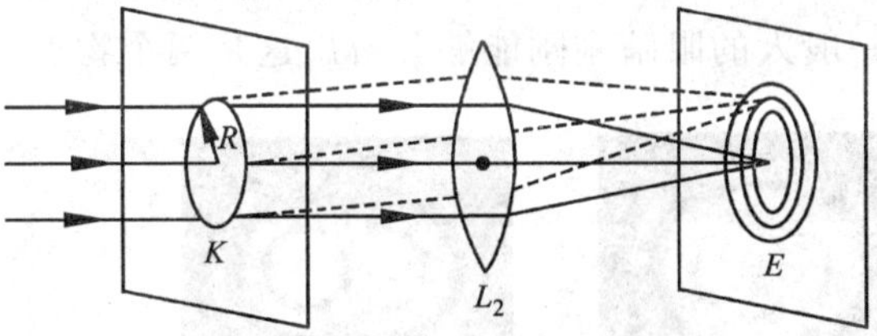

(a)

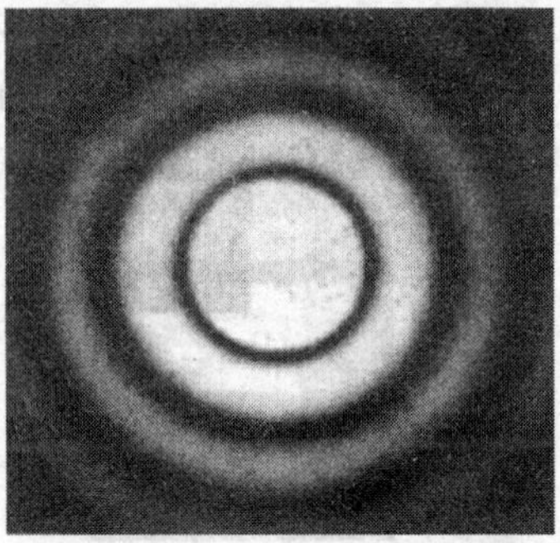

(b)

图 8.12　圆孔的夫琅禾费衍射

夫琅禾费圆孔的衍射图样如图 8.12(b)所示，图样中央是一明亮的圆斑，周围是一系列明暗相间的同心圆环，由第一级暗环所围的中央亮斑称为**爱里**(S. G. Airy)**斑**. 通过理论计算可以证明，爱里斑的光强约占整个入射光束总光强的 84%，其半角宽度就是第一级暗环所对应的衍射角

$$\theta\approx\sin\theta=0.61\,\frac{\lambda}{R}=1.22\,\frac{\lambda}{D}\qquad(8.8)$$

式中 R 和 D 是圆孔的半径和直径. 比较上式和单缝衍射的半角宽度公式，除了一个反映几何形状不同的因数 1.22 外，二者在定性方面是一致的，即当 $\frac{\lambda}{D}\ll 1$ 时，衍射现象可忽略；圆孔直径 D 越小或 λ 越大，则衍射现象越明显.

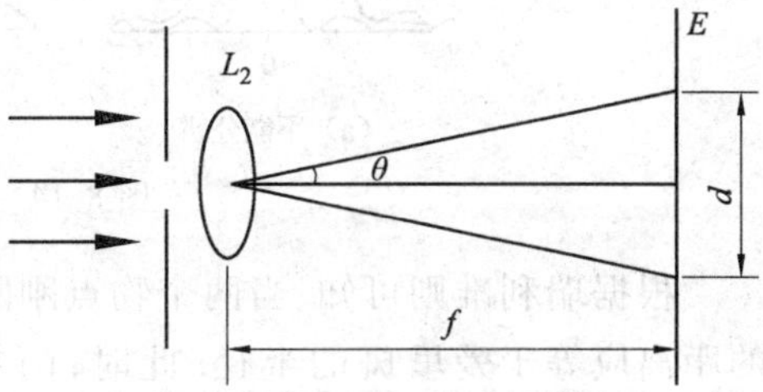

图 8.13　爱里斑半角宽度

如果已知爱里斑的直径为 d，透镜 L_2 的焦距为 f，则由图 8.13 可知半角宽度又可表示为

$$\theta \approx \sin\,\theta \approx \tan\,\theta = \frac{d}{2f} \tag{8.9}$$

8.4.2 光学仪器的分辨率

从几何光学的观点来看,物体通过光学仪器成像时,每一物点都有一个对应的像点.只要适当选择透镜的焦距,并适当安排多个透镜的组合,则任何微小的物体,总可以放大到清晰可见的程度.但实际上,任何光学仪器的分辨能力都有一个最高极限,其原因就在于光的衍射现象.光学仪器中的透镜、光阑等均相当于一个透光的小圆孔.由于光的衍射现象,当一点光源所发出的光经过透镜后,生成的已不是一个几何像点,而是一个衍射图样,其主要部分是爱里斑.用光学仪器观察两个邻近的物点时,实际上看到的像是两个爱里斑,如果这两个爱里斑相距太近,以至于有大部分的重叠时,这两个物点就会被看成是一个像点而分辨不清,如图 8.14(a)所示;如果这两个爱里斑相距足够远时,这两个物点就能够分辨清楚,如图 8.14(c)所示.可见,光的衍射现象限制了光学仪器的分辨能力.

对于一个光学仪器,两个物点能否被分辨通常按**瑞利准则**来判断:**如果一个衍射图样的中央最亮处刚好与另一个衍射图样的第一个最暗处相重合,则此两物点被认为是刚刚可以分辨**.也就是说,如果一个衍射图样的爱里斑的中心刚好落在另一个衍射图样的爱里斑的边缘上时,这两个物点刚好能被光学仪器分辨,如图 8.14(b)所示.此时,两衍射图样重叠区的光强约为每个衍射图样中心最亮处光强的 80%,一般人的眼睛刚刚能够分辨出这是两个物点的像.

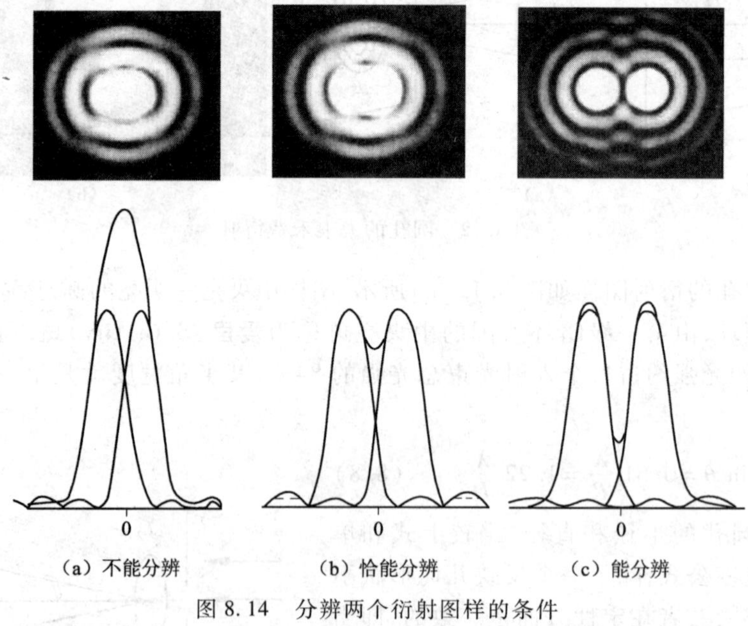

(a) 不能分辨　　(b) 恰能分辨　　(c) 能分辨

图 8.14　分辨两个衍射图样的条件

根据瑞利准则可知,当两个物点刚刚能被分辨时,它们的衍射图样中两爱里斑的中心之间的距离应等于爱里斑的半径.此时,两物点在透镜处所张的角称为**最小分辨角**,用 $\delta\theta$ 表示(图 8.15).它正好等于每个爱里斑的半角宽度,即

$$\delta\theta = 1.22\,\frac{\lambda}{D} \tag{8.10}$$

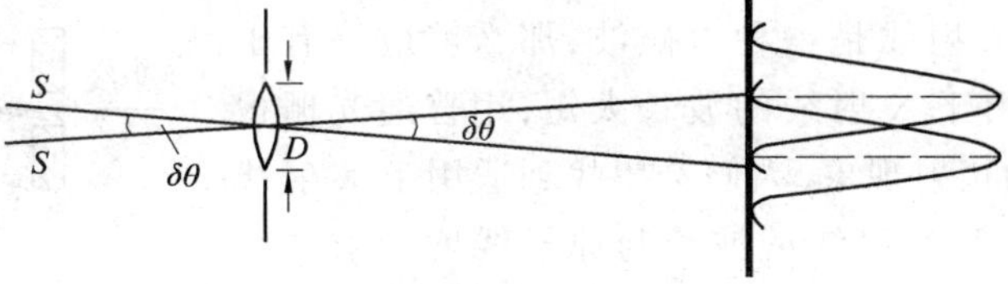

图 8.15　最小分辨角

最小分辨角的倒数称为光学仪器的**分辨率**，用 R 表示

$$R=\frac{1}{\delta\theta}=\frac{D}{1.22\lambda} \tag{8.11}$$

由上式可知，光学仪器的分辨率与仪器的孔径 D 成正比，与物点出射光波的波长 λ 成反比. 仪器的孔径越大、所用光波的波长越小，仪器的分辨率就越高. 因此，在天文观测中，总采用大孔径的天文望远镜；用显微镜观察细微物体时，常用短波段的光照射物体. 近代的电子显微镜，利用电子束的波动性成像. 电子束的波长很短，数量级可达 0.1 nm. 因此，电子显微镜的分辨率很高，比普通光学显微镜的分辨率高数千倍.

例 8.4　已知地球到月球的距离为3.84×10^{8} m，设来自月球的光的波长为600 nm，若在地球上用物镜直径为 1 m 的一天文望远镜观察时，刚好将月球正面一环形山上的两点分辨开，则该两点间的距离为多少？

解　天文望远镜的最小分辨角为

$$\delta\theta=1.22\frac{\lambda}{D}$$

设环形山上的两点之间的距离为 l，地球与月球之间的距离为 d，则两点对物镜的张角 θ 为

$$\theta\approx\frac{l}{d}$$

由于两点刚好被天文望远镜分辨开，所以，此角就是最小分辨角，即

$$\theta\approx\frac{l}{d}=1.22\frac{\lambda}{D}$$

$$l=1.22\frac{\lambda d}{D}=1.22\times\frac{600\times10^{-9}\times3.84\times10^{8}}{1}\ \text{m}=281\ \text{m}$$

8.5　X 射线的衍射

X 射线是伦琴(Rontgen)于 1895 年发现的，又称为伦琴射线. 图 8.16 是一种产生 X 射线的真空管. 图中 G 为真空玻璃泡，其内密封着发射电子的热阴极 K 和钼、钨或铜等制成的阳极 A，也叫对阴极. 当在 A、K 两极之间加上数万伏以上的高压时，阴极发射的电子流在强电场作用下加速，高速撞击阳极，从而产生出 X 射线. 由于最初人们并不认识其本质，所以称之为 X 射线.

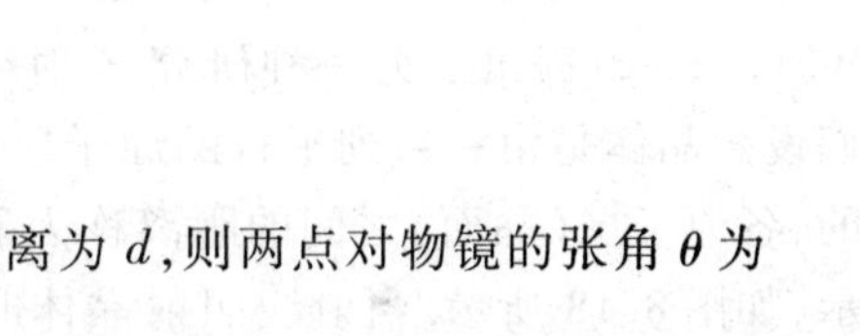

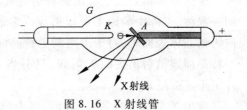

图 8.16　X 射线管

X 射线的穿透性很强，其本质和可见光一样，是一种波长极短的电磁波. 既然 X 射线是一种电磁波，那么就应该有干涉和衍射现象. 但是由于 X 射线的波长太短，用普通光栅根本观察不到 X 射线的衍射现象. 人们希望找到适用于 X 射线衍射的光栅. 但是，由于 X 射线的波长与原子线度的数量级相当，因此，无法用机械方法制造出适用于 X 射线衍射的光栅.

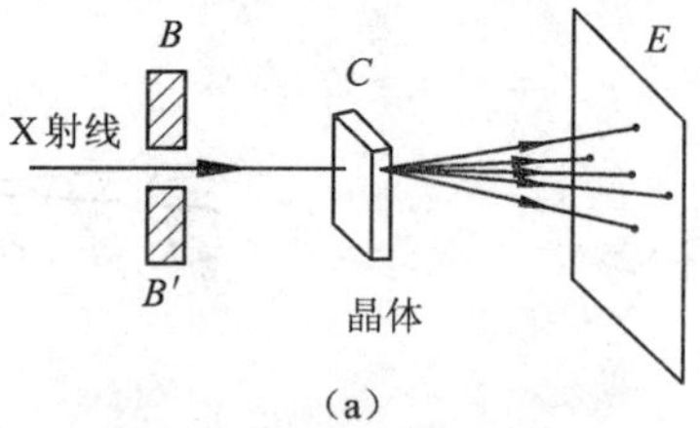

(a)

(b)

图 8.17　劳厄实验

1912 年德国物理学家劳厄(M. Vonlaue)想到，如果晶体内的微粒(原子、离子或分子)是规则排列的，那么晶体可当做是 X 射线衍射的天然三维光栅. 按这一设想，劳厄成功地进行了 X 射线衍射实验，其实验装置如图 8.17(a)所示. 一束 X 射线穿过铅板 BB' 上的小孔，照射到薄片晶体 C 上，在晶片后面的感光胶片 E 上就出现了一定规则分布的斑点，这些斑点称为**劳厄斑点**，如图 8.17(b)所示. 劳厄实验成功地证实了 X 射线的波动性，同时也证明了晶体内的微粒是规则排列的. 通过对劳厄斑点位置和强度的研究，人们可以确定晶体中的原子排列，从而分析晶体结构.

1913 年，英国布拉格父子(W. H. Bragg 和 W. L. Bragg)提出了另一种研究 X 射线的衍射方法. 他们设想晶体是由一系列平行的原子层(称为晶面)构成的，各原子层(晶面)之间的距离称为**晶面间距**，用 d 表示，如图 8.18 所示. 当射线照射晶体时，晶体中的每个原子就成为发射子波的波源，向各个方向发出衍射射线，称为**散射**. X 射线一部分被表面层原子所散射，其余部分被内部各原子层的原子所散射，在符合反射定律的方向上，可以得到强度最大的反射 X 射线.

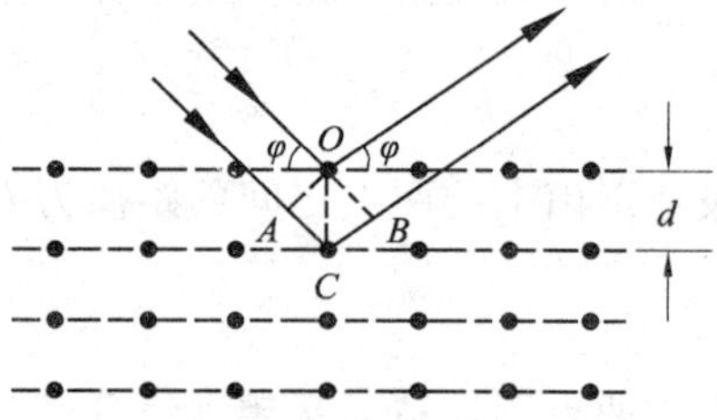

图 8.18　布拉格方法

设一束平行相干的 X 射线以掠射角 φ 入射，则相邻两原子层所发出的反射线的光程差为

$$\delta = AC + BC = 2d\sin\varphi$$

显然，当其符合条件

$$2d\sin\varphi = k\lambda \quad k = 1, 2, 3, \cdots \tag{8.12}$$

时，各层晶面的散射射线相互加强，形成亮点. 上式称为**布拉格公式**.

应用布拉格公式也可以解释劳厄实验. 因为晶体中的原子是以空间点阵形式排列着，对于同一晶体，点阵中的原子可以形成许多取向、间距各不相同的平行晶面族. 当 X 射线以一定方向入射晶体表面时，对于不同的平行晶面族，掠射角 φ 和晶面间距 d 各不相同. 因此，从不同的平行晶面族散射出去的 X 射线，只有当 φ 和 d 满足布拉格公式时，才能相互加强而在照相底片上形成劳厄斑.

应用 X 射线的衍射，一方面，可由已知的晶体结构(即晶体的晶格常数已知)测定入射 X 射线的波长，从而进行 X 射线的光谱分析；另一方面，还可以利用已知波长的 X 射线确定晶体的结构，现已发展为一独立的物理学分支，称为 X 射线的晶体结构分析，它在结晶学和工程技术中都有着广泛的应用.

思 考 题

8.1 (1)什么是光的衍射现象？光的干涉现象和衍射现象有什么区别？又有什么联系？

(2)为什么无线电波能绕过建筑物，而光波却不能？

8.2 单缝衍射暗条纹条件与双缝干涉明条纹的条件在形式上相类似，两者是否矛盾？如何解释？

8.3 在单缝衍射中，为什么衍射角 φ 越大的明条纹的亮度越小？

8.4 在单缝夫琅禾费衍射实验中作如下操作，衍射条纹将如何变化？

(1)光垂直入射，使缝宽变大或变小；

(2)光垂直入射时，光束上下平移；

(3)使单缝沿平行屏幕的方向上下移动；

(4)将整个装置浸在折射率为 n 的透明介质中.

8.5 光栅衍射与单缝衍射有何区别？为何光栅衍射的明条纹特别明亮而暗区很宽？

8.6 (1)确定光栅衍射中，主极大位置的光栅公式是如何给出的？

(2)若光栅常量中 $a=b$，光栅光谱有何特点？

(3)试分析主极大出现缺级的原因；在同时满足什么条件下才能形成主极大？

8.7 一台光谱仪备有三块光栅，它们每毫米上的刻痕分别为 1200 条、600 条和 90 条，若用此仪器测定波长在 700 ~ 1000 nm 的光谱，应选用哪一块光栅？为什么？

8.8 为什么天文望远镜的孔径做得比较大？一些金相显微镜有紫滤色片，其用途是什么？

习 题

8.1 已知一狭缝的宽度为 $a=0.6$ mm，会聚透镜的焦距 $f=40$ cm. 今以单色平行光垂直照射狭缝，在屏幕上形成衍射条纹，若离零级明纹的中心为 1.4 mm 的 P 处看到的是第 4 级明纹. 求：

(1)入射光的波长；

(2)从 P 处来看这光波时，在狭缝处的波前可分成几个半波带？

8.2 一波长为 $\lambda=546.1$ nm 的平行光，垂直照射在宽 $a=1$ mm 的单缝上，设透镜焦距为 $f=100$ cm. 问：第一级明纹和第三级暗纹距中心的距离分别为多少？

8.3 在复色光照射下的单缝衍射图样中，其中某一波长的第 3 级明纹位置，恰好与波长为600 nm的单色光的第 2 级明纹位置重合，求该光波的波长.

8.4 已知单缝宽度 $a=1.0\times10^{-4}$ m，透镜焦距 $f=0.50$ m，用 $\lambda_1=400$ nm 和 $\lambda_2=760$ nm 的单色平行光分别垂直照射，求这两种光的第一级明纹距屏中心的距离；以及这两条明纹之间的距离. 若用每厘米刻有 1 000条刻痕的光栅代替这个单缝，则这两种单色光的第一级明纹距屏中心的距离分别为多少？这两条明纹之间的距离又是多少？

8.5 钠光垂直照射在每厘米有 500 条刻痕的衍射光栅上，求第三级明条纹的衍射角.

8.6 为了测定一光栅的光栅常数，用波长为 632.8 nm 的单色平行光垂直照射光栅，已知第一级明条纹出现在 38°的方向，试问此光栅的光栅常数为多少？第二级明条纹出现在什么角度？若用此光栅对另一单色光进行同样的衍射实验时，测得第一级明条纹是出现在 27°的方向上，问此单色光的波长为多少？最多可看到第几级明条纹？

8.7 用含有 $\lambda_1=500$ nm 和 600 nm 两种波长的混合光垂直照射光栅，欲使观察屏上这两种波长的衍射光的第一级和第二级明条纹均出现在衍射角 $\varphi\leqslant30°$ 处，并且波长为 λ_2 的衍射光的第三级条纹缺级，求该光栅的光栅常数及缝宽.

8.8 已知一个每厘米刻有4000条缝的光栅,利用这个光栅可以产生多少个完整的可见光谱?

8.9 一束直径为2 mm的He-Ne激光($\lambda=632.8$ nm)自地球射向月球,已知月球距地球3.84×10^8 m,求在月球上得到的光斑的直径(不计空气影响).

8.10 在迎面驶来的汽车上,两盏前灯相距120 cm.若仅考虑人眼圆形瞳孔的衍射效应,试问在汽车离人多远的地方,眼睛才能分辨这两盏前灯.假设夜间人眼瞳孔直径约为5.0 mm,而入射光波长为$\lambda=550$ nm.

8.11 伦琴射线管发出的射线投射到食盐晶体(其晶格常量$d=0.2814$ nm)上,测得第一级干涉反射($k=1$)所对应的掠射角为15°51′,求X射线的波长.

科学家简介

托马斯·杨

我发现一些伴有阴影的彩色条纹实验,竟能为两束光干涉的普遍规律提供了如此简单且有说服力的证据,而这恰是我曾经竭尽全力试图建立的.我认为应该向皇家学会提出一个关于这些事实的决定性的简短陈述.目前,我欲坚持的主张不过是——彩色条纹是由两束光的干涉而产生;而且我以为,多数的偏见也不会将它否定,因为它已被我将要叙述的实验所证实,不论何时,只要有阳光,也不要什么特殊的仪器,只需人人可及的简单装置就能毫不费力地重复这个实验.

——托马斯·杨讲演,1803年11月24日

光的波动理论的建立经历了许多科学家的努力,其中特别需要纪念的是托马斯·杨和菲涅耳.

托马斯·杨的工作使光的波动说重新兴起,并且他第一次测量了光的波长,提出了波动光学的基本原理.

托马斯·杨是一位英国医生,曾获医学博士学位.他天资聪颖,有神童之称.他兴趣广泛,勤奋好学,是一位多才多艺的人.

他在英国著名的医学院学习生理光学专业,1793年发表了《对视觉过程的观察》.在哥廷根大学学习期间,受德国自然哲学学派的影响,开始怀疑微粒说,并钻研惠更斯的论著.学习结束后,他一边行医,一边从事光学研究,逐渐形成了他对光的本质的看法.

1801年他巧妙地进行了一次光的干涉实验,即著名的杨氏双孔干涉实验.在他发表的论文中,以干涉原理为基础,建立了新的波动理论,并成功地解释了牛顿环,精确地测定了波长.

1803年,杨把干涉原理用于解释衍射现象.1807年发表了《自然哲学与机械学讲义》(*A Course of Lecturse on Natural Philosophy and the Mechanical Arts*),书中综合论述了他在光的实验和理论方面的研究,描述了他的著名的双缝干涉实验.但是,他认为光是在以太媒质中传播的纵波.纵波概念和光的偏振现象相矛盾,然而,杨并未放弃光的波动说.

杨的理论当时受到了一些人的攻击,而未能被科学界理解和承认.在将近20年后,当菲涅耳用他的干涉原理发展了惠更斯原理,并取得了重大成功后,杨的理论才获得应有的地位.

菲涅耳是法国物理学家和道路工程师,他从小身体虚弱多病,但读书非常用功,学习成绩一直很好,数学尤为突出.

菲涅耳

菲涅耳从 1814 年开始研究光学，对光的衍射现象从实验和理论上进行了研究，并于 1815 年向科学院提交了关于光的衍射的第一篇研究报告.

1818 年，巴黎科学院举行了一次以解释衍射现象为内容的科学竞赛. 年轻的菲涅耳出乎意料地取得了优胜，他以光的干涉原理补充了惠更斯原理，提出了惠更斯-菲涅耳原理，完善了光的衍射理论.

竞赛委员会的成员泊松(S. D. Poisson)是微粒说的拥护者，他运用菲涅耳的理论导出了一个奇怪的结论：光经过不透明的小圆盘衍射后，在圆盘后面的轴线上一定距离处，会出现一亮点. 泊松认为这是十分荒谬的，并宣称他驳倒了波动理论. 菲涅耳接受了这一挑战，立即用实验证实了这个理论预言. 后来人们称这一亮点为泊松亮点.

但是波动说在解释光的偏振现象时还存在着很大困难. 一直在为这一困难寻求解决办法的杨在 1817 年觉察到，如果光是横波或许问题能得到解决，他把这一想法写信告诉了阿拉果(D. F. Arago，1786—1853)，阿拉果立即转告给了菲涅耳. 菲涅耳当时已经独立地领悟到了这一思想，对杨的想法赞赏备至，并立即用这一假设解释了偏振光的干涉，证明了光的横波特性，使光的波动说进入了一个新时期.

利用光的横波特性，菲涅耳还得到了一系列重要结论. 他发现了光的圆偏振和椭圆偏振现象，提出了光的偏振面旋转的唯象理论；他确立了反射和折射的定量关系，导出了著名的菲涅耳反射、折射公式，由此解释了反射时的偏振；他还建立了双折射理论，奠定了晶体光学的基础，等等.

菲涅耳具有高超的实验技巧和才干，他长年不懈地勤奋工作，获得了许多内容深刻和数量上正确的结果，菲涅耳双镜实验和双棱镜实验就是例子.

从 1819 到 1827 年，经过 8 年的艰苦努力，他设计出了一种特殊结构的透镜系统，大大改进了灯塔照明，为海运事业的发展作出了贡献. 正当他在科学事业上硕果累累的时候，不幸因肺病医治无效而逝世，终年仅 39 岁.

由于他在科学事业上的重大成就，巴黎科学院授予他院士称号，英国皇家学会选他为会员，并授予他伦福德奖章，人们称他为“物理光学的缔造者”.

菲涅耳等人建立的波动理论是在弹性以太中传播的横波. 直到 1865 年，麦克斯韦建立了光的电磁理论，才完成了光的波动理论的最后形式.

阅读材料 F

全息照相简介

一、全息照相

普通照相是把物体表面上各点反射或散射的光或物体本身发出的光通过照相镜头会聚在感光胶片上. 在感光胶片上记录的只是物体的光强度变化，而丢失了物体的空间位置(相位)信息，得到的只能是二维的平面像.

全息照相完全不同于普通照相. 它采用了“无透镜”的两步成像原理，能在感光胶片上同时记录下物体的振幅和相位信息(全部信息，简称全息)，因此它具有可以再现物体的立体像及其他一系列独特的优点.

全息照相对光源的相干性要求很高，虽然早在 1948 年，盖伯(D. Gabor)为了提高电子显微镜的分辨本领而提出全息原理，并开始了全息照相的研究工作. 但是在 50 年代这方面工作的进展相当缓慢. 自

1960 年激光问世以后，全息技术的研究进入一个新阶段，相继出现多种全息方法，发展非常迅速，已成为科学技术的一个新领域.

全息照相的过程分记录和再现两步.

1. 全息记录

如图 F.1 所示，将激光光源发出的光分成二部分，一部分直接照射到感光胶片上，这部分光叫参考光；另一部分照射要拍摄的物体，再经物体反射到感光胶片上，这部分光叫物光. 参考光和物光在底片上相干叠加，产生干涉图样. 这样一张保存有复杂干涉图样的底片冲洗后就是一张全息照片（如图 F.2）.

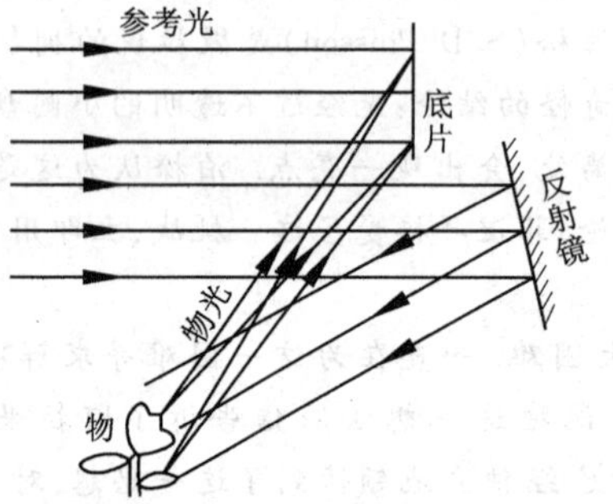

图 F.1　全息照相的记录

图 F.2　全息照片

全息照片上记录了光波的振幅和相位的信息. 如图 F.3 所示，设 O 为物体上某一点，它反射的物光与参考光在胶片上干涉形成干涉条纹. 若 A、B 为全息照片上相邻两条暗纹的中心位置，则到达 A、B 两处的物光与参考光的相位都相反. 由图 F.3 可知，参考光在 A、B 两处的相位是相同的，所以到达 A、B 两处的物光的相位差为 2π，对应的光程差为 λ. 由图中的几何关系可知

$$\lambda = (\sin\theta)\,\mathrm{d}y$$

因此

$$\mathrm{d}y = \frac{\lambda}{\sin\theta} = \frac{\lambda r}{y}$$

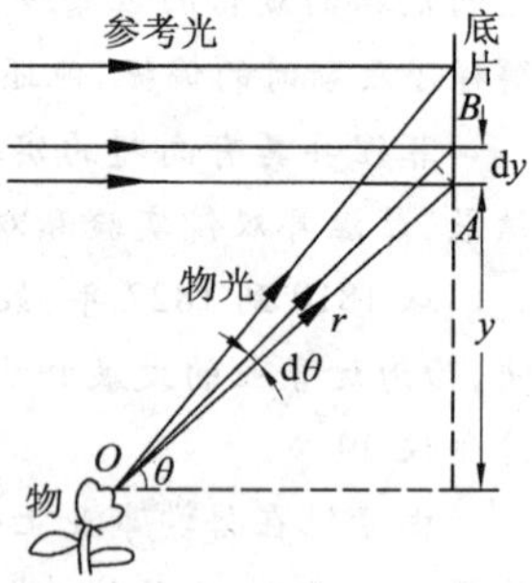

图 F.3　全息记录计算用图

上式说明，在胶片上同一处，来自物体上不同发光点的光，由于它们的 θ 或 r 不同，与参考光干涉形成的条纹的间距 $\mathrm{d}y$ 就不同. 因此，底片上各处干涉条纹的间隔反映了物光光波相位的不同，也就是反映了物体上各发光点的位置的不同. 而整个胶片上形成的干涉图样实际上是物体上各发光点发出的物光与参考光所形成的干涉条纹的总的叠加，所以，全息照片上的干涉图样看上去十分复杂.

2. 全息图形的再现

观察一张全息照片所记录的物体的影像时，只需用拍摄该照片时所用的同一波长的照明光沿原参考光的方向照射底片即可. 由于全息照片包含大量的、细密分布的干涉条纹，它相当于一个复杂的透射光栅，当照明光透过它们时将发生衍射，这些衍射光波中包含着原来的物光波. 如图 F.4 所示，仍考虑相距为 $\mathrm{d}y$ 的两相邻的条纹 A 和 B. 底片冲洗后 A、B 成为两条透光缝. 根据光栅衍射的知识我们知道，沿原来物体上 O 点发出的物光方向的那两束衍射光，其光程差一定也是 λ，这两束光被人眼会聚后，就会使人眼感到在原来 O 点所在处有一虚发光点 O'. 而物体上所有发光点在全息照片上产生的透光条纹对入射照明光的衍射，就会使人眼看到一个在原来位置处的原物的立体虚像.

全息图如同一个窗口，当观察者从不同角度观察时，就好象面对原物一样看到它的不同侧面的形象，甚至在某个角度上被遮住的东西也可能在另一个角度上看到. 而且，如果一张全息照片破碎成几块，由于其中每一小块上都包含物体上各个发光点光波的信息，因此，用一小块仍可以再现原来物体的像（只是光能量和分辨率有所下降），这也是普通照片所不能比拟的.

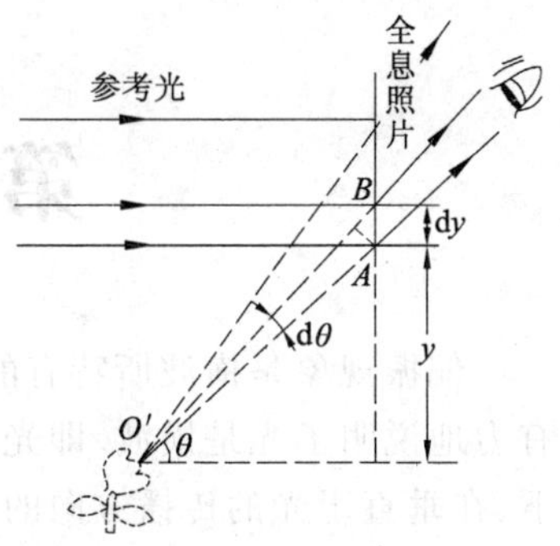

图 F.4　全息图像的再现

二、全息照相的应用

全息照相的应用是一个内容十分丰富的领域.特别是近年来，以全息照相为基础的全息技术已广泛应用于工程技术之中.全息干涉术、全息信息储存、全息光学器件等已成为现代光学技术的一个重要组成部分，不仅如此，以光学全息为基础的红外全息、超声全息等在军事领域和生活领域也正在发挥其巨大的作用.

1. 全息显微术

普通高倍率显微镜无法同时观察有深度分布的悬浮粒子，尤其对不停运动的微生物极难跟踪测量.全息技术则可克服这一困难，用短脉冲激光在一张底片上相继记录一系列全息图.再现时，可用显微镜对各全息图的三维图像层层聚焦，按记录时的顺序逐次观察粒子的运动状态及瞬时分布.

2. 全息信息储存

在拍摄全息照片时，改变参考光束的方向可以将不同物体摄制在同一张底片上.再现时，只要偏转照明光束，就能将各物体互不干扰地显现出来.一张底片可以储存许多信息，如文字、图表或其他资料等，全息照片正在发展成为信息存储器，其存储量要比目前使用的其他存储器高一到两个数量级.

3. 全息干涉计量

利用两次曝光或连续曝光，可以将物体的微小形变、高速运动，如风洞中流体的流动、容器内的爆炸过程等记录在同一张底片上.再现时可以同时获得多个相互交叠而略有差异的物体光波的像.多个像的光波发生干涉，分析干涉条纹，便可推算出物体变化的具体信息.

此外，还有全息电影、全息电视、全息X射线显微镜、特征字符识别等，均可使用全息术.

除光学全息外，还发展了红外、微波、超声全息术，这些全息技术在军事侦察或监视上具有重要意义.如对可见光不透明的物体，往往对超声波“透明”，因而超声全息可用于水下侦察和监视，也可用于医疗透视以及工业无损探伤等.

第9章 光的偏振

偏振现象是横波所特有的,1809年,马吕斯(E. L. Malus)在实验中发现了光的偏振现象,有力地说明了光是横波.即光波中光矢量的振动方向总是和光的传播方向垂直.但在许多情况下,在垂直于光的传播方向的平面内,光振动只在某一方向上有光振动,或在某一方向上的振幅显著较大,这种情况叫光的偏振.很多光学仪器如偏振光显微镜、光测弹性仪等都是利用偏振光来工作,研究晶体的光学性质等也都要以偏振光的知识为基础.本章主要介绍有关光的偏振的一些现象和规律.

9.1 自然光 偏振光

9.1.1 自然光

光沿某一方向传播时,在垂直于传播方向的平面内,沿各方向上都具有振动的光矢量,平均来说,光矢量具有均匀的轴对称分布,其各方向的光振动的振幅都相同,这种光称为**自然光**,如图9.1(a)所示.普通光源发出的光就是自然光.

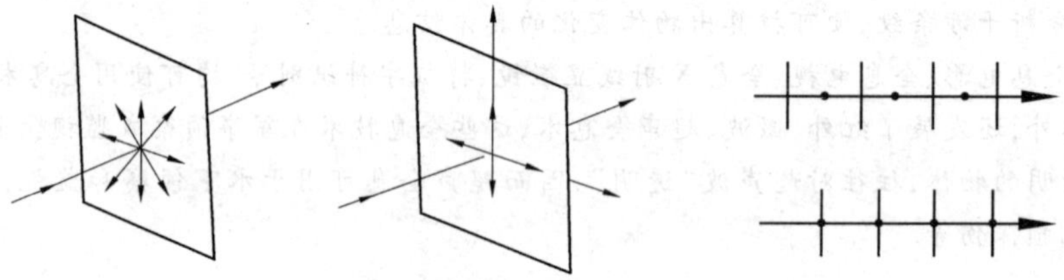

(a)　　(b)　　(c)

图9.1 自然光

由于自然光中,各光矢量之间没有固定的相位关系,可以把各个光矢量分解成互相垂直的两个光矢量,如图9.1(b)所示.一种更简单的表示自然光的方法如图9.1(c)所示,图中用短线和点分别表示光矢量在纸面内和垂直于纸面的振动分量.点和短线疏密相同表示两个方向上的分量强度相同,各占总强度的1/2.

9.1.2 偏振光

1. 线偏振光

如果在垂直于光传播方向的平面内,光矢量只沿某一固定方向振动,这种光称为**线偏振光**,如图9.2(a)所示.线偏振光的光矢量方向和光的传播方向所构成的平面叫**振动面**.线偏振光的振动面是固定不动的,因此,线偏振光又称为**平面偏振光**.图9.2(b)是线偏振光的表示方法,图中短线表示光振动在纸面内,点表示光振动垂直于纸面.

2. 部分偏振光

部分偏振光是介于自然光和线偏振光之间的一种偏振光. 在垂直于光传播方向的平面内,各方向的光振动都有分量,但各方向的振幅不相等,如图 9.3(a)所示. 这种部分偏振光用数目不等的点和短线表示,如图 9.3(b)所示. 值得注意的是,这种偏振光的各方向振动的光矢量之间也没有固定的相位关系. 与部分偏振光相对应,有时也称线偏振光为**完全偏振光**.

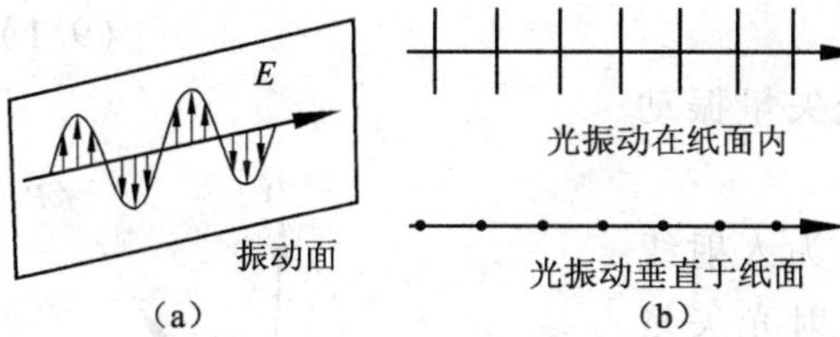

图 9.2　线偏振光

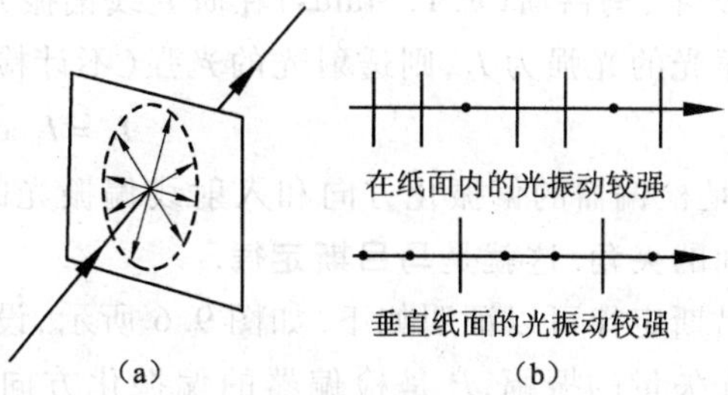

图 9.3　部分偏振光

3. 圆偏振光和椭圆偏振光

圆偏振光和椭圆偏振光的特点,是在垂直于光传播方向的平面内,光矢量按一定频率旋转(左旋或右旋). 如果光矢量端点的轨迹是一个圆,这种光叫**圆偏振光**;如果光矢量端点的轨迹是一个椭圆,这种光叫**椭圆偏振光**,如图 9.4 所示. 根据相互垂直的简谐振动的合成规律,圆偏振光和椭圆偏振光可以用两个相互垂直的有固定相位差的光振动合成获得.

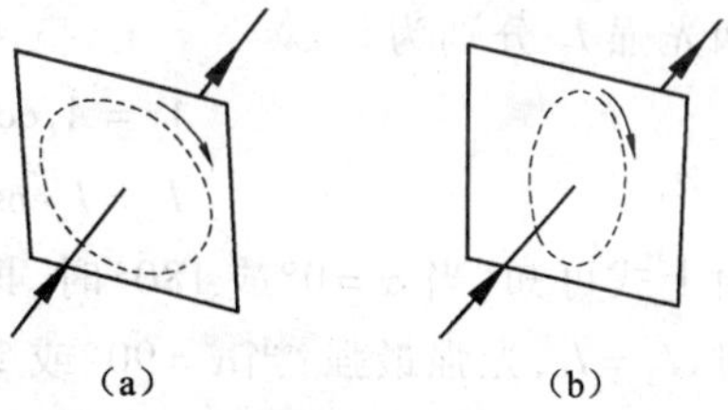

图 9.4　圆偏振光和椭圆偏振光

9.2　起偏和检偏　马吕斯定律

9.2.1　起偏和检偏

从自然光中获得偏振光的过程称为**起偏**,产生起偏作用的光学元件称为**起偏器**. 利用偏振片从自然光获取偏振光是最简便的方法. 偏振片能对入射的自然光光矢量在某方向上的分量有强烈的吸收,而对与该方向垂直的分量吸收很少,因此,偏振片只能透过沿某个方向上的光矢量,或光矢量振动沿该方向上的分量. 我们把这个透光方向称为偏振片的**偏振化方向**或**透振方向**.

如图 9.5 所示,将两个偏振片 P_1 和 P_2 平行放置,平行线表示它们的偏振化方向,自然光垂直入射偏振片 P_1,由于偏振片 P_1 的起偏作用,透过 P_1 的光将成为线偏振光,其振动方向平行于 P_1 的偏振化方向,强度 I_1 等于入射自然光强度 I_0 的 1/2. 透过 P_1 的线偏振光再入射到 P_2 偏振片上,将 P_2 绕光的传播方向慢慢转动,可以看到透过 P_2 的光强将随 P_2 的转动而变化,例如由亮逐渐变暗,再由暗逐渐变亮,旋转一周时,将出现两次

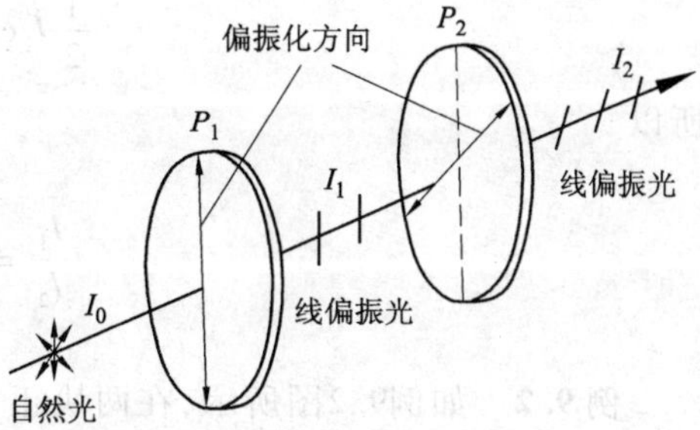

图 9.5　起偏和检偏

最亮和两次最暗. 并且,当两偏振片的偏振化方向平行时透过的 P_2 的光强最强为 $I_0/2$,当两者的偏振化方向相互垂直时光强最弱为零,成为消光. 可见,偏振片 P_2 的作用是检验入射光是否是偏振光,称为**检偏**,偏振片 P_2 称为**检偏器**.

9.2.2 马吕斯定律

1809 年,马吕斯(E. L. Malus)在研究线偏振光透过检偏器后透射光的光强时发现:如果入射线偏振光的光强为 I_1,则透射光的光强(不计检偏器对透射光的吸收)I_2 为

$$I_2 = I_1\cos^2\alpha \tag{9.1}$$

式中,α 是检偏器的偏振化方向和入射线偏振光的光矢量振动方向之间的夹角. 这就是**马吕斯定律**.

马吕斯定律可以证明如下. 如图 9.6 所示,设 A_1 为入射线偏振光光矢量的振幅,P 是检偏器的偏振化方向,入射光矢量的振动方向与 P 方向间的夹角为 α. 将光矢量在 P 的平行和垂直方向上投影,其振幅分别为 $A_1\cos\alpha$ 和 $A_1\sin\alpha$. 因为只有平行于偏振化方向的分量可以透过偏振器,所以透射光的振幅 A_2 和光强 I_2 分别为

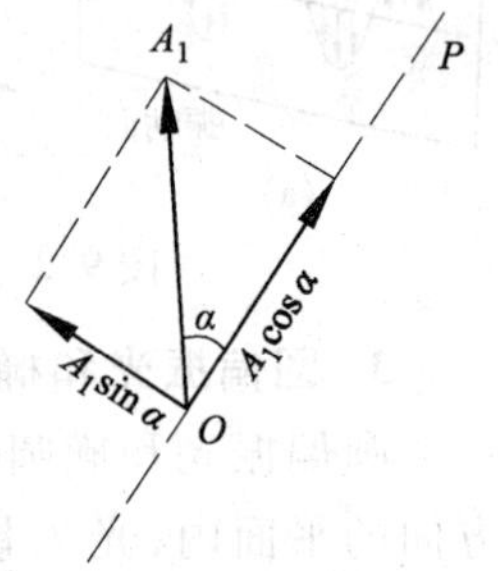

图 9.6 证明马吕斯定律用图

$$A_2 = A_1\cos\alpha$$
$$I_2 = I_1\cos^2\alpha$$

由上式可知,当 $\alpha = 0°$ 或 $180°$ 时,即入射线偏振光光矢量方向与检偏振器的偏振化方向平行时,$I_2 = I_1$,光强最强;当 $\alpha = 90°$ 或 $270°$ 时,即入射线偏振光光矢量方向与检偏振器的偏振化方向垂直时,$I_2 = 0$,光强最小,没有光从检偏器透过.

例 9.1 用两偏振片平行放置作为起偏器和检偏器. 在它们的偏振化方向成 30°角时,观测一光源,又在成 60°角时,观测同一位置处的另一光源,两次所得的光强相等. 求两光源照到起偏器上的光强之比.

解 令 I_1 和 I_2 分别为两光源照到起偏器上的光强. 透过起偏器后,光的强度分别为 $I_1/2$ 和 $I_2/2$. 按马吕斯定律,在先后观测两光源时,透过检偏器的光的强度是

$$I'_1 = \frac{1}{2}I_1\cos^2 30°$$

$$I'_2 = \frac{1}{2}I_2\cos^2 60°$$

由题意知 $I'_1 = I'_2$,即

$$\frac{1}{2}I_1\cos^2 30° = \frac{1}{2}I_2\cos^2 60°$$

所以

$$\frac{I_1}{I_2} = \frac{\cos^2 60°}{\cos^2 30°} = \frac{\frac{1}{4}}{\frac{3}{4}} = \frac{1}{3}$$

例 9.2 如例9.2图所示,在两块正交偏振片(即偏振化方向互相垂直)P_1、P_3 之间,插入另一块偏振片 P_2,光强为 I_0 的自然光垂直入射于偏振片 P_1,求转动 P_2 时,透过 P_3 的光强 I 与

转角的关系.

解　透过各偏振片的光振幅矢量如例 9.2 图所示，其中 θ 为 P_1 和 P_2 的偏振化方向间的夹角. 由于各偏振片只允许和自己的偏振化方向相同的偏振光透过，所以透过各偏振片的光矢量振幅的关系为

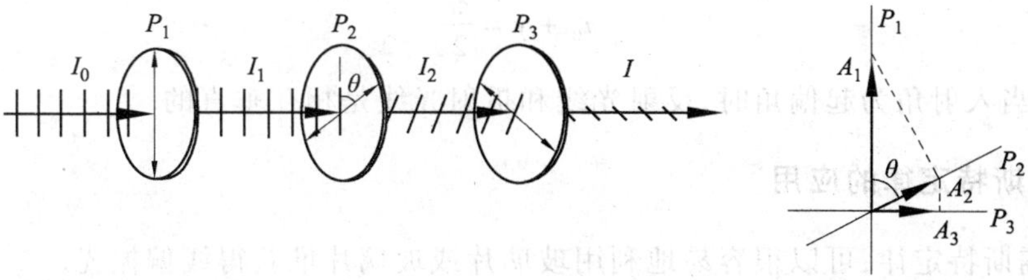

例 9.2 图

$$A_2 = A_1\cos\theta$$

$$A_3 = A_2\cos\left(\frac{\pi}{2}-\theta\right) = A_2\sin\theta$$

从而

$$A_3 = A_1\cos\theta\sin\theta = \frac{1}{2}A_1\sin 2\theta$$

$$I_3 = \frac{1}{4}I_1\sin^2 2\theta = \frac{1}{8}I_0\sin^2 2\theta$$

9.3　反射和折射时光的偏振

9.3.1　反射和折射引起的偏振

自然光在两种各向同性媒质分界面上发生反射和折射时，不仅光的传播方向要改变，而且偏振状态也要发生变化. 一般情况下，反射光和折射光不再是自然光，而是部分偏振光. 在反射光中，垂直于入射面的光振动占优势；而在折射光中，则是平行于入射面的光振动占优势，如图 9.7所示.

1815 年，布儒斯特(D. Brewster)发现，反射光中偏振化程度取决于入射角 i. 当 $i = i_0$ 时，反射光将由部分偏振光变成线偏振光，其振动面与入射面垂直，平行于入射面振动的光已经完全不能反射，此时 i_0 满足如下关系：

$$\tan i_0 = \frac{n_2}{n_1} = n_{21} \tag{9.2}$$

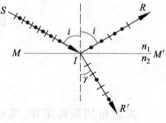

图 9.7　自然光反射和折射时的偏振现象

这就是**布儒斯特定律**，i_0 称为**布儒斯特角**或**起偏角**. 式中 n_{21} 是折射媒质对入射媒质的相对折射率，例如光线自空气射向玻璃而反射时，$n_{21} = 1.50$，起偏角为 $i_0 \approx 56°$.

另外，由折射定律有

$$\sin i_0 = \frac{n_2}{n_1}\sin\gamma = n_{21}\sin\gamma$$

又由布儒斯特定律的式(9.2)可得

$$\sin i_0 = \tan i_0 \sin \gamma$$

$$\sin \gamma = \frac{\sin i_0}{\tan i_0} = \cos i_0$$

即

$$i_0 + \gamma = \frac{\pi}{2} \tag{9.3}$$

这说明，当入射角为起偏角时，反射光线和折射光线是相互垂直的.

9.3.2 布儒斯特定律的应用

利用布儒斯特定律，可以很容易地利用玻璃片或玻璃片堆获得线偏振光.

原则上，将一束自然光以布儒斯特角入射到一片玻璃上，即可获得线偏振的反射光，但实际情况是经过一次反射、折射后，反射光光强很弱，这是由于对于单独的一个玻璃面来说，只能有一小部分（约占15%）垂直于入射面振动的光被反射. 为了获得较强的反射线偏振光，可以把玻璃片叠起来，让自然光连续通过许多玻璃片（通常称之为**玻璃片堆**），如图 9.8 所示. 如此一来，入射光在各层玻璃面上经过多次的反射和折射，使得反射光中垂直于入射面的振动成分得到加强；同时折射光中的垂直于入射面的成分则不断减弱，偏振化程度也逐渐增加. 玻璃堆的玻璃片数愈多，反射光越强，透射光的偏振化程度愈高. 当玻璃片足够多时，最后透射出来的折射光也可以看成是线偏振光了，其振动面就在折射面（即折射线和法线所组成的面）内，与反射光的振动面垂直.

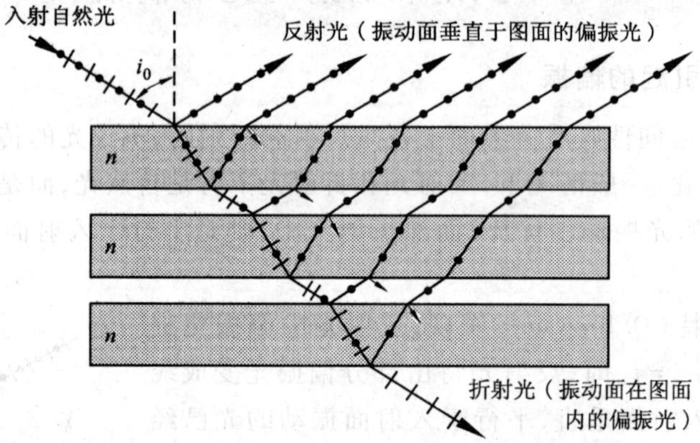

图 9.8 玻璃片堆产生的偏振光

根据布儒斯特定律，玻璃片或玻璃片堆也可以用作检偏器. 另外，为了提高激光器的输出功率，一些激光器中也采用了布儒斯特角的装置.

1817 年，菲涅耳等人肯定了偏振现象和光的横波性是有直接联系的. 换言之，光波偏振化的实验事实，正说明了光的横波性质. 在麦克斯韦的电磁理论中，肯定了光是一种电磁波，也是一种横波，并且布儒斯特定律和下节将要讲到的双折射现象等都可以由电磁理论得到解释.

例 9.3 如例9.3图所示，自然光入射到水面上，入射角为 i 时，使反射光成为线偏振光. 如果有一块玻璃浸入水中，若光由玻璃面反射使反射光也为线偏振光. 试求：水面与玻璃面之间

的夹角.($n_{玻}=1.50,n_{水}=1.33$)

解　根据布儒斯特定律有

$$\tan i_0=\frac{n_2}{n_1}=n_{21}$$

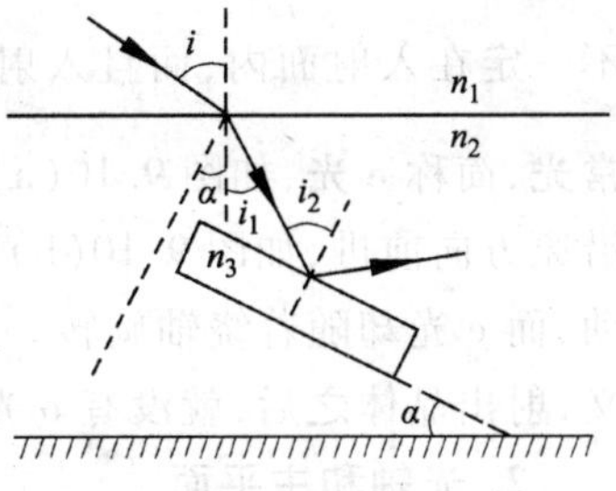

例 9.3 图

根据题意,使 i 成为起偏角的条件为 $i+i_1=90°$,即$i=90°-i_1$.由图可见 $i_2=i_1+\alpha$,α 为所求的水面与玻璃面之间的夹角.又根据折射定律有 $n_1\sin i=n_2\sin i_1$.可得

$$\sin i_1=\frac{n_1}{n_2}\sin i=\frac{n_1}{n_2}\sin(90°-i_1)=\frac{n_1}{n_2}\cos i_1$$

$$\tan i_1=\frac{n_1}{n_2}=\frac{1}{1.33}$$

所以

$$i_1=36°56'$$

由题意,使 i_2 成为起偏角,根据布儒斯特定律有

$$\tan i_2=\frac{n_3}{n_2}=\frac{1.50}{1.33}$$

$$i_2=48°26'$$

所以

$$\alpha=i_2-i_1=48°26'-36°56'=11°30'$$

9.4　光的双折射

9.4.1　光的双折射现象

一束光由一种媒质进入另一种媒质时,在界面上发生的折射光通常只有一束.但是,如果把一块透明的方解石晶体(即碳酸钙 $CaCO_3$ 的天然晶体)放在有字的纸面上,可以看到晶体下的字呈现双像,如图 9.9(a)所示.这是因为一束光线进入方解石晶体后,分裂成两束光线,他们沿不同的方向折射,这种同一束光分裂成两束的现象称为**双折射**.这是由晶体的各向异性造成的.除立方系晶体(例如岩盐)外,当光线进入许多其他透明晶体(如石英)时,一般都将产生双折射现象.

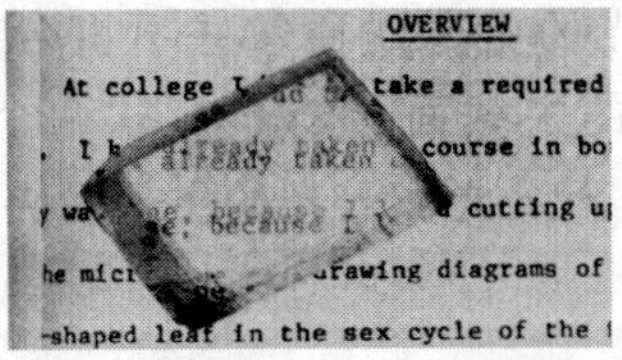

(a)

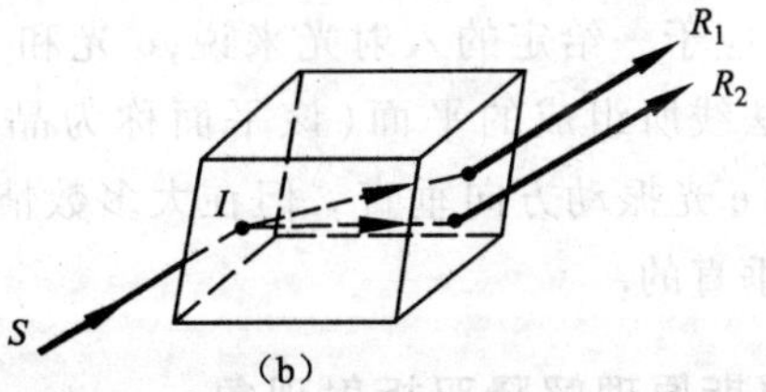

(b)

图 9.9　方解石的双折射

1. 寻常光和非常光

如图 9.9 所示为光线在方解石晶体内的双折射.如果入射光束足够细,同时晶体足够厚,则透射出来的两束光线可以完全分开.实验指出,当改变入射角 i 时,两束折射光线中的一束

恒遵守通常的折射定律,这束光线称为**寻常光**,简称为 o **光**;另一束光线不遵守折射定律,它也不一定在入射面内,而且入射角 i 改变时,$\frac{\sin i}{\sin \gamma}$的量值也不是一个常量,这束光线通常称为**非常光**,简称 e **光**,如图 9.10(a)所示.在入射角 $i=0$ 时,寻常光沿原方向前进,而非常光一般不沿原方向前进,如图 9.10(b)所示;这时,如果使方解石晶体以入射光为轴旋转,将发现 o 光不动,而 e 光却随着绕轴旋转.值得注意的是,o 光和 e 光的定义仅仅在双折射晶体内部才有意义,射出晶体之后,就没有 o 光和 e 光之分了.

2. 光轴和主平面

改变入射光的方向时,可以发现,在双折射晶体内存在一些特殊的方向,当光沿这些方向传播时,寻常光和非常光的传播速度相同,这些特殊方向称为晶体的**光轴**.例如天然的方解石晶体,其光轴方向如图 9.11 所示.应该指出,光轴表示的是晶体内的一个方向,因此在晶体内,任何一条与上述光轴方向平行的直线都是光轴.晶体中仅具有一个光轴方向的称为**单轴晶体**(例如方解石、石英等).有些晶体具有两个光轴方向,称为**双轴晶体**(例如云母、硫磺等).光通过双轴晶体时情况比较复杂,我们这里讨论的仅限于单轴晶体.

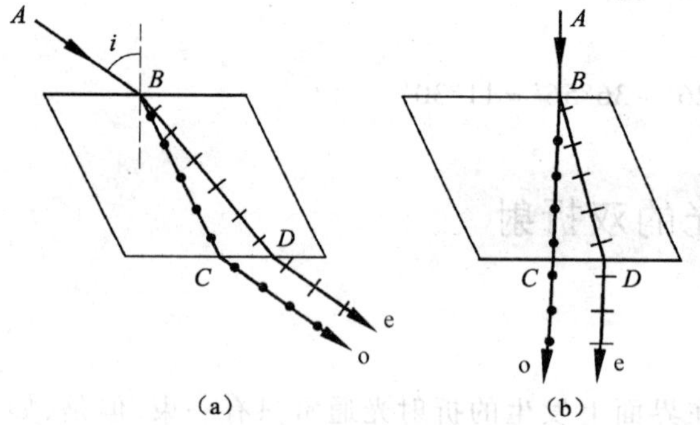

图 9.10 寻常光和非常光

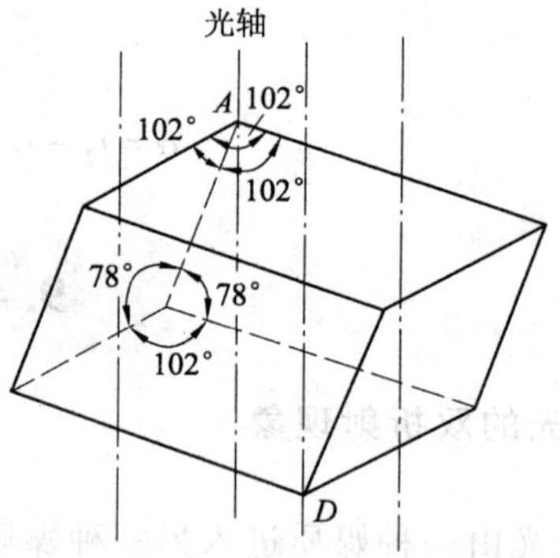

图 9.11 方解石晶体的光轴

在晶体中,把包含光轴和任一已知光线所组成的平面称为晶体中该光线的**主平面**.由 o 光和光轴所组成的平面,就是 o 光的主平面;由 e 光和光轴所组成的平面,就是 e 光的主平面.

用检偏振器来观察时,可以发现,o 光和 e 光都是线偏振光,但它们的光矢量的振动方向不同.o 光的振动方向垂直于它所对应的主平面;e 光的振动方向平行于它所对应的主平面.在一般情况下,对应于一给定的入射光来说,o 光和 e 光的主平面通常并不重合,但当光线沿光轴和晶体表面法线所组成的平面(该平面称为晶体的**主截面**)入射时,这两个主平面是重合的,此时 o 光和 e 光振动方向垂直.但在大多数情况下,o 光和 e 光的主平面夹角很小,两者的振动面几乎是垂直的.

9.4.2 用惠更斯原理解释双折射现象

1. 光在晶体中的波面

1690 年,惠更斯首先用波面的概念解释了单轴晶体的双折射现象.实际上,在单轴晶体中,o 光和 e 光是以不同的速率传播的.o 光的速率在各个方向上是相同的,所以在晶体中任意一点所引起的子波波面是一球面;e 光的速率在各个方向上是不同的,在晶体中同一点所引起的子波波面是旋转椭球面. 两束光只有在沿光轴方向上传播时速率才是相等的,在垂直于光轴的方向上,两束光的速率差最大. 如图 9.12 所示,两束光的波面在光轴上相切,因此沿着光轴方向传播的光,无论振动方向如何,速率都相同,不发生双折射现象.

单轴晶体根据 o 光和 e 光波面的关系可分为两类:一类是旋转椭球面在球面之内,即 e 光的速率在除光轴外的任何方向上都比 o 光的小,如图 9.12(a)所示,这类晶体称为**正晶体**,例如石英;另一类是椭球面包围球面,即 e 光的速率在除光轴外的任何方向上都比 o 光的大,如图 9.12(b)所示,这类晶体称为**负晶体**,例如方解石.

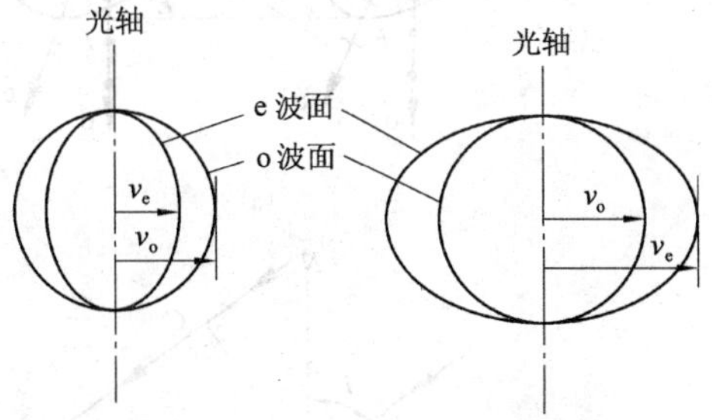

(a) 正晶体　　(b) 负晶体

图 9.12　正晶体和负晶体的子波波阵面

在单轴晶体中可以定义两个折射率. 一个是 o 光的折射率 $n_o = c/v_o$,式中 c 是真空中的光速,v_o 是 o 光在晶体中的传播速率,由于 o 光各方向的速率相同,所以 o 光的折射率与方向无关. 另一个是 e 光的折射率 n_e,由于 e 光各方向的传播速率不同,不存在普通意义上的折射率,通常把真空中的光速与 e 光沿垂直于光轴方向的传播速率 v_e 之比,称为 e 光的主折射率,即 $n_e = c/v_e$. n_o 和 n_e 是晶体的两个重要光学参量. 对于正晶体,有 $n_o < n_e$;对于负晶体,有 $n_o > n_e$. 表 9.1 列出了几种晶体的 n_o 和 n_e.

表 9.1　几种双折射晶体的 n_o 和 n_e(对波长为 589.3nm 的钠光)

晶　体	n_o	n_e	$n_e - n_o$
方解石	1.6584	1.4864	-0.1720
电气石	1.669	1.638	-0.031
白云石	1.6811	1.500	-0.181
菱铁矿	1.875	1.635	-0.240
石　英	1.5443	1.5534	+0.0089
冰	1.309	1.313	+0.004

2. 光在晶体中的传播方向

应用惠更斯原理,通过作图法可以确定晶体中 o 光和 e 光的传播方向,从而可以说明双折射现象. 下面以负单轴晶体为例对几种特殊情况进行说明.

(1)平面光波垂直入射晶体表面.

首先考虑晶体的光轴在入射面内并与晶体表面斜交的情况. 如图 9.13(a)所示,当平面光波入射到晶体表面时,自任意两点 B 与 D,向晶体内分别作球形和椭球形两个子波波阵面,并使这两个子波波阵面相切于光轴上的 G 和 G' 点. 作 EE' 和 FF' 面分别与球面和椭球波阵面相切,此即为 o 光和 e 光在晶体中的波阵面. 引 BE 和 BF 两线,就得到 o 光和 e 光在晶体中的传播方向.

如果晶体的光轴在入射面内并平行于晶体表面,仍按上述方法作图,如图9.13(b)所示. 发现晶体中两光线仍沿原入射方向不变,但两束光的传播速率不同,这与不发生双折射的情况是完全不同的.

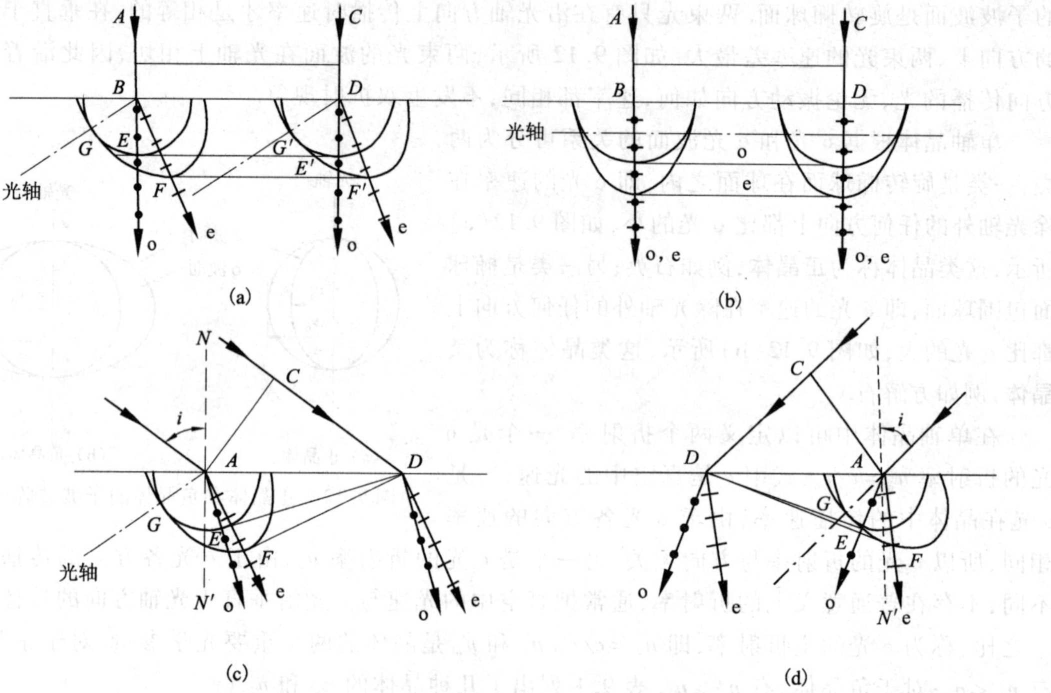

图 9.13　作图法确定光线在晶体中的传播方向

(2)平面光波倾斜入射晶体表面.

考虑晶体的光轴在入射面内并与晶体表面斜交的情况.如果入射光不沿光轴方向入射,如图 9.13(c)所示.设 AC 是平面入射光波的波阵面,由于当入射光波由 C 传到 D 点时,自 A 点已向晶体内发出了球形和椭球形的两个子波波阵面,且这两个子波波阵面相切于光轴上的 G 点.从 D 点画出两个分别与球面和椭球面相切的平面 DE 和 DF,此即为 o 光和 e 光的新波阵面.同前,引 AE 及 AF 两线,就得到 o 光和 e 光在晶体中的传播方向.如果入射光沿光轴方向入射,会出现 e 光与入射光在表面法线同一侧的情况,如图 9.13(d)所示,可见 e 光很明显的不遵守折射定律.

值得注意的是,如果晶体的光轴不在入射面内,o 光和 e 光波阵面的切点就不在入射面内了,因此,相应的 e 光也就不在入射面内了,此时 o 光和 e 光的主平面不再重合.

综上所述,利用惠更斯原理可以很好地解释单轴晶体的双折射现象.

9.4.3　晶体的偏振器件

天然方解石晶体的厚度有限,不可能把 o 光和 e 光分得很开,因此一般都采用人工复合棱镜,以获得线偏振光.常用的有尼科耳(Nicol)棱镜、沃拉斯特(Wollaston)棱镜、洛匈(Rochon)棱镜等.

1. 尼科耳棱镜

尼科耳棱镜是将两块根据特殊要求加工的方解石棱镜,用加拿大树胶粘合成一体的长方柱形棱镜,其主截面内的光路如图 9.14 所示.

自然光入射第一棱镜的端面后,分成 o 光和 e 光.由于所选用的树胶的折射率($n=1.55$)

介于方解石对 o 光（$n_o=1.658$）和 e 光（$n_e=1.486$）的折射率之间. 当 o 光由方解石以 77°角射到树胶上时，会发生全反射，反射后的 o 光光线被涂黑的侧面 *CN* 所吸收. 而 e 光不发生全反射，大部分能量透过树胶层，并穿出第二棱镜射出，出射的偏振光的振动面，在棱镜的主截面内. 这样，用尼科耳棱镜便可获得光振动在主截面上的偏振光.

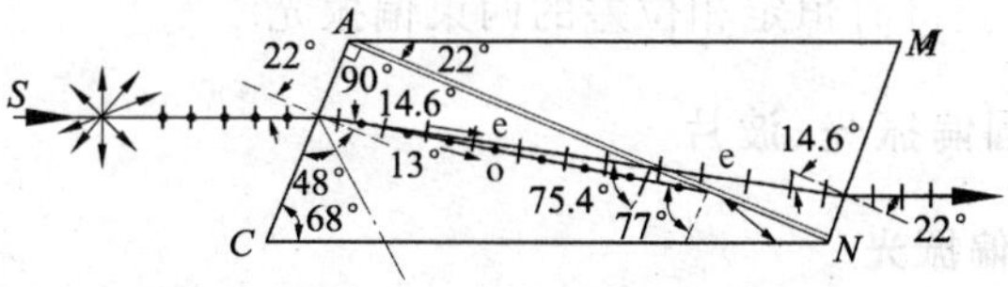

图 9.14　尼科耳棱镜主截面内的光路

2. 沃拉斯特棱镜和洛匈棱镜

沃拉斯特棱镜和洛匈棱镜都是由光轴相互垂直的两块方解石直角棱镜粘合而成的，如图 9.15所示. 它们的光路可用惠更斯原理作图得到. 利用这两种棱镜可获得两束分得很开的线偏振光. 它们是很好的偏振光分束元件.

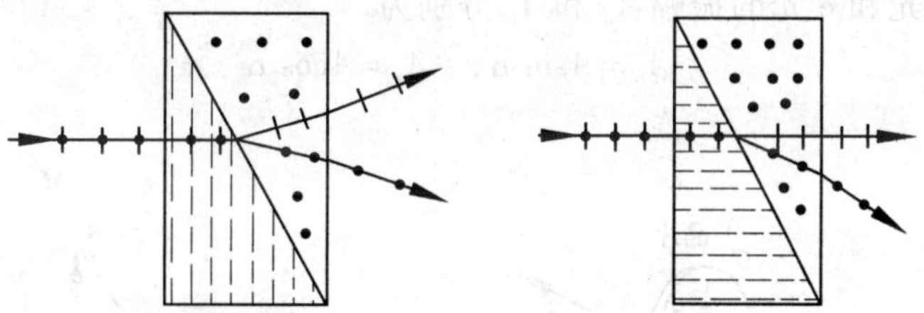

（a）沃拉斯特棱镜　（b）洛匈棱镜

图 9.15　沃拉斯特棱镜和洛匈棱镜

用天然晶体制造的偏振器，可以获得理想的偏振光，但尺寸不大，成本很高.

9.4.4　晶体的二向色性和偏振片

有一些晶体对相互垂直的两个光矢量分量具有选择吸收的性能，称为**二向色性**. 例如在 1mm 厚的电气石晶体内，o 光几乎全部被吸收，如图 9.16. 利用二向色性也可以产生偏振光，这种器件称为**偏振片**.

最常用的偏振片是利用二向色性很强的细微晶体物质涂层制成的. 由于偏振片的制造工艺简单，成本低，且面积可以做得很大，重量又轻，因此有很大的实用价值. 在一般使用偏振光的检测试验中，常以偏振片作起偏和检偏. 在实用上，为避免强光照耀刺眼，可使用偏振片制成眼镜. 在陈列展品的橱窗布置中，可使用偏振片避免一些不必要的光线，或使用偏振光观察某些物品.

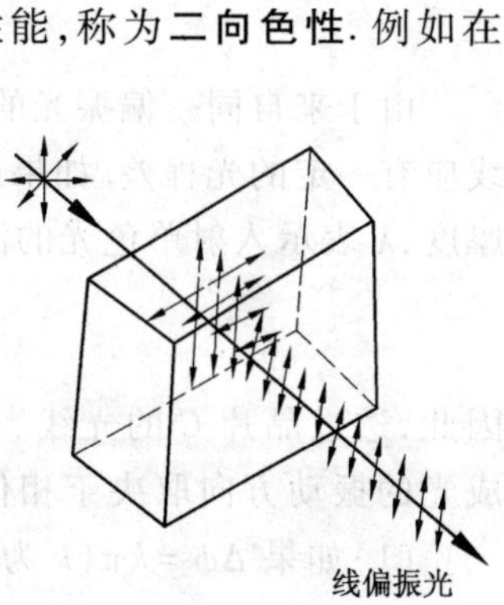

图 9.16　晶体的二向色性

9.5 偏振光的干涉

要想实现偏振光的干涉,必须获得振动方向相同、频率相同、有恒定相位差的两束线偏振相干光.下面先介绍如何获得有恒定相位差的两束偏振光.

9.5.1 椭圆偏振光和圆偏振光、波片

1. 椭圆偏振光和圆偏振光

如图 9.17 所示,P 是偏振片,C 是双折射晶片,光轴与晶面平行,设偏振片 P 的偏振化方向与晶片 C 的光轴之间的夹角为 α.

使自然光入射偏振片 P,由 P 出射的线偏振光垂直入射晶片 C 后,又被分解成振动面相互垂直的 o 光和 e 光.应注意到,由于光轴与晶面平行,分解出的 o 光和 e 光仍沿同一方向但以不同速率(对于正晶体,o 光传播得快,e 光传播得慢,对于负晶体则相反)传播.而晶片中 o 光和 e 光的振动方向及振幅矢量如图 9.18 所示,其中 MM' 表示偏振片 P 的偏振化方向,CC' 表示晶片的光轴方向,o 光和 e 光的振幅 A_o 和 A_e 分别为

$$A_o = A\sin\alpha,\quad A_e = A\cos\alpha \tag{9.4}$$

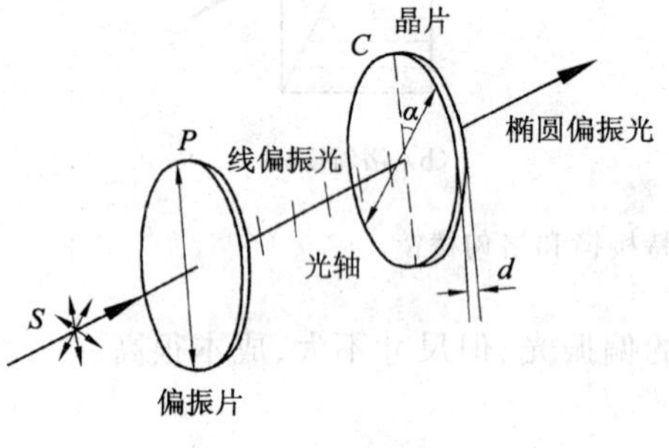

图 9.17 椭圆偏振光

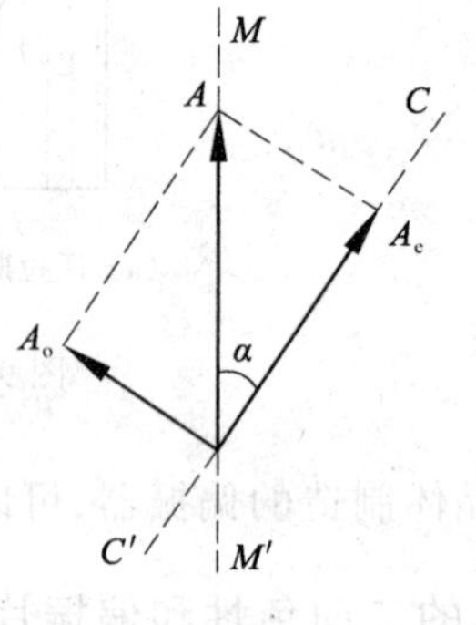

图 9.18 入射偏振光在晶片中分解后的偏振方向和振幅

由于来自同一偏振光的 o 光和 e 光在晶片 C 内传播速率不同,因此透过晶片 C 的两束光线应有一定的光程差.如果以 n_o 和 n_e 分别表示晶片 C 对这两束光的主折射率,d 表示晶片的厚度,λ 表示入射单色光的波长,那么 o 光和 e 光通过晶片 C 所产生的相位差为

$$\Delta\phi = \frac{2\pi}{\lambda}d(n_o - n_e) \tag{9.5}$$

因此,透过晶片 C 的光线,是两束振动方向相互垂直、有一定相位差的光束的合成光线.合成光的振动方向取决于相位差 $\Delta\phi$.根据两个相互垂直的简谐振动的合成结果可得:

(1)如果 $\Delta\phi = k\pi$(k 为整数),那么合成光仍为线偏振光.

(2)如果 $\Delta\phi \neq k\pi$,那么合成光光矢量的端点将描出椭圆轨迹,这样的光即为**椭圆偏振光**.

(3)如果 $\Delta\phi = \pi/2$ 或 $3\pi/2$,并且使 $A_o = A_e$(此时,α 应为 $\pi/4$,即晶片的光轴方向应与起偏振片的偏振化方向成 45°),那么合成后光矢量的端点将描出圆形轨迹,这样的光即为**圆偏振光**.

2. 四分之一波片和半波片

根据式(9.5),为了使 $\Delta\phi=\pi/2$,晶片的最小厚度应满足

$$\Delta\phi=\frac{2\pi}{\lambda}d(n_o-n_e)=\frac{\pi}{2}$$

由此得出

$$\delta=d(n_o-n_e)=\frac{\lambda}{4}\quad 或\quad d=\frac{\lambda}{4(n_o-n_e)} \tag{9.6}$$

也就是说,如果选择晶片的厚度,使得 o 光和 e 光的相位差 $\Delta\phi=\pi/2$,可使 o 光和 e 光的光程差为 $\delta=\lambda/4$. 这样的晶片简称为**四分之一波片**. 线偏振光通过四分之一波片后,o 光和 e 光的相位差 $\Delta\phi=\pi/2$,所以从四分之一波片透射出来的光是椭圆偏振光. 如果入射光的振动方向与晶片光轴的夹角 $\alpha=45°$,则从四分之一波片透射出来的光是圆偏振光. 应该注意,四分之一波长是对给定的波长而言的,对其他波长并不适合.

除四分之一波片之外,还有**二分之一波片**(或**半波片**),这种波片可使 o 光和 e 光的光程差为 $\lambda/2$,与之相应的相位差为 π. 线偏振光垂直入射到半波片后,透射出来的光为线偏振光.

9.5.2　偏振光的干涉

如上所述,从起偏器得到的线偏振光经过晶片后成为两束相互之间有恒定相位差、而振动方向相互垂直的偏振光. 如果再设法将它们的光振动引到同一方向,就满足相干光的三个必要条件而发生相干现象了.

如图 9.19 所示,在晶片 C 后插入偏振片 P_2,并使偏振片 P_2 与偏振片 P_1 的偏振化方向垂直. 这样,透过晶片的两束光,在通过偏振片 P_2 时,只有和 P_2 的偏振化方向平行的分振动可以透过,而且所透过的两分振动的振动方向相反,A_{2e} 和 A_{2o} 的量值分别为 A_e 和 A_o 在 P_2P_2' 方向上的分量(参见图 9.20),即

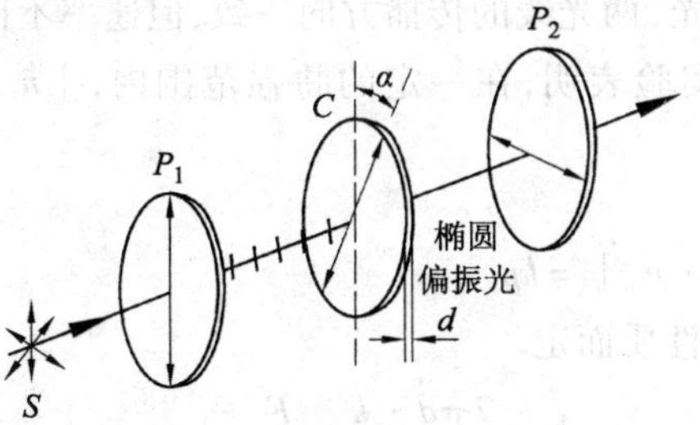

图 9.19　偏振光的干涉

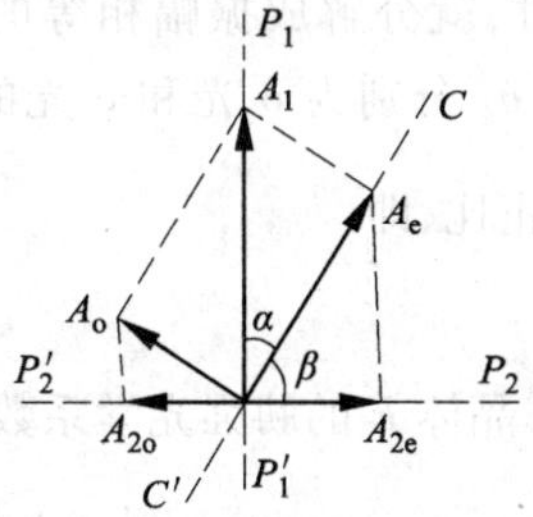

图 9.20　两束相干偏振光的振幅的确定

$$A_{2e}=A_e\cos\beta$$

$$A_{2o}=A_o\sin\beta$$

式中,β 是偏振片 P_2 的偏振化方向 P_2P_2' 和晶片的光轴 CC' 之间的夹角. 因偏振片 P_2 与偏振片 P_1 的偏振化方向垂直,有 $\alpha+\beta=\frac{\pi}{2}$,所以

$$A_{2e}=A_1\cos\alpha\cos\beta=A_1\sin\alpha\cos\alpha$$

$$A_{2o}=A_1\sin\alpha\sin\beta=A_1\sin\alpha\cos\alpha$$

又由于经过偏振片 P_2 后，两束光相位相反，所以除与晶片厚度有关的相位差 $\frac{2\pi}{\lambda}d(n_o-n_e)$ 外，还有一附加的相位差 π. 因此总相位差等于

$$\Delta\phi' = \frac{2\pi}{\lambda}d(n_o - n_e) + \pi \tag{9.7}$$

由此，透过 P_2 的两束光振动方向相同、振幅相等，有恒定相位差，满足相干条件，其干涉明暗的条件如下：

(1) 当 $\Delta\phi' = 2k\pi$ 或 $(n_o - n_e)d = (2k-1)\frac{\lambda}{2}$（其中 $k=1,2,3,\cdots$）时，干涉加强，视场最明亮；

(2) 当 $\Delta\phi' = (2k+1)\pi$ 或 $(n_o - n_e)d = k\lambda$（其中 $k=1,2,3,\cdots$）时，干涉减弱，视场最暗.

如果所用的是白光光源，对各种波长的光来讲，干涉加强和干涉减弱的条件也各不相同. 当正交偏振片之间的晶片厚度为一定时，视场将出现一定的色彩，这种现象称为**色偏振**.

*9.6 人为双折射现象和旋光现象简介

9.6.1 人为双折射

一些在自然状态下各向同性的透明介质，如玻璃、塑料、赛璐珞等，当内部存在着应力或处于电场、外磁场中时，会变为光学上的各向异性的媒质，而显示出具有双折射的性质. 这样的双折射现象称为**人为双折射**. 下面对光弹性效应和电光效应作一简单介绍.

1. 光弹性效应

观察胁变下的双折射现象的装置示意图如图 9.21 所示. 图中 P_1、P_2 为两相互正交的偏振片，E 是非晶体，S 为单色光源. 当 E 受 OO' 方向的机械力 F 的压缩或拉伸时，E 的光学性质就和以 OO' 为光轴的单轴晶体相仿. 因此，如果 P_1 的偏振化方向与 OO' 成 45°，则线偏振光垂直入射到 E 时，就分解成振幅相等的 o 光和 e 光，两光线的传播方向一致，但速率不同，即折射率不同. 设 n_o 和 n_e 分别为 o 光和 e 光的折射率，实验表明，在一定的胁强范围内，$|n_o - n_e|$ 与胁强 $\left(p = \frac{F}{S}\right)$ 成正比，即

$$|n_o - n_e| = kp$$

式中，k 是非晶体 E 的胁强光学系数，视材料的性质而定.

$$|\Delta\phi| = \frac{2\pi d}{\lambda}|n_e - n_o| = \frac{2\pi d \cdot k}{\lambda}\cdot\frac{F}{S}$$

o 光和 e 光穿过偏振片 P_2 后，将进行干涉。如果样品各处胁强不同，将出现干涉条纹，胁强变化大的地方，条纹密；胁强变化小的地方，条纹疏. 由于这种特性，在工业上，可以制成各种零件的透明模型，然后在外力的作用下观测和分析这些干涉的色彩和条纹的形状，从而判断模型内部的受力情况. 这种方法称为**光弹性方法**. 图 9.22 是对由透明的环氧树脂制成的模拟吊钩施加作用力后所产生的干涉图样照片. 图中的黑色条纹表示有应力存在，条纹越密的地方表示应力越集中.

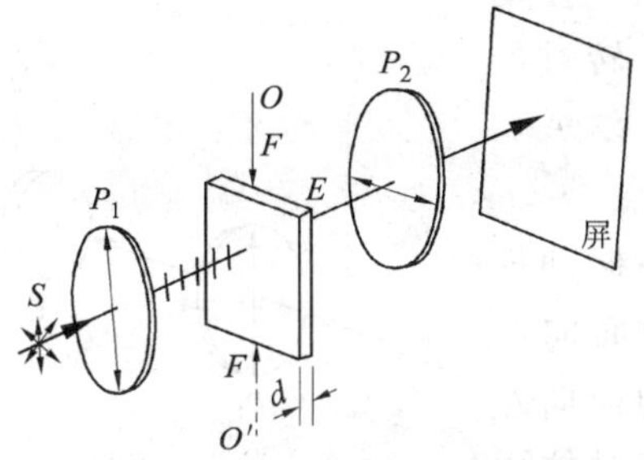

图 9.21　观察胁变下的双折射现象

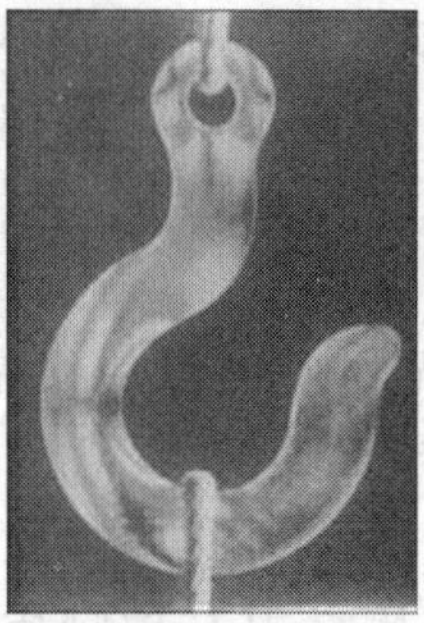
图 9.22　光弹性干涉图样

光弹性效应是研究大型建筑结构、机器零部件在工作状态下内部应力分布和变化的有效方法. 由于此方法具有比较可靠、经济和迅速的优点,而且还可以通过模拟的方法显现出试件或样品全部干涉图像的直观效果,因此光弹性方法在工程技术上得到了广泛应用,成为光弹性学的基础.

2. 电光效应

在强大电场的作用下,有些非晶体或液体的分子会作定向排列,因此获得各向异性的特征而显示出双折射现象. 这一现象是克尔(J. Kerr)首次发现的,因此称为**克尔效应**. 如图 9.23 所示,容器中盛有非晶体或液体(如硝基苯),放在两相互正交的偏振片之间,C 与 C' 是电容器的两极板. 当电源未接通时,视场是暗的;接通电源后,视场由暗转明,这说明在电场作用下,非晶体变成双折射体.

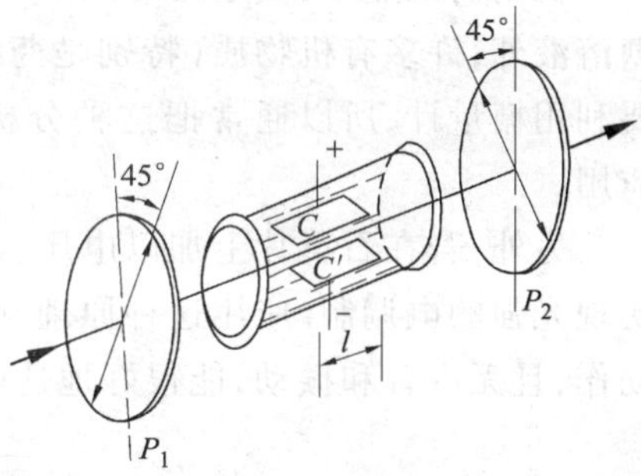

图 9.23　克尔效应

利用克尔效应可以做成光的断续器(光开关),这种断续器的优点在于几乎没有惯性,即效应的建立与消失所需时间极短(约 10^{-9} s),因而可使光强的变化非常迅速,这些断续器现在已经广泛应用于高速摄影、测距以及激光通讯等装置中.

此外还有一种非常重要的电光效应,称为**泡克尔斯**(F. C. A. Pockels)**效应**,其中最典型的是由 KDP 晶体(KH_2PO_4)和 ADP 晶体($NH_4H_2PO_4$)所产生的. 这些晶体在自由状态下是单轴晶体,但在电场作用下变成双轴晶体,沿原来光轴方向产生双折射效应. 利用晶体制成的泡克尔斯盒,已经被用作超高速快门、激光器的 Q 开关,它们也被用到数据处理和显示技术等电光系统中.

9.6.2　旋光现象

1811 年,阿拉果(D. F. J Arago)发现,当线偏振光通过某些透明物质时,它的振动面将以光的传播方向为轴线旋转一定的角度,这种现象称为**旋光现象**. 能使振动面旋转的物质称为**旋光物质**,如石英、食糖溶液、酒石酸溶液等都是旋光物质.

观察旋光现象的装置如图 9.24 所示. 先取偏振片 P_1、P_2,使其偏振化方向垂直放置,此时视场为黑;将旋光物质 C(如光轴沿传播方向的石英)放在 P_1、P_2 之间时,将会看到视场由原来的黑暗变为明亮;再将偏振片 P_2 绕光的传播方向旋转某一角度后,视场又由明亮变为黑暗. 这说明线偏振光透过旋光物质后仍是线偏振光，但振动面转过了一个角度 θ，该角度即是偏振片 P_2 转过的角度.

实验结果表明：

(1)不同的旋光物质可以使线偏振光的振动面向不同的方向旋转.面对光源观察，使振动面向右(顺时针)旋转的物质称为**右旋物质**；使振动面向左(逆时针)旋转的物质称为**左旋物质**.如石英晶体由于结晶形态的不同，具有左旋和右旋两种类型.

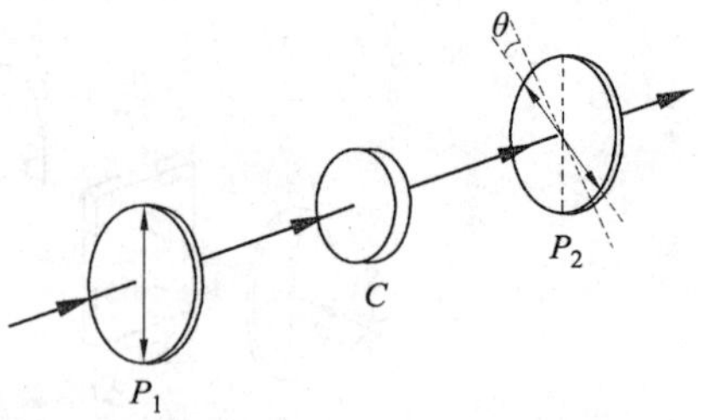

图 9.24 观察旋光现象的装置简图

(2)振动面的旋转角度不仅与入射光波长有关，还与光在该物质中通过的路程长度 d 有关.如红光通过 1mm 的石英片产生的旋转角为 15°，钠黄光为 21.7°，紫光为 51°.因此，白光通过旋光物质时，不同色光的振动面分散在不同的平面内，这种现象叫做**旋光色散**.

(3)对于有旋光性的溶液，旋转角还与溶液中旋光物质的浓度成正比.

在制糖工业中，测定糖溶液浓度的糖量计就是根据糖溶液的旋光性而设计的一种仪器.除糖溶液外，许多有机物质(特别是药物)的溶液也具有旋光性，分析和研究液体的旋光性也需要利用糖量计，所以通常把这种分析方法叫做“量糖术”，在化学、制药等工业中都有广泛的应用.

另外，若在石英片上加以电压，则振动面的旋转角度还与电压成正比，利用这一关系还可实现光强的电调制.应用这种原理制作的高速摄影机的快门，开关时间可小于 10^{-4}s，并可连续动作，且无声音和振动，能很好地适应高速摄影的需要.

思考题

9.1 自然光是否一定不是单色光？线偏振光是否一定是单色光？

9.2 为什么说自然光分解成的两个相互垂直的振动之间没有确定的相位关系？

9.3 某束光可能是：(1)线偏振光；(2)部分偏振光；(3)自然光.如何用实验确定这束光究竟是哪种光？

9.4 一束光入射到两种透明介质的分界面上时，发现只有透射光而无反射光，试说明这束光是怎样入射的？其偏振状态如何？

9.5 自然光入射到两个偏振片上，这两个偏振片的取向使得光不能透过.如果在这两个偏振片之间插入第 3 个偏振片后，则有光透过，那么这第 3 个偏振片是怎样放置的？如果仍然无光透过，又是怎么放置的？

9.6 在单轴晶体中，e 光是否总是以 c/n_e 的速率传播？哪个方向上以 c/n_o 的速率传播？

9.7 是否只有自然光入射晶体时，才能产生 o 光和 e 光？

9.8 在偏振光的干涉装置(图 9.19)中，如果去掉偏振片 P_1 或偏振片 P_2，还能否产生干涉效应？为什么？

习题

9.1 入射到起偏器的自然光强度为 I_0，开始时起偏器和检偏器的偏振化方向平行.使检偏器绕入射光的传播方向转过 120°、45°、60°，试分别求出上述三种情况下透过检偏器后光的强度是 I_0 的多少倍？

9.2 使自然光通过两个偏振化方向夹角为 60°的偏振片时，透射光强为 I_1，今在这两个偏振片之间再插入一偏振片，它与前面两个偏振片的偏振化方向均成30°，问此时透射光强 I 与 I_1 之比为多少？

9.3 自然光入射到两个重叠的偏振片上．如果透射光强为(1)透射光最大强度的三分之一；(2)入射光强的三分之一，则这两个偏振片偏振化方向间的夹角为多少？

9.4 一束自然光，从空气入射到折射率为1.40的液体表面上，其反射光是完全偏振光．试求：(1)入射角等于多少？(2)折射角为多少？

9.5 利用布儒斯特定律，怎样测定不透明介质的折射率？若测得釉质在空气中的起偏角为58°，求釉质的折射率．

9.6 光由空气入射到折射率为 n 的玻璃上，在题9.6图所示的各种情况中，用黑点和短线把反射光和折射光的振动方向表示出来，并标明是线偏振光还是部分偏振光．图中 $i \neq i_0$，$i_0 = \arctan n_{21}$．

9.7 光在某两种介质界面上的临界角是45°，它在界面同一侧的起偏角是多少？

9.8 已知从一池静水的表面反射出来的太阳光是线偏振光，此时，太阳在地平线上多大仰角处？

*9.9 某晶体对波长632.8 nm的主折射率 $n_o = 1.66$，$n_e = 1.49$．将它制成适用于该波长的四分之一波片，晶片至少要多厚？该四分之一波片的光轴方向如何？

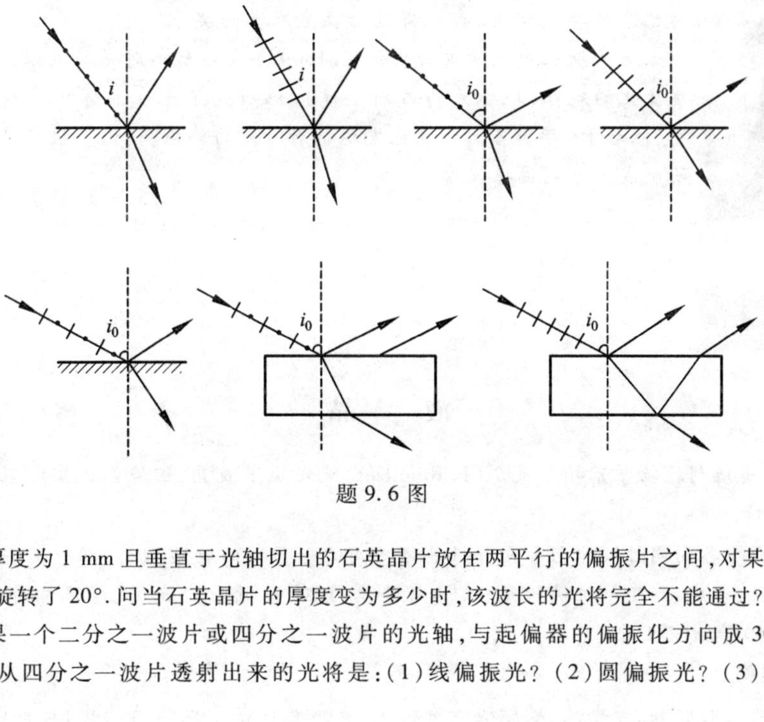

题9.6图

*9.10 将厚度为1 mm且垂直于光轴切出的石英晶片放在两平行的偏振片之间，对某一波长的光波经过晶片后振动面旋转了20°．问当石英晶片的厚度变为多少时，该波长的光将完全不能通过？

*9.11 如果一个二分之一波片或四分之一波片的光轴，与起偏器的偏振化方向成30°角，试问，从二分之一波片还是从四分之一波片透射出来的光将是：(1)线偏振光？(2)圆偏振光？(3)椭圆偏振光？为什么？

科学家简介

夫琅禾费　马吕斯

夫琅禾费是德国物理学家．1787年3月6日生于斯特劳宾．父亲是玻璃工匠，夫琅禾费幼年当学徒，后来自学了数学和光学．1806年开始在光学作坊当光学机工，1818年任经理，1823年担任慕尼黑科学院物理陈列馆馆长和慕尼黑大学教授，慕尼黑科学院院士．夫琅禾费自学成才，一生勤奋刻苦，终身未婚，1826年6月7日因肺结核在慕尼黑逝世．

夫琅禾费集工艺家和理论家的才干于一身，把理论与丰富的实践经验结合起来，对光学和光谱学作出了重要贡献. 1814 年他用自己改进的分光系统，发现并研究了太阳光谱中的暗线(现称为夫琅禾费谱线)，利用衍射原理测出了它们的波长. 他设计和制造了消色差透镜，首创用牛顿环方法检查光学表面加工精度及透镜形状，对应用光学的发展起了重要的影响. 他所制造的大型折射望远镜等光学仪器负有盛名. 他发表了平行光单缝及多缝衍射的研究成果(后人称之为夫琅禾费衍射)，做了光谱分辨率的实验，第一个定量地研究了衍射光栅，用其测量了光的波长，以后又给出了光栅方程.

马吕斯

马吕斯是法国物理学家及军事工程师. 出生于巴黎，1796 年毕业于巴黎工艺学院，曾在工程兵部队中任职. 1808 年起在巴黎工艺学院工作. 1810 年被选为巴黎科学院院士，曾获得过伦敦皇家学会奖章.

马吕斯从事光学方面的研究. 1809 年发现反射时光的偏振，确定了偏振光强度变化的规律(现称为马吕斯定律). 他研究了光在晶体中的双折射现象，1811 年，他与 J·毕奥各自独立地发现折射时光的偏振，提出了确定晶体光轴的方法，研制成一系列偏振仪器.

阅读材料 G

液　　晶

早在 1888 年奥地利植物学家赖尼策尔(F. Reinitzer)就发现了液晶，但液晶的实际应用只是 20 世纪 50 年代以后的事情.

液晶是一种介于各向同性液体与各向异性晶体之间的一种新的物质状态. 在一定温度范围内，它既具有液体的流动性、黏度、形变等机械性质，又具有晶体的热(热效应)、光(光学各向异性)、电(电光效应)、磁(磁光效应)等物理性质.

一、液晶的结构

液晶材料主要是脂肪族、芳香族、硬脂酸等有机物. 液晶也存在于生物结构中，日常适当浓度的肥皂水溶液就是一种液晶. 目前，由有机物合成的液晶材料已有几千种之多. 根据分子的排列方式，液晶可以分为近晶相、向列相和胆甾相三种. 其中，向列相和胆甾相应用最多.

(1)近晶相液晶. 近晶相液晶的分子呈棒状，分层叠合，每层分子长轴互相平行，且与层面垂直，如图 G.1(a)所示. 各层之间的距离可以变动，但各层之中的分子只能在本层中活动.

(2)向列相液晶. 向列相液晶又称线型液晶. 这种液晶中的分子也呈棒状，排列非常像一把筷子，分子长轴互相平行，但并不成层，如图 G.1(b)所示. 具有僵硬棒状分子形态的化合物都能显示线型液晶态. 分子长轴的方向就是光轴.

(3)胆甾相液晶. 胆甾相液晶中的许多分子也是分层排列的，逐层叠合，每层中分子长轴互相平行，且与层面平行，如图 G.1(c)所示. 相邻两层间分子长轴逐层依次沿一定方向有一个微小的扭角(约 15′)，因此各层分子长轴的排列方向就逐渐扭转成螺丝纹. 在这种液晶中，主要构型参数就是螺距 p，它是分子长轴排列方向依螺丝纹扭转360°时最两端的两层分子间的距离.胆甾相液晶的光轴垂直层面.

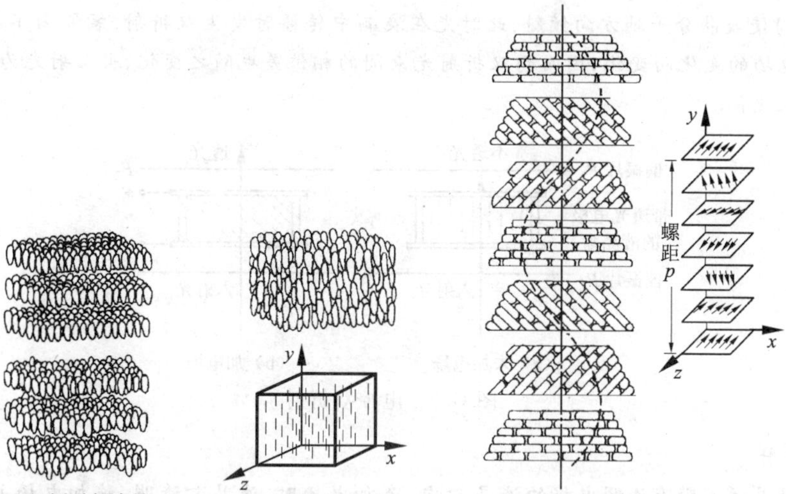

(a) 近晶相液晶 (b) 向列相液晶 (c) 胆甾相液晶

图 G.1 液晶分子的排列方式

二、液晶的光学性质

1. 液晶的双折射现象

液晶是非线性光学材料,具有双折射性质.向列相液晶的分子长轴方向就是光轴方向,且为单轴正晶体;胆甾相液晶的光轴垂直于层面而平行于螺旋轴,且为单轴负晶体,由于其螺旋状结构,胆甾相液晶还具有强烈的旋光性.

2. 胆甾相液晶的选择反射

胆甾相液晶在白光照射下呈现美丽的色彩,这是它选择反射某些波长的光的结果.反射哪种波长的光取决于液晶的种类和它的温度以及光线的入射角.实验表明,这种选择反射可用晶体的衍射加以解释(如图 G.2).反射光的波长可以用布拉格公式表示为

$$\lambda = 2np\sin\varphi$$

式中,λ 为反射光的波长,p 为胆甾相液晶的螺距,n 为平均折射率,φ 为入射光与液晶表面间的夹角.

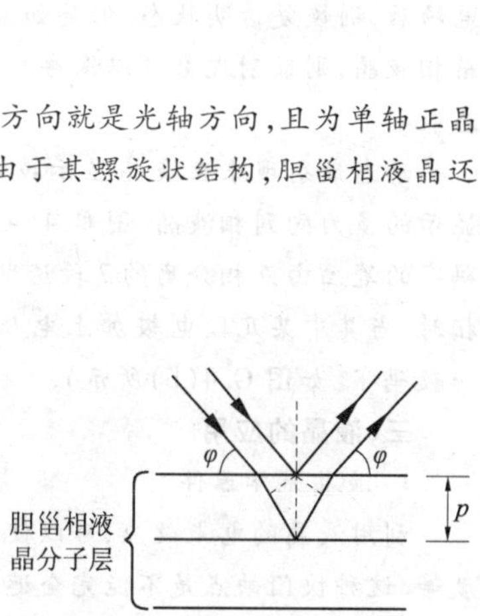

图 G.2 胆甾相液晶的选择反射

此式表明,沿不同角度可以观察到不同的色光.当温度变化时,胆甾相液晶的螺距发生敏锐的变化,因而反射光的颜色也随之发生变化.一般说来,温度低时反射光为红色,温度高时反射光为蓝色,但也有与此相反的情况.

胆甾相液晶的这一特性被广泛用于液晶温度计和各种测量温度变化的显示装置上.

实验表明,胆甾相液晶的反射光和透射光都是圆偏振光.

3. 液晶的电光效应

在电场作用下,液晶的光学特性发生变化,称之为电光效应.下面介绍两种电光效应.

(1)电控双折射效应

因为液晶具有流动性,通常把它注入玻璃盒中,称为液晶盒.当液晶盒很薄时,其分子的排列可以通过对玻璃表面进行适当处理如摩擦、化学清洗等加以控制.当液晶分子长轴方向垂直于表面时,称为垂面排列;平行于表面时,称为沿面排列.在玻璃表面涂上二氧化锡等透明导电薄膜时,玻璃片同时又成为透明电极.

今把N型向列相垂直排列的液晶盒放在两正交偏振片之间，如图G.3所示.未加电场时，通过偏振片P_1的光在液晶内沿光轴方向传播，不发生双折射，由于两偏振片正交，所以装置不透光.加电场并超过某一数值(阈值)使液晶分子轴方向倾斜，此时光在液晶中传播时发生双折射，装置由不透光变为透光.光轴的倾斜随电场的变化而变化，因而两双折射光束间的相位差也随之变化，当入射光为复色光时，出射光的颜色也随之变化.

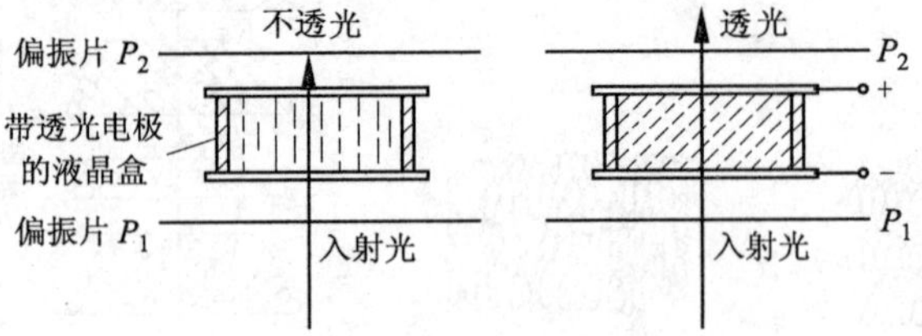

(a) 未加电场　　(b) 加电场

图G.3　电控双折射

(2)动态散射

把向列相液晶注入带有透明电极的液晶盒内，未加电场时，液晶盒透明.施加电场并超过某一数值(阈值)时，液晶盒由透明变为不透明，这种现象称为动态散射.这是因为盒内离子和液晶分子在电场作用下，互相碰撞，使液晶分子产生紊乱运动，使折射率随时发生变化，因而使光发生强烈散射的结果.去掉电场后，则恢复透明状态.但是如果在向列相液晶中混以适当的胆甾相液晶，则散射现象可以保存一些时间，这种情况称为存储的动态散射.

动态散射现象在液晶显示技术中有广泛应用.目前用于数字显示的多为向列相液晶.图G.4(a)所示为7段液晶显示数码板.数码字的笔画由互相分离的7段透明电极组成，并且都与一公共电极相对.当其中某几段电极加上电压时，这几段就显示出来，组成某一数码字(如图G.4(b)所示).

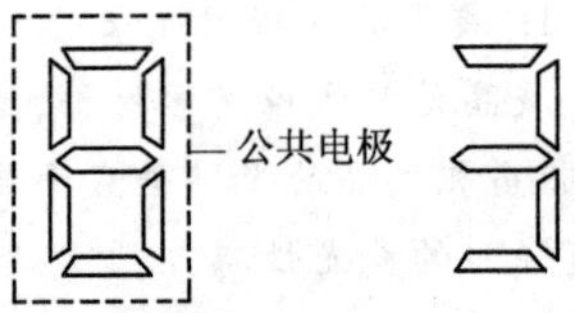

(a) 7段数码板　　(b) 显示数码3

图G.4　液晶数字显示

三、液晶的应用

1. 液晶光学器件

利用液晶的电光效应，可以使其具有快门或光开关的功能，如切换光的透射，遮断、控制透射光的强度等.这种快门缺点是不能完全遮断入射光，而且一般响应速度比较慢.提高快门速度的方法有双频率驱动法、电压调制法、三电极法以及铁电液晶高速开关效应等.其应用实例有焊接面罩、立体电视用快门、液晶打印机等.

液晶快门原理还可用于改变光透射面积的光学光圈及可调节光透射量的调光器件等.例如，将上下基板都印有同心半圆形的几段电极适当组合，使电压作用在同心圆形内，就构成了一种光学光圈.调光器件的典型例子是高分子微滴散射液晶显示(PDLC)，可作电控电子窗帘和屏风.此外还有用作汽车司机夜间行驶防强光的液晶眼镜等.

如果构成液晶盒的两片导电玻璃不是平行，而是互相倾斜做成尖劈形状(或将导电玻璃弯成曲面)，控制入射光的偏颇振方向，液晶盒就可以当做有两个偏振角的棱镜使用.对它施加电压，可以使对应的非寻常光的折射率连续变化到寻常光的折射率.通过电压控制盒内液晶分子的取向，改变折射率，相应地也就调节了焦距.依据这样的原理可做成焦距可变的液晶透镜.已开发的有电压-透射光强度特性透镜，可变焦的微型透镜.

利用液晶折射率各向异性和液晶界面全反射原理，以及偏振光分束器和TN液晶盒造成偏振面旋转原理，可以制成光开关.而在向列型液晶盒内设置对称结构或非对称结构的电极，建立电场分布，利用液晶分子重新取向所产生的折射率分布使光转向,则可以制作光束偏振器.但这种器件因液晶层要增厚到一定程度,在透射特性、响应速度上都有一定的难度.

液晶光阀可作为制作全息图的空间调制器.它是借光寻址,可把液晶层形成的图像放大投影到屏幕上的显示器件.除采用液晶光阀外,液晶的空间调制器还可以采用矩阵结构、电控双折射、或胆甾相-向列相的相变效应来制作全息图.

此外,液晶的空间调制器还可以制成光逻辑进行逻辑或图像处理,也可制作成光储存器,用于信息的写入与擦除.

2. 液晶传感器

液晶分子的排列容易受外部热、电场、磁场、压力等的影响,因此,一旦受到外部刺激,液晶的光学等特性就随之变化.利用这种性质,可以制作各种液晶传感器.

常见的有温度传感器.当液晶的螺距与折射率的乘积在可见光范围内时,会呈现出特定的颜色,而绝大多数的胆甾相液晶的螺距是随温度变化的.根据此原理就可经制作出温度传感器.传感器可以用两片玻璃片夹液晶做成液晶盒,作为温度的探头,也可以用胆甾相液晶直接涂覆在被测表面上;还可以用一定的液晶做成微胶囊,再添加胶粘剂做成油墨,然后将它涂覆或印刷在黑色不透明的基片(薄膜)上.现在这类温度传感器可用于电子零件,机械零件的无损探伤,人体表面体温分布的测量,乳腺癌和皮下肿块的早期诊断等.

此外,还有电场传感器、电压传感器、超声波传感器、红外线传感器等.

液晶显示(LCD)已广泛用于手表、计算器、飞机、电视以及其他各种设备.在今天这个科技时代,液晶已充当了人与机器之间的至关重要的接口,并且可以预测,在未来,随着对信息显示需求的与日俱增,液晶显示将发挥越来越大的作用.目前,液晶显示正在用于各类计算机彩显终端.

液晶不仅为各种应用提供了无穷无尽的可能,而且其奇特的性质多年来一直为广大科学家颇感兴趣.从现在到遥远的未来,液晶的独特性质以及诸相将一直是物理学家关注的焦点.1991 年度诺贝尔物理学奖获得者 P·G 德格尼斯(deGennes)教授之所以获此大奖,部分原因就在于他为液晶物理学作出了巨大的贡献.

* 第10章 广义相对论简介

爱因斯坦于1905年建立狭义相对论后，发现还有一些与相对论有关的重要问题没有解决. 比如，虽然从牛顿的绝对时空观到狭义相对论的时空观已经有很大的飞跃，时间、空间和运动有机地结合在一起，但是时空仍然是孤立的，是与物质脱离的，与爱因斯坦对时、空、物质的信念不符合. 因此，爱因斯坦在建立狭义相对论后，从1907年到1915年建立了广义相对论. 并把相对性原理推广到任意参考系，建立了关于时间、空间、引力的理论，将时空与物质及其分布和运动联系起来，使人类对于自然界特别是时空的认识迈上新的台阶. 本章在狭义相对论的基础上，简要介绍广义相对论的基本物理思想和基本原理及应用.

10.1 广义相对论的基本原理

广义相对论建立是基于等效原理和广义相对性原理这两个基本原理，其中等效原理是广义相对论的基础和出发点，而等效原理的出发点是实验事实，即物质惯性质量等于引力质量.

10.1.1 惯性质量和引力质量 等效原理

1. 惯性质量和引力质量

惯性质量记作 m_i，开始是由牛顿运动定律定义的，反映物质惯性的大小，到狭义相对论中进一步与物质的能量联系起来，是物质本性的一个定量体现. **引力质量**记作 m_g，是由牛顿引力定律定义的，反映物质的引力特性，也是物质本性的一个定量体现. 从表面看，m_i 和 m_g 分别是物质两种不同本性的体现，两者不应该有确定关系，但由实验得知，各种物质的 m_i 和 m_g 成正比，比例系数与物质无关(20世纪70年代，以 10^{-12} 的精度验证了 $m_i \propto m_g$). 这样，选择合适单位后可取 $m_i = m_g$，最后通过实验确定万有引力常数 G 的数值.

除"有形"物体的惯性质量外，还有"无形"的与能量相联系的惯性质量，像引力场能、放射能、原子和原子核的结合能等，都对应着惯性质量. 研究表明，这些能量也都有对应的引力质量，并且引力质量等于惯性质量.

2. 等效原理

$m_i = m_g$ 的事实早为人知，但其中蕴含的自然界的"秘密"未被揭开. 后来爱因斯坦在苦思如何解决引力问题和加速系问题时从中受到启发，"这个难题的突破点突然在某一天找到了……如果一个人正在自由下落，他绝不会感到他有重量……它使我由此找到了新的引力理论."新的引力理论建立了，自然界的这个"秘密"也就揭开了.

设想在一个密闭的小室中做自由落体实验，测出落体的加速度为 g. 根据牛顿定律有两种可能：①小室静止在地面，地球引力使落体具有加速度 g；②小室在自由空间相对惯性系向上以 g 作匀加速运动，以小室为参考系，物体受到向下的惯性力 $m_i g$，惯性力使其产生向下的加速度 g. 单凭小室内的自由落体实验，小室里的人无法确定是哪一种情况，也就是说，无法区分作用在落体上的是引力还是惯性力.

实际上,在这样的小室中做任何力学实验都无法区分引力和惯性力.再设想一个在地球表面自由下落的小室,以小室为参考系,任何物体所受的惯性力和重力完全抵消,因此在其中做任何力学实验都看不到地球引力的影响.这就是引力和惯性力在力学实验上的等效性.当然,真实的引力场和惯性力场还是有区别的.比如地球的引力场是中心力场,引力指向地心;自由下落小室的惯性力场是均匀的,各处的惯性力彼此平行.所以,如果小室比较大,而且实验的精度极高,那么若在小室内 A 处惯性力与地球引力完全抵消,在其他各处惯性力与引力就不能完全抵消,离 A 较远处就可观测到地球引力的影响.所以严格讲,只是在时空某一点的微小邻域(以后称之为局域)上引力与惯性力等效,这就是**等效原理的弱形式**或称之为**弱等效原理**.它实质上是 $m_i = m_g$ 的另一表述.

有人直接将 $m_i = m_g$ 称为弱等效原理.弱等效原理直接来自于力学实验这个事实,仅仅说明在力学实验上等效,在弱等效原理的基础上不可能构建新的引力理论.爱因斯坦的贡献是将弱等效原理推广为**强等效原理**:惯性力与引力的任何物理效应在局域内等效.这是一个大胆的假设.就在强等效原理(下面简称等效原理)的基础上,爱因斯坦按照全新的引力几何化途径解决引力问题,建立了广义相对论.引力与惯性力在局域内等效并不意味着引力与惯性力等同.引力与惯性力有本质的区别.引力场由物质产生,充满了整个宇宙;选一个附着在引力场中自由下落的质点作为参考系,只能在质点的邻域内消除引力,不可能在整个空间消除引力;有限物质产生的引力场,在距物质无穷远处其强度趋于零;引力造成时空弯曲.而惯性力是由于选择非惯性参考系引起的,换成惯性系就没有惯性力,或者说消除了惯性力;对平动的非惯性系,无穷远处惯性力并不为零,对旋转的非惯性系,无穷远处惯性力可以为无穷大;有惯性力的区域里时空有可能保持平坦.

10.1.2　广义相对论中的局域惯性系和广义相对性原理

1. 广义相对论中的局域惯性系

惯性系是牛顿力学的基本概念之一,牛顿力学是惯性系的力学规律.牛顿力学的惯性系是指惯性定律成立的参考系,在此参考系中不受力的物体将保持静止或匀速直线运动状态.按此定义找到严格的惯性系非常困难,或者说找不到严格的惯性系.因为无法完全避开引力的作用,所以不存在完全不受力的物体,也就无法找到严格的惯性系.实际应用的惯性系都不是严格的,其中恒星参考系是相当好的惯性系.牛顿力学中的惯性系尺度可以无限延伸,可以有无数的惯性系,它们彼此做匀速直线运动.

狭义相对论也是惯性系的自然规律,但是相对论的惯性系与牛顿力学的惯性系大不相同.为使特殊情况与普遍情况相区别,广义相对论中也用惯性系概念,定义为狭义相对论成立的参考系或引力为零的参考系为惯性系.与牛顿力学不同,相对论的惯性系很容易确定.在引力场中自由降落的物体构成的局域参考系中,引力完全被惯性力抵消,由等效原理,惯性力与引力等价,因此按广义相对论的观点此局域内总引力为零即为惯性系,称为**局域惯性参考系**(下面简称为**局惯系**).由于有限区域内引力不能完全与惯性力抵消,所以广义相对论不存在有限区域的严格惯性系.在实际问题中,“局域”的大小取决于引力场的强弱以及问题的精度要求.引力场中每一点可以有无数的局惯系,它们相对该点的加速度相同,彼此间做匀速直线运动.但引力场中不同地点的局惯系相对引力场(设引力场为静止不变的)的加速度各不相同,因此各地点的局惯系彼此之间为变速运动,不再保持匀速直线运动状态,这正体现出引力场的影响.

按牛顿力学观点,恒星外面的自由落体构成的参考系绝对不是惯性系,而是广义相对论的局惯系;按广义相对论的观点,恒星参考系也绝对不是惯性系,因为有引力存在,但却是好的牛顿力学的惯性系. 可以这样定义广义相对论的惯性定律:**在局惯系内不受力(包括惯性力)的物体将保持静止或匀速直线运动的状态**. 在自由飞行的飞船中,物体可以悬在空中相对飞船保持静止,就是一例.

广义相对论的惯性定律与牛顿力学的惯性定律的不同在于,前者的力包括惯性力,惯性力与引力抵消可以看作不受力. 有了局惯系概念,等效原理可以更准确地叙述为:**引力场中任意时空点,总能建立一个局惯系,在此参考系内,狭义相对论所确定的物理规律都成立**.

2. 广义相对性原理

狭义相对性原理指出,物理定律在一切惯性系都具有相同的形式,即对物理规律来说,一切惯性系都是平等的. 爱因斯坦在提出等效原理的同时,把相对性原理扩展到了加速参考系中,提出了广义相对论的另一个基本假设或基本原理——**广义相对性原理:物理定律在一切参考系中都具有相同的形式,或者说物理规律的表述都相同,即它们在任意坐标变换下都具有协变性**. 所谓协变性,就是在坐标变换下公式或方程的形式不变. 这样对物理规律而言一切参考系都平等,彻底消除了惯性系的特殊地位.

等效原理是广义相对性原理成立的必要前提. 正是由于引力与惯性力等效,可以把惯性力当作引力对待,才可以使加速系与惯性系平等. 但广义相对性原理并不是等效原理的推论. 等效原理指出,引力场中任意点都可以引入局惯系,局惯系内狭义相对论成立,也就是一切不涉及引力和惯性力的物理规律成立;广义相对性原理指出,物理规律在此局惯系和该点的其他任意参考系中表述都相同,或者说表述物理定律的方程在坐标变换下形式不变. 这些任意参考系包括加速度,也就是包括引力场. 这样通过坐标变换就可以把无引力的狭义相对论的物理定律转换到引力场中去,引力场的影响体现在坐标变换关系上. 反过来,一个正确的物理定律应该满足广义相对性原理,具有坐标变换下的不变性.

等效原理和广义相对性原理是广义相对论的两个基本原理,从这两个原理出发,就可以一并解决引力和加速系问题,构建起广义相对论理论.

涉及加速系后,参考系概念也有所改变,不再有严格的、绝对的刚性参考系. 考虑参考系S',按通常意义由彼此相对静止的物体构成,它自己认为是个刚性参考系,由刚性框架组成. 设S'相对另一个参考系S作加速运动,在S系看S'系是运动的,S'系刚性框架上沿运动方向上的每一小段长度都存在洛伦兹收缩,收缩比例为$\sqrt{1-v^2/c^2}$,其中v为S'系中该小段长度的速度. v随时间不断增加,所以S系看S'系的运动方向上每小段长度随时间不断减小. 于是S'系的框架沿运动方向上不断收缩,S系认为S'系不再是刚性的. 因此,在广义相对论中,只有内禀刚性参考系,不存在各参考系都承认的刚性参考系.

10.1.3 光线偏折 时空弯曲

1. 光线偏折

利用等效原理和广义相对性原理,可以直接推论光线在引力场中必然偏离直线,推论过程中不必考虑引力是否对光子有作用的问题.

实验观测的是恒星发的光在太阳引力场的偏折. 恒星发的光通过引力极弱的空间基本上

沿直线到达地球，当太阳运动到光线附近时，太阳引力场使光线与原来直线产生可测量的偏离. 普通日子里，强烈的太阳光掩盖住星光，使观测无法进行，只有在日全食时才可以观测到经过太阳边缘的恒星光. 按牛顿力学，考虑到光子具有能量 $h\nu$，因而具有质量 $h\nu/c^2$，在经过太阳附近时受太阳引力影响，光线将偏转，其偏转角为 0.875″(角秒)；按广义相对论，爱因斯坦在 1915 年计算出偏转角为上述角度的 2 倍. 1919 年 5 月 29 日发生日全食时，两组英国科学家首次测量光线偏折角：在西非几内亚湾普林西比岛测量结果为 1.98″ ± 0.16″，在巴西北部测量结果为 1.61″ ± 0.40″. 测量结果符合广义相对论的预言，引起举世轰动，从而奠定了广义相对论的地位. 以后又用射电波进行测量，1975 年测得偏转角为 1.761″ ± 0.016″，与广义相对论理论值相当符合.

2. 时空弯曲

更详细的分析、计算表明，牛顿力学和广义相对论的计算结果不同是因为来自两种理论的时空结构不同. 牛顿的三维空间和时间无关，为欧几里德空间，狭义相对论的三维空间与时间相联系构成四维的闵可夫斯基空间. 这两个空间都是平直的. 平直空间的特征是空间的测地线(又叫极值线或短程线，指空间两点之间的各条连线中长度为极值的那条路线)为直线. 闵可夫斯基空间中没有引力，四维时空是平直的，三维纯空间也是平直的，因此在狭义相对论的三维纯空间里才有直线的概念，光线沿直线传播. 在建立完整的广义相对论之前，爱因斯坦也曾计算过光线通过太阳引力场的偏折角，当时他是按均匀引力场(实质上是平直空间)来计算的，结果与牛顿力学结果相同，也是 0.875″. 所以，如果是平直空间的话，引力引起的偏折角只能是 0.875″. 广义相对论第一次向世人指出：引力场中的四维时空和三维纯空间都是弯曲的. 在光线偏折现象中，引力起了双重作用：①使三维空间弯曲，测地线不再是直线，偏离原来的直线 0.875″；②使光线偏离三维空间测地线 0.875″，无论是在平直空间还是在弯曲空间都是如此. 两种作用合起来使光线偏离原来的直线 1.75″. 实验观测的事实，既支持了广义相对论，也直接地、确切无误地证实了引力场总的空间是弯曲的，这正是光线偏折实验观测的重要性所在.

从前我们涉及的都是平直空间，平直空间的几何学是欧几里德几何，其测地线为直线，圆周率为 π，三角形内角和为 π……现在我们知道，我们所处的物理空间中有引力存在，空间是弯曲的，适用的几何学为黎曼几何. 在弯曲空间中没有直线概念. 代替直线的是测地线，由三条测地线构成的三角形内角和不是 π，圆周率也不是 π. 置身于弯曲空间的人感觉不到所处空间的弯曲，他测不出测地线是“弯”的，因为他没有“直”的标准. “不识庐山真面目，只缘身在此山中.”只有处于高维平直空间的旁观者，才可以直观地看到低维弯曲空间和与它同维的平直空间的区别. 例如欧氏空间中，直线和曲线分别是一维平直和弯曲空间，平面和曲面分别是二维平直和弯曲空间.

应用广义相对论可以算出弯曲空间的曲率半径，如地球表面径向线的曲率半径为 3.43×10^{11} m. 如此大的曲率半径，说明地球引力场中空间虽然弯曲，但与平直空间差别极小，无怪乎高斯的“小”尺度测量分辨不出平直与弯曲. 实际上，即使在太阳系或银河系内，按平直空间计算的星体运动规律与实测相符，广义相对论效应(包括空间弯曲的影响)极小.

10.1.4　引力几何化　广义相对论的引力场方程

1. 引力几何化

由于 $m_i = m_g$，所以仅受引力作用的粒子(广义相对论中称为自由粒子)在引力场中各处的加速度是确定的,也就是说引力场强度 g 与粒子的本身性质无关. 这样在确定的引力力场中,自由粒子的运动规律都相同,如果初始条件相同的话运动轨迹也都相同. 也就是说,自由粒子的运动完全由引力场决定,这是引力场独有的性质,任何其他的力场都没有这样的性质.

我们知道,在惯性系中自由粒子沿直线运动,直线是平直空间的测地线,所以在惯性系中自由粒子沿测地线运动;按广义相对性原理,在有引力的弯曲时空里,自由粒子也应沿弯曲时空的测地线运动,这就是测地线假设. 自由粒子的运动唯一地由引力场决定,就意味着时空的测地线唯一地由引力场决定. 微分几何理论指出,空间的几何性质,如是否弯曲、弯曲的程度等,与空间的测地线相对应,因而时空的几何结构就完全由引力决定. 反过来,可以通过空间的几何结构来研究引力对自由粒子的作用. 这样的研究、处理引力的方法称为**引力几何化**. 所以爱因斯坦的关于引力的理论又称之为引力的几何理论,以区别于其他研究引力的理论.

除爱因斯坦的广义相对论外,还有许多学者研究解决引力问题的其他途径,但迄今简单、准确并且经得起实验和观测检验的仍然只是爱因斯坦的理论.

2. 引力场方程

时空的性质由引力决定,即由产生引力的物质决定. 广义相对论的引力场方程又称为爱因斯坦方程,它表达了物质及其运动与时空的几何结构的关系,方程表示为

$$R_{\mu\nu}-\frac{1}{2}g_{\mu\nu}R=-\frac{8\pi G}{c^4}T_{\mu\nu}\qquad \mu,\nu=0,1,2,3 \tag{10.1}$$

式中 $R_{\mu\nu}$、R 分别表示时空的曲率张量和曲率标量,$g_{\mu\nu}$ 为时空的度规. 方程左边反映了时空的弯曲程度. $T_{\mu\nu}$ 是物质的能量、动量张量,反映了物质分布及其运动. 式中物理量使用了张量,张量的最基本性质就是在坐标变换下的变换规律与坐标微分的变换相符,这样的方程就可以在坐标变换下保持不变,方程所代表的物理规律在任何参考系中都相同,自然地满足广义相对性原理.

引力方程的物理意义正是物质的分布及运动决定了时空的曲率,物质密的地方,时空的曲率越大,弯曲得越厉害.

爱因斯坦的引力场方程在弱场情况下近似为牛顿的引力场方程,相当于牛顿的万有引力定律.

引力场方程是非线性方程,只有少数精确解,其中最简单、最常用、最重要的就是史瓦西(K. Schwarzshild)外部解,简称**史瓦西场**,指由球对称分布的相对静止的物质球产生的球外部的场. 实际上如果球内部有径向运动但总保持球对称分布的话,球的外部仍然是史瓦西场. 地球、太阳等星体外部的场都可看作史瓦西场.

10.2 广义相对论的重要结论

自从广义相对论诞生以后,人们就想方设法做各种实验来检验它是否正确,但弱场情况下广义相对论的效应非常小,很难观测. 引力场的强弱由无量纲量 $\frac{GM}{R^2c}$ 体现. 表 10.1 列出了一些星体的 $\frac{GM}{R^2c}$ 的值,其中 R 是星体的半径. 在星体外部场中星体表面上引力最强. 由表可见,一般星体的引力场都很弱,所以真正有价值的实验并不多.

表 10.1　一些星体的 $\frac{GM}{c^2R}$ 值

星　体	M/kg	R/m	$\frac{GM}{c^2R}$
月　球	7.35×10^{22}	1.74×10^{6}	10^{-10}
地　球	5.98×10^{24}	6.38×10^{6}	10^{-9}
太　阳	1.99×10^{30}	6.96×10^{8}	10^{-6}
白 矮 星	10^{30}	10^{6}	10^{-3}
中 子 星	10^{30}	10^{4}	10^{-1}

公认的经典检验有四个：引力红移、水星近日点进动、光线在太阳引力场中偏折、雷达回波延迟．其中光线在太阳引力场中偏折的实验结论在上一节中已给出，本节将对其他三个实验结论进行介绍，另外还介绍了铯原子钟环球飞行实验和引力波．

10.2.1　引力红移

广义相对论指出，质量越大的天体附近引力场越强；引力场强的地方时钟越慢；同种原子发光，在质量大的天体表面发光的频率比在质量小的天体表面发光的频率要低．由于在可见光范围内，从紫到红频率越来越低，所以这种由于引力作用使光谱线向低频方向移动的现象叫做**引力红移**．

根据广义相对论，太阳引起的引力红移将使频率减少 2.12×10^{-6}．由于太阳大气有剧烈运动，主要是径向的，太阳大气运动引起的多普勒效应大大超过引力红移，这是观测太阳光谱线引力红移的最大困难．为此采用各种方法减少干扰．例如测太阳轮廓边缘处光谱时，接收的光线与太阳径向接近垂直，可以大大减少多普勒效应的影响．去掉干扰后实测结果与理论相符，如 J. E. Blamont 等人在 1961 年测得的引力红移为 $-(1.05\pm0.05)\times(2.12\times10^{-6})$．

1959 年庞德(R. V. Pound)等人首次在地面上测出地球引力场产生的引力频移．实验在哈佛大学进行，^{57}Fe 在塔顶发射 γ 射线，在塔底接收，塔的高度为 22.6 m．由于 γ 射线的吸收过程严格地和频率有关，所以可以测出 γ 射线由塔顶到达塔底时频率的改变．尽管广义相对论预言这一高度引起的引力频移只有 2×10^{-15}，但实验还是成功了，准确度达到了 1%．

10.2.2　雷达回波的引力延迟

地球向某行星发射雷达信号后接收其反射波，用地球钟测量电磁波(亦即光子)的往返时间．若雷达波远离太阳，可以认为是在平直的闵可夫斯基空间内直线传播；若雷达波在太阳附近经过，太阳引力场使时间膨胀、空间弯曲，造成雷达回波时间比无太阳引力时要长一些，称为**雷达回波的引力延迟**．

夏皮罗(I. I. Shapiro)首先提议用雷达回波延迟来检验广义相对论，并从 1967 年起对金星、水星的雷达回波延迟进行了长期观测，实验与理论计算符合．像其他广义相对论的实验检验一样，关于雷达回波延迟的实验观测也很困难，原因也在于广义相对论的效应太小了，量级为 10^{-4} s，而行星上几千米的山峰的起伏引起的回波时间之差也是 10^{-4} s 量级．所以这样的观测历时数年，并采取了许多方法．1970 年对水手 6、7 号人造卫星做雷达回波实验，其结果也证明了广义相对论．

10.2.3　行星近日点的相对论进动

按牛顿力学，在严格的与距离平方成反比的中心引力场中，质点的轨道为闭合的椭圆．如果不是这样的严格的中心平方反比力场，质点虽然在有限区域运动，但轨道并不闭合. 太阳系的行星在单一的太阳引力场总轨道为椭圆，考虑太阳的形状以及其他行星的干扰等牛顿力学的高阶修正，行星轨道不再闭合.

比如当行星从近日点 A 出发转一圈后，新的近日点 A' 并不与 A 重合而是向前进方向转过一个角度 $\Delta\varphi$，这就是**行星近日点的进动**，$\Delta\varphi$ 称为**进动角**. 对水星，牛顿理论的高阶修正引起的进动角为每百年 5 557.62″±0.20″. 实际的百年总进动观测值约为5 601″，其中的差值约为百年 43″，长期得不到合理的解释. 爱因斯坦建立广义相对论后，很快计算了广义相对论效应引起的水星近日点进动值恰为百年 43″，这是广义相对论惊人的成功. 爱因斯坦给埃伦菲斯特的信中写道："……方程给出了水星近日点的正确数字，你可以想象我有多高兴！有好些天，我高兴得不知怎样才好."

行星近日点进动的实验观测结果还有一个重要意义，那就是定量地看到影响弱引力场中低速运动质点轨道的因素中，广义相对论修正所占的比重是非常小的，只是牛顿力学的高阶修正（如上所述，主要指其他行星的引力及太阳形状等影响）的百分之一.

10.2.4 铯原子钟环球飞行实验

除了上面所述四项最著名的经典广义相对论检验之外，还有一些其他的实验检验，其中之一是 1971 年进行的 Cs 原子钟环球飞行的实验. 这项实验是将 Cs 原子钟放在飞机上，环球飞行一周后与地面上的钟比较时间差，实现真正的二次对表，确定地面上和飞机上哪个时钟走时快.

根据广义相对论，这个实验中两个时钟的时间差包括两个效应：一是飞机在高空飞行，引力比地面上弱而产生的引力效应；二是两时钟相对运动引起的运动效应. 必须综合考虑两种效应才可以正确讨论 Cs 原子钟环球飞行的实验. 另外，与前面讨论的四个经典检验不同之处在于，经典检验中讨论的行星、光子都是自由粒子，它们的运动完全由场决定；而 Cs 原子钟放在飞机上，它的运动是已知的、确定的，与场无关.

1971 年的实验是将 4 只 Cs 原子钟放在客机上分别向东和向西飞行一周. 实验取 4 只钟的平均值. 但由于飞行过程中飞机的高度、方向、速度有变化，所以还要考虑飞行参数改变的影响，特别是飞行方向的影响. 实际计算是按航行图分成若干时间区段计算，结果如表 10.2 所示，可见理论计算与实验结果是相符的.

表 10.2 Cs 原子钟飞行实验

			$\Delta\tau$（飞行原子钟读数减去地面钟读数，10^{-9} s 为单位）	
			向东航行	向西航行
实验结果	四只原子钟编号	120	−57	+277
		361	−74	+284
		408	−55	+266
		447	−51	+266
	平均值		−59±10	273±7
给出的预言值	引力效应		144±14	179±18
	运动学效应		−184±18	96±10
	总净效应		−40±23	275±21

10.2.5　引力波

近年来,关于广义相对论的另一个有说服力的证实是关于引力波的存在．在牛顿的万有引力理论中是完全没有引力波的概念的,因为牛顿的万有引力是一种不需要时间传播的“超距作用”．但是广义相对论指出,正像加速运动(如做圆周运动或振动)的电荷向外辐射电磁波一样,作加速运动的质量也向外辐射引力波．引力波是横波而且以光速传播．这种引力波存在的预言长期未被证实,原因是引力波实在太弱了．

例如,用一根长20 m,直径1.6 m,质量为500 t的圆棒,让它绕垂直轴高速转动,它将发射引力波．但是,即使圆棒的转速达到它将要断裂的程度(约28 $r\cdot s^{-1}$),它发射引力波的功率也不过2.2×10^{-19} W．即使用今天最先进的技术,也不可能测出这样小的功率．天体的质量很大,可能是较强的引力辐射源．行星绕日公转时,也会向外发射引力波．以最大的行星木星为例,它由于公转而发射引力波的功率也只有10^{-17} W．双星虽然发出引力波的功率较大,但是它们发出的引力波到达地球表面时强度非常小．例如,天琴座β双星发出的引力波到达地面时的强度只有3.8×10^{-18} $W\cdot m^{-2}$,仙后座η双星发来的则只有1.4×10^{-32} $W\cdot m^{-2}$．这样弱的强度目前还是无法测出的．

虽然有人曾设计并制造的接收来自空间的引力波的“天线”(一个直径96 cm,长151 cm,质量为3.5 t的铝棒),但是还是没有获得收到引力波信号的确切结果．看来,目前直接检测到引力波的可能性很小．

关于引力波存在的证实在1974年出现了一个小的转折．当年赫尔斯(R. A. Hulse)和泰勒(S. H. Taylor)发现一个其中之一是脉冲星的双星系统．该脉冲星代号为PSR1913+16(PSR表示脉冲星,1913是赤经的小时和分,+16是赤纬的度数)．该脉冲星和它的伴星的质量差不多相等,都约为太阳质量的1.4倍．它们围绕共同的质心运动,二者的距离约等于月球到地球距离的几倍,轨道偏心率为0.617．它们的轨道速率约为光速的千分之一．这样大质量而相距很近的星体,以这样高的速率沿偏心率很大的轨道运动,应该是一个发射较强引力波的系统,它们构成了一个检验广义相对论预言的一个理想的“天空实验室”．

这一天空实验室的成功还特别得力于那颗脉冲星．脉冲星是一种星体演化末期形成的“中子星”．它完全由中子构成,密度很大(10^{17} $kg\cdot m^{-3}$),体积很小(半径约10 km)．它具有很强的磁场(表面磁场可达10^8 T～10^9 T,PSR1913+16的表面磁场为2.3×10^6 T,而地磁场约为10^{-5} T),带电粒子不能从外部冲到星体上,但在两磁极除外,在这里带电粒子可以沿磁感线加速冲进．这样便在两磁极处形成两个电磁辐射锥(图10.5)．在一般情况下,中子星的磁轴和自转轴并不重合,因此电磁辐射锥便在空间扫过一个锥面．如果凑巧辐射锥扫过地球,地球上就能接收到它扫过时形成的电磁脉冲．这就是脉冲星的脉冲来源．脉冲周期就是中子星自转周期,实验测出的脉冲周期具有高度稳定性．

PSR1913+16脉冲星的周期是59 ms,这一自转周期还有一稳定的增长．PSR1913+16脉冲星的自转周期增长速率是8.6×10^{-18} $s\cdot s^{-1}$．对验证广义相对论有重要意义的现象,是双星的轨道周期的变化．图10.5画出了在伴星坐标系中脉冲星轨道运动的示意图．根据所测到的脉冲周期的变化,按多普勒效应可算出脉冲星的轨道周期．1975年测量的结果是27 906.981 61 s,1993年测量的结果是27 906.980 780 7(9)s(约7 h 45 min)．逐年测量结果显示轨道周期逐渐减小,这减小可用广义相对论的引力辐射理论说明．由于引力辐射,双星系统要损失能量,因而其轨道运动周期就减小.

对 PSR1913 + 16 脉冲星说,这一轨道周期的减小率的理论值是$(2.402\,5 \pm 0.000\,1) \times 10^{-12}\ \mathrm{s \cdot s^{-1}}$,长达18年的连续观测得到的周期减小率为$(2.410\,1 \pm 0.008\,5) \times 10^{-12}\ \mathrm{s \cdot s^{-1}}$,其符合程度是相当高的. 由于赫尔斯和泰勒的辛勤工作及其结果对验证广义相对论的重要意义,他们获得了1993年诺贝尔物理学奖.

10.3 大爆炸宇宙学简介

所谓“宇”是指无限的空间,“宙”指无限的时间. 宇宙包括一切天体所占据的空间,包括一切以各种形式存在的物质. 自古以来,地球上的人们在夜晚仰望星空,总是情不自禁地要了解地球之外的一切——浩瀚的宇宙,用尽自己一生所有的经验和智慧,尽情地想象着宇宙的过去、现在和将来.

在爱因斯坦建立广义相对论之前,所谓的“宇宙学”也只是人们的想象和思辨而非科学. 在牛顿定律和万有引力定律发现并取得巨大成功之后,人们也试图用牛顿力学来研究宇宙,但是立刻出现许多困难. 例如,按牛顿的引力理论,无限的宇宙中引力将无穷大. 又如,按牛顿的平直空间考虑,宇宙不能有限,因为有限空间必然有界. 宇宙的界外是什么?界外之物为何不包括到宇宙中来?这是无法解释的. 因此宇宙必须是无限,但是无限在物理上很不好理解. 而且它即使现在无限,那么它的过去是什么样,难道它“生”来就是无限的,在大小上没有发展、变化?

爱因斯坦建立广义相对论,在时空观上有质的突破,说明我们所处的空间是弯曲的. 而后1917年发表“根据广义相对论对宇宙学的考查”,指出用牛顿理论解决宇宙问题的困难几乎是无法克服的,用相对论的引力理论分析,在物质空间可以得到正的空间曲率,从而得到闭合(即有限)并有均匀分布物质的宇宙. 在弯曲空间里,可以有限而无界,困扰人们多年的“有限必有界”的难题在广义相对论的弯曲空间里自然解决了. 这篇论文被认为是现代宇宙学的开创文献. 从此,宇宙学从单纯的思辨进步到真正的科学论证,既有定量的理论计算,又有可以实测的预言.

引力在四种基本相互作用中是最弱的,但在大尺度的天体、天体物理、宇宙学中,引力占主导地位,其作用无可匹敌. 研究宇宙学必须用相对论的引力理论. 1922年费里德曼(Friedman)得出爱因斯坦场方程的动态解. 1927年勒梅特(Lemaitre)提出大尺度空间随时间膨胀的动态膨胀宇宙概念,给费里德曼解赋予物理意义,这是宇宙学观念上的重大突破. 当时大多数人包括爱因斯坦,没有完全摆脱静态宇宙观念的束缚,一直致力于寻找场方程的静态解.

1948年伽莫夫(Gamovv)就在相对论引力理论基础上提出大爆炸宇宙模型,预言宇宙早期的 He 元素丰度应为0.25,当前宇宙应该有10 K左右的电磁背景辐射(后来他的学生将背景辐射修正为5 K). 他的理论当时并不被人们重视和接受,直到1965年彭齐亚斯(Penzias)和威尔逊(Wilson)发现3 K背景辐射,从此大爆炸宇宙模型才被大多数人接受,成为最成功的宇宙模型. 以后,天文观测的重大收获和广义相对论理论研究的一系列重大成就相互促进,引发了宇宙学研究的高潮,宇宙学成为自然科学的前沿,汇聚了各个学科的研究成果,也对各学科提出许多新课题. 宇宙学知识已成为自然科学的基础学科. 1984年日内瓦欧洲核子研究中心召开的物理教学研讨会上,讨论应该把哪些新研究成果补充到物理教材时,第一个提到的就是宇宙学．杨振宁说，21 世纪的前沿科学将是生物物理、纳米物理和宇宙学．

历来都有人认为来自我们周围世界的规律不适于远离我们的世界，即宇宙间没有统一的客观规律，于是宇宙将是不被人知的．现在宇宙学的成功使人们坚信：宇宙是统一的，服从统一的规律，因此也是可以被人类认识的．尽管人几乎没有离开地球，尽管人生短暂能力有限，但人们可以根据从地球上探知的知识加上合理的理性思维去了解和解释那浩渺的宇宙．

10.3.1 当今宇宙的概貌和恒星的演化

1. 当今宇宙概貌

从天文学角度来说，宇宙由各层次天体组成，包括星体（从小到大依次为卫星、行星、恒星、星团、星系、星系团、超星系团）和星际物质（星际气体、尘埃、星云、星际磁场、宇宙线）．

天文学上常用单位有以下几种：①天文单位 AU，$1\ \mathrm{AU}=1.495\,978\,70\times10^{11}\ \mathrm{m}$，是地球公转轨道长半轴；②光年 l. y.，$1\ \mathrm{l.y.}=9.46\times10^{15}\ \mathrm{m}$；③秒差距 pc，$1\ \mathrm{pc}=3.26\ \mathrm{l.y.}=3.09\times10^{16}\ \mathrm{m}$.

（1）星体

恒星是本身能发光的星球，像太阳这样正在发光的恒星，是高温等离子体气体球．星系由几十亿到几千亿颗恒星和星际气体、尘埃组成．银河系（图 10.7）是包含太阳系在内的普通漩涡星系，大约有 10^{11} 个彼此距离 1 pc 的恒星构成盘状恒星集团，银盘外还有约 200 个球形星团．银河系质量约为 $10^{12}\ M_S$（M_S 是太阳质量），旋转的银盘半径约为 15 kpc，角速度并不相同，与其到银心的距离有关．太阳在银盘上，距银心 10 kpc，绕银心转动周期为 2.46×10^{8} a，速度为 250 km/s. 银河系之外的星系叫河外星系，其中仙女座大星云（系）是距离 700 kpc 的漩涡星系．除漩涡星系外还有椭圆星系和不规则星系．在 50 亿光年范围内约有 10^{9} 量级的星系，用现代望远镜可观察到 10^{10} 以上个星系．

彼此间有一定力学联系的星系构成星系团，半数以上星系属于星系团．星系团小的有十几个星系，大的有上千个星系．包括银河系、仙女座星系等大约 20 个星系的星系团叫本星系团．若干个星系团聚在一起构成超星系团．包括本星系团、室女星系团和大熊星系团等 50 多个星系团的超星系团叫本超星系团，其尺度达 100 Mpc. 在这样尺度上看星系团分布大体均匀，物质不再集中在中心而是分布成网状．

（2）星际物质

恒星之间的物质称为星际物质，主要是气体和尘埃．在银河系中星际物质占银河系总质量的 5%，平均密度为 $10^{-24}\ \mathrm{g\cdot cm^{-2}}$，粒子数密度为 $1\sim0.1\ \mathrm{cm^{-3}}$，比地球上的“真空”还稀薄得多．但由于气云的尺度（几百 pc）远远大于气体分子的平均自由程（约 3×10^{-4} pc），所以绝不能说星际空间是真空．

气体并不是均匀分布的，成团的混有尘埃的气体成为大片气云．小气云块质量为 $10^{3}\sim10^{4}\ M_S$，密度为 $10^{2}\sim10^{5}\ \mathrm{cm^{-3}}$，温度约 10 K. 小气云块构成巨分子云，质量可达 $10^{5}\sim6\times10^{6}\ M_S$，尺度可达几十 pc. 尘埃是较大颗粒，尺度大约 10^{-5} cm，尘埃质量约为气体质量的 1%.

（3）物态

地球上主要是气、液、固三态，宇宙中可观测部分中最主要的是等离子体态．银河系中可观测物质的 99.9% 处于等离子态，其中最主要的是恒星形式的等离子气球．等离子体中一般是离子、电子和中性原子，整体上呈现电中性，大尺度上电磁作用不显著．

(4)宇宙膨胀

1929 年哈勃(E. P. Mubble)发现河外星系都离我们而去,退行速度与星系的距离成正比,所以当前的宇宙正在不断地膨胀.

2. 恒星的诞生和演化

恒星在宇宙中扮演着重要角色,恒星的诞生和演化丰富多彩,构成宇宙演化中最主要的内容. 宇宙中绝大多数元素都是在恒星诞生、演化过程中产生的,所以称恒星为炼制元素的坩锅.

在宇宙发展到一定时期,宇宙中充满均匀的中性原子气体云. 大体积的气体云由于引力而不稳定造成塌缩. 气体云塌缩形成恒星过程中,很少有恒星单独产生,大都是一群恒星一起产生成为星团. 球形星团可以包含 $10^5 \sim 10^7$ 个恒星,可以认为是同时产生的. 在一定的外界条件下,大块气云收缩为一个个凝聚体成为原恒星. 原恒星吸附周围气云后继续收缩,表面温度基本不变,中心温度不断升高,直到中心发生 H-H 或 C-N-O 循环热核反应之后,产生的热能使气温升得极高,气体压力抵抗引力使原恒星稳定下来成为恒星. 等到 H 稳定地燃烧为 He 时,恒星成为主序星. 估计主序星的 12% 质量的 H 燃烧为 He,根据其燃烧速率可以计算出主序星燃烧的时间即主序星寿命.

恒星一生以主序星阶段时期最长,所以恒星寿命近似为主序星寿命. 太阳的寿命约为 100 亿年,它的年龄约为 50 亿年,现在只度过其寿命的一半.

主序星核心 H 耗尽后,主序星开始了它最后的历程,结局主要取决于质量. 低质量星($M < 3M_S$)中心收缩燃烧 He,成为红巨星、超红巨星,半径可达 $300R_S$,外层飘散,内核成为白矮星. 典型白矮星质量约 1 M_S,半径约 5 000 km,热核反应停止,物质全部电离靠简并电子气压强平衡引力. 刚开始白矮星表面温度很高呈白色,故称为白矮星(矮指半径小). 高质量星中心 He 烧成 C 后继续热核反应,直到烧成铁核心,星体膨胀经蓝超巨星或红超巨星发展成超新星,超新星爆发后抛出大量物质,中心部分有的称为中子星. 中子星是最致密的星体,质量约为 0.5 ~ 2.7 M_S,半径约为 7 ~ 20 km,内部压强达 $10^{33} \sim 10^{35}$ Pa. 此时简并电子气压力不足以平衡引力,星体塌缩将核外电子压入核内出现中子化,简并中子压力与引力平衡成为稳定星体. 中子星表层有很强磁场,高速自转中子星定向发射电磁波成为脉冲星. 1934 年就提出了中子星概念,直到 33 年后才终于发现了脉冲星. 稳定中子星最大质量约为 3 M_S. 那些中心部分质量超过中子星临界质量的星体,任何力也抵抗不了引力的作用,将不可遏制地一直塌缩成黑洞.

现在观测到的恒星质量范围为 0.1 ~ 60 M_S. 质量小于 0.08 M_S 的天体靠自身引力不能使它的核心达到热核反应点火温度,因此不发光不能成为恒星. 质量大于60 M_S的天体中心温度过高而不稳定,至今尚未发现.

10.3.2 宇宙学原理和哈勃定律

1. 宇宙学原理

从实际的观察了解到,宇宙在中小尺度上物质分布是不均匀的,星体、星团孤立地分布着. 但从大尺度即宇观尺度看,在超星系团层次($> 10^8$ l. y.)上,宇宙的分布就均匀了. 超星系团具有网状结构,分布的物质已经“联接”起来. 这就好像人们观察物质,在微观层次上是孤立的不连续的原子、分子,在宏观层次上物质就是连续、均匀的. 另外,微观背景辐射的均匀和各向同性也是宇宙分布均匀的重要证据. 而且由于背景辐射是以前宇宙发展的遗迹,因此还暗示着宇宙的过去也是均匀的．于是有作为宇宙学基础的宇宙学原理：**在宇观尺度下，任何时刻宇宙空间是均匀和各向同性的**．宇宙学原理把现在观测到的宇宙性质推广到了过去和将来．

宇宙均匀和各向同性，具有三维纯空间的最高对称性，可以证明，这样的空间必然是常曲率空间．因此，从宇宙学原理得到关于宇宙时空的一个重要结论是：任意时刻宇宙的空间是三维常曲率空间，曲率可正可负也可为零，但必定是常数．这样的空间没有确定中心，或者处处都是中心．

由宇宙学原理还可得到关于宇宙时空的另一个重要结论：在宇宙中的每一质元（宇宙学中的"质元"指宇观小、宏观大尺度上物质的全体，它们坐落在各个星系上，随星系自由运动）上，标准钟的走时快慢是相同的，因此各质元上的标准钟也就是坐标钟，也就是宇宙中共同的时间标准，又称之为**宇宙时**．

引入宇宙时后，由哥白尼原理可以得到宇宙只可能有三种变化模式：静止、径向膨胀、径向收缩．当今的宇宙是这三种可能情况的哪一种要靠实验观测．观测表明，当今宇宙正在膨胀．

2. 哈勃定律

1929 年哈勃利用加利福尼亚州威尔逊山上的 1.5 m 和 2.5 m 天文望远镜对几亿 pc 范围内的星系进行研究．那时已经发现，核外星系有谱线红移现象，即光谱线比正常的光谱线向波长长的方向移动（称之为宇宙红移），以为是一种特殊的红移．哈勃认为宇宙红移就是熟知的光学多普勒红移，即由于发光体离观察者远去引起的光谱线移动（如果发光体朝着观察者运动，光谱线向波长短的方向移动，称为蓝移或紫移）．河外星系的光谱线红移，表明它们都在离我们远去．

当时有 46 个河外星系的可利用的红移资料，其中已知距离的有 24 个星系．哈勃利用这 24 个星系的光谱线红移计算出它们相对银河系中心视线方向上的退行速度 v_f，发现退行速度与星系到银河系中心的距离成正比，此即著名的**哈勃定律**

$$v_f = H_c \times D \tag{10.2}$$

式中，H_c 是当前时刻（宇宙时为 t_c）的哈勃常数，D 是相对地球的距离．

哈勃定律验证了宇宙学原理的正确性．哈勃得到这个简单关系后非常激动地写道："如此少的资料，如此局限的分布，然而其结果又是如此肯定．"哈勃定律是 20 世纪天文学最杰出的发现，彻底改变了传统的认为宇宙在整体上是静止的观念，使宇宙观在哥白尼的日心说后又一次发生了革命性变革．即使像爱因斯坦这样极具创新精神的伟大科学家，也受静止宇宙观束缚而与膨胀宇宙的发现失之交臂．

10.3.3　宇宙早期的历史

按大爆炸宇宙学，宇宙诞生于"奇点"的爆炸，取此时为 $t=0$．在 $t<10^{-44}$ s 时，温度极高，宇宙尺度极小，量子效应不能忽略．经典的引力理论——广义相对论不适用，现在正在发展的量子引力理论试图研究这段时期的宇宙．估计这段时间内宇宙处于量子混沌状态分不出时间和空间，只有统一的相互作用——**超引力**（或称超力）．

按大统一理论，宇宙从对称的真空态演变而来．在 $t=10^{-44}$ s 时真空发生超统一相变，出现时间和空间，从此可以应用经典的引力理论——广义相对论．

1. 真空相变

从现代观点看，真空并不空，宇宙就是从对称的真空态演变而来．真空态并不唯一，有多种不同的真空态，真空态能量 E 与场强 σ 的关系如图 10.9 所示．以临界温度 T_C 为界，曲线分为两种不同形式：$T>T_C$ 时真空稳定态为 $\sigma=0$，是完全对称状态；当温度降低到 T_C 之下时发生突变，稳定真空态为 $\pm\sigma$ 处，每一个稳定态不再具有左、右对称性，即发生了对称性破缺，称之为从对称相到对称破缺相的相变，即真空相变．估计在 $t=10^{-44}$ s、$T=10^{32}$ K 时发生对应于大统一的真空相变（这期间发生了暴胀），相变之后从对称过渡到不对称，这就是宇宙不对称的起源，相变中放出的能量转变为辐射和粒子——夸克、轻子和各种场量子，这就是宇宙中物质的起源．

在这时间，由于宇宙温度极高，除光子等静止质量为零的辐射粒子外，静止质量不为零的实物粒子的热运动能量远远大于其静止能量，总能 $E\approx pc$（p 为其动量），成为像光子一样的速度接近 c 的辐射粒子，称之为极端相对论物质或辐射物质，光子碰撞可以产生这样的正、负粒子对，粒子对湮灭也可产生光子，即粒子和光子达到热平衡．此时电磁作用和弱作用没有分开，宇宙中只有三种作用．磁单极子也在此期间形成，只是数目极少．估计在 $t=10^{-10}$ s、$T=10^{15}$ K 时发生对应于弱电统一的真空相变，出现弱相互作用和电磁相互作用．

2. 暴胀

20 世纪 80 年代，为了解决大爆炸宇宙学的早期宇宙疑难，把近代试探性的粒子理论用于宇宙学，提出了暴胀理论，按暴胀理论，在 $t=10^{-36}$ s 时要发生大统一相变，但相变要穿过一个又高又宽的势垒，所以相变并未马上发生，而是保持在 $\sigma=0$ 的对称态迅速膨胀冷却，宇宙尺度因子 R 随时间按指数加速增长，这在整个宇宙演化过程中是唯一的，其他阶段 R 都是减速增长，故称此阶段为暴胀．暴胀大约持续 10^{-32} s，R 增大 43 个量级，直到 $T=10^{20}$ K 时暴胀结束过渡到对称破缺相，完成大统一相变．

暴胀过程虽然短暂，但对今天宇宙产生决定性影响，可以解决一系列难题．首先，今天宇宙的均匀各向同性的起源问题可以利用暴胀理论得到很好地解决；其次，在暴胀理论中有 $\rho(t)$ 趋于 $\rho_c(t)$ 的机制，只要有足够的真空暴胀就可以使 $\rho(t)=\rho_c(t)$，从而使 $\rho_0\approx\rho_c$ 的估计又多了一层理论上的依据．另外，暴胀理论还指出磁单极数目接近于零，解释了今天观察不到磁单极的事实．

3. 膨胀宇宙的热学特征

热力学第二定律成立后，很快就应用到宇宙．当时认为宇宙是孤立的、静止的，于是按照热力学第二定律，宇宙的未来将是温度均匀的平衡态，然后一成不变地维持下去，宇宙成为死寂的一片，这就是有名的热寂说．死寂的宇宙前景在百年前的欧洲引起了很大震惊．热寂说与进化论、演化论相对立，后者主张自然界向有序、多变、生动的方向发展，而我们周围世界的实际演化情况符合进化论的观点．大爆炸宇宙学指出热寂说的根本错误在于，宇宙不静止而正在不断膨胀运动，因此也就不可能达到热力学第二定律所指的静止状态下的热平衡态．

在宇宙从无序向有序的变化中，引力起了决定性的作用．无引力的体系将从有序变化到无序，前后是均匀一片；有引力的体系，原来的无序的均匀分布由于涨落而出现不均匀，从无序到有序，前面所述的星体的诞生正是这样的过程．有引力的宇宙体系为负热容，不可能达到热平衡，即使处于热平衡也是不稳定的．

4. He 元素的丰度和背景辐射

天体中 H、He 最多，两者之和占总质量的 99%．其中 He 的丰度在 0.25 ~ 0.30 之间，在各种天体上分布得相当均匀.

大爆炸理论指出 He 是在 $t=1\sim100$ s 内形成的. 通过分析 He 的形成机制推论 He 的丰度为 0.29,考虑到中子半衰期为 10 min,He 丰度要比 0.29 小一些. 这与实验值非常符合.

大爆炸理论还指出,早期宇宙的演化应该遗留有均匀和各向同性的微观背景辐射,辐射保持黑体辐射性质. 1965 年贝尔实验室的彭齐亚斯(A. A. Penzias)和威尔逊(R. W. Wilson)在不同时间和方向测到 $T=(3.0\pm1.0)$K 背景辐射. 这个发现对宇宙学的影响巨大,只有哈勃的发现可以与它比拟. 如果说哈勃的发现开启了探讨宇宙整体时空结构的大门,那么彭齐亚斯和威尔逊的发现开启了探求宇宙整体物理演化的大门,它极大地支持了大爆炸宇宙学模型.

习题参考答案

第 1 章

1.1 (1) $-48\ \text{m}, -36\ \text{m}\cdot\text{s}^{-1}, -12\ \text{m}\cdot\text{s}^{-2}$; (2) $\pm 12\ \text{m}\cdot\text{s}^{-1}$; (3) $6\ \text{m}$

1.2 (1) $(3t+5)\boldsymbol{i}+\left(\frac{1}{2}t^2+3t-4\right)\boldsymbol{j}$ m; (2) $8\boldsymbol{i}-0.5\boldsymbol{j}$ m, $11\boldsymbol{i}+4\boldsymbol{j}$ m, $3\boldsymbol{i}+4.5\boldsymbol{j}$ m;

(3) $3\boldsymbol{i}+5\boldsymbol{j}\ \text{m}\cdot\text{s}^{-1}$; (4) $3\boldsymbol{i}+7\boldsymbol{j}\ \text{m}\cdot\text{s}^{-1}$; (5) $1\boldsymbol{j}\ \text{m}\cdot\text{s}^{-2}$; (6) $1\boldsymbol{j}\ \text{m}\cdot\text{s}^{-2}$

1.3 (1) $x=\sqrt{9+16t-4t^2}, y=4-2t, v=\dfrac{8-4t}{\sqrt{9+16t-4t^2}}$; (2) 0

1.4 $v=\sqrt{16-2x^2}$ **1.5** $x=-\frac{1}{12}t^4+2t^2-t+0.75$ **1.9** $\dfrac{H}{H-h}v_0$

1.10 (1) $a=\sqrt{b^2+\dfrac{(v_0-bt)^4}{R^2}}, \varphi=\arctan\dfrac{a_\tau}{a_n}=\dfrac{-Rb}{(v_0-bt)^2}$; (2) $\dfrac{v_0}{b}$

1.11 (1) 4 s; (2) 2.83 s

1.12 (1) $3.36\times10^{-2}\ \text{m}\cdot\text{s}^{-2}$; (2) $5.95\times10^{-3}\ \text{m}\cdot\text{s}^{-2}$; (3) $2.23\times10^{-10}\ \text{m}\cdot\text{s}^{-2}$

1.13 (1) 10 m; (2) 80 m **1.14** 386.2 m

1.15 (1) $-\pi\ \text{rad}\cdot\text{s}^{-2}$, 625 rev; (2) $25\pi\ \text{rad}\cdot\text{s}^{-1}$; (3) $v=25\pi\ \text{m}\cdot\text{s}^{-1}, a_\tau=-\pi\ \text{m}\cdot\text{s}^{-2}$,

$a_n=625\pi^2\ \text{m}\cdot\text{s}^{-2}$

1.16 $a_\tau=36\ \text{m}\cdot\text{s}^{-2}, a_n=1\,296\ \text{m}\cdot\text{s}^{-2}$; (2) 2.67 rad

1.17 $a_n=82.4\ \text{m}\cdot\text{s}^{-2}, a_\tau=-7.8\ \text{m}\cdot\text{s}^{-2}$

1.18 $\theta=\operatorname{arccot}\dfrac{h-\frac{1}{2}gt^2}{vt}, \omega=\dfrac{v\left(h+\frac{1}{2}gt^2\right)}{\left(h-\frac{1}{2}gt^2\right)^2+v^2t^2}$

1.19 $12.8\ \text{m}\cdot\text{s}^{-1}$ **1.20** (1) 0.705 s; (2) 0.715 m

1.21 $\sqrt{2}v$,方向:来自西北,或东偏南 45° **1.22** $8\ \text{m}\cdot\text{s}^{-1}$

第 2 章

2.1 $y=\dfrac{1}{2v_0^2}g\sin\alpha\cdot x^2$ **2.2** $\dfrac{m}{k}\ln\dfrac{mg+kv_0}{mg}, \dfrac{mv_0}{k}-\dfrac{m^2}{k^2}g\ln\left(1+\dfrac{kv_0}{mg}\right)$

2.3 $\sqrt{gl}$ **2.4** $N=\dfrac{m(g\sin\theta-r\omega^2\cos\theta)}{\sin\theta}, n=\dfrac{1}{2\pi}\sqrt{\dfrac{g}{h}}$

2.5 (1) g; (2) $a_2=a'-a=\dfrac{g}{2}$,方向向上;$a_1=\dfrac{\sqrt{5}}{2}g$,

$\theta=\arctan\dfrac{a}{a'}=\arctan\dfrac{1}{2}=26.6°$,左偏上

2.6 3,3 **2.7** (1) $0.10\boldsymbol{i}$ N·S; (2) 2 N **2.8** kv

2.9 (1)$\frac{a}{b}$；(2)$\frac{a^2}{2b}$；(3)$\frac{a^2}{2bv_0}$ **2.10** 7.62 s

2.11 $v_1=\frac{F\Delta t_1}{m_1+m_2}, v_2=\frac{F\Delta t_1}{m_1+m_2}+\frac{F\Delta t_2}{m_2}$,

2.13 $\frac{5}{3}$ m **2.14** (1)$\frac{mv_0}{m+M},\frac{Mmv_0}{m+M}$；(2)$\frac{m^2v_0}{m+M}$；(3)$\frac{Mm}{M+m}v_0$

2.15 $\frac{u_2}{u_1}=\frac{M+m}{M}$

2.16 (1)0.4 m·s^{-1}；(2)1.2 m·s^{-1}；(3)−0.4 m·s^{-1}

2.17 (1)$v=\frac{Nm}{M+Nm}u$；(2)不同,$v_N=\sum_{n=1}^{N}\frac{mu}{M+nm}$

2.18 3 m·s^{-1}

2.20 (1)$-\frac{M^2+2Mm}{(M+m)^2}\left(\frac{1}{2}mv^2\right)$；(2)$\frac{Mm}{(M+m)^2}\left(\frac{1}{2}mv^2\right)$；(3)$-\frac{M}{(M+m)}\left(\frac{1}{2}mv^2\right)$

2.21 (1)0.06 m；(2)不是；(3)0.04 m,不是

2.22 (1)$\frac{\Delta x_1}{\Delta x_2}=\frac{k_2}{k_1}$；(2)$\frac{E_{p1}}{E_{p2}}=\frac{k_2}{k_1}$

2.23 1 390 N·m^{-1},0.84 m

2.24 $h=2.5R$ **2.25** (1)$\frac{3}{4}x_0\sqrt{\frac{k}{3m}}$；(2)$\frac{1}{2}x_0$

2.26 $(m_1+m_2)g$ **2.27** $\frac{v_0{}^2}{2g}\frac{m\sin^2\theta+m'}{m+m'}$ **2.28** $\left(\frac{M}{M+m}\right)^2h_0$

2.29 0.037 m **2.30** $\frac{F}{k}<L\leqslant\frac{3F}{k}$ **2.31** $v=\frac{m}{m+M}\sqrt{2gh}, h_1=\frac{m^2h}{M^2-m^2}$

第3章

3.1 $\frac{g\sin\theta}{3l}$ **3.2** 7.6 m·s^{-2} **3.3** 157 N

3.4 (1)$\frac{3R\omega_0}{4\mu g}$；(2)$-\frac{1}{4}mR^2\omega_0{}^2$ **3.5** (1)$\frac{3g}{2l}$；(2)$\sqrt{\frac{3g\sin\theta}{l}}$

3.6 (1)6.13 rad·s^{-2}；(2)20.8 N,17.1 N **3.7** 0.01 kg·m^2;0.094 2 N·m

3.8 $\frac{2}{r}\sqrt{\frac{gh}{3}}$ **3.9** 1.48 m·s^{-1} **3.10** $2m_2\frac{v_1+v_2}{\mu m_1 g}$

3.11 5.26×10^{12} m **3.12** $\omega'=\sqrt{\frac{M_1g}{mr_0}}\left(\frac{M_1+M_2}{M_1}\right)^{\frac{2}{3}}, r'=\frac{M_1+M_2}{m\omega'^2}g=\left(\frac{M_1}{M_1+M_2}\right)^{\frac{1}{3}}\cdot r_0$

3.13 $\frac{3v_0}{2l}$ **3.14** $\frac{1}{17}\omega_0,\frac{16}{17}W$ **3.15** $\frac{(2\sqrt{3}-1)m_2v}{2m_1r}$

3.16 $\omega=-\frac{mv}{6m'R}, v=-\frac{mv}{6m'}$ **3.17** 12.0 rad·s^{-1},183 J

3.18 (1)$\frac{\sqrt{6(2-\sqrt{3})}}{12}\frac{3m+M}{m}\sqrt{gl}$；(2)$-\frac{\sqrt{6(2-\sqrt{3})}M}{6}\sqrt{gl}$

3.19 (1)$\frac{mv_0R}{2(mR^2+I+MR^2)}$；(2)$\frac{m^2v_0^2R}{16\pi Mg(mR^2+MR^2+I)}$

3.20 $-\frac{Gm_1m_2}{r_1+r_2}$ **3.21** $\frac{2mv}{(5m+2m')R}$ **3.22** $\frac{2(m_2-m_1)gt}{m_1+2m_2+3m_3}$

第 4 章

4.1 证明略 **4.2** 证明略

4.3 $0.40c$, 550 m

4.4 (1) $1.8\times10^8\ \mathrm{m\cdot s^{-1}}$；(2) -9×18^8 m，负号表示 $x'_2-x'_1<0$

4.5 5.77×10^{-9} s **4.6** $\frac{4}{5}c$ **4.7** 均能到达

4.8 $l\left(1-\cos^2\theta\frac{v^2}{c^2}\right)^{1/2}$，$\arctan\left[\tan\theta\left(1-\frac{v^2}{c^2}\right)^{-1/2}\right]$ **4.9** 0.166 6 s

4.10 略 **4.11** (1) 9×10^9 m；(2) 2.7×10^{10} m **4.12** $0.98c$

4.13 6.17 s **4.14** 光子运动方向与 x' 轴的夹角为 98.2°

4.15 (1) 2.57×10^3 eV；(2) 3.21×10^5 eV **4.16** 9.1%

4.17 2.0×10^3 V，$2.7\times10^7\ \mathrm{m\cdot s^{-1}}$

4.18 (1) $8\ \mathrm{m\cdot s^{-1}}$；(2) $1.49\times10^{-18}\ \mathrm{kg\cdot m\cdot s^{-1}}$；(3) 1.2×10^{-11} N，0.25 T

4.19 1.75×10^7 eV **4.20** $0, M=m_1+m_2\ \frac{2m_0}{\sqrt{1-\left(\frac{v}{c}\right)^2}}$

第 5 章

5.1 (1) $\frac{1}{4}$ s，0.1 m，$2\pi/3$，$2.51\ \mathrm{m\cdot s^{-1}}$，$63.2\ \mathrm{m\cdot s^{-2}}$； (2) $\frac{26\pi}{3}$，$\frac{50\pi}{3}$，$\frac{122\pi}{3}$；

(3) 32π； (4) 0.63 N，3.16×10^{-2} J，1.58×10^{-2} J，1.58×10^{-2} J，$\pm\frac{\sqrt{2}}{20}$ m

5.2 $\phi_{10}=\pi, x=A\cos\left(\frac{2\pi}{T}t+\pi\right)$；$\phi_{20}=\frac{3}{2}\pi, x=A\cos\left(\frac{2\pi}{T}t+\frac{3}{2}\pi\right)$；

$\phi_{30}=\frac{\pi}{3}, x=A\cos\left(\frac{2\pi}{T}t+\frac{\pi}{3}\right)$；$\phi_{40}=\frac{5\pi}{4}, x=A\cos\left(\frac{2\pi}{T}t+\frac{5}{4}\pi\right)$

5.3 (1) $\varphi_a=0, \varphi_b=\frac{\pi}{3}, \varphi_c=\frac{\pi}{2}, \varphi_d=\frac{2\pi}{3}, \varphi_e=\frac{4\pi}{3}$；

(2) $x=0.05\cos\left(\frac{5}{6}\pi t-\frac{\pi}{3}\right)$；(3) 略

5.4 (1) 4.2 s；(2) $4.5\times10^{-2}\ \mathrm{m\cdot s^{-2}}$；(3) $x=0.02\cos(1.5t-\pi/2)$

5.5 1.26 s，$x=\sqrt{2}\times10^{-2}\cos\left(5t+\frac{5}{4}\pi\right)$

5.6 $x_a=0.1\cos\left(\pi t+\frac{3}{2}\pi\right)$，$x_b=0.1\cos\left(\frac{5}{6}\pi t+\frac{5\pi}{3}\right)$

5.7 (1) 空盘的振动周期为 $2\pi\sqrt{\frac{M}{k}}$，落下重物后振动周期为 $2\pi\sqrt{\frac{M+m}{k}}$，即增大；

(2) $\frac{mg}{k}\sqrt{1+\frac{2kh}{(m+M)g}}$； (3) $\tan\phi_0=-\frac{v_0}{x_0\omega}=\sqrt{\frac{2kh}{(M+m)g}}$，

$x=\frac{mg}{k}\sqrt{1+\frac{2kh}{(m+M)g}}\cos\left[\sqrt{\frac{k}{m+M}}t+\arctan\sqrt{\frac{2kh}{(M+m)g}}\right]$

5.8 $0, 2\pi/3$；图略　　**5.9** (1)0.25 m；(2) ±0.18 m；(3)0.2 J

5.10 $0.1\ \text{m}, \dfrac{\pi}{6}, x = 0.1\cos\left(2t + \dfrac{\pi}{6}\right)$

5.11 (1)10 cm；(2)0　　**5.12** $0.1\ \text{m}, \dfrac{\pi}{2}$

5.13 (1)$x_2 = A\cos(\omega t + \varphi_{10} - \pi/2)$, $\varphi_{20} - \varphi_{10} = -\pi/2$；

(2)$x_1 = A\cos(\omega t + 2\pi/3)$, $x_2 = A\cos(\omega t + \pi/6)$

5.14 (1)$314\ \text{s}^{-1}$, 0.16 m, $\pi/2$, $x = 0.16\cos(314t + \pi/2)$；　(2)0.012 5 s

5.15 $2\pi\sqrt{\dfrac{m(k_1 + k_2)}{k_1 k_2}}, 2\pi\sqrt{\dfrac{m}{k_1 + k_2}}$　　**5.16** $2\pi\sqrt{\dfrac{m + I/R^2}{k}}$

5.17 $2\pi\sqrt{\dfrac{m(k_1 + k_2)}{k_1 k_2}}$　　**5.18** $2.05 \times 10^5\ \text{N} \cdot \text{m}^{-1}$

第6章

6.1 6.9×10^{-4} Hz, 10.8 h

6.2 (1)0.5 m, 200 Hz, $100\ \text{m} \cdot \text{s}^{-1}$，沿 x 正向传播；(2)$25\ \text{m} \cdot \text{s}^{-1}$

6.3 3 km, 1 m

6.4 (1)$2.5\ \text{m} \cdot \text{s}^{-1}$, $5\ \text{s}^{-1}$, 0.5 m；　(2)$0.5\pi\ \text{m} \cdot \text{s}^{-1}$, $5\pi^2\ \text{m} \cdot \text{s}^{-2}$；

(3)9.2π, 0.825 m

6.5 (1)$\dfrac{\pi}{2}, 0, -\dfrac{\pi}{2}, -\dfrac{3\pi}{2}$；(2)$-\dfrac{\pi}{2}, 0, \dfrac{\pi}{2}, \dfrac{3\pi}{2}$

6.6 (1)0.12 m；(2)π　　**6.7** (1)$y = 0.1\cos\left[5\pi\left(t - \dfrac{x}{5}\right) + \dfrac{3\pi}{2}\right]$；(2)图略

6.8 (1)$y = 0.1\cos\left[\pi\left(t - \dfrac{x}{2}\right) + \dfrac{\pi}{2}\right]$；

(2)$y = 0.1\cos\left[\left(\pi t - \dfrac{\pi}{2} + \dfrac{\pi}{2}\right)\right] = 0.1\cos \pi t$

6.9 (1)$x = (k - 8.4)$ m　$(k = 0, \pm 1, \pm 2, \cdots)$, −0.4 m, 4 s；(2)图略

6.10 (1)$y = A\cos\left[\omega\left(t + \dfrac{l}{u} - \dfrac{x}{u}\right) + \phi_0\right]$, $y = A\cos\left[\omega\left(t + \dfrac{x}{u}\right) + \phi_0\right]$；

(2)$y_Q = A\cos\left[\omega\left(t - \dfrac{b}{u}\right) + \phi_0\right]$, $y_Q = A\cos\left[\omega\left(t + \dfrac{b}{u}\right) + \phi_0\right]$

6.11 (1)$y = 0.1\cos\left[10\pi\left(t - \dfrac{x}{10}\right) + \dfrac{\pi}{3}\right]$；

(2)$y_P = 0.1\cos\left(10\pi t - \dfrac{4}{3}\pi\right)$，图略；　(3)$x = 1.67$ m；(4)$\dfrac{1}{12}$ s

6.12 $y = 0.2\cos\left[2\pi\left(\dfrac{t}{2} + \dfrac{x}{4}\right) - \dfrac{\pi}{2}\right]$，图略

6.13 (1)$1.6 \times 10^5\ \text{W} \cdot \text{m}^{-2}$；(2)$3.8 \times 10^3$ J

6.14 (1)$6 \times 10^{-5}\ \text{J} \cdot \text{m}^{-3}$, $1.2 \times 10^{-4}\ \text{J} \cdot \text{m}^{-3}$；(2)$9.24 \times 10^{-7}$ J

6.15 3π 或 π　　**6.16** 1, 3, 5, ⋯, 29 m

6.17 (1)0；(2)4×10^{-3} m；(3)2.83×10^{-3} m

6.18 (1)0.01 m, $37.5\ \text{m} \cdot \text{s}^{-1}$；(2)0.157 m

6.19 (1)$y = A\cos\left[2\pi\nu\left(t - \dfrac{x}{u}\right) - \dfrac{\pi}{2}\right]$；

(2)$y_{反} = A\cos\left[2\pi\nu\left(t + \dfrac{x}{u}\right) - \dfrac{\pi}{2}\right]$, $x = \dfrac{1}{4}\lambda, \dfrac{3}{4}\lambda$

6.20 (1)证明略，波腹的位置 $x = k$, $k = 0, \pm 1, \pm 2 \cdots$，波节的位置 $x = \dfrac{1}{2}(2k + 1)$, $k = 0, \pm 1, \pm 2, \cdots$；

(2)0.12 m,0.097 m

6.21 $30\ m\cdot s^{-1}$ **6.22** 665 Hz;541 Hz

第7章

7.1 $n_1r_1+2n_2r_2+n_1r_3$ **7.2** 544.8 nm

7.3 9.84 cm **7.4** 8.0 μm **7.5** 4.5×10^{-5} m

7.6 480 nm;400 nm,600 nm **7.7** (1)97.4 nm;(2)195 nm

7.8 10^{-4} rad **7.9** 1.5×10^{-5} m **7.10** 697 nm,1.0 m

7.11 1.215 **7.12** (1)周边为明环;(2)4条,$k=0,1,2,3$;(3)$R=2$ m

7.13 5.2×10^{-6} m

第8章

8.1 (1)467 nm;(2)9个 **8.2** 8.2×10^{-2} cm,0.164 cm **8.3** 428.6 nm

8.4 垂直照射单缝:$x_1=3.0\times10^{-3}$ m,$x_2=5.7\times10^{-3}$ m,$\Delta x=2.7\times10^{-3}$ m;

垂直照射光栅:$x'_1=2.0\times10^{-2}$ m,$x'_2=3.8\times10^{-2}$ m,$\Delta x'=1.8\times10^{-2}$ m

8.5 5°4′ **8.6** 1.03×10^{-6} m,第二级明条纹对应的衍射角 φ_2 不存在;468 nm,2

8.7 2.4×10^{-6} m,8.0×10^{-7} m **8.8** 2个

8.9 2.90×10^{5} m **8.10** 8.94 km **8.11** 0.154 nm

第9章

9.1 $\frac{3}{8},\frac{1}{4},\frac{1}{8}$ **9.2** 2.25 **9.3** (1)54°44′;(2)35°16′

9.4 (1)54°28′;(2)35°32′ **9.5** 1.60 **9.6** 略

9.7 35°16′ **9.8** 36°56′

9.9 931 nm,光轴方向应与波片表面平行 **9.10** 4.5 mm

9.11 二分之一波片透射的是线偏振光,四分之一波片透射光是椭圆偏振光